LECTURE NOTE ON COMPLEX VARIABLES

해 설

제3판

복 소 함 수 론

강승필 지음

KM 경문사

머리말

16세기 초 Geronimo Cardano가 $x^2 + 1 = 0$ 등과 같은 방정식의 해가 실수체계에서는 존재하지 않는다는 것을 발견하고 $\sqrt{-1} = i$, 즉 자기 자신을 곱하면 -1이 되는 새로운 허수단위를 소개하면서부터 두 실수 x, y에 대해 $x + iy$로 표시되는, 오늘날 복소수라고 불리는 새로운 수가 탄생하게 됩니다. 그 후에 이 새로운 수들을 바탕으로 한 수학체계가 Augustine Cauchy(1789 $\sim$ 1857), Peter Dirichlet(1805 $\sim$ 1859), Friedrich Riemann(1826 $\sim$ 1866) 등 여러 수학자들에 의해서 발전하였습니다. 특히 Jean Argand(1768 $\sim$ 1822)에 의해서 이 수들을 평면 상의 점으로 나타냄으로써 복소수를 기하학적인 대상으로 여길 수 있게 되었습니다.

복소함수론에는 여러 가지 다양한 형태의 주제들이 있습니다. 그러나 여기에서는 가장 고전적이고 학부과정에서 기본적으로 알아야 할 내용을 다루도록 하겠습니다. 학부과정에서 기본적으로 알아야 할, 그리고 가장 중요한 내용을 나름대로 정리하면 다음과 같습니다.

1. 복소수의 성질 및 복소함수의 성질
2. 조화함수의 성질 및 조화켤레 구하기
3. Cauchy-Riemann 방정식의 응용과 해석함수의 성질
4. 경로적분 및 Cauchy의 적분공식
5. 유수정리와 유수정리의 응용
6. Laurent 급수와 고립특이점의 분류
7. 경로적분을 이용한 실함수 적분 구하기
8. Weierstrass 곱정리와 Mittag-Leffler 정리
9. 편각원리와 Rouche의 정리
10. 선형분수변환 및 여러 가지 변환
11. 등각사상

강의했던 내용을 좀 더 쉽게 풀어서 복소함수론을 처음 접하거나 또는 이미 복소함수론을 배웠지만 짧은 시간 내에 배웠던 내용을 정리하고 싶은 분들이 부담 없이 읽을 수 있도록 구성하려고 노력하였습니다. 특히, 정리를 언급하고 나서 그 정리를 증명하는 기존의 구성을 탈피하여 정리가 도출되는 과정을 먼저 설명하고 그 결과로서 정리를 언급하는 구성을 택하였습니다. 그리고 어떤 정리와 연관성을 갖고 있는 문제는 정리 다음에 둠으로써 문제를 푸는데 도움이 되도록 하였습니다. 그 이유는 이 책은 정리의 증명을 익히려는 분들 보다 정리를 응용하여 문제를 해결하려는 분들을 대상으로 했기 때문입니다.

위에서 언급한 이유 때문에 복잡한 증명과정은 생략하고 참고문헌을 참고하도록 하였습니다. 따라서 복소함수론을 깊이 공부하려는 분들은 참고문헌에 있는 증명도 반드시 읽어보기를 권합니다.

이 책의 평범하게 생각되는 예제들은 참고서적에서 그대로 인용하였습니다. 그리고 모든 연습문제에는 풀이가 수록되어 있지만 풀이는 참고만 하고 스스로 풀어보기를 권합니다. 내용을 전개하는 과정이나 연습문제 풀이과정에 혹시 발견되게 될 오류와 인용에 대한 문제는 전적으로 저자에게 있음을 밝힙니다.

이 책은 LaTeX을 이용해서 편집하였습니다. 편집과정에 생긴 여러 가지 어려운 문제들을 신속하게 해결하여 주신 KTUG(Korea Tex Users Group) 운영자님 및 익명의 여러 관계자분들께 감사드립니다. 그리고 부족한 점이 많음에도 불구하고 출간을 쾌히 승낙하여 주신 경문사 박문규 사장님과 출간과정에 도움을 주신 경문사 가족 여러분께 감사드립니다.

끝으로 언제나 저를 위해 기도하시는 사랑하는 어머님, 아내 그리고 해맑은 웃음으로 기쁨을 주는 딸 혜진에게 감사 드립니다.

2007년 10월

강 승 필

차 례

제 1 장

복소수의 극형식

1.1 복소수

복소함수를 다루기 위해서는 먼저 **복소수**(complex number)를 정의해야 한다. 물론 지금부터 정의하는 복소수는 고등학교 때 이미 다루었던 것과 다른 것은 없다. 복소수의 정의, 복소수의 연산은 이미 고등학교 과정에서 충분히 다루었기 때문에 여기서는 간단히 다룰 것이다.

$\mathbb{R}$을 실수 전체집합이라 하자. 그리고

$$\mathbb{C} = \{(x, y) : x, y \in \mathbb{R}\}$$

라 하고 $\mathbb{C}$에서 연산 "+"와 "·"를 다음과 같이 정의하자.

$$\begin{aligned}(x_1, y_1) + (x_2, y_2) &= (x_1 + x_2, y_1 + y_2),\\ (x_1, y_1) \cdot (x_2, y_2) &= (x_1x_2 - y_1y_2, x_1y_2 + x_2y_1).\end{aligned} \tag{1.1}$$

그러면 $(\mathbb{C}, +, \cdot)$는 체(field)라는 대수적인 구조를 가진다. (체에 대한 것은 참고문헌 [5]를 참고하라.) 특히 "+" 에 대한 항등원(identity)은 $(0, 0)$이고, "+" 에 대한 (x, y)의 역원은 $(-x, -y)$이다. 그리고 "·"에 대한 항등원은 $(1, 0)$이고, $(x, y) \neq (0, 0)$일 때 "·"에 대한 (x, y)의 역원은

$$\left(\frac{x}{x^2 + y^2}, -\frac{y}{x^2 + y^2}\right)$$

이다.

$i = (0, 1)$이라 두면 $z = (x, y) \in \mathbb{C}$는 다음과 같이 나타낼 수 있다.

$$(x, y) = (x, 0) + (0, 1)(y, 0) = (x, 0) + i(y, 0).$$

그리고 $(x,0)=x$, $(y,0)=y$이라 두면

$$z=(x,y)=x+iy$$

로 나타낼 수 있으므로 지금부터는 이렇게 나타내기로 하자. 이때 z를 **복소수**라 하고 x와 y를 각각 복소수 z의 **실수부**(real part), **허수부**(imaginary part)라 한다. 그리고 다음과 같이 나타낸다.

$$\text{Re}\, z = x, \quad \text{Im}\, z = y.$$

만일 $\text{Re}\, z=0$이고 $\text{Im}\, z\neq 0$이면 z를 **순허수**(pure imaginary)라 한다.

한편, $(x,y)=x+iy$로 나타냈을 때 식 (1.1)에서 정의된 "+"와 "·"는 다음과 같다.

$\mathbb{C}$에서 "+"와 "·"의 정의

$$(x_1+iy_1)+(x_2+iy_2)=(x_1+x_2)+i(y_1+y_2),$$
$$(x_1+iy_1)\cdot(x_2+iy_2)=x_1x_2-y_1y_2+i(x_1y_2+x_2y_1).$$

예제 1.1 $z=(2,3)=2+3i$에서 $\text{Re}\, z=2, \text{Im}\, z=3$이다.

연습문제 1.1 $z=5+4i$에서 $\text{Re}\, z$와 $\text{Im}\, z$를 구하여라.

참고) 복소수 $x+iy$는 2×2 행렬 $\begin{pmatrix} x & -y \\ y & x \end{pmatrix}$에 대응시킬 수 있다. 이때 두 복소수의 합과 곱은 각각 행렬의 합과 곱에 대응한다.

1.2 복소평면

임의의 $z=x+iy\in\mathbb{C}$에 대해 $\sqrt{x^2+y^2}$을 z의 **절대값**(modulus 또는 absolute value)이라 하고 $|z|$로 나타낸다. 즉,

$$|z|=\sqrt{x^2+y^2}.$$

복소수 $x+iy$를 좌표평면에서 좌표가 (x,y)인 점에 대응시킬 때, 복소수와 좌표평면의 점 사이에 일대일대응을 이룬다.

이와 같이 복소수와의 대응이 정해진 평면을 **복소평면** (complex plane) 또는 **Gauss 평면**(Gauss plane)이라 한다. 따라서 복소수 z의 절대값 $|z|$은 복소평면의 원점에서 z에 대응하는 복소평면의 점까지의 거리이다. (그림 1.1)

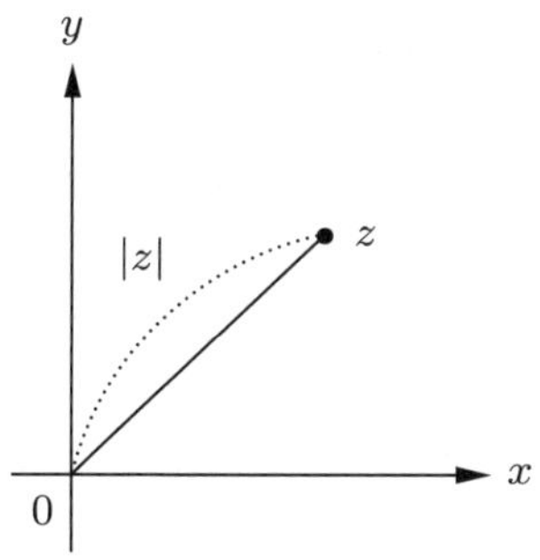

그림 1.1: $|z|$의 기하학적 의미

예제 1.2 $z=-3+2i$이면 $|z|=\sqrt{(-3)^2+2^2}=\sqrt{13}$이다.

✍ **연습문제 1.2** $z=1+4i$이면 $|z|$는 얼마인가?

1.3 켤레

임의의 $z=x+iy\in\mathbb{C}$에 대해 $x-iy$를 z의 **켤레**(conjugate)라 하고 $\overline{z}$로 나타낸다. 즉,

$$\overline{z}=x-iy.$$

복소수의 절대값과 켤레에 대해 다음 성질이 성립한다.

절대값과 켤레에 대한 성질

1. $|z|=|\overline{z}|,\ |z_1z_2|=|z_1||z_2|,\ \left|\dfrac{z_1}{z_2}\right|=\dfrac{|z_1|}{|z_2|}(z_2\neq 0).$

2. $\overline{z_1+z_2}=\overline{z_1}+\overline{z_2}$, $\overline{z_1z_2}=\overline{z_1}\ \overline{z_2}$, $\overline{\left(\dfrac{z_1}{z_2}\right)}=\dfrac{\overline{z_1}}{\overline{z_2}}$ $(z_2\neq 0)$.
3. $\mathrm{Re}\ z=\dfrac{z+\overline{z}}{2}$, $\mathrm{Im}\ z=\dfrac{z-\overline{z}}{2i}$, $z\overline{z}=|z|^2$.

증명은 단순한 계산이므로 쉽다.

예제 1.3 $z=x+iy$라 하면

$$|z|^2=x^2+y^2=(\mathrm{Re}\ z)^2+(\mathrm{Im}\ z)^2$$

이므로

$$\mathrm{Re}\ z\leq|\mathrm{Re}\ z|\leq|z|,\quad \mathrm{Im}\ z\leq|\mathrm{Im}\ z|\leq|z|$$

가 성립한다.

✍ **연습문제 1.3** 임의의 $z_1,z_2\in\mathbb{C}$에 대해

$$|z_1+z_2|\leq|z_1|+|z_2|$$

이 성립함을 보여라.

✍ **연습문제 1.4** $|\alpha|<1$일 때 $|z|\leq 1$일 필요충분조건은

$$\left|\frac{z-\alpha}{1-\overline{\alpha}z}\right|\leq 1$$

임을 보여라.

✍ **연습문제 1.5** $|z_1-z_2|$가 두 점 z_1과 z_2 사이의 거리임을 이용해서 다음을 만족하는 점들의 모임을 기하학적으로 설명하라.

(1) $|z-4i|+|z+4i|=10$

(2) $|z-1|=|z+i|$

✍ **연습문제 1.6** $P(z)$가 계수가 실수인 다항식이고 $P(z_0)=0$이면 $P(\overline{z_0})=0$임을 보여라. 만일 계수가 실수가 아니면 이 관계가 성립하지 않는 예를 구하여라.

✍ **연습문제 1.7** P는 중심이 원점인 단위원 위에 있고 $A_1, A_2, \ldots, A_n$을 이 단위원에 내접하는 정 n각형의 꼭지점이라 할 때

$$\overline{PA_1}^2 + \overline{PA_2}^2 + \cdots + \overline{PA_n}^2$$

을 구하여라.

✍ **연습문제 1.8** $|\alpha| = |\beta| = |\gamma| = 1$라 하자.

(1) $\alpha + \beta + \gamma \neq 0$일 때 다음을 보여라.

$$\left| \frac{\alpha\beta + \beta\gamma + \gamma\alpha}{\alpha + \beta + \gamma} \right| = 1$$

(2) 다음은 실수임을 보여라.

$$\frac{(\alpha + \beta)(\beta + \gamma)(\gamma + \alpha)}{\alpha\beta\gamma}$$

1.4 극형식

(r, θ)를 직교좌표의 원점을 극점으로 하고 양의 x축을 극축으로 하는 극좌표라 하자. (그림 1.2)

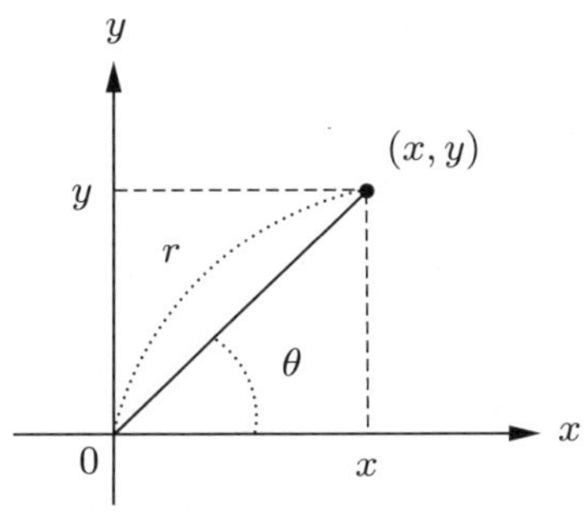

그림 1.2: 직교좌표와 극좌표의 관계

만일 (r, θ)가 복소평면의 점 $z = (x, y) \neq 0$을 나타내면

$$x = r\cos\theta, y = r\sin\theta \ (r > 0)$$

이므로 z는 다음과 같이 나타낼 수 있다.

$$z = x + iy = r(\cos\theta + i\sin\theta)\ (r > 0). \tag{1.2}$$

식 (1.2)와 같은 표현을 z의 **극형식**(polar form)이라 한다. 여기서 θ는 일반각이다. 따라서 두 극형식에 대해

$$r(\cos\theta + i\sin\theta) = r'(\cos\theta' + i\sin\theta')$$

이면 $r = r' > 0$이고 $\theta \equiv \theta' (\mathrm{mod}\ 2\pi)$, 즉 어떤 정수 n에 대해

$$\theta - \theta' = 2n\pi$$

이다. 특히, 식 (1.2)로 표현된 z의 극형식에서 항상 $r > 0$이어야 하고 $z = 0$이면 θ가 정의되지 않으므로 $z = 0$의 극형식은 정의되지 않는다.

직교좌표 상의 점을 극좌표로 나타내는 여러 가지 표현이 존재하므로 어떤 0이 아닌 복소수는 여러 가지 형태의 극형식으로 나타낼 수 있다.

예제 1.4 $-1-i$은 복소평면의 점 $(-1,-1)$에 대응한다. 그리고 이 점에 대응하는 극좌표는 $\left(\sqrt{2}, -\frac{3\pi}{4} + 2n\pi\right)$이다. 따라서 $-1-i$의 극형식은 다음과 같다.

$$\sqrt{2}\left[\cos\left(-\frac{3\pi}{4} + 2n\pi\right) + i\sin\left(-\frac{3\pi}{4} + 2n\pi\right)\right]\ (n = 0, \pm1, \pm2, \ldots)$$

✍ **연습문제 1.9** $1+i$의 극형식을 구하여라.

정의 1.4.1

$z = r(\cos\theta + i\sin\theta)\ (r > 0)$을 z의 극형식이라 할 때

$$\arg z = \{\theta + 2n\pi : n = 0, \pm1, \pm2, \ldots\} \tag{1.3}$$

로 정의한다. 이때 $\arg z$의 각 값을 z의 **편각**(argument)이라 한다. 특히 $-\pi < \Theta \le \pi$를 만족하는 z의 편각 Θ를 $\arg z$의 **주치**(principal value)라 하며 $\mathrm{Arg}\ z$로 나타낸다.

위 정의에서 $\arg z$는 어떤 값을 나타내는 것이 아니라 집합을 나타내는 것이고, $\mathrm{Arg}\ z$는 집합 $\arg z$에 존재하는 특정한 값을 나타낸다.

식 (1.3)을 $\arg z = \theta + 2n\pi$로 나타내기로 하자. 여기서 θ는 집합 $\arg z$에 있는 임의의 값이다. 그러면

$$\arg z = \text{Arg } z + 2n\pi \ (n = 0, \pm 1, \pm 2, \ldots) \tag{1.4}$$

로 나타낼 수 있다. 그리고 식 (1.4)에서 등호는 $\arg z$의 어떤 값은 어떤 n에 대해 $\text{Arg } z + 2n\pi$로 나타낼 수 있다는 의미이다. 그러므로 다음이 성립한다.

$$\arg(z_1 z_2) = \arg z_1 + \arg z_2, \quad \arg\left(\frac{z_1}{z_2}\right) = \arg z_1 - \arg z_2. \tag{1.5}$$

식 (1.5)에서 첫 번째 식은 z_1z_2의 어떤 편각은 z_1의 어떤 편각과 z_2의 어떤 편각의 합으로 나타낼 수 있음을 의미한다. 두 번째 식도 비슷한 의미를 가지고 있다. 그러나 일반적으로 $\arg z$의 주치 $\text{Arg } z$에 대해서는 이러한 사실들이 성립하지 않는다. 즉, 일반적으로

$$\text{Arg } (z_1 z_2) \neq \text{Arg } z_1 + \text{Arg } z_2, \quad \text{Arg } \left(\frac{z_1}{z_2}\right) \neq \text{Arg } z_1 - \text{Arg } z_2$$

이다.

예제 1.5 $z_1 = -1$이고 $z_2 = i$이면

$$\text{Arg } (z_1 z_2) = \text{Arg } (-i) = -\frac{\pi}{2}, \quad \text{Arg } z_1 + \text{Arg } z_2 = \pi + \frac{\pi}{2} = \frac{3\pi}{2}.$$

따라서 이 경우

$$\text{Arg } (z_1 z_2) \neq \text{Arg } z_1 + \text{Arg } z_2$$

임을 알 수 있다.

✍ **연습문제 1.10** $z = 1 + i$일 때 $\text{Arg } z$와 $\arg z$를 구하여라.

✍ **연습문제 1.11** a, b, a', b'이 복소수이고 $bb' \neq 0$이라 하자. 그러면

$$z(t) = a + bt, z(t) = a' + b't(-\infty < t < \infty)$$

는 직선을 나타낸다.

(1) 두 직선이 같은 직선일 필요충분조건은 $a' - a$와 b'이 b의 실수배임을 보여라.

(2) 두 직선이 이루는 각은 $\arg\left(\frac{b'}{b}\right)$임을 보여라.

(3) 직선 $z(t) = a+bt$을 경계로 가지는 한 쪽 반평면의 모든 점 z에 대해 $\mathrm{Im}\left(\frac{z-a}{b}\right) <$ 0을 만족하고, 다른 쪽 반평면의 모든 점 z에 대해 $\mathrm{Im}\left(\frac{z-a}{b}\right) > 0$을 만족함을 보여라. (그림 1.3)

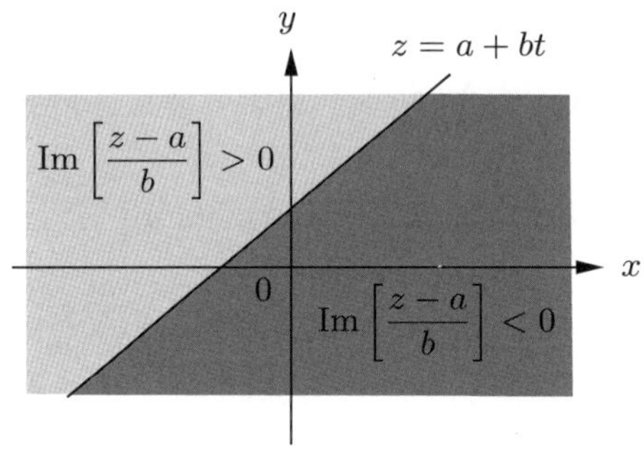

그림 1.3

1.5 지수형식

임의의 실수 θ에 대해

$$\begin{aligned} e^{i\theta} &= 1 - \frac{\theta^2}{2!} + \frac{\theta^4}{4!} - \cdots + i\left(\theta - \frac{\theta^3}{3!} + \frac{\theta^5}{5!} - \cdots\right) \\ &= \cos\theta + i\sin\theta \end{aligned}$$

가 성립하는데, 이 관계식을 **Euler 공식**이라 한다. Euler 공식을 이용하면 극형식 $z = r(\cos\theta + i\sin\theta)$를

$$z = re^{i\theta}$$

로 나타낼 수 있다. 이것을 z의 **지수형식**(exponential form)이라 한다.

예제 1.6 $-1-i$의 극형식이

$$\sqrt{2}\left[\cos\left(-\frac{3\pi}{4} + 2n\pi\right) + i\sin\left(-\frac{3\pi}{4} + 2n\pi\right)\right] \quad (n = 0, \pm1, \pm2, \ldots)$$

이므로 $-1-i$의 지수형식은 다음과 같다.

$$\sqrt{2}\exp\left[i\left(-\frac{3\pi}{4} + 2n\pi\right)\right] \quad (n = 0, \pm1, \pm2, \ldots)$$

✍ **연습문제 1.12** $1+i$의 지수형식을 구하여라.

(참고) *The Mathematical Intelligencer*는 독자들을 상대로 수학의 어느 정리가 가장 아름다운가에 대하여 설문조사를 하였는데, Euler 공식이 첫 번째, 다각형의 꼭지점, 모서리, 면의 개수에 관한 Euler 공식이 두 번째, 소수가 무한히 많다는 정리가 세 번째, 정다면체는 다섯 개뿐이라는 정리가 네 번째, Euler가 발견한 등식

$$\sum_{n=1}^{\infty} \frac{1}{n^2} = \frac{\pi^2}{6}$$

이 다섯 번째로 선정되었다. 자세한 것은 참고문헌 [13]을 참고하라.

1.6 de Moivre의 공식

지수형식으로 주어진 복소수 $z_1 = r_1 e^{i\theta_1}$, $z_2 = r_2 e^{i\theta_2}$에 대해

$$\begin{aligned} z_1 z_2 &= r_1 r_2 e^{i(\theta_1+\theta_2)}, \\ \frac{z_1}{z_2} &= \frac{r_1}{r_2}\frac{e^{i\theta_1}}{e^{i\theta_2}} = \frac{r_1}{r_2} e^{i(\theta_1-\theta_2)} \ (z_2 \neq 0) \end{aligned} \tag{1.6}$$

이 성립한다. 그리고 식 (1.6)에 의해서 지수형식으로 주어진 $z = re^{i\theta} \neq 0$에 대해

$$\begin{aligned} \frac{1}{z} &= \frac{1}{r} e^{-i\theta} \ (z \neq 0), \\ z^n &= r^n e^{in\theta} \ (n = 0, \pm 1, \pm 2, \ldots) \end{aligned}$$

이 성립한다. 특히 $r = 1$이면 $(e^{i\theta})^n = e^{in\theta}$이므로

$$(\cos\theta + i\sin\theta)^n = \cos n\theta + i\sin n\theta \tag{1.7}$$

이 성립하는데, 등식 (1.7)을 **de Moivre의 공식**이라 한다.

예제 1.7 $\sqrt{3} + i = 2e^{i\left(\frac{\pi}{6}+2n\pi\right)}$이므로 de Moivre의 공식을 이용하면

$$(\sqrt{3}+i)^7 = 2^7 e^{i\frac{7}{6}\pi} = 2^6 e^{i\pi} 2 e^{i\frac{1}{6}\pi} = -64(\sqrt{3}+i)$$

이다.

✍ **연습문제 1.13** $(\sqrt{3}-i)^7$을 구하여라.

✍ **연습문제 1.14** de Moivre의 공식을 이용해서 다음 등식들 보여라.

$$\cos 3\theta = \cos^3\theta - 3\cos\theta\sin^2\theta,$$

$$\sin 3\theta = 3\cos^2\theta\sin\theta - \sin^3\theta.$$

✍ **연습문제 1.15** (1) 다음 항등식을 보여라.

$$1 + z + z^2 + \cdots + z^n = \frac{1-z^{n+1}}{1-z}\ (z \neq 1).$$

그리고 위 항등식을 이용하여 다음 Lagrange 삼각항등식

$$1 + \cos\theta + \cos 2\theta + \cdots + \cos n\theta = \frac{1}{2} + \left(\sin\left[(2n+1)\frac{\theta}{2}\right]\right) \Big/ \left(2\sin\left(\frac{\theta}{2}\right)\right)$$

을 유도하라. 여기서 $0 < \theta < 2\pi$이다.

(2) $\displaystyle\sum_{n=0}^{102}\cos\frac{n\pi}{3}$을 구하라

✍ **연습문제 1.16** 양의 정수 m을 다음과 같이 정의하자.

$$m = \begin{cases} \dfrac{n}{2}, & n\text{은 짝수}, \\ \dfrac{n-1}{2}, & n\text{은 홀수}. \end{cases}$$

de Moivre의 공식을 이용해서

$$\cos n\theta = \sum_{k=0}^{m}\binom{n}{2k}(-1)^k\cos^{n-2k}\theta\sin^{2k}\theta\ (n = 0, 1, 2, \ldots)$$

을 보여라.

1.7 복소수의 n제곱근

대수학의 기본정리(fundamental theorem for algebra)에 의하면 양의 정수 n과 $z_0 \in \mathbb{C}$에 대해 n차 방정식 $z^n = z_0$는 n개의 근(root)을 갖는다. 그 근들에 대해 알아보도록 하자.

$z = re^{i\theta}, z_0 = r_0 e^{i\theta}$ 일 때 $z^n = z_0$ 이면 $r^n e^{in\theta} = r_0 e^{i\theta_0}$ 이므로

$$r^n = r, \quad n\theta = \theta_0 + 2k\pi \ (k = 0, \pm 1, \ldots).$$

따라서

$$r = \sqrt[n]{r_0}, \quad \theta = \frac{\theta_0}{n} + \frac{2k\pi}{n} \ (k = 0, \pm 1, \ldots).$$

즉, 방정식 $z^n = z_0$ 의 근을 지수형식으로 다음과 같이 나타낼 수 있다.

$$z = \sqrt[n]{r_0} \exp\left[i\left(\frac{\theta_0}{n} + \frac{2k\pi}{n}\right)\right] (k = 0, \pm 1, \pm 2, \ldots). \tag{1.8}$$

식 (1.8) 에서 $k = 0, 1, 2, \ldots, n-1$ 인 경우에만 서로 다른 값을 가지므로 $z^n = z_0$ 의 n 개의 근은 다음과 같다.

$\boldsymbol{z^n = z_0}$ 의 근

$$c_k = \sqrt[n]{r_0} \exp\left[i\left(\frac{\theta_0}{n} + \frac{2k\pi}{n}\right)\right] (k = 0, 1, 2 \ldots, n-1). \tag{1.9}$$

식 (1.9) 에 주어진 n 개의 복소수를 z_0 의 **$\boldsymbol{n}$ 제곱근**(nth roots of z_0) 이라 한다. 이때 모든 c_k 는 중심이 원점이고 반지름이 $\sqrt[n]{r_0}$ 인 원 위에 놓이고 $n \geq 3$ 이면 각 c_k 는 이 원에 내접하는 정 n 각형의 꼭지점이다.

θ_0 가 $\arg z_0$ 의 주치이면, 즉 $\theta_0 = \text{Arg } z_0$ 이면 c_0 를 방정식 $z^n = z_0$ 의 **주근**(principal root) 이라 부른다.

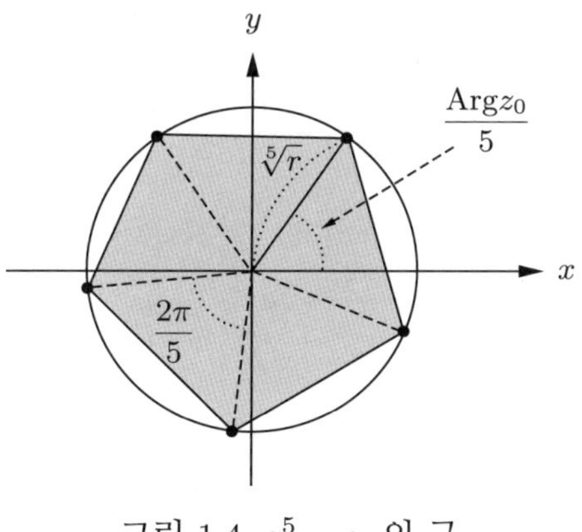

그림 1.4: $z^5 = z_0$ 의 근

참고 방정식 $z^n = z_0$ 의 근들의 집합은 $z_0^{\frac{1}{n}}$ 로 나타내고, 실수 $r_0 > 0$ 에 대해 $z^n = r_0$ 의 유일한 양의 근은 $\sqrt[n]{r_0}$ 로 나타내자. 그러면 $r_0^{\frac{1}{n}}$ 과 $\sqrt[n]{r_0}$ 는 서로 다른 것이다. 전자는 방정식 $z^n = r_0$ 의 근들의 집합이다. 그리고 후자는 방정식 $z^n = r_0$ 의 유일한 양의 근을 나타낸다.

예제 1.8 방정식 $z^n = 1$ 의 모든 근과 주근을 구하자.

$$1 = 1\exp[i(0 + 2k\pi)](k = 0, \pm 1, \ldots)$$

이므로 $z^n = 1$ 의 근들은 다음과 같다.

$$1^{\frac{1}{n}} = \exp\left[i\left(\frac{0}{n} + \frac{2k\pi}{n}\right)\right] = \exp\left(i\frac{2k\pi}{n}\right)\,(k = 0, 1, 2, \ldots, n-1).$$

그리고 $\arg 1$ 의 주치가 0 이므로 $z^n = 1$ 의 주근은 1 이다.

✍ **연습문제 1.17** 양의 실수 c 의 n 제곱근과 주근을 구하여라.

✍ **연습문제 1.18** $(-8i)^{\frac{1}{3}}$ 을 구하고 주근을 구하여라.

✍ **연습문제 1.19** (1) 어떤 실수 a 에 대해 $a+i$ 의 제곱근이

$$\pm\sqrt{A}\exp\left(i\frac{\alpha}{2}\right)$$

임을 보여라. 여기서 $A = \sqrt{a^2+1}$ 이고 $\alpha = \text{Arg}\,(a+i)$ 이다.

(2) 삼각항등식

$$\cos^2\left(\frac{\alpha}{2}\right) = \frac{1+\cos\alpha}{2}, \quad \sin^2\left(\frac{\alpha}{2}\right) = \frac{1-\cos\alpha}{2}$$

을 이용해서 (1)에서 구한 $a+i$ 의 제곱근은 다음과 같이 나타낼 수 있음을 보여라.

$$\pm\frac{1}{\sqrt{2}}\left(\sqrt{A+a} + i\sqrt{A-a}\right).$$

✍ **연습문제 1.20** 서로 다른 세 복소수 α, γ, δ 가 다음 식을 만족한다고 하자.

$$\alpha^2 + \beta^2 + \gamma^2 = \alpha\beta + \beta\gamma + \gamma\alpha.$$

(1) α, β, γ 대신 각각 $\alpha+\delta, \beta+\delta, \gamma+\delta$ 또는 $a\alpha, a\beta, a\gamma$ $(\delta, a \in \mathbb{C})$을 대입해도 윗 식이 성립함을 보여라.

(2) α, β, γ가 정삼각형의 꼭지점일 필요충분조건은 α, β, γ가 윗 식을 만족하는 것임을 보여라.

✍ **연습문제 1.21** 서로 다른 네 복소수 $\alpha, \beta, \gamma, \delta$를 꼭지점으로 하는 사각형이 평행사변형일 필요충분조건이 $\alpha-\beta+\gamma-\delta=0$임을 보여라.

✍ **연습문제 1.22** n이 양의 정수이고 $w_k = e^{i\frac{2k\pi}{n}}$ $(k=1,2,\ldots,n)$이라 하자.

(1) m이 n의 배수가 아닌 양의 정수일 때

$$w_1^m + w_2^m + \cdots + w_n^m = 0$$

임을 보여라.

(2) $p(z)$가 차수가 $2n-1$보다 작거나 같은 다항식이라 할 때

$$\frac{p(w_1)+p(w_2)+\cdots+p(w_n)}{n} = p(0) + \frac{p^{(n)}(0)}{n!}$$

임을 보여라.

제 2 장

극한과 연속

2.1 복소함수

$\mathbb{C}$의 부분집합 D에서 $\mathbb{C}$로 정의된 함수

$$f : D \longrightarrow \mathbb{C}$$

를 D에서 정의된 **복소함수**(complex function)라고 한다. 따라서 복소함수 $f(z)$는

$$f(z) = u(z) + iv(z)$$

또는

$$f(x, y) = u(x, y) + iv(x, y)$$

로 나타낼 수 있다. 여기서 $u(z) = u(x, y)$와 $v(z) = v(x, y)$는 D에서 정의된 실가함수(real valued function)들이다. 만일 f를 극형식으로 나타낸다면 다음과 같은 형태이다.

$$f(r, \theta) = u(r, \theta) + iv(r, \theta).$$

예제 2.1 $f(z) = z^2$이면

$$f(x, y) = (x + iy)^2 = x^2 - y^2 + i2xy$$

이므로

$$u(x, y) = x^2 - y^2, v(x, y) = 2xy.$$

한편, 극형식으로 나타내면

$$f(r,\theta) = (re^{i\theta})^2 = r^2\cos 2\theta + ir^2\sin 2\theta$$

이므로

$$u(r,\theta) = r^2\cos 2\theta, v(r,\theta) = r^2\sin 2\theta$$

이다.

연습문제 2.1 $f(z) = z^3$에서 $u(x,y)$와 $v(x,y)$를 구하고 극형식으로 나타내어라.

2.2 다가함수

f가 집합 D에서 정의된 복소함수라 하면 임의의 $z \in D$에 대해 $f(z)$가 유일하게 결정되는 경우 f를 **일가함수**(one-valued function)라 한다.

일반적으로 함수라고 할 때는 일가함수를 말한다. 그러나 복소함수에서는 $f(z)$가 유일하지 않는 경우가 존재하는데 이런 경우 f를 **다가함수** (multi-valued function)라 한다. 복소함수에서 함수는 일가함수와 다가함수 모두를 말한다.

예제 2.2 $z^{\frac{1}{2}} = \pm\sqrt{r}e^{\frac{i\theta}{2}}(-\pi < \theta < \pi)$이므로

$$f(z) = z^{\frac{1}{2}}(z = re^{i\theta} \neq 0)$$

는 두 개의 값을 가진다. 따라서 $f(z)$은 다가함수, 특히 **이가함수**(double-valued function)이다. 만일

$$f_1(z) = \sqrt{r}e^{\frac{i\theta}{2}}(r > 0, -\pi < \theta < \pi)$$

라 하면 $f(z)$는 일가함수이다. 이 경우 f_1은 $f(z) = z^{\frac{1}{2}}$의 **분지**(branch)라 부른다. 마찬가지로

$$f_2(z) = -\sqrt{r}e^{\frac{i\theta}{2}}(r > 0, -\pi < \theta < \pi)$$

는 $f(z) = z^{\frac{1}{2}}$의 분지이다.

만일 $f_1(0) = f_2(0) = 0$으로 정의하면 f_1과 f_2는 반직선 $\theta = \pi$를 제외한 모든 점에서 정의된 일가함수이다.

참고 $z \neq 0$이면 $z^{\frac{1}{2}}$은 두 개의 값을 나타낸다. 따라서 $f(z) = z^{\frac{1}{2}}$이라 하면 각 $z \neq 0$에 대해 $f(z)$는 두 개의 값을 나타내므로 이가함수이다. 그리고 $f(z)$의 두 개의 값 중 어느 한 값을 택하는 연속함수를 $f(z) = z^{\frac{1}{2}}$의 분지라고 한다.

예제 2.2에서 이가함수의 분지는 2개인데 f_1과 f_2는 평면에서 반직선 $\theta = \pi$와 원점을 제거하여 얻은 것이다. 이와 비슷하게 원점과 원점을 시점으로 하는 어떤 반직선을 제거함으로써 f_1과 f_2와 다른 형태의 두 개의 분지를 얻을 수 있다.

분지에 대한 자세한 것은 나중에 다루자.

2.3 함수의 극한

정의 2.3.1

f가 열린집합 $D \subset \mathbb{C}$에서 정의된 함수이고 $z_0 \in D$라 하자. 이때 임의의 양수 ε에 대해

$$0 < |z - z_0| < \delta, z \in D \implies |f(z) - w_0| < \varepsilon$$

인 양수 δ가 존재하면 $\lim_{z \to z_0} f(z) = w_0$로 나타내고 w_0를 z_0에서 f의 **극한값**이라 한다.

이때 z_0에서 f는 w_0로 **수렴한다**고 한다. 수렴하지 않으면 **발산한다**고 한다.

정의에 의해 f가 z_0에서 수렴하기 위해서는 z가 z_0에 가까이 가는 "방법"에 관계없이 $f(z)$는 일정한 값으로 가까이 가야 한다.

예제 2.3 $f(z)$를 다음과 같이 두자.

$$f(z) = \frac{z}{\bar{z}} = \frac{x + iy}{x - iy}.$$

만일 $z = (x, y)$가 x축을 따라 원점 $(0, 0)$으로 가까이 가면 $f(z)$는 1로 수렴하고 y축을 따라 원점으로 가까이 가면 $f(z)$는 -1로 수렴한다. 즉, $z = (x, y)$가

원점으로 가까이 가는 방법을 다르게 하면 $f(z)$가 일정한 값으로 가까이 가지 않을 수 있으므로 $f(z)$는 0에서 발산한다.

$f(z) = u(x,y)+iv(x,y)$가 $z_0 = x_0+iy_0$ 근방에서 정의되어 있고 $w_0 = u_0+iv_0$ 이면 극한의 정의와 부등식

$$\begin{aligned}\max\{|u-u_0|,|v-v_0|\} &\le |f(z)-w_0| \\ &= \sqrt{(u-u_0)^2+(v-v_0)^2} \\ &\le |u-u_0|+|v-v_0|\end{aligned}$$

에 의해

$$\lim_{z\to z_0} f(z) = w_0 \iff \lim_{z\to z_0} u(x,y) = u_0,\ \lim_{z\to z_0} v(x,y) = v_0$$

이 성립한다.

✍ **연습문제 2.2** $\lim_{z\to z_0} \mathrm{Re}z = \mathrm{Re}z_0$ 임을 보여라.

복소함수의 극한의 성질도 실함수의 극한의 성질과 비슷하다.

정리 2.3.2

f와 g가 z_0 근방에서 정의되어 있을 때

$$\lim_{z\to z_0} f(z) = w_0, \quad \lim_{z\to z_0} g(z) = w_1$$

이면 z_0에서 $f+g, fg, \dfrac{f}{g}$는 수렴하고

$$\begin{aligned}\lim_{z\to z_0}[f(z)+g(z)] &= w_0+w_1, \\ \lim_{z\to z_0} f(z)g(z) &= w_0w_1, \\ \lim_{z\to z_0}\frac{f(z)}{g(z)} &= \frac{w_0}{w_1}\ (w_1\ne 0).\end{aligned}$$

증명은 극한의 정의를 이용하면 쉬우므로 생략한다.

✍ **연습문제 2.3** $\lim_{z\to z_0} f(z) = w_0$ 이면 $\lim_{z\to z_0} |f(z)| = |w_0|$ 임을 보여라.

2.4 확장된 복소평면

무한점(point at infinity) 에서 극한에 대해 알아보자. 무한점을 ∞로 나타낼 때

$$S^2 = \{(x, y, w) : x^2 + y^2 + w^2 = 1\}$$

과 집합 $\mathbb{C} \cup \{\infty\}$ 사이에

$$\begin{aligned} Z = (x, y, w)(\neq (0,0,1)) \quad &\longleftrightarrow \quad z = \frac{x+iy}{1-w} \\ N = (0,0,1) \quad &\longleftrightarrow \quad \infty \end{aligned}$$

와 같은 대응관계를 **극사영**(stereographic projection) 이라 한다. (그림 2.1)

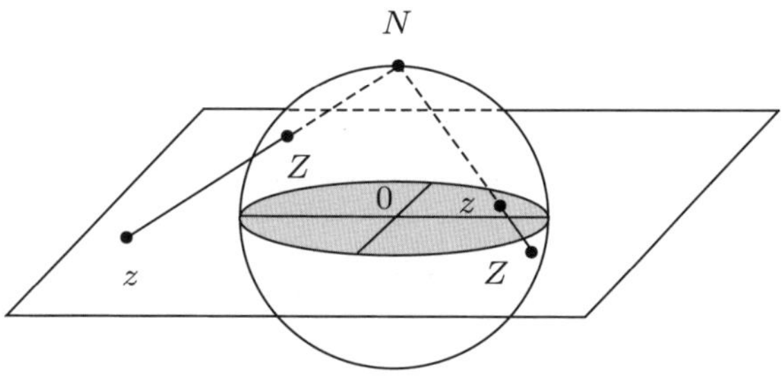

그림 2.1: 극사영

극사영은 일대일 대응이고

$$|z|^2 = \frac{1+w}{1-w}. \tag{2.1}$$

따라서

$$w = \frac{|z|^2 - 1}{|z|^2 + 1}, \quad x = \frac{z + \overline{z}}{1 + |z|^2}, \quad y = \frac{z - \overline{z}}{i(1 + |z|^2)}. \tag{2.2}$$

극사영에 의해서 S^2의 적도(equator) $w = 0$인 부분은 복소평면 상의 단위원 $|z| = 1$에 대응하고, S^2의 상반구(upper semisphere) 에서 북극점 $N = (0,0,1)$을 제거한 부분인 $0 < w < 1$의 점들은 복소평면의 단위원의 외부 $|z| > 1$의 점들에 대응한다. 그리고 S^2의 하반구(lower semisphere) $-1 \le w < 0$의 점들은 복소평면의 단위원의 내부의 점들에 대응하고 N은 ∞에 대응한다. 이러한 사실들은 식 (2.1)과 식 (2.2) 에서 알 수 있다.

$\mathbb{C} \cup \{\infty\}$를 **확장된 복소평면**(extended complex plane) 이라 부르는데 위의 사실로부터 S^2와 확장된 복소평면은 극사영에 의해 일대일대응이 된다. 극사영에

의해서 확장된 복소평면과 일대일 대응이 주어진 S^2를 **Riemann 구**(Riemann sphere)라 부른다.

확장된 복소평면에서 ε-근방을 정의하자. $\mathbb{C}$와 확장된 복소평면 $\mathbb{C}^* = \mathbb{C} \cup \{\infty\}$는 서로 다른 집합이므로 확장된 복소평면에서 극한을 정의하기 위해서는 ε-근방을 정의해야 한다. 그렇게 함으로서 ε-근방을 이용해서 정의하는 극한을 $\mathbb{C}^*$에서 정의할 수 있다.

확장된 복소평면에서 ε-근방은 다음과 같이 정의한다.

확장된 복소평면에서 ε-근방

$z \neq \infty$이면 z의 ε-근방은 $\mathbb{C}$에서 ε-근방으로 정의하고

$$\left\{ z \in \mathbb{C} : |z| > \frac{1}{\varepsilon} \right\}$$

을 $z = \infty$의 ε-근방이라 한다.

이렇게 정의하면 확장된 복소평면 $\mathbb{C} \cup \{\infty\}$에서 위상이 정의되는데 이 위상에서 $\mathbb{C} \cup \{\infty\}$는 컴팩트집합이 된다. 즉, 유계이고 닫힌집합이 된다. (위상이 정의되었다는 뜻은 ε-근방이 정의되었다는 뜻으로 이해하자.) 특히 이 위상은 컴팩트가 아닌 집합 $\mathbb{C}$에 한 점 ∞를 추가하여 $\mathbb{C} \cup \{\infty\}$를 컴팩트집합으로 만들어 주는 위상이다. 이런 이유에서 이 위상을 **한 점 컴팩트화**(one point compactification)라 한다.

그런데 왜 이런 것이 필요할까? 이유는 앞에서 언급하였지만

$$\lim_{z \to \infty} f(z) = w_0, \quad \lim_{z \to z_0} f(z) = \infty, \quad \lim_{z \to \infty} f(z) = \infty$$

등과 같은 극한을 정의하기 위해서는 ∞의 ε-근방이 정의되어야 하기 때문이다.

∞에 대한 극한을 정의하면 다음과 같다.

$\lim_{z \to z_0} f(z) = \infty$의 정의

임의의 양수 ε에 대해

$$0 < |z - z_0| < \delta \implies |f(z)| > \frac{1}{\varepsilon} \text{ 또는 } 0 < |z - z_0| < \delta \implies \left| \frac{1}{f(z)} \right| < \varepsilon$$

인 양수 δ가 존재한다.

따라서 다음이 성립한다.

$$\lim_{z\to z_0} f(z) = \infty \Longleftrightarrow \lim_{z\to z_0} \frac{1}{f(z)} = 0.$$

예제 2.4 $\lim_{z\to -1} \dfrac{z+1}{iz+3} = 0$이므로

$$\lim_{z\to -1} \frac{iz+3}{z+1} = \infty$$

이다.

$\lim_{z\to\infty} f(z) = w_0$의 정의

임의의 양수 ε에 대해

$$|z| > \frac{1}{\delta} \Longrightarrow |f(z) - w_0| < \varepsilon \text{ 또는 } 0 < |z| < \delta \Longrightarrow \left| f\left(\frac{1}{z}\right) - w_0 \right| < \varepsilon$$

인 양수 δ가 존재한다.

따라서 다음이 성립한다.

$$\lim_{z\to\infty} f(z) = w_0 \Longleftrightarrow \lim_{z\to 0} f\left(\frac{1}{z}\right) = w_0.$$

예제 2.5 $\lim_{z\to 0} \left[\left(\dfrac{2}{z} + i\right) \Big/ \left(\dfrac{1}{z} + 1\right) \right] = \lim_{z\to 0} \dfrac{2+iz}{1+z} = 2$이므로

$$\lim_{z\to\infty} \frac{2z+i}{z+1} = 2$$

이다.

$\lim_{z\to\infty} f(z) = \infty$의 정의

임의의 양수 ε에 대해

$$|z| > \frac{1}{\delta} \Longrightarrow |f(z)| > \frac{1}{\varepsilon} \text{ 또는 } 0 < |z| < \delta \Longrightarrow \left| \frac{1}{f\left(\frac{1}{z}\right)} \right| < \varepsilon$$

인 양수 δ가 존재한다.

따라서 다음이 성립한다.

$$\lim_{z\to\infty} f(z)=\infty \iff \lim_{z\to 0}\frac{1}{f\left(\frac{1}{z}\right)}=0.$$

예제 2.6 $\lim_{z\to 0}\left[\left(\frac{1}{z^2}-1\right)\Big/\left(\frac{2}{z^3}-1\right)\right]=\lim_{z\to 0}\frac{z+z^3}{2-z^3}=0$이므로

$$\lim_{z\to\infty}\frac{2z^3-1}{z^2+1}=\infty$$

이다.

✍ **연습문제 2.4** 정의를 이용해서

$$\lim_{z\to 0}\frac{1}{z}=\infty,\qquad \lim_{z\to\infty}\frac{1}{z}=0$$

임을 보여라.

2.5 복소함수의 연속

정의 2.5.1

f가 z_0 근방에서 정의되어 있을 때, 임의의 양수 ε에 대해

$$|z-z_0|<\delta \implies |f(z)-f(z_0)|<\varepsilon$$

인 양수 δ가 존재하면 f는 z_0에서 **연속**이라 한다.

즉, f가 z_0 근방에서 정의되어 있을 때 $\lim_{z\to z_0} f(z)$와 $f(z_0)$가 존재하고 $\lim_{z\to z_0} f(z)=f(z_0)$이면 f는 z_0에서 연속이라 한다.

연속의 정의와 극한에 관한 정리, 그리고 실함수의 연속에 관한 정리 등을 이용하면 다음 성질이 성립함을 쉽게 보일 수 있다.

연속함수의 성질

1. f, g과 z_0에서 연속이면 $f \pm g, fg, \alpha f(\alpha \in \mathbb{C}), \dfrac{f}{g}(g(z_0) \neq 0)$도 z_0에서 연속이다.
2. f가 z_0에서 연속이고 g가 $w_0 = f(z_0)$에서 연속이면 $g \circ f$는 z_0에서 연속이다.
3. f가 z_0에서 연속이고 $f(z_0) \neq 0$이면 z_0의 적당한 근방에서 $f(z) \neq 0$이다.
4. $f(z) = u(x, y) + iv(x, y)$가 z_0에서 연속일 필요충분조건은 $u(x, y), v(x, y)$가 z_0에서 연속인 것이다.
5. (최대 · 최소정리) f가 $\mathbb{C}$의 컴팩트부분집합 D에서 연속이면 D에서 $|f(z)|$의 최대값, 최소값이 존재한다.

✍ **연습문제 2.5** f가 $z = z_0$에서 연속이고 $f(z_0) \neq 0$이면 z_0의 적당한 근방의 모든 z에 대해 $f(z) \neq 0$임을 보여라.

✍ **연습문제 2.6** $f(z)$가 z_0에서 연속이면 $\overline{f(z)}$도 z_0에서 연속임을 보여라.

✍ **연습문제 2.7** 최대값 · 최소값 정리를 증명하여라.

지금까지 극한의 정의 및 성질, 연속의 정의 및 성질에 대해 알아보았다. 이미 앞에서 보았지만 극한과 연속에 대한 정의 및 성질은 실함수의 극한과 연속에 대한 성질과 별 다른 것이 없다. 물론 증명하는 방법도 비슷하다. 여기서는 증명에 대한 자세한 것은 언급하지 않았지만 한번쯤은 스스로 증명하여 보는 것이 좋을 듯하다.

제 3 장

Cauchy-Riemann 방정식과 해석함수

3.1 미분

f가 z_0 근방에서 정의된 함수일 때 다음 극한이 존재하면 $f'(z_0)$으로 나타내고 f는 z_0에서 **미분가능**이라 한다.

$$\lim_{z \to z_0} \frac{f(z) - f(z_0)}{z - z_0} = f'(z_0). \tag{3.1}$$

그리고 $f'(z_0)$를 z_0에서 f의 **미분**(derivative)이라 한다. 만일

$$\Delta z = z - z_0, \Delta f(z) = f(z_0 + \Delta z) - f(z_0)$$

이면 식 (3.1)을 다음과 같이 나타낼 수 있다.

$$f'(z_0) = \lim_{\Delta z \to 0} \frac{\Delta f}{\Delta z} = \frac{dw}{dz}.$$

한편, f가 z_0에서 미분가능하면

$$\lim_{z \to z_0} [f(z) - f(z_0)] = \lim_{z \to z_0} \left[\frac{f(z) - f(z_0)}{z - z_0} \right] \cdot (z - z_0) = 0$$

이므로 다음 사실을 알 수 있다.

정리 3.1.1

f가 z_0에서 미분가능하면 f는 z_0에서 연속이다. 그러나 역은 성립하지 않는다.

예제 3.1 $f(z) = |z|^2 = x^2 + y^2$이라 하자. 그러면

$$\frac{\Delta w}{\Delta z} = \frac{|z+\Delta z|^2 - |z|^2}{\Delta z} = \overline{z} + \overline{\Delta z} + z\frac{\overline{\Delta z}}{\Delta z}.$$

x축을 따라서 $\Delta z = (\Delta x, \Delta y) \to (0,0)$이면 $\overline{\Delta z} \to 0$이고 $\dfrac{\overline{\Delta z}}{\Delta z} \to 1$이므로 $\dfrac{\Delta f}{\Delta z} \to \overline{z} + z$이다. y축을 따라 $\Delta z = (\Delta x, \Delta y) \to (0,0)$이면 $\overline{\Delta z} \to 0$이고 $\dfrac{\overline{\Delta z}}{\Delta z} \to -1$이므로 $\dfrac{\Delta f}{\Delta z} \to \overline{z} - z$. 따라서 $\lim_{\Delta z \to 0} \dfrac{\Delta f}{\Delta z}$가 존재하기 위해서는 $\overline{z} + z = \overline{z} - z$, 즉 $z = 0$이어야 한다. 따라서 $f(z)$는 $z \neq 0$에서 미분가능하지 않다. 그러나 $f(z)$는 0에서는 미분가능하고 미분계수는 0이다.

예제 3.1에서 다음과 같은 사실을 알 수 있다.

미분의 성질

1. 한 점에서만 미분가능하고 그 점 이외의 모든 점에서 미분가능하지 않은 함수가 존재한다.
2. $f(z) = u(x,y) + iv(x,y)$에서 u와 v가 해석적인 실함수(analytic real function) 일지라도 f는 미분불가능한 함수일 수 있다.
3. 미분가능하면 연속이지만 그 역은 성립하지 않는다. 즉, $u = x^2 + y^2$은 연속함수이므로 $f(z) = |z|^2 = x^2 + y^2$은 $(x,y) \neq (0,0)$에서 연속이지만 미분가능하지 않다.

참고 실함수 u가 점 $z_0 = (x_0, y_0)$에서 임의계의 편미분이 존재하고 z_0의 적당한 근방에서 u를 Taylor 급수로 표현할 수 있을 때 u는 z_0에서 해석적이라 한다.

미분의 정의와 극한의 성질을 이용하면 미분에 대한 다음 공식을 얻을 수 있다.

미분공식

1. 임의의 상수 c에 대해 $\dfrac{d}{dz}c = 0$.
2. 임의의 양의 정수 n에 대해

$$\frac{d}{dz}z^n = nz^{n-1}.$$

3. 임의의 상수 c와 미분가능한 함수 f에 대해 cf는 미분가능하고

$$\frac{d}{dz}[cf(z)] = cf'(z).$$

4. 미분가능한 함수 f, g에 대해 $f+g$는 미분가능하고

$$\frac{d}{dz}[f(z)+g(z)] = f'(z)+g'(z).$$

5. 미분가능한 함수 f, g에 대해 fg는 미분가능하고

$$\frac{d}{dz}[f(z)g(z)] = f'(z)g(z)+f(z)g'(z).$$

6. 미분가능한 함수 $f, g(\neq 0)$에 대해 $\dfrac{f}{g}$는 미분가능하고

$$\frac{d}{dz}\left[\frac{f(z)}{g(z)}\right] = \frac{f'(z)g(z)-f(z)g'(z)}{[g(z)]^2}.$$

7. 미분가능한 함수 f, g에 대해 $(g\circ f)(z)$는 미분가능하고

$$\frac{d}{dz}[g(f(z))] = g'(f(z))f'(z).$$

f와 g가 z_0에서 미분가능하고 $f(z_0)=g(z_0)=0,\ g'(z_0)\neq 0$이면

$$\begin{aligned}\frac{f'(z_0)}{g'(z_0)} &= \left(\lim_{z\to z_0}\frac{f(z)-f(z_0)}{z-z_0}\right)\Big/\left(\lim_{z\to z_0}\frac{g(z)-g(z_0)}{z-z_0}\right)\\ &= \lim_{z\to z_0}\left[\left(\frac{f(z)-f(z_0)}{z-z_0}\right)\Big/\left(\frac{g(z)-g(z_0)}{z-z_0}\right)\right] = \lim_{z\to z_0}\frac{f(z)}{g(z)}.\end{aligned}$$

따라서 다음 **L'Hospital 법칙**을 얻는다.

정리 3.1.2 **L'Hospital 법칙**

f와 g가 z_0에서 미분가능하고 $f(z_0)=g(z_0)=0, g'(z_0)\neq 0$이면

$$\lim_{z\to z_0}\frac{f(z)}{g(z)} = \frac{f'(z_0)}{g'(z_0)}.$$

3.2 Cauchy-Riemann 방정식

미분의 정의에서 $f=u+iv$가 z_0에서 미분가능하면 다음 극한이 존재한다.

$$f'(z_0) = \lim_{\Delta z\to 0}\frac{f(z_0+\Delta z)-f(z_0)}{\Delta z}. \tag{3.2}$$

식 (3.2)의 극한이 존재하므로 방법에 관계없이 $\Delta z \to 0$이면

$$\frac{f(z_0+\Delta z)-f(z_0)}{\Delta z}$$

는 $f'(z_0)$에 수렴한다.

x축을 따라 $\Delta z = (\Delta x, \Delta y) \to (0,0)$이면

$$\frac{f(z_0+\Delta z)-f(z_0)}{\Delta z} = \frac{f(x_0+\Delta x, y_0+\Delta y)-f(x_0,y_0)}{\Delta x + i\Delta y}$$

의 극한은 다음과 같다.

$$\lim_{(\Delta x,0)\to(0,0)} \frac{f(x_0+\Delta x, y_0+\Delta y)-f(x_0,y_0)}{\Delta x + i\Delta y} = \lim_{\Delta x\to 0} \frac{f(x_0+\Delta x, y_0)-f(x_0,y_0)}{\Delta x}.$$

비슷하게 y축을 따라 $\Delta z = (\Delta x, \Delta y) \to (0,0)$이면

$$\frac{f(z_0+\Delta z)-f(z_0)}{\Delta z}$$

의 극한은

$$\lim_{(0,\Delta y)\to(0,0)} \frac{f(x_0+\Delta x, y_0+\Delta y)-f(x_0,y_0)}{\Delta x + i\Delta y} = \lim_{\Delta y\to 0} \frac{f(x_0, y_0+\Delta y)-f(x_0,y_0)}{i\Delta y}$$

이다.

$$\begin{aligned}\frac{f(z_0+\Delta z)-f(z_0)}{\Delta z} =& \frac{u(x_0+\Delta x, y_0+\Delta y)-u(x_0,y_0)}{\Delta x + i\Delta y}\\ &+ i\frac{v(x_0+\Delta x, y_0+\Delta y)-v(x_0,y_0)}{\Delta x + i\Delta y}.\end{aligned}$$

에서

$$\begin{aligned}\lim_{\Delta x\to 0} \frac{u(x_0+\Delta x, y_0)-u(x_0,y_0)}{\Delta x} &= u_x(x_0,y_0),\\ \lim_{\Delta x\to 0} \frac{v(x_0+\Delta x, y_0)-v(x_0,y_0)}{\Delta x} &= v_x(x_0,y_0)\end{aligned}$$

이므로 f가 z_0에서 미분가능하면 u와 v가 (x_0,y_0)에서 x에 대한 편미분이 존재하고

$$\begin{aligned}&\lim_{(\Delta x,0)\to(0,0)} \frac{f(z_0+\Delta z)-f(z_0)}{\Delta z}\\ &= \lim_{\Delta x\to 0} \frac{u(x_0+\Delta x, y_0)-u(x_0,y_0)}{\Delta x} + \lim_{\Delta x\to 0} i\frac{v(x_0+\Delta x, y_0)-v(x_0,y_0)}{\Delta x} \qquad (3.3)\\ &= u_x(x_0,y_0) + iv_x(x_0,y_0).\end{aligned}$$

비슷하게

$$\lim_{(0,\Delta y)\to(0,0)} \frac{f(z_0+\Delta z)-f(z_0)}{\Delta z} = v_y(x_0,y_0) - iu_y(x_0,y_0). \tag{3.4}$$

f가 z_0 에서 미분가능하므로 Δz가 원점 $(0,0)$로 가까이 가는 방법에 관계없이 $\lim_{\Delta z\to 0}\frac{\Delta f}{\Delta z}$의 극한값은 일정해야 한다. 따라서 식 (3.3)에서 구한 극한값과 식 (3.4)에서 구한 극한값이 같다. 즉,

$$\begin{aligned} f'(z_0) &= u_x(x_0,y_0) + iv_x(x_0,y_0) \\ &= v_y(x_0,y_0) - iu_y(x_0,y_0). \end{aligned} \tag{3.5}$$

따라서 식 (3.5)에서 다음 관계식들을 얻을 수 있다.

$$u_x(x_0,y_0) = v_y(x_0,y_0), \quad u_y(x_0,y_0) = -v_x(x_0,y_0) \tag{3.6}$$

식 (3.6)을 $f(z) = u + iv$의 **Cauchy-Riemann 방정식**이라 한다. 이러한 사실을 정리하면 다음과 같다.

정리 3.2.1

$f(z) = u(x,y) + iv(x,y)$가 $z_0 = x_0 + iy_0$에서 미분가능하면 z_0에서 u_x, u_y, v_x, v_y가 존재하고 $u_x = v_y, u_y = -v_x$를 만족한다. 그리고

$$f'(z_0) = u_x(x_0,y_0) + iv_x(x_0,y_0) = v_y(x_0,y_0) - iu_y(x_0,y_0).$$

Cauchy-Riemann 방정식은 $f'(z_0)$가 존재하기 위한 필요조건이지만 충분조건은 아니다. 이 사실은 다음 연습문제에서 알 수 있다.

✍ **연습문제 3.1**

$$f(z) = \begin{cases} \dfrac{(\overline{z})^2}{z}, & z \neq 0, \\ 0, & z = 0 \end{cases}$$

는 $(0,0)$에서 Cauchy-Riemann 방정식을 만족하지만 $f'(0)$이 존재하지 않음을 보여라.

✍ **연습문제 3.2** $(x,y) \neq (0,0)$에 대해

$$u(x,y) = \frac{x^3 - y^3}{x^2+y^2}, \quad v(x,y) = \frac{x^3+y^3}{x^2+y^2}$$

이라 하자. 그리고

$$f(z)=\begin{cases} u(x,y)+iv(x,y), & (x,y)\neq(0,0),\\ 0, & (x,y)=(0,0)\end{cases}$$

라 하자. 이때 f는 $(0,0)$에서 Cauchy-Riemann 방정식을 만족하지만 미분가능이 아님을 보여라.

예제 3.2 $f(z)=z^2$이면 $u(x,y)=x^2-y^2, v(x,y)=2xy$이고 모든 점에서 미분가능하다. 그리고

$$u_x=2x,\ v_x=2y,\ v_y=2x,\ u_y=-2y.$$

따라서 f는 모든 점에서 Cauchy-Riemann 방정식을 만족하고

$$f'(z)=u_x+iv_x=-v_y+iu_y=2x+i2y=2z$$

이다.

연습문제 3.3 정리 3.2.1을 이용하여 $f(z)=|z|^2=x^2+y^2$은 $(x,y)\neq(0,0)$에서 미분가능하지 않음을 보여라.

참고 f가 z_0에서 미분가능하면 u,v가 Cauchy-Riemann 방정식을 만족하므로

$$|f'(z_0)|=(u_x)^2+(v_x)^2=u_xv_y-u_yv_x=\det\begin{pmatrix} u_x & u_y\\ v_x & v_y\end{pmatrix}.$$

따라서 $|f'(z_0)|^2=J_f(x,y)$(f의 야코비안(Jacobian))이다.

연습문제 3.4 (1) D가 면적을 가지는 평면의 부분집합이고 D에서 정의된 함수 $f(z)=u+iv$가 미분가능한 일대일함수라 하자. 이때 $f(D)$을 f에 의한 D의 상이면 $f(D)$의 면적을 $A(f(D))$라 할 때 다음을 보여라.

$$A(f(D))=\iint_D |f'(z)|^2dxdy$$

(2) $f(z)=\dfrac{e^{iz}-e^{-iz}}{2i}$이고

$$D=\left\{(x,y):0\le x\le\frac{\pi}{2},0\le y\le 1\right\}$$

일 때 $A(f(D))$을 구하여라.

Cauchy-Riemann 방정식을 만족하는 것은 함수가 어떤 점에서 미분가능하기 위한 필요조건이지만 충분조건은 아니라는 것을 보았다. 그럼 충분조건은 어떤 것이 있을까? 다음 정리는 함수가 어떤 점에서 미분가능하기 위한 충분조건이 어떤 것이 있는지 알려준다.

정리 3.2.2

$f(z) = u(x,y)+iv(x,y)$가 $z_0 = x_0+iy_0$ 근방에서 정의되어 있고 그 근방에서 u와 v의 편도함수가 존재하며 각 편도함수가 (x_0, y_0)에서 연속이라 하자.[a] 이때 u와 v가 (x_0, y_0)에서 Cauchy-Riemann 방정식을 만족하면 $f'(z_0)$가 존재한다.

a) 각 편도함수가 연속인 함수를 C^1-급 함수라 한다.

즉, $f(z) = u(x,y)+iv(x,y)$가 $z_0 = x_0+iy_0$ 근방에서 정의되어 있을 때 $f'(z_0)$가 존재하기 위한 충분조건은 다음과 같다.

$f'(z_0)$가 존재하기 위한 충분조건

1. z_0의 근방에서 u와 v가 편미분가능하고,
2. u_x, u_y, v_x, v_y가 (x_0, y_0)에서 연속이고,
3. (x_0, y_0)에서 $u_x = v_y, u_y = -v_x$를 만족한다.

자세한 증명은 참고문헌 [3]을 참고하기 바란다.

예제 3.3 $f(z) = e^x(\cos y + i\sin y)$이면

$$u(x,y) = e^x \cos y, v(x,y) = e^x \sin y.$$

따라서 u, v는 모든 점에서 연속인 편도함수를 가지며 Cauchy-Riemann 방정식

$$u_x = e^x \cos y = v_y, \quad u_y = -e^x \sin y = -v_x$$

를 만족하므로 모든 점에서 $f'(z)$가 존재한다. 그리고

$$f'(z) = u_x + iv_x = e^x(\cos y + i\sin y)$$

이다.

✍ **연습문제 3.5** 정리 3.2.2를 이용하여 $f(z) = |z|^2 = x^2 + y^2$은 $(0,0)$에서 미분가능하고 $f'(0) = 0$임을 보여라.

✍ **연습문제 3.6** $f(z) = z\mathrm{Im}z$가 미분가능한 점을 모두 구하고 미분가능한 각 점에서 미분을 구하여라.

3.3 극형식에서 Cauchy-Riemann 방정식

$f(z)$가 극형식으로 주어졌다 하자. 이때 Cauchy-Riemann 방정식이 어떻게 주어지는지 알아보자.

$f(z) = u(x,y) + iv(x,y)$에서 u와 v를 극형식으로 나타내면

$$u(x,y) = u(x(r,\theta), y(r,\theta)), \quad v(x,y) = v(x(r,\theta), y(r,\theta)).$$

여기서 $x(r,\theta) = r\cos\theta, y(r,\theta) = r\sin\theta$이다. 연쇄법칙을 이용하면 다음을 얻을 수 있다.

$$\begin{cases} u_r = u_x \cos\theta + u_y \sin\theta, \\ u_\theta = -u_x r\sin\theta + u_y r\cos\theta. \end{cases} \tag{3.7}$$

$$\begin{cases} v_r = v_x \cos\theta + v_y \sin\theta, \\ v_\theta = -v_x r\sin\theta + v_y r\cos\theta \end{cases} \tag{3.8}$$

식 (3.8)에 $u_x = v_y, u_y = -v_x$를 대입하면 다음을 얻는다.

$$\begin{cases} v_r = -u_y \cos\theta + u_x \sin\theta, \\ v_\theta = u_y r\sin\theta + u_x r\cos\theta. \end{cases} \tag{3.9}$$

그리고 식 (3.7)과 식 (3.9)를 비교하면 다음을 얻는다.

$$u_r = \frac{1}{r}v_\theta, \quad \frac{1}{r}u_\theta = -v_r. \tag{3.10}$$

식 (3.10)을 극형식에서 $f(z) = u + iv$의 **Cauchy-Riemann 방정식**이라 한다.

이러한 사실들을 이용하여 정리 3.2.2를 극형식으로 주어진 함수에 대한 것으로 나타내면 다음과 같다.

정리 3.3.1

$f(z) = u(r,\theta) + iv(r,\theta)$가 $z_0 = r_0 \exp(i\theta_0) \neq 0$ 근방에서 정의되어 있고, 그 근방에서 u, v가 r, θ에 관해 편미분가능하고 각 편도함수가 (r_0, θ_0)에서 연속이라 하자. 이때 (r_0, θ_0)에서

$$u_r = \frac{1}{r}v_\theta, \quad \frac{1}{r}u_\theta = -v_r$$

을 만족하면 $f'(z_0)$가 존재한다.

예제 3.4 $f(z) = \dfrac{1}{z} = \dfrac{1}{re^{i\theta}} = \dfrac{1}{r}(\cos\theta - i\sin\theta)$이면

$$u(r,\theta) = \frac{1}{r}\cos\theta, \ v(r,\theta) = -\frac{\sin\theta}{r}.$$

따라서 모든 점 $z(\neq 0)$에서 u와 v는 편미분가능하고

$$u_r = -\frac{1}{r^2}\cos\theta, \quad u_\theta = -\frac{1}{r}\sin\theta,$$
$$v_r = \frac{1}{r^2}\sin\theta, \quad v_\theta = -\frac{\cos\theta}{r}.$$

그런데 $u_r, u_\theta, v_r, v_\theta$는 모든 점 $z(\neq 0)$에서 연속이고 (r_0, θ_0)에서

$$u_r = \frac{1}{r}v_\theta, \ \frac{1}{r}u_\theta = -v_r$$

을 만족하므로 $f'(z)$가 존재하고

$$\begin{aligned} f'(z) &= e^{-i\theta}\left(-\frac{1}{r^2}\cos\theta + i\frac{1}{r^2}\sin\theta\right) \\ &= -\frac{1}{(re^{i\theta})^2} = -\frac{1}{z^2} \end{aligned}$$

이다.

한편, $f(z) = u + iv$가 $z_0 = r_0 \exp(i\theta_0) \neq 0$에서 미분가능하면 z_0에서 f의 미분은 다음과 같이 나타낼 수 있다.

$$f'(z_0) = e^{-i\theta_0}(u_r(r_0, \theta_0) + iv_r(r_0, \theta_0)).$$

자세한 계산은 연습문제로 남긴다.

✍ **연습문제 3.7** $f(z) = u + iv$가 $z_0 = r_0 \exp(i\theta_0) \neq 0$에서 미분가능하다고 하자. 그러면 $f'(z_0)$는

$$f'(z_0) = e^{-i\theta_0}(u_r(r_0, \theta_0) + iv_r(r_0, \theta_0))$$

로 나타낼 수 있음을 보여라.

✍ **연습문제 3.8** 다음 함수가 주어진 영역의 모든 점에서 미분가능함을 보여라.

(1) $f(z) = \sqrt{r}e^{\frac{i\theta}{2}}$ $(r > 0, -\pi < \theta < \pi)$.

(2) $f(z) = e^{-\theta}\cos(\ln r) + ie^{-\theta}\sin(\ln r)$ $(r > 0, 0 < \theta < 2\pi)$.

3.4 해석함수

열린집합 D에서 정의된 함수 f가 D의 모든 점에서 미분가능하면 f는 D에서 **해석적** 또는 **해석함수**(analytic function)라 한다. D가 열린집합이 아닐 때 f가 D에서 해석적이라는 것은 f가 D를 포함하는 어떤 열린집합에서 해석적인 것으로 정의한다.(이것은 D를 포함하는 어떤 열린집합에서 정의된 f의 미분가능한 확장 함수(extension function)가 존재함을 의미한다.) 따라서 f가 z_0에서 해석적이란 f가 z_0을 포함하는 어떤 열린근방에서 해석적이란 뜻이다. 즉, f가 점 z_0에서 해석적이란 f가 모든 점에서 미분가능한 z_0의 열린근방이 존재한다는 의미이다.

f가 전체평면 $\mathbb{C}$에서 해석적이면 f를 **전해석함수**(entire function)라 한다.

예제 3.5 $f(z) = \dfrac{1}{z}$은 $z \neq 0$인 모든 점에서 미분가능하므로 $z \neq 0$인 모든 점에서 해석적이다. 그러나 $g(z) = |z|^2$은 어떤 점에서도 해석적이 아니다. 왜냐하면 $z \neq 0$이면 g는 미분가능하지 않고 $z = 0$에서 g는 미분가능하지만 g가 미분가능한 0의 열린근방이 존재하지 않기 때문이다.

✍ **연습문제 3.9** f가 어떤 영역에서 해석함수이고 $|f|$가 상수함수이면 f는 상수함수임을 보여라.

✍ **연습문제 3.10** f가 영역 D에서 해석함수이고

$$|f(z)^2 - 1| < 1$$

을 만족하면 모든 $z \in D$는 $\text{Re}f(z) > 0$ 또는 $\text{Re}f(z) < 0$을 만족함을 보여라.

✍ **연습문제 3.11** $u_x + v_y = 0$, $f(0) = 0$ 그리고 $f(1) = i$을 만족하는 전해석함수 $f = u + iv$을 모두 구하여라.

정의와 미분의 성질을 이용하면 다음과 같은 해석함수의 성질을 얻을 수 있다.

해석함수의 성질

1. f, g가 D에서 해석적이면 $f + g, fg, \dfrac{f}{g}(g \neq 0)$도 D에서 해석적이다.
2. f가 D에서 해석적이고 g가 $D'(f(D) \subset D')$에서 해석적이면 $g \circ f$는 D에서 해석적이다.

증명은 쉬우므로 생략한다.

✍ **연습문제 3.12** $f(x, y) = u + iv$가 영역 D에서 해석적이고 $g(u, v) = U + iV$가 영역 $f(D) = \{f(z) : z \in D\}$에서 해석적일 때 $g \circ f$는 D에서 해석적임을 보여라.

✍ **연습문제 3.13** 다음 함수들은 전해석함수임을 보여라.

(1) $f(z) = \sin x \cosh y + i \cos x \sinh y$ (2) $f(z) = (z^2 - 2)e^{-x}e^{-iy}$

✍ **연습문제 3.14** 다음 함수들은 어떤 점에서도 해석적이 아님을 보여라.

(1) $f(z) = xy + iy$ (2) $f(z) = e^y e^{ix}$

✍ **연습문제 3.15** 함수는

$$g(z) = \ln r + i\theta \ (r > 0, 0 < \theta < 2\pi)$$

는 주어진 영역에서 해석적이고 $g'(z) = \dfrac{1}{z}$임을 보여라.

✍ **연습문제 3.16** f가 영역 D에서 해석함수라 하자. 이때 만일 f가 다음 중 한 가지를 만족하면 D에서 상수함수임을 보여라.

(1) f가 D의 모든 점에서 실수이다.

(2) $\overline{f(z)}$가 D에서 해석적이다.

✍ **연습문제 3.17** 복소평면의 영역 D에서 정의된 함수 $f : D \longrightarrow \mathbb{C}$가 해석적이고 모든 $z \in D$에 대해 $\mathrm{Im}f(z) = 2\mathrm{Re}f(z)$가 성립하면 f는 D에서 상수함수임을 보여라.

✍ **연습문제 3.18** $f(z)$는 다음과 같다.

$$f(z) = \begin{cases} e^{-\frac{1}{z^4}}, & z \neq 0, \\ 0, & z = 0 \end{cases}$$

(1) $f(z)$는 모든 점에서 Cauchy-Riemann 방정식을 만족함을 보여라.

(2) $f(z)$는 모든 $z \neq 0$에서 해석적임을 보여라.

(3) $f(z)$는 0에서 불연속임을 보여라.

3.5 특이점

f가 z_0에서 해석적이 아니지만 z_0의 임의의 근방에 f가 해석적인 점이 존재하면 z_0를 f의 **특이점**(singular point)이라 한다. 특히 z_0가 f의 특이점이고 f가 해석적이 되는 z_0의 제거된 근방(deleted neighborhood)이 존재하면 z_0를 f의 **고립특이점**(isolated singular point)이라 한다. 즉, z_0을 제외한 나머지 모든 점에서 f가 해석적이 되는 z_0의 근방이 존재하면 z_0를 f의 고립특이점이라 한다.

예제 3.5에서 0은 f의 고립특이점이다. 그러나 0의 임의의 근방에는 g가 해석적이 되는 점이 존재하지 않기 때문에 0은 g의 특이점이 아니다. 물론 0 뿐만 아니라 모든 점이 g의 특이점이 될 수 없다.

한편, 예제 3.5에서 f는 0에서 미분가능하지 않지만 0은 f의 고립특이점이다. 그러나 g는 0에서 미분가능하지만 0은 g의 특이점이 아니다. 따라서 특이점과 미분가능하지 않는 점은 서로 다를 수 있다.

예제 3.6 $f(z) = \dfrac{z+1}{z^3(z^2+1)}$라 하면 $0, \pm i$는 f의 고립특이점이다.

✍ **연습문제 3.19** $f(z) = \dfrac{1}{(z-1)(z-2)}$의 특이점을 구하고, 각 특이점이 고립특이점임을 보여라.

제 4 장

반사원리

4.1 반사원리

$f(z) = z^2$ 이면

$$\overline{f(z)} = \overline{z^2} = (\overline{z})^2 = f(\overline{z})$$

이다. 여기서 z, $\overline{z}$가 z-평면의 x축에 대칭이고, 각각의 상 $f(z)$, $f(\overline{z}) = \overline{f(z)}$는 w-평면의 u축에 대칭이다. 즉, f는 z-평면의 x축에 대칭인 점 z, $\overline{z}$를 각각 w-평면의 u축에 대칭인 점 $f(z)$, $\overline{f(z)}$로 사상한다.

직관적으로 어떤 함수 f가 x축에 대칭인 점을 u축에 대칭인 점으로 사상하면 x축의 점은 u축의 점으로 사상해야 한다. 예를 들어 $f(z) = z^2$ 이면

$$f(\mathrm{Re}z) = \mathrm{Re}f(z).$$

적당한 조건을 만족하면 x축에 대칭인 점을 u축에 대칭인 점으로 사상하는 성질과 x축의 점들을 u축의 점들로 사상하는 성질 사이에 깊은 관계가 있다.

정리 4.1.1

D가 x축의 선분을 포함하며 x축에 대칭인 영역이고 f가 D에서 해석함수라 하자. 이때 임의의 $z \in D$에 대해 $\overline{f(z)} = f(\overline{z})$일 필요충분조건은 $(x, 0) \in D$에 대해 $f(x, 0)$가 실수인 것이다.

정리 4.1.1을 Schwarz의 **반사원리**(reflection principle)라 한다.

반사원리가 왜 성립하는지 간단히 알아보자.

만일 $\overline{f(z)} = f(\overline{z})$ 이 성립하면, 즉 $f(z) = \overline{f(\overline{z})}$ 이 성립하면

$$u(x,-y) - iv(x,-y) = u(x,y) + iv(x,y)$$

따라서

$$u(x,0) - iv(x,0) = u(x,0) + iv(x,0) \Longrightarrow v(x,0) = 0.$$

따라서 D 에서 $\overline{f(z)} = f(\overline{z})$ 가 성립하면 영역 D 에 놓이는 실수축 부분에서 $f(x+i0)$ 는 실수가 된다.

역으로 영역 D 에 놓이는 실수축 부분에서 $f(x+i0)$ 라 실수라고 가정하자. 그리고

$$F(z) = \overline{f(\overline{z})}$$

라 두자. 이때 다음 두 가지를 보이자.

1. F 는 D 에서 해석적이다.
2. 영역 D 에 놓이는 실수축 부분에서 $F(x+i0) = f(x+i0)$ 이다.

첫 번째 사실을 보이자.

$f(z) = u(x,y) + iv(x,y)$ 이면 $F(z)$ 는 다음과 같이 나타낼 수 있다.

$$F(z) = \overline{f(\overline{z})} = u(x,-y) - iv(x,-y) = u(x,-y) + i(-v(x,-y)).$$

그런데 $f(z)$ 가 해석적이므로 $u(x,y), v(x,y)$ 가 C^1 급 함수들이고(f 가 해석적이면 f' 도 해석적이다. 이 사실은 나중에 증명할 것이다.) $u(x,-y), -v(x,-y)$ 역시 C^1 급 함수들이다. 그리고 $u(x,y), v(x,y)$ 가 Cauchy-Riemann 방정식을 만족하므로 $u(x,-y)$, $-v(x,-y)$ 에 대해 연쇄법칙을 이용하면 다음 식을 얻는다.

$$\begin{aligned} &\frac{\partial}{\partial x}u(x,-y) = u_x(x,-y), \quad \frac{\partial}{\partial y}(-v(x,-y)) = v_y(x,-y), \\ &\frac{\partial}{\partial y}u(x,-y) = -u_y(x,-y), \quad \frac{\partial}{\partial x}(-v(x,-y)) = -v_x(x,-y). \end{aligned}$$

따라서 $u(x,-y), -v(x,-y)$ 에 대해서도 Cauchy-Riemann 방정식

$$\frac{\partial}{\partial x}u(x,-y) = \frac{\partial}{\partial y}(-v(x,-y)), \quad \frac{\partial}{\partial y}u(x,-y) = -\frac{\partial}{\partial x}(-v(x,-y))$$

을 만족한다. 따라서 $F(z) = u(x,-y) + i(-v(x,-y))$ 도 D 에서 해석적이 돼서 첫 번째 사실을 보였다.

두 번째 사실을 보이자.

$f(x,0) = u(x,0) + iv(x,0) \in \mathbb{R}$이면 $v(x,0) = 0$이 된다. 따라서

$$F(x,0) = u(x,0) - iv(x,0) = u(x,0).$$

즉, D에 놓이는 실수축 부분에서 $f(x,0) = F(x,0)$을 만족한다.

위 두 가지 사실을 이용하여 반사원리를 증명하기 위해서는 **항등정리**(identity theorem)라 불리는 다음 결과를 이용해야 한다. 항등정리는 나중에 다룬다.

> **항등정리**
>
> f가 D에서 해석적이고 $f \not\equiv 0$이면 집합 $\{z \in D : f(z) = 0\}$는 D에서 극점을 가질 수 없다.

따라서 $f(z)$와 $F(z)$가 D에서 해석적이고 집합 $\{z \in D : f(z) = F(z)\}$이 극점을 가지면 D에서 $f \equiv F$라는 것을 알 수 있다.

첫 번째 사실에서 f와 F는 D에서 해석적이다. 두 번째 사실에서 D의 실수축 부분에서 $f(x,0) = F(x,0)$이므로 집합 $\{z \in D : f(z) = F(z)\}$은 적어도 D에 놓이는 실수축 부분을 포함한다. 그런데 그 점들이 모두 극점이므로 $\{z \in D : f(z) = F(z)\}$의 극점이 존재한다. 따라서 D에서 $f \equiv F$이고, 반사원리가 성립한다.

임의의 $z \in D$에 대해 $\overline{f(z)} = f(\overline{z})$가 성립한다는 것은 f가 x축에 대한 대칭성을 보존하는 사상이라는 것이다. 왜냐하면 임의의 $z \in D$와 $\overline{z} \in D$는 x축에 대칭인 점이고 $\overline{f(z)} = f(\overline{z})$이므로 $f(z)$와 $f(\overline{z})$는 서로 u축에 대칭인 점이다. 따라서 f는 z-평면상에서 x축에 대칭인 두 점 $z, \overline{z}$를 w평면상에서 u축에 대칭인 두 점 $f(z), \overline{f(z)} = f(\overline{z})$로 사상하므로 대칭성을 보존하는 사상이 된다. (그림 4.1)

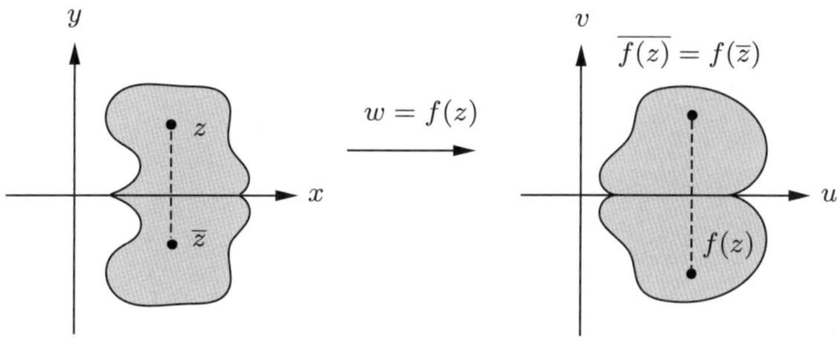

그림 4.1: 대칭성을 보존하는 사상

예제 4.1 $f(z) = z+1$이면 $f(\overline{z}) = \overline{z}+1$, $\overline{f(z)} = \overline{z+1} = \overline{z}+1$이므로 $\overline{f(z)} = f(\overline{z})$이다. 따라서 f는 x축에 대한 대칭성을 보존한다. 그리고 $f(x,0) = x+1$은 실수이다. 그러나 $g(z) = z+i$라 하면 $g(x,0) = x+i$가 실수가 아니다. 따라서 g는 x축에 대한 대칭성을 보존하지 않는다. 이것은

$$\overline{g(z)} = \overline{z+i} = \overline{z} - i \neq \overline{z} + i = g(\overline{z})$$

에서도 확인할 수 있다.

✍ **연습문제 4.1** f가 전해석함수이고 모든 실수 x에 대해 $f(x+i0)$가 실수라 하자. $f(1+i) = 4+2i$일 때 $f(1-i)$를 구하여라.

✍ **연습문제 4.2** z가 실수이면 $f(z)$는 순허수이고 z가 순허수이면 $f(z)$는 실수인 전해석함수 f 모든 z에 대해 $f(-z) = -f(z)$을 만족함을 보여라.

✍ **연습문제 4.3** z가 실수이면 $f(z)$는 실수, z가 순허수이면 $f(z)$는 순허수인 전해석함수 f는 모든 z에 대해 $f(-z) = -f(z)$을 만족함을 보여라.

✍ **연습문제 4.4** f가 실수축에 대칭인 영역 D에서 해석함수라 하자. 이때 D에서 해석적이고 실수축에서 실수값을 가지는 함수 f_1, f_2에 대해 $f = f_1 + if_2$임을 보여라.

제 5 장

조화함수 (I)

5.1 조화함수

편미분방정식

$$\Delta T = \frac{\partial^2 T}{\partial x^2} + \frac{\partial^2 T}{\partial y^2} = T_{xx} + T_{yy} = 0 \tag{5.1}$$

을 **Laplace 방정식**이라 한다. 그리고 Laplace 방정식 (5.1) 의 해를 **조화함수**(harmonic function) 라 한다.

예제 5.1 $T(x, y) = e^{-y}\sin x$ 라 하면 모든 x, y 에 대해 $\Delta T = 0$ 이므로 T 는 임의의 영역에서 조화함수이다. 특히,

$$D = \{(x, y) : 0 < x < \pi, y > 0\}$$

이면 T 는 D 에서

$$\begin{cases} T_{xx}(x, y) + T_{yy}(x, y) = 0, \\ T(0, y) = 0, T(\pi, y) = 0, T(x, 0) = \sin x, \lim_{y\to\infty} T(x, y) = 0 \end{cases} \tag{5.2}$$

을 만족한다.

예제 5.2 $u(x, y) = x^2 - y^2$ 이면 모든 점에서 $u_{xx} = 2$ 이고 $u_{yy} = -2$ 이므로

$$u_{xx} + u_{yy} = 0$$

따라서 u 는 전체평면 $\mathbb{R}^2$ 에서 조화함수이다.

해석함수와 조화함수 사이의 관계를 알아보자. 나중에 증명하겠지만 해석함수는 다음과 같은 성질이 있다.

해석함수의 성질

$f(z)$가 z_0에서 해석적이면 $f'(z)$도 z_0에서 해석적이다. 따라서 모든 양의 정수 n에 대해 $f^{(n)}(z)$도 z_0에서 해석적이다.

$f(z) = u + iv$가 영역 D에서 해석적이면 u와 v는 Cauchy-Riemann 방정식 $u_x = v_y$, $u_y = -v_x$을 만족하고

$$f'(z) = u_x + iv_x = v_y - iu_y$$

로 나타낼 수 있다. 그리고 $f'(z)$가 해석적이므로 u_x, u_y, v_x, v_y의 연속인 편도함수가 존재하고

$$u_{xx} = v_{yx}, u_{yy} = -v_{xy}, u_{xy} = v_{yy}, u_{yx} = -v_{xx}. \tag{5.3}$$

$u, v \in C^2$이므로 $u_{xy} = u_{yx}$, $v_{xy} = v_{yx}$이고, 이 식과 식 (5.3)을 이용하면 다음 식을 얻는다.

$$u_{xx} + u_{yy} = 0, \quad v_{xx} + v_{yy} = 0.$$

즉, u와 v는 D에서 조화함수이다.

정리 5.1.1

$f(z) = u + iv$가 영역 D에서 해석적이면 u와 v는 D에서 조화함수이다.

예제 5.3 $f(z) = e^{-y}\sin x - ie^{-y}\cos x$는 전해석함수이므로

$$u = e^{-y}\sin x, \quad v = -e^{-y}\cos x$$

는 전체평면 $\mathbb{R}^2$에서 조화함수이다.

정리 5.1.1의 역은 성립하지 않는다. 즉, u와 v가 영역 D에서 조화함수라 해도 $u + iv$가 D에서 해석적이 아닐 수 있다.

예 제 5.4 $f(z) = x - iy$이면 $u(x,y) = x$, $v(x,y) = -y$이고 $u_{xx} = u_{yy} = v_{xx} = v_{yy} = 0$이므로 u, v는 전체평면 $\mathbb{R}^2$에서 조화함수이다. 그러나 $u_x = 1 \neq v_y = -1$이므로 u와 v는 모든 점에서 Cauchy-Riemann 방정식을 만족하지 않고, 따라서 해석적이 아니다.

✍ **연습문제 5.1** u는 D에서 연속인 이계편도함수를 가지는 조화함수라 할 때

$$f(z) = u_x - iu_y$$

는 D에서 해석함수임을 보여라.

5.2 조화켤레

u와 v가 조화함수이지만 $u+iv$가 해석적이 아닐 수 있음을 보았다. 그런데 예제 5.3처럼 해석적인 경우도 있다. 이 경우 v를 u의 **조화켤레**(harmonic conjugate)라 한다.

정의 5.2.1

영역 D에서 u, v가 조화함수이고 $f = u + iv$가 해석적이면 v를 u의 조화켤레라 한다.

그러나 이때 u가 v의 조화켤레가 아닐 수 있다. 즉, $u + iv$가 D에서 해석적이지만 $v + iu$가 D에서 해석적이 아닐 수 있다.

예 제 5.5 $u = x^2 - y^2, v = 2xy$는 전체평면에서 조화함수이고

$$f = u + iv = x^2 - y^2 + i2xy = z^2$$

은 전해석함수이다. 따라서 v는 u의 조화켤레이다. 그러나

$$g = v + iu = 2xy + i(x^2 - y^2)$$

은 어떤 점에서도 해석적이 아니다. 따라서 v는 u의 조화켤레가 아니다.

✍ **연습문제 5.2** $f(z) = u(r,\theta) + iv(r,\theta)$가 원점을 포함하지 않는 영역 D에서 해석적이라 하자. D에서 u의 r, θ에 대한 편미분이 연속이라 가정하고 극좌표에서 Cauchy-Riemann 방정식을 이용해서 Laplace 미분방정식의 극형식인 편미분방정식

$$r^2 u_{rr} + ru_r + u_{\theta\theta} = 0$$

이 성립함을 보여라.

✍ **연습문제 5.3** $u(r,\theta) = \ln r$이 영역 $r > 0, 0 < \theta < 2\pi$에서 조화함수임을 보여라. 그리고 조화켤레 $v(r,\theta)$를 구하여라.

✍ **연습문제 5.4** 조화함수

$$u = \text{Arg } z(-\pi < \text{Arg } z < \pi)$$

의 조화켤레를 구하여라.

예 제 5.6 전체평면에서 조화함수 $u(x,y) = y^3 - 3x^2y$의 조화켤레를 구하자.

v가 u의 조화켤레이면 $f = u + iv$는 전해석함수이다. 그러므로

$$v_y = u_x = -6xy$$

를 만족하고

$$v = \int v_y dy = \int (-6xy)dy = -3xy^2 + \phi(x).$$

그리고

$$v_x = -u_y = -3y^2 + 3x^2$$

이므로

$$-3y^2 + \phi'(x) = -3y^2 + 3x^2.$$

따라서

$$\phi(x) = x^3 + C$$

이고 $v = -3xy^2 + x^3 + C$가 구하고자 하는 u의 조화켤레이다. 한편,

$$f(x, y) = u + iv = y^3 - 3x^2y + i(x^3 - 3xy^2 + C) = i(z^3 + C)$$

는 전해석함수이다.

✍ **연습문제 5.5** 주어진 $u(x, y)$가 어떤 영역에서 조화함수임을 보이고 $u(x, y)$의 조화켤레 $v(x,\ y)$를 구하여라.

(1) $u(x, y) = 2x - x^3 + 3xy^2$ (2) $u(x, y) = \dfrac{y}{x^2 + y^2}$

✍ **연습문제 5.6** 다음 $u(x, y)$가 어떤 영역에서 조화함수임을 보이고 $u(x, y)$의 조화켤레 $v(x, y)$를 구하여라.

(1) $u(x, y) = \sinh y \cos x$ (2) $u(x, y) = \dfrac{x + y}{x^2 + y^2}$

✍ **연습문제 5.7** $u = ax^2y - y^3 + xy$가 조화함수가 되기 위한 a의 값을 구하고, 이때 u의 조화켤레 v를 구하여라.

조화함수 u와 u의 조화켤레 v 사이의 관계를 정리하면 다음과 같다.

조화켤레의 성질

1. u와 v가 서로 조화켤레이면 u와 v는 상수함수이다. 왜냐하면 $u + iv$와 $v + iu$가 해석적이면 두 함수의 Cauchy-Riemann 방정식에서 $u_x = u_y = v_x = v_y = 0$이고, 따라서 u와 v는 상수함수이다.
2. v가 u의 조화켤레이면 $u+iv$는 해석적이다. 따라서 $-i(u+iv) = v+i(-u)$는 해석적이고 $-u$는 v의 조화켤레이다.
3. 어떤 영역 D에서 u가 조화함수이면 u의 조화켤레가 항상 존재하는 것은 아니다. 그러나 D가 **단순연결영역**(simply connected domain)이면, 즉, D 내의 임의의 단순닫힌경로로 둘러싸인 영역이 D의 부분집합일 때 u의 조화켤레가 존재한다. (자세한 것은 나중에 배우게 될 것이다.)
4. v_1, v_2가 u의 조화켤레이면 $v_1 - v_2$는 상수함수이다. 왜냐하면 v_1, v_2가 u의 조화켤레이면 $u + iv_1, u + iv_2$가 해석적이므로 $(u + iv_1) - (u + iv_2) = i(v_1 - v_2)$가 해석적이어야 한다. 따라서 $v_1 - v_2$는 상수함수이다.

✍ **연습문제 5.8** u와 v가 어떤 영역에서 정의된 조화함수이고 v가 u의 조화켤레이면 uv는 조화함수임을 보여라. 만일 v가 u의 조화켤레가 아니면 uv가 조화함수가 되기 위한 충분조건은 무엇인가?

✍ **연습문제 5.9** f가 영역 D에서 정의된 복소함수이고 f와 f^2의 실수부와 허수부가 D에서 조화함수이면 f 또는 $\overline{f}$는 해석함수임을 보여라.

✍ **연습문제 5.10** f가 영역 D에서 0이 되지 않는 해석함수라 하면 $\ln|f|$가 D에서 조화함수임을 보여라.

5.3 조화켤레의 존재성

어떤 영역에서 정의된 조화함수의 조화켤레가 존재하지 않을 수 있다. 예를 들어

$$u(x,y) = \ln\left(\sqrt{x^2+y^2}\right)$$

는 $\mathbb{R}^2 - \{(0,0)\}$에서 조화함수이다. 만일 $v(x,y)$가 $u(x,y)$의 조화켤레이면

$$f(z) = \ln\left(\sqrt{x^2+y^2}\right) + iv(x,y)$$

는 $\mathbb{R}^2 - \{(0,0)\}$에서 해석함수가 된다.

한편, $z = re^{i\theta} \neq 0$일 때

$$\text{Log } z = \ln r + i\text{Arg } z$$

라 하고 $g(z) = f(z) - \text{Log } z$라 하면 $g(z)$는 영역 $D = \mathbb{R}^2 - \{(x,y) : x \leq 0, y = 0\}$에서 해석함수이다.

$$\text{Log } z = \ln\left(\sqrt{x^2+y^2}\right) + i\text{Arg } z$$

이므로 $g(z) = i(v(x,y) - \text{Arg } z)$이다. 그런데 $g(z)$가 D에서 해석적이므로 $g(z)$는 상수함수이다. 즉, D에서 실수부가 $u(x,y)$인 해석함수는 어떤 상수 C에 대해 다음과 같은 형태이다.

$$f(z) = \text{Log } z + iC.$$

그러나 $f(z)$가 음의 실수축에서 해석적이 아니므로 $\mathbb{R}^2 - \{(0,0)\}$에서 실수부가 $u(x,y) = \ln\left(\sqrt{x^2+y^2}\right)$인 해석함수는 존재하지 않는다. 여기서 영역 $\mathbb{R}^2 - \{(0,0)\}$는 단순연결이 아니라는 사실을 기억하기 바란다.

이 예에서 보듯이 일반적으로 u가 어떤 영역 D에서 조화함수일 때 u의 조화켤레가 항상 존재하는 것이 아니다. u의 조화켤레의 존재성은 영역 D의 성질에 의존한다. 다음 정리는 u의 조화켤레가 존재하기 위한 영역 D의 충분조건에 관한 것이다.

정리 5.3.1

$u(x,y)$가 단순연결영역 D에서 조화함수이면 D에서 u의 조화 켤레 v가 존재한다.

이 경우 $v(x,y)$를 구체적으로 어떻게 구할 수 있는지 알아보자.

u가 D에서 조화함수면 $u_{xx} + u_{yy} = 0$이므로 $(-u_y)_y = (u_x)_x$이다. 그리고 D에서 $u \in C^1$이므로 $-u_y$와 u_x는 연속이다. $(x_0,\ y_0) \in D$를 고정하면

$$v(x,y) = \int_{(x_0,y_0)}^{(x,y)} -u_t(s,t)ds + u_s(s,t)dt \tag{5.4}$$

는 D에서 잘 정의된다. 식 (5.4)에서 정의된 $v(x,y)$가 D에서 잘 정의되었다는 것은 식 (5.4)의 오른쪽 선적분은 (x_0, y_0)와 (x,y)를 잇는 D 내의 경로(contour, 조각적 매끈한 곡선)와 무관함을 의미한다.

만일 이 선적분이 (x_0, y_0)와 (x,y)를 잇는 D 내의 경로에 의존하면 택하는 경로에 따라 v의 값이 다르므로 $v(x,y)$가 잘 정의되지 않는다. v가 D에서 잘 정의되었다는 사실은 대략 다음과 같이 보일 수 있다.

C_1과 C_2를 (x_0, y_0)와 (x,y)를 잇는 서로 다른 경로라 하고 U를 경로 C_1과 C_2로 둘러싸인 영역이라 하자. (그림 5.1)

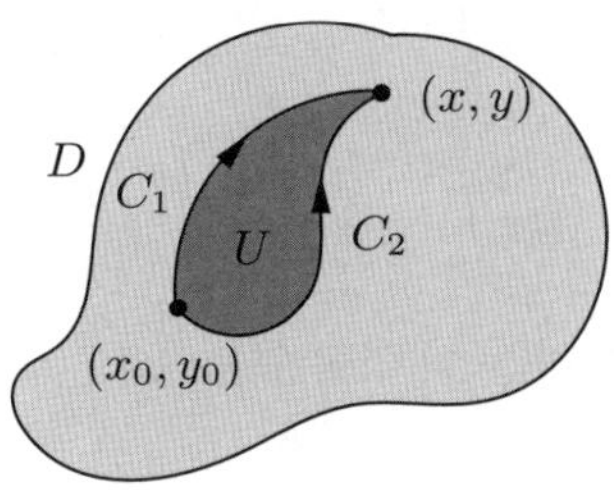

그림 5.1

Green 정리에 의해서

$$\int_{C_1-C_2} -u_t ds + u_s dt = \iint_U [(u_s)_s - (-u_t)_t]\, dsdt$$
$$= \iint_U (u_{ss} + u_{tt}) dsdt = 0.$$

따라서

$$\int_{C_1} -u_t ds + u_s dt = \int_{C_2} -u_t ds + u_s dt.$$

즉, 식 (5.4) 에 주어진 선적분은 경로에 무관하다는 것을 알 수 있다. 여기서 $C_1 - C_2$ 는 C_1 과 C_2 로 이루어진 닫힌경로이고, 방향은 C_1 의 방향과 C_2 의 역방향으로 결정된다.

다음은 식 (5.4) 에 주어진 $v(x,y)$ 가 $u(x,y)$ 의 조화켤레임을 보이자. u_t, u_s 가 연속이므로 $v(x,y)$ 의 편미분이 존재하고

$$v_x(x,y) = -u_y(x,y), \quad v_y(x,y) = u_x(x,y).$$

즉, u 와 v 는 Cauchy-Riemann 방정식을 만족한다. 뿐만 아니라 u 의 각 편도함수가 연속이므로 v 의 각 편도함수도 연속이다. 따라서 $u(x,y) + iv(x,y)$ 는 영역 D 에서 해석적이고 $v(x,y)$ 는 $u(x,y)$ 의 조화켤레이다.

예 제 5.7 $\mathbb{C}$ 에서 조화함수 $u(x,y) = xy$ 의 조화켤레를 구하자. $\mathbb{C}$ 가 단순연결영역이므로

$$v(x,y) = \int_{(0,0)}^{(x,y)} -sds + tdt \tag{5.5}$$

는 u 의 조화켤레이다. 식 (5.5) 에 주어진 선적분은 경로에 무관하므로 $(0,0)$ 과 $(x,0)$ 를 잇는 선분과 $(x,0)$ 와 (x,y) 를 잇는 선분을 $(0,0)$ 와 (x,y) 를 잇는 경로로 택하자. 그러면 임의의 상수 C 에 대해

$$v(x,y) = \int_{(0,0)}^{(x,0)} (-sds + tdt) + \int_{(x,0)}^{(x,y)} (-sds + tdt)$$
$$= \int_0^x -sds + \int_0^y tdt = -\frac{x^2}{2} + \frac{y^2}{2} + C.$$

그리고 이것에 대응하는 해석함수는

$$f(z) = xy - \frac{i}{2}(x^2 - y^2) + C = -\frac{i}{2}z^2 + C.$$

✍ **연습문제 5.11** 영역 $x > 0, y > 0$에서

$$u = \frac{y}{x^2 + y^2}$$

가 조화함수임을 보이고 u의 조화켤레를 구하여라.

✍ **연습문제 5.12** $u(x, y)$가 단순연결영역 D에서 조화함수이면 u_x, u_y는 D에서 연속임을 보여라.

(참고) 어떤 영역의 경계에서 어떤 조건을 만족하는 조화함수를 구하는 문제가 있다. 이러한 문제들 중 경계에서 어떤 특정한 값을 갖는 조화함수를 구하는 문제를 **Dirichlet 문제**, 경계에서 어떤 특정한 법 방향미분(normal derivative)을 가지는 조화함수를 구하는 문제를 **Neumann 문제**라고 한다. 예를 들어 다음 문제는 띠 영역 $0 < x < \pi, y > 0$에서 주어진 경계조건을 만족하는 조화함수 $T(x, y)$를 구하는 Dirichlet 문제이다.

$$\begin{cases} T_{xx} + T_{yy} = 0 \ (0 < x < \pi, y > 0), \\ T(0, y) = T(\pi, y) = 0, \ T(x, 0) = \sin x, \ \lim\limits_{y \to \infty} T(x, y) = 0. \end{cases}$$

예제 5.1에 의하면 이 문제의 해는 $T(x, y) = e^{-y} \sin x$로 주어진다.

Dirichlet 문제의 해가 존재하는 영역을 **Dirichlet 영역**이라 부른다. 예를 들어 단순연결영역은 Dirichlet 영역이다.

Dirichlet 문제와 Neumann 문제의 해의 존재성과 유일성에 대한 것은 매우 어렵다. 자세한 것은 참고문헌 [4]를 참고하기 바란다.

해석함수 $w = f(z) = u(x, y) + iv(x, y)$가 z-평면의 영역 D_z를 w-평면의 영역 D_w로 사상하고 $h(u, v)$가 D_w에서 조화함수라 하자. (그림 5.2)

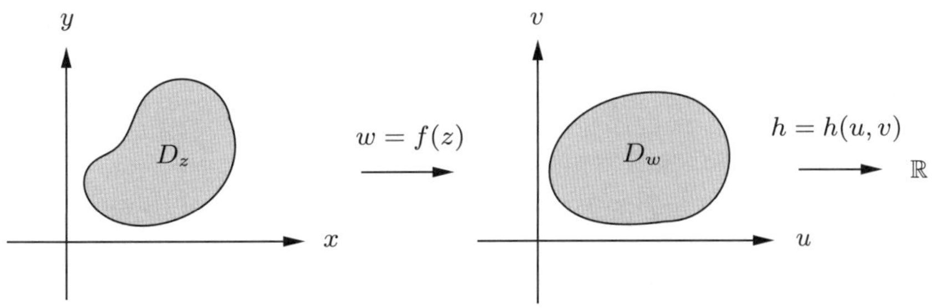

그림 5.2

만일 D_w가 단순연결영역이면 $\Phi(w) = h(u,v) + ig(u,v)$가 D_w에서 해석적이 되는 $h(u,v)$의 조화켤레 $g(u,v)$가 존재한다. 그런데 $f(z) = u + iv$가 D_z에서 해석적이므로 f와 Φ의 합성함수

$$\Phi[f(z)] = h\left[u(x,y), v(x,y)\right] + ig\left[u(x,y), v(x,y)\right]$$

는 D_z에서 해석적이다. 따라서

$$H(x,y) = h\left[u(x,y), v(x,y)\right]$$

는 D_z에서 조화함수임을 알 수 있다.

D_w가 단순연결이 아니라고 가정하자. 임의의 $w_0 \in D_w$에 대해 w_0의 근방 $N_\varepsilon(w_0) \subset D_w$가 존재한다. 그리고 $N_\varepsilon(w_0)$는 단순연결영역이다. $f(z_0) = w_0$라 하면 f가 z_0에서 연속이므로 $f\left(N_\delta(z_0)\right) \subset N_\varepsilon(w_0)$인 z_0의 근방 $N_\delta(z_0)$가 존재한다. 그러므로 $h[u(x,y), v(x,y)]$는 $N_\delta(z_0)$에서 조화함수이다. $w_0 \in D_w$가 임의의 점이므로

$$H(x,y) = h\left[u(x,y), v(x,y)\right]$$

D_z에서 조화함수이다.

이 사실을 정리하면 다음과 같다.

정리 5.3.2

해석함수 $w = f(z) = u(x,y) + iv(x,y)$가 z-평면의 영역 D_z에서 w-평면의 영역 D_w에 사상하고 $h(u,v)$가 D_w에서 조화함수이면

$$H(x,y) = h\left[u(x,y), v(x,y)\right]$$

는 D_z에서 조화함수이다.

예제 5.8 $w = f(z) = z^2$이면 $f(z)$는 해석적이고 $u(x,y) = x^2 - y^2, v(x,y) = 2xy$이다. $h(u,v) = e^{-v\sin u}$이면 h는 $D_w = \{(u,v) : v > 0\}$에서 조화함수이다. 그런데 $w = f(z)$에 의해 $D_z = \{(x,y) : x > 0, y > 0\}$은 D_w로 사상하므로

$$H(x,y) = h\left[u(x,y), v(x,y)\right] = e^{-2xy}\sin(x^2 - y^2)$$

은 D_z에서 조화함수이다.

✍ **연습문제 5.13** $w = \exp z$가 수평띠 $0 < y < \pi$에서 w-평면의 상반평면 $v > 0$으로 사상하고 $h(u, v) = \mathrm{Re}(w^2) = u^2 - v^2$은 상반평면 $v > 0$에서 조화함수임을 이용해서 $H(x, y) = e^{2x} \cos 2y$가 수평띠 $0 < y < \pi$에서 조화함수임을 보여라.

이 장에서는 조화함수를 정의하고 조화함수의 성질에 대해 알아보았다. 특히 조화함수와 조화켤레의 관계는 매우 중요한다. 그리고 어떤 단순연결영역에서 정의된 조화함수의 조화켤레를 구하는 것도 매우 중요한다. 나중에 조화함수에 대해 좀 더 깊이 다루도록 하자.

제 6 장

여러 가지 함수

6.1 다항함수

$a_0, a_1, a_2, \ldots, a_n (a_n \neq 0)$가 복소수일 때

$$P(z) = a_0 + a_1 z + a_2 z^2 + \cdots + a_n z^n$$

을 차수가 n인 **다항함수**(polynomial function)라 한다.

다항함수는 전해석함수 $a_0, a_1 z, a_2 z^2, \ldots, a_n z^n$의 선형결합이므로 전해석함수이다. 그리고 $P(z)$의 미분은

$$P'(z) = a_1 + 2a_2 z + \cdots + n a_n z^{n-1}$$

이 됨을 쉽게 알 수 있다.

나중에 증명하게 될 대수학의 기본정리에 의하면 $P(z) = 0$을 만족하는 정확히 n개의 점이 존재하는데 이 점들을 $P(z)$의 **영점**(zero)이라 한다. 물론 n개의 영점들은 서로 다르지 않을 수 있다.

$P(z)$의 영점들과 $P'(z)$의 영점들의 분포 사이에 서로 관계가 있다.

$\alpha_1,\ \alpha_2,\ \ldots, \alpha_n$을 $P(z)$의 영점들이라 하자. 그리고 a, b가 복소수이고 $b \neq 0$이라 할 때 $P(z)$의 영점들이 직선 $z(t) = a + bt$의 오른쪽 반평면

$$H:\ \mathrm{Im}\left(\frac{z-a}{b}\right) < 0$$

에 놓인다고 가정하자.

만일 $z \notin H$이면 $\mathrm{Im}\left(\frac{z-a}{b}\right) \geq 0$이고 $\mathrm{Im}\left(\frac{\alpha_k - a}{b}\right) < 0$이므로 다음 식을 얻는다.

$$\operatorname{Im}\left(\frac{z-\alpha_k}{b}\right) = \operatorname{Im}\left(\frac{z-a}{b}\right) - \operatorname{Im}\left(\frac{\alpha_k - a}{b}\right) > 0.$$

어떤 0이 아닌 복소수의 허수부와 그 복소수의 역수의 허수부의 부호는 반대이다. 따라서 $\operatorname{Im}\left(\dfrac{b}{z-\alpha_k}\right) < 0$이고,

$$\begin{aligned}\operatorname{Im}\left[\frac{bP'(z)}{P(z)}\right] &= \operatorname{Im}\left[b\left(\frac{1}{z-\alpha_1} + \cdots + \frac{1}{z-\alpha_n}\right)\right] \\ &= \sum_{k=1}^{n} \operatorname{Im}\left(\frac{b}{z-\alpha_k}\right) < 0.\end{aligned}$$

즉, $z \notin H$이면 $\operatorname{Im}\left[\dfrac{bP'(z)}{P(z)}\right] \neq 0$이므로 $P'(z) \neq 0$임을 알 수 있다. 따라서 $P'(z)$의 영점들은 모두 반평면 H에 놓인다. 이 결과를 **Lucas 정리**라 한다.

정리 6.1.1 **Lucas 정리**

$P(z)$의 모든 영점들이 어떤 직선에 의해 결정되는 반평면에 존재하면 $P'(z)$의 모든 영점들도 같은 반평면에 존재한다.

6.2 지수함수

$z = x + iy$일 때

$$f(z) = e^z = e^x(\cos y + i \sin y)$$

로 정의된 함수를 **지수함수**라 하고 $e^z = \exp z$로 나타내기도 한다.

지수함수는 전해석함수이고 다음과 같은 성질을 만족한다.

지수함수의 성질

1. $z = x + iy$이면 $|e^z| = e^x \neq 0$이고 $\arg(e^z) = y + 2n\pi (n = 0, \pm 1, \pm 2, \ldots)$.
2. $e^{z_1} e^{z_2} = e^{z_1 + z_2}$. 따라서 모든 정수 n에 대해

$$(e^z)^n = e^{nz}, \qquad \frac{e^{z_1}}{e^{z_2}} = e^{z_1 - z_2}.$$

3. e^z는 주기가 $2\pi i$인 주기함수이다. 즉, 모든 z에 대해

$$e^{z+2\pi i} = e^z$$

4. x가 실수이면 e^x는 음이 될 수 없지만 복소수 z에 대해 e^z는 음이 될 수 있다.

지수함수가 위 네 가지 성질을 만족하는 것은 쉽게 보일 수 있으므로 자세한 것은 생략하자.

예제 6.1 $e^z = -1$이 되는 $z = x + iy$를 구하자.

$$-1 = e^{i(\pi+2n\pi)}(n = 0, \pm 1, \ldots)$$

이므로 $e^{x+iy} = -1$이면

$$e^x = 1, \quad y = \pi + 2n\pi \ (n = 0, \pm 1, \pm 2, \ldots).$$

이때 $x = 0$이므로 구하는 z는

$$z = i(2n+1)\pi \ (n = 0, \pm 1, \pm 2, \ldots)$$

이다.

연습문제 6.1 $f(z) = e^{\overline{z}}$는 어떤 점에서도 해석적이 아님을 보여라.

연습문제 6.2 다음 식을 만족하는 모든 z를 구하여라.

(1) $e^z = -2$ (2) $e^z = 1 + \sqrt{3}i$

연습문제 6.3 $f(z) = u(x, y) + iv(x, y)$가 모든 실수 x에 대해 $f(x + i0) = e^x$인 전해석함수이고 모든 z에 대해 $f'(z) = f(z)$를 만족하면

$$f(z) = e^x(\cos y + i \sin y)$$

임을 다음 순서에 따라 보여라.

(1) $u_x = u, v_x = v$임을 보이고 이것을 이용해서 다음을 만족하는 실변수 y의 함수

ϕ와 ψ가 존재함을 보여라.

$$u(x,y) = e^x\phi(y), \quad v(x,y) = e^x\psi(y).$$

(2) u가 조화함수임을 이용해서 ϕ가 다음 미분방정식의 해임을 보여라.

$$\phi''(y) + \phi(y) = 0.$$

따라서 임의의 실수 A, B에 대해

$$\phi(y) = A\cos y + B\sin y$$

임을 보여라.

(3) $\psi(y) = A\sin y - B\cos y$ 임을 보이고

$$\phi(0) + i\psi(0) = 1$$

임을 이용해서 A와 B를 구하여라.

6.3 삼각함수

다음과 같이 정의된 함수를 **삼각함수**(trigonometirc function)라 한다.

$$\sin z = \frac{e^{iz} - e^{-iz}}{2i}, \qquad \cos z = \frac{e^{iz} + e^{-iz}}{2}. \tag{6.1}$$

$\sin z$와 $\cos z$는 전해석함수 e^{iz}, e^{-iz}의 선형결합이므로 전해석함수이다. 지수함수의 성질과 $\sin z, \cos z$의 정의를 이용하면 다음 성질을 쉽게 증명할 수 있다.

1. $\dfrac{d}{dz}\sin z = \cos z, \quad \dfrac{d}{dz}\cos z = -\sin z$

2. $\sin(-z) = -\sin z, \quad \cos(-z) = \cos z.$

3.

$$\sin(z_1 + z_2) = \sin z_1 \cos z_2 + \sin z_2 \cos z_1,$$

$$\cos(z_1 + z_2) = \cos z_1 \cos z_2 - \sin z_1 \sin z_2,$$

$$\sin^2 z + \cos^2 z = 1,$$

$$\sin\left(z + \frac{\pi}{2}\right) = \cos z, \ \sin\left(z - \frac{\pi}{2}\right) = -\cos z.$$

4. $y \in \mathbb{R}$에 대해

$$\sinh y = \frac{e^y - e^{-y}}{2}, \quad \cosh y = \frac{e^y + e^{-y}}{2}.$$

따라서

$$\sin(iy) = \frac{e^{i^2 y} - e^{-i^2 y}}{2i} = \frac{e^{-y} - e^{y}}{2i} = i\left(\frac{e^y - e^{-y}}{2}\right) = i \sinh y,$$

$$\cos(iy) = \cosh y.$$

그러므로

$$\begin{aligned} \sin z &= \sin(x+iy) = \sin x \cos(iy) + \sin(iy)\cos x \\ &= \sin x \cosh y + i \sinh y \cos x, \\ \cos z &= \cos(x+iy) = \cos x \cos(iy) - \sin x \sin(iy) \\ &= \cos x \cosh y - i \sin x \sinh y. \end{aligned}$$

5.

$$\begin{aligned} \sin(z+2\pi) &= \sin z, \quad \sin(z+\pi) = -\sin z, \\ \cos(z+2\pi) &= \cos z, \quad \cos(z+\pi) = -\cos z. \end{aligned} \tag{6.2}$$

6. $\sin z$와 $\cos z$는 유계함수가 아니다. 왜냐하면

$$|\sin z|^2 = \sin^2 x + \sinh^2 y, \quad |\cos z|^2 = \cos^2 x + \sinh^2 y$$

가 유계가 아니기 때문이다.

7. $\sin z = 0$이면 $\sin^2 x + \sinh^2 y = 0$이므로 $\sin x = 0$이고 $\sinh^2 y = 0$. 따라서 $x = n\pi \ (n = 0, \pm 1, \pm 2, \ldots), y = 0$. 즉,

$$z = n\pi \ (n = 0, \pm 1, \pm 2, \ldots).$$

$\cos z = -\sin\left(z - \frac{\pi}{2}\right)$이므로 $\cos z = 0$이면

$$z = \frac{\pi}{2} + n\pi (n = 0, \pm 1, \pm 2, \ldots).$$

다른 네 개의 삼각함수도 실수에서 삼각함수처럼 $\sin z$와 $\cos z$를 이용해서 정의한다.

$$\tan z = \frac{\sin z}{\cos z}, \quad \cot z = \frac{\cos z}{\sin z}, \quad \sec z = \frac{1}{\cos z}, \quad \csc z = \frac{1}{\sin z}. \tag{6.3}$$

$\tan z$와 $\sec z$는 $\cos z = 0$이 되는 점 $z = \dfrac{\pi}{2} + n\pi (n = 0, \pm 1, \pm 2, \ldots)$을 제외한 모든 점에서 해석적이다. 그리고 $\cot z$와 $\csc z$는 $\sin z = 0$이 되는 점 $z = n\pi (n = 0, \pm 1, \pm 2, \ldots)$를 제외한 모든 점에서 해석적이다. 그리고 이들의 미분은 $\sin z$와 $\cos z$의 미분을 이용하면 다음과 같다는 것을 쉽게 보일 수 있다.

$$\begin{aligned} \frac{d}{dz}\tan z &= \sec^2 z, & \frac{d}{dz}\cot z &= -\csc^2 z, \\ \frac{d}{dz}\sec z &= \sec z \tan z, & \frac{d}{dz}\csc z &= -\csc z \cot z. \end{aligned}$$

식 (6.3)에 정의된 삼각함수들의 각각의 주기는 식 (6.2)를 이용하면 구할 수 있다. 예를 들면

$$\tan(z + \pi) = \tan z$$

이므로 tan의 주기는 π임을 알 수 있다. 그리고 실수에서 삼각함수처럼 다음과 같은 성질을 만족한다.

$$1 + \tan^2 z = \sec^2 z, \quad 1 + \cot^2 z = \csc^2 z.$$

이 사실은 정의를 이용하면 증명은 쉽게 할 수 있다.

✍ **연습문제 6.4** 다음 부등식을 증명하여라.

(1) $|\sinh y| \le |\sin z| \le \cosh y$ (2) $|\sinh y| \le |\cos z| \le \cosh y$

✍ **연습문제 6.5** 방정식 $\sin z = \cosh 4$의 모든 해를 구하여라.

✍ **연습문제 6.6** 방정식 $\cos z = 2$의 모든 해를 구하여라.

6.4 쌍곡선함수

다음과 같이 정의된 $\sinh z$를 복소변수의 **쌍곡선사인함수**(hyperbolic sine function), $\cosh z$를 **쌍곡선코사인함수**(hyperbolic cosine function)라 한다.

$$\sinh z = \frac{e^z - e^{-z}}{2}, \quad \cosh z = \frac{e^z + e^{-z}}{2}.$$

$\sinh z$ 와 $\cosh z$ 는 전해석함수 e^z 와 e^{-z} 의 선형결합이므로 전해석함수이다. 그리고 지수함수의 미분을 이용하면 다음을 보일 수 있다.

$$\frac{d}{dz}\sinh z = \cosh z, \quad \frac{d}{dz}\cosh z = \sinh z.$$

$\sin z, \cos z$ 와 $\sinh z, \cosh z$ 사이의 관계를 알아보자.

$$-i\sinh(iz) = -i\frac{e^{iz}-e^{-iz}}{2} = \frac{e^{iz}-e^{-iz}}{2i} = \sin z$$

이므로

$$\sinh(iz) = i\sin z \tag{6.4}$$

이 성립한다.

$$-i\sin(iz) = -i\frac{e^{-z}-e^{z}}{2i} = \frac{e^{z}-e^{-z}}{2} = \sinh z$$

이므로

$$\sin(iz) = i\sinh z. \tag{6.5}$$

그리고

$$\cosh(iz) = \frac{e^{iz}+e^{-iz}}{2} = \cos z, \quad \cos(iz) = \frac{e^{-z}+e^{z}}{2} = \cosh z. \tag{6.6}$$

$\sinh z$ 와 $\cosh z$ 에 대한 다음 성질들은 정의와 위에서 보인 성질들을 이용하면 얻을 수 있다.

$$\begin{aligned}
\sinh(-z) &= -\sinh z, \quad \cosh(-z) = \cosh z,\\
\sinh(z_1+z_2) &= \sinh z_1\cosh z_2 + \cosh z_1\sinh z_2,\\
\cosh(z_1+z_2) &= \cosh z_1\cosh z_2 + \sinh z_1\sinh z_2,\\
\sinh z &= \sinh(x+iy)\\
&= \sinh x\cosh(iy) + \sinh(iy)\cosh x\\
&= \sinh x\cos y + i\cosh x\sin y,\\
\cosh z &= \cosh(x+iy)\\
&= \cosh x\cosh(iy) + \sinh x\sinh(iy)\\
&= \cosh x\cos y + i\sinh x\sin y.
\end{aligned}$$

예 제 6.2 $z = x + iy$이면

$$\begin{aligned}|\sinh z|^2 = |\sin(iz)|^2 &= |\sin(-y + ix)| \\ &= \sin^2(-y) + \sinh^2 x \\ &= \sin^2 y + \sinh^2 x.\end{aligned}$$

예 제 6.3 방정식 $\sinh z = 0$과 $\cosh z = 0$의 해를 구하자. $\sinh z = 0$이면 $e^z = e^{-z}$이므로 $e^{2z} = 1$이다. 그러므로

$$e^{2x}(\cos 2y + i \sin 2y) = 1 = e^0(\cos 2n\pi + i \sin 2n\pi).$$

따라서 $x = 0$이고

$$y = n\pi (n = 0, \pm 1, \pm 2, \ldots).$$

따라서

$$z = n\pi i (n = 0, \pm 1, \ldots)$$

이 구하고자 하는 해이다.

$\cosh z = 0$이면

$$\cosh z = -\sinh\left(z - \frac{\pi}{2i}\right) = 0$$

이므로

$$z = \left(\frac{\pi}{2} + n\pi\right) i \ (n = 0, \pm 1, \pm 2, \ldots)$$

이 $\cosh z = 0$의 해이다.

$\sinh z$와 $\cosh z$ 이외의 쌍곡선함수들은 다음과 같이 정의한다.

$$\tanh z = \frac{\sinh z}{\cosh z}, \quad \coth z = \frac{1}{\tanh z}, \quad \mathrm{sech} z = \frac{1}{\cosh z}, \quad \mathrm{csch} z = \frac{1}{\sinh z}.$$

$\sinh z$와 $\cosh z$의 미분을 이용하면 다음을 보일 수 있다.

$$\begin{aligned}(\tanh z)' &= \mathrm{sech}^2 z, & (\coth z)' &= -\mathrm{csch}^2 z, \\ (\mathrm{sech} z)' &= -\mathrm{sech} z \tanh z, & (\mathrm{csch} z)' &= -\mathrm{csch} z \coth z.\end{aligned}$$

✍ **연습문제 6.7** 다음을 보여라.

(1) $\sinh(z+\pi i) = -\sinh z$　　(2) $\tanh(z+\pi i) = \tanh z$

✍ **연습문제 6.8** 반사원리를 이용하여 모든 z에 대해 다음이 성립함을 보여라.

(1) $\overline{\sinh z} = \sinh \overline{z}$　　(2) $\overline{\cosh z} = \cosh \overline{z}$

✍ **연습문제 6.9** 다음 방정식의 해를 구하여라.

(1) $\cosh z = \dfrac{1}{2}$　　(2) $\sinh z = i$

6.5 로그함수

복소변수 $z = re^{i\theta}(\neq 0)$에 대한 **로그함수**(logarithmic function) $\log z$는 다음과 같이 정의한다.

$\log z$의 정의
$\log z = \ln\lvert z\rvert + i\arg z = \ln r + i\arg z.$

여기서 $\ln|z|$는 실변수에 대한 자연로그이다.

만일 $\Theta = \text{Arg}\, z(-\pi < \Theta \leq \pi)$이면 로그함수는 다음과 같이 나타낼 수 있다.

$$\log z = \ln r + i(\Theta + 2n\pi)(n = 0, \pm 1, \pm 2, \ldots). \tag{6.7}$$

식 (6.7)의 오른쪽은 무한히 많은 값들을 나타내고 있으므로 $\log z$는 무한히 많은 값을 가진다. 즉, $\log z$는 다가함수이다.

$w = u + iv$에 대해 방정식

$$e^w = z \tag{6.8}$$

의 해를 구하자.

$$e^{u+iv} = e^u e^{iv} = re^{i\Theta}$$

이므로

$$e^u = r, \quad v = \Theta + 2n\pi (n = 0, \pm 1, \pm 2, \ldots).$$

따라서

$$u = \ln r, v = \Theta + 2n\pi (n = 0, \pm 1, \pm 2, \ldots)$$

이고 다음과 같이 나타낼 수 있다.

$$w = \ln r + i(\Theta + 2n\pi) \ (n = 0, \pm 1, \pm 2, \ldots).$$

즉, $\log z$는 방정식 (6.8)의 해집합이다. 따라서

$$e^{\log z} = z$$

이 성립한다.

참고 $\log(e^z) \neq z \ (z \neq 0)$이다. $\log(e^z)$가 여러 개의 값을 나타내는 해집합이고 z가 하나의 값이므로 당연하다. 좀 더 자세히 살펴보면

$$\begin{aligned}\log(e^z) &= \ln|e^z| + i\arg(e^z) \\ &= \ln e^x + i(y + 2n\pi) \\ &= x + i(y + 2n\pi) = z + i2n\pi (n = 0, \pm 1, \pm 2, \ldots) \\ &\neq z.\end{aligned}$$

정의에서 $\log z (z \neq 0)$는 다가함수임을 보았다. $\Theta = \text{Arg } z$일 때

$$\text{Log } z = \ln r + i\Theta$$

를 $\log z$의 **주치**(principal value)라 한다. $\log z$의 주치 Log z는 잘 정의된 일가함수이고 Log z를 이용해서 $\log z$를 다음과 같이 나타낼 수 있다.

$$\log z = \text{Log } z + i2n\pi (n = 0, \pm 1, \pm 2, \ldots).$$

예제 6.4 $\log 1$과 Log 1의 값을 구하자.

$$\log 1 = \ln 1 + i\arg(1) = i2n\pi (n = 0, \pm 1, \pm 2, \ldots).$$

이것은 방정식 $e^w = 1$의 해들이다. $\text{Arg}\,(1) = 0$이므로 $\log 1$의 주치는 $\text{Log}\ 1 = 0$ 이다.

✍ **연습문제 6.10** $\log(-1)$과 $\text{Log}\,(-1)$의 값을 구하여라.

6.6 분지

실수 $\alpha \in \mathbb{R}$에 대해

$$\log z = \ln r + i\theta (r > 0, \alpha < \theta < \alpha + 2\pi) \tag{6.9}$$

은 일가함수이고 주어진 영역에서 연속이다. 식 (6.9)에서 $\log z = u + iv$이면

$$u(r,\theta) = \ln r, \quad v(r,\theta) = \theta$$

이다. 만일 z가 반직선 $\theta = \alpha$ 상의 점이면 z 근방에서 $v(r,\theta)$는 α에 가까운 값을 가질 수도 있고, $\alpha + 2\pi$에 가까운 값을 가질 수도 있다. (그림 6.1) 따라서 식 (6.9)에서 정의된 일가함수 $\log z = \ln r + i\theta$는 반직선 $\theta = \alpha$에서 연속이 아님을 알 수 있다.

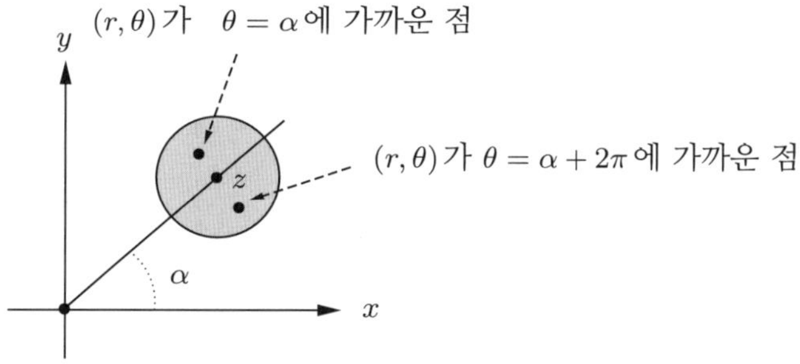

그림 6.1

$u = \dfrac{1}{r}, u_\theta = 0, v_r = 0, v_\theta = 1$이므로 u와 v는 Cauchy-Riemann 방정식

$$u_r = \frac{1}{r} v_\theta, u_\theta = -r v_r$$

을 만족하고, 각 편도함수가 주어진 영역 $r > 0, \alpha < \theta < \alpha + 2\pi$에서 연속이므로

식 (6.9) 에 주어진 일가함수는 이 영역에서 해석적이다. 그리고 미분은

$$\begin{aligned}\frac{d}{dz}\log z &= e^{-i\theta}(u_r + iv_r) = e^{-i\theta}\left(\frac{1}{r} + i0\right) \\ &= \frac{1}{re^{i\theta}} = \frac{1}{z} \quad (|z| > 0, \alpha < \theta < \alpha + 2\pi).\end{aligned}$$

$\alpha = -\pi$ 이면 식 (6.9) 에 주어진 함수는 $\text{Log}\, z$ 이므로

$$\frac{d}{dz}\text{Log}\ z = \frac{1}{z} \ (|z| > 0, -\pi < \text{Arg}\ z < \pi).$$

식 (6.9) 에 주어진 함수는 다가함수 $\log z$ 에서 영역을 적당히 제한하여 얻은 일가함수이다. 이와 같은 함수를 $\log z$ 의 분지라고 한다.

다가함수 $f(z)$ 의 **분지**(branch) 란 어떤 영역에서 해석적이고 그 영역에서 함수값이 $f(z)$ 의 여러 개의 값 중 하나가 되도록 하는 함수 $F(z)$ 를 말한다. 만일 $F(z)$ 가 $f(z)$ 의 주치로 주어지면 $F(z)$ 를 $f(z)$ 의 **주분지**(principal branch) 또는 **주치**(principal value) 라 한다. 예를 들어 $f(z) = \log z$ 이면 임의의 실수 α 에 대해

$$F(z) = \ln r + i\theta \ (r > 0, \alpha < \theta < \alpha + 2\pi)$$

등과 같은 것은 $f(z) = \log z$ 의 분지이다. 특히 $\alpha = -\pi$ 이면 $F(z)$ 는 $f(z)$ 의 주분지이다.

분지절단선(branch cut) 이란 다가함수 $f(z)$ 의 분지를 정의하기 위해 도입하는 선분이나 곡선을 말한다. 예를 들어 식 (6.9) 에서 반직선 $\theta = \alpha$ 는 $\log z$ 의 분지절단선이다. (그림 6.2)

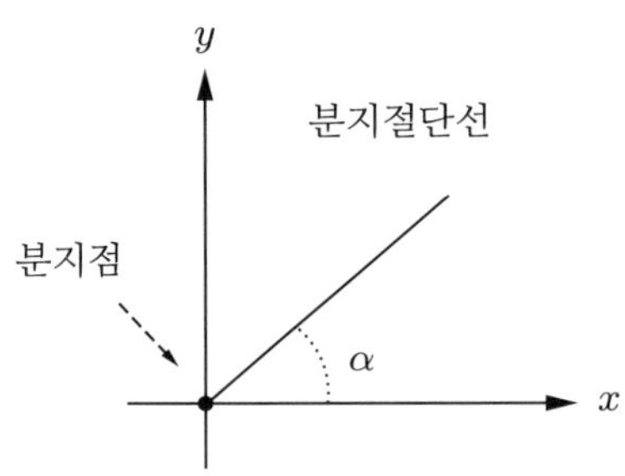

그림 6.2: $\log z$ 의 분지점과 분지절단선

다가함수 $f(z)$ 의 모든 분지절단선이 공유하는 점을 **분지점**(branch point) 이라 한다.

$\log z$ 는 $z = 0$ 에서 정의되지 않기 때문에 $\log z$ 의 모든 분지절단선은 반드시 원점을 포함해야 하므로 원점은 $\log z$ 의 분지점이다. 물론 $\log z$ 처럼 분지점이

한 개일 수 있지만 여러 개의 분지점을 가지는 다가함수도 존재한다. 예를 들어 $\log(z^2-1)$은 1과 -1을 분지점으로 가지는 다가함수이다.

✍ **연습문제 6.11** $f(z)=z^{\frac{1}{2}}$에서 적당한 분지절단선을 택하여 $f(z)$의 분지를 구하고, 분지점을 구하여라.

$z_1 \neq 0, z_2 \neq 0$에 대해

$$\begin{aligned}\log(z_1z_2) &= \ln|z_1z_2| + i\arg(z_1z_2)\\ &= (\ln|z_1| + i\arg z_1) + (\ln|z_2| + i\arg z_2)\\ &= \log z_1 + \log z_2.\end{aligned}$$

따라서 다음 관계식을 얻는다.

$$\log(z_1z_2) = \log z_1 + \log z_2. \tag{6.10}$$

그러나 식 (6.10)은 등식을 의미하는 것은 아니다.

$$\arg(z_1z_2) = \arg z_1 + \arg z_2$$

는 $\arg(z_1z_2)$의 어떤 편각은 $\arg z_1$의 어떤 편각과 $\arg z_2$의 어떤 편각의 합으로 나타낼 수 있음을 의미하는 것처럼 식 (6.10)은 $\log(z_1z_2)$의 어떤 값은 $\log z_1$의 어떤 값과 $\log z_2$의 어떤 값의 합으로 나타낼 수 있음을 의미한다. 다음 식도 이와 비슷한 의미를 가진다.

$$\log\left(\frac{z_1}{z_2}\right) = \log z_1 - \log z_2.$$

예제 6.5 $z_1 = z_2 = -1$이면 $z_1z_2 = 1$이다. 그리고

$$\log(-1) = \ln 1 + i(\pi + 2n\pi), \quad \log 1 = \ln 1 + i(2n\pi).$$

이 경우 $\log(z_1z_2) = \log 1$의 값들 중 0을 택하면 0은 $\log z_1$의 값들 중 πi와 $\log z_2$의 값들 중 $-\pi i$의 합으로 나타낼 수 있다. 그러나 $\text{Log }(z_1z_2) = \text{Log } 1 = 0$이고 $\text{Log } z_1 = \text{Log } z_2 = \pi$이므로 일반적으로

$$\text{Log }(z_1z_2) \neq \text{Log } z_1 + \text{Log } z_2$$

임을 알 수 있다.

✍ **연습문제 6.12** 다음 값을 구하여라.

(1) $\log e$ (2) $\log i$

✍ **연습문제 6.13** 다음을 보여라.

(1) $\log\left(i^{\frac{1}{2}}\right) = \left(n+\frac{1}{4}\right)\pi i (n = 0, \pm 1, \ldots)$이고 이것은 $\frac{1}{2}\log i$와 같다.

(2) $\log\left(i^2\right)$과 $2\log i$는 다르다.

✍ **연습문제 6.14** 방정식 $\log z = \frac{\pi}{2} i$의 해를 구하여라.

✍ **연습문제 6.15** 다음을 보여라.

(1) $\mathrm{Log}\,(z-i)$는 반직선 $y=1, x \le 0$을 제외한 모든 점에서 해석적이다.

(2) $\dfrac{\mathrm{Log}\,(z+4)}{z^2+i}$는 $\pm\dfrac{(1-i)}{\sqrt{2}}$와 반직선 $x \le -4, y = 0$을 제외한 나머지 모든 점에서 해석적이다.

6.7 복소수에서 지수

$z = re^{i\theta}(\neq 0), n \in \mathbb{N}$에 대해

$$\begin{aligned} e^{n\log z} &= e^{n(\ln|z|+i\arg z)} = e^{n\ln|z|}\cdot e^{i(n\arg z)}, \\ z^n &= r^n e^{in\theta} = |z|^n \cdot e^{in\theta} = e^{n\ln|z|}\cdot e^{in\theta}. \end{aligned} \tag{6.11}$$

따라서

$$z^n = e^{n\log z}$$

가 성립한다.

$\Theta = \mathrm{Arg}\, z$이고 $z = r\exp(i\Theta)$라 하면

$$\begin{aligned} \exp\left(\frac{1}{n}\log z\right) &= \exp\left[\frac{1}{n}\ln r + \frac{i(\Theta+2k\pi)}{n}\right] (k = 0, \pm 1, \pm 2, \ldots) \\ &= \sqrt[n]{r}\exp\left[i\left(\frac{\Theta}{n}+\frac{2k\pi}{n}\right)\right] (k = 0, 1, 2, \ldots, n-1). \end{aligned}$$

따라서 $\exp\left[\left(\frac{1}{n}\right)\log z\right]$는 z의 n제곱근이므로

$$z^{\frac{1}{n}} = \exp\left(\frac{1}{n}\log z\right).$$

일반적으로 복소변수의 지수는 다음과 같이 정의한다.

지수의 정의

$z \neq 0, c \in \mathbb{C}$에 대해 지수 z^c를

$$z^c = \exp(c\log z). \tag{6.12}$$

식 (6.11)에서 본 것처럼 c가 정수이면 z^c는 일가이고 c가 정수가 아니면 z^c는 다가이다.

예제 6.6 $(i)^{-2i}$를 계산하자. 정의에서

$$\begin{aligned}(i)^{-2i} &= \exp(-2i\log i)\\ &= \exp[-2i(\ln|i| + \arg(i))]\\ &= \exp\left[-2i\left(2n+\frac{1}{2}\right)\pi i\right] = \exp[(4n+1)\pi]\,(n = 0, \pm1, \pm2, \ldots)\end{aligned}$$

한편, $\frac{1}{e^z} = e^{-z}$이므로 $\frac{1}{z^c} = z^{-c}$이다. 따라서

$$\frac{1}{i^{2i}} = i^{-2i} = \exp[(4n+1)\pi]\ (n = 0, \pm1, \pm2, \ldots)$$

이다.

연습문제 6.16 $n = 0, \pm1, \pm2, \ldots$일 때 다음을 보여라.

(1) $(1+i)^i = \exp\left(-\frac{\pi}{4} + 2n\pi\right)\exp\left(\frac{i}{2}\ln 2\right)$.

(2) $(-1)^{\frac{1}{\pi}} = e^{(2n+1)i}$.

$z = re^{i\theta} \neq 0$이고 $\alpha \in \mathbb{R}$이면 로그함수의 분지

$$\log z = \ln r + i\theta(r > 0, \alpha < \theta < \alpha + 2\pi)$$

는 일가함수이고 해석적이다. 따라서 이 영역에서 $\exp(c\log z)$는 일가함수이고 해석적이다. 즉, $\exp(c\log z)$는 z^c의 분지이다. 그리고 미분은

$$\begin{aligned}\frac{d}{dz}z^c &= \frac{d}{dz}\exp(c\log z)\\ &= [\exp(c\log z)]\,\frac{c}{z} = c\cdot\frac{\exp(c\log z)}{\exp(\log z)} = cz^{c-1}\end{aligned}$$

물론 이 영역에서 cz^{c-1}은 일가함수이다. 그리고 $\exp(c\mathrm{Log}\ z)$는 z^c의 주분지 또는 주치이다.

예제 6.7 $(-i)^i$의 주치를 구하자.

$$i\mathrm{Log}\ (-i) = i\left(-\frac{\pi}{2}i\right) = \frac{\pi}{2}$$

이므로 $(-i)^i$의 주치는

$$\exp[i\mathrm{Log}\ (-i)] = \exp\frac{\pi}{2}$$

이다.

✍ **연습문제 6.17** 직교좌표에서 다음을 구하여라. 그리고 주치를 구하여라.

(1) $(-8-8\sqrt{3}i)^{\frac{1}{4}}$ (2) $(-1)^{\frac{1}{3}}$

✍ **연습문제 6.18** 다음 값들의 주치를 구하여라.

(1) i^i (2) $\left[\frac{e}{2}(-1-\sqrt{3}i)\right]^{3\pi i}$ (3) $(1-i)^{4i}$

✍ **연습문제 6.19** $c = a+ib \neq 0, \pm1, \pm2, \ldots$ 일 때 i^c는 다가이다. 이때 $|i^c|$가 항상 같기 위한 상수 c에 대한 조건은 무엇인가?

예제 6.8 다가함수 $f(z) = z^{\frac{2}{3}}$의 주분지 $f_0(z)$를 구하자. $z^{\frac{2}{3}}$의 주분지는

$$\begin{aligned}f_0(z) &= \exp\left(\frac{2}{3}\mathrm{Log}\ z\right)\\ &= \exp\left(\frac{2}{3}\ln r + \frac{2}{3}i\Theta\right) = \sqrt[3]{r^2}\exp\left(i\frac{2\Theta}{3}\right).\end{aligned}$$

여기서 $\Theta = \mathrm{Arg}\ z$이다.

한편, 영역 $r>0, -\pi<\Theta<\pi$에서 f_0는 해석적이고 미분은

$$\begin{aligned}\frac{d}{dz}f_0(z) &= \frac{d}{dz}\exp\left(\frac{2}{3}\text{Log } z\right)\\ &= \frac{2}{3z}\exp\left(\frac{2}{3}\text{Log } z\right)\\ &= \frac{2}{3}\cdot z^{-1}\cdot\exp\left(\frac{2}{3}\text{Log } z\right)\\ &= \frac{2}{3}\exp(-\text{Log } z)\cdot\exp\left(\frac{2}{3}\text{Log } z\right)\\ &= \frac{2}{3}\exp\left(-\frac{1}{3}\text{Log } z\right) = \frac{2}{3}z^{-\frac{1}{3}}\ (r>0, -\pi<\Theta<\pi).\end{aligned}$$

참고 밑 (base) 이 $c(\neq 0)$ 인 $\mathbb{C}$에서 지수의 정의는 다음과 같다.

$$c^z = \exp(z\log c) \tag{6.13}$$

정의에 의하면 지수함수 e^z 역시 다가함수이다. 그러나 특별히 e^z는 $\exp(z\text{Log } e)$로 약속한다. 즉,

$$\exp(z\text{Log } e) = \exp(z(\ln e + i\text{Arg } e)) = e^z.$$

그러면 e^z는 일가함수이다.

식 (6.13) 에서 $\log c$의 값을 특정한 것으로 택하면 e^z가 전해석함수이므로 c^z도 전해석함수이다. 그리고 미분은

$$\frac{d}{dz}c^z = \frac{d}{dz}e^{z\log c} = e^{z\log c}\cdot\log c = c^z\log c.$$

6.8 삼각함수와 쌍곡선함수의 역함수

$z=\sin w$일 때

$$w = \sin^{-1} z$$

로 정의하면

$$z = \sin w = \frac{e^{iw}-e^{-iw}}{2i}$$

이므로

$$(e^{iw})^2 - 2iz(e^{iw}) - 1 = 0. \tag{6.14}$$

식 (6.14)에서

$$(e^{iw} - iz)^2 = 1 - z^2$$

이므로

$$e^{iw} = iz + (1 - z^2)^{\frac{1}{2}}. \tag{6.15}$$

여기서 $(1-z^2)^{\frac{1}{2}}$은 이가함수이다. 식 (6.15)에서 다음을 얻는다.

$\sin z$의 역함수

$$w = \sin^{-1} z = -i \log\left[iz + (1 - z^2)^{\frac{1}{2}}\right] \tag{6.16}$$

식 (6.16)으로 주어진 $\sin^{-1} z$를 $\sin z$의 역함수라 한다. 정의에서 $\sin^{-1} z$는 다가함수이다.

예제 6.9 $\sin^{-1}(-i)$를 구하자. 정의에 의하면

$$\begin{aligned}\sin^{-1}(-i) &= -i \log\left[i(-i) + (1 - (-i)^2)^{\frac{1}{2}}\right] \\ &= -i \log\left(1 + 2^{\frac{1}{2}}\right).\end{aligned}$$

$2^{\frac{1}{2}} = \pm\sqrt{2}$이므로 $\sin^{-1}(-i) = -i\log(1 \pm \sqrt{2})$이다. 그런데

$$\begin{aligned}\log(1+\sqrt{2}) &= \ln(1+\sqrt{2}) + 2n\pi i (n = 0, \pm1, \pm2, \ldots), \\ \log(1-\sqrt{2}) &= \ln(\sqrt{2}-1) + (2n+1)\pi i \\ &= -\ln(1+\sqrt{2}) + (2n+1)\pi i (n = 0, \pm1, \pm2, \ldots).\end{aligned}$$

따라서

$$\sin^{-1}(-i) = n\pi + i(-1)^{n+1} \ln(1+\sqrt{2}) \ (n = 0, \pm1, \pm2, \ldots)$$

이다.

✍ **연습문제 6.20** $\cos^{-1} 2$의 값을 구하여라.

$\sin z$의 역함수 $\sin^{-1} z$의 정의와 유사한 방법으로 $\cos z, \tan z$의 역함수를 정의하면 다음과 같다.

$\sin z, \cos z$의 역함수

$$\cos^{-1} z = -i \log\left[z + i(1-z^2)^{\frac{1}{2}}\right],$$
$$\tan^{-1} z = \frac{i}{2} \log\left(\frac{i+z}{i-z}\right).$$

$\cos^{-1} z$와 $\tan^{-1} z$는 다가함수이다. 만일 $(1-z^2)^{\frac{1}{2}}$와 로그함수의 특정한 분지를 택한다면 $\cos^{-1} z$와 $\tan^{-1} z$는 일가함수들이고 분지를 정의한 영역에서 해석함수들의 합성이므로 그 영역에서 해석적이다. 그리고 이 영역에서 $\sin^{-1} z$와 $\cos^{-1} z$의 미분은

$$\frac{d}{dz} \sin^{-1} z = \frac{1}{(1-z^2)^{\frac{1}{2}}},$$
$$\frac{d}{dz} \cos^{-1} z = -\frac{1}{(1-z^2)^{\frac{1}{2}}}.$$

따라서 $\sin^{-1} z$와 $\cos^{-1} z$의 도함수는 $(1-z^2)^{\frac{1}{2}}$의 분지에 의존한다. 그러나

$$\frac{d}{dz} \tan^{-1} z = \frac{1}{1+z^2}$$

이므로 $\tan^{-1} z$의 도함수는 일가함수이고 $\tan^{-1} z$의 분지에 의존하지 않는다.

쌍곡선함수의 역함수도 삼각함수의 역함수를 정의하는 것과 비슷하게 얻을 수 있으며 다음과 같다.

쌍곡선함수의 역함수

$$\sinh^{-1} z = \log\left[z + (z^2+1)^{\frac{1}{2}}\right],$$
$$\cosh^{-1} z = \log\left[z + (z^2-1)^{\frac{1}{2}}\right],$$
$$\tanh^{-1} z = \frac{1}{2} \log\left(\frac{1+z}{1-z}\right).$$

✍ **연습문제 6.21** 다음 값들을 구하여라.

(1) $\tan^{-1}(2i)$ (2) $\cosh^{-1}(-1)$ (3) $\tan^{-1} 0$

✍ **연습문제 6.22** 방정식 $\cos z = 2$을 $\cos z$의 역함수를 이용하여 풀어라.

이 장에서는 복소변수의 다항함수, 삼각함수, 쌍곡선함수, 로그함수, 지수함수를 정의하고, 삼각함수와 쌍곡선함수의 역함수에 대해 알아보았다. 이러한 함수들의 정의나 성질이 실변수함수에서 다루었던 동일한 명칭의 함수와 비슷한 부분도 있지만 아주 다른 부분도 많다. 예를 들어 여기에서 정의한 삼각함수는 실변수에서 다루었던 삼각함수와 정의 자체가 매우 다르지만 비슷한 성질을 가지고 있다.

제 7 장

복소가함수의 적분

7.1 실변수 복소가함수의 적분

I는 $\mathbb{R}$의 어떤 구간이고 u와 v는 I에서 정의된 실가함수(real valued function)라 하자. 만일

$$w : I \longrightarrow \mathbb{C}$$

를 $w(t) = u(t) + iv(t)$라 정의하면 w는 실변수 복소가함수(complex-valued function)이다. 이때 u와 v가 I에서 미분가능하면 w는 I에서 미분가능하다 하고 w의 미분은 다음과 같이 정의한다.

$$\frac{d}{dt}w(t) = w'(t) = u'(t) + iv'(t). \tag{7.1}$$

구간 I에서 정의된 실변수 복소가함수 w, w_1과 w_2가 미분가능하면 다음 성질이 성립한다.

실변수 복소가함수의 미분성질

구간 I에서 w, w_1, w_2가 미분가능하면

1. $w_1 + w_2$가 미분가능하고 $(w_1 + w_2)' = w_1' + w_2'$.
2. 임의의 상수 $z_0 \in \mathbb{C}$에 대해 $z_0 w$가 미분가능하고 $(z_0 w)' = z_0 w'$.
3. $w_1 w_2$가 미분가능하고 $(w_1 w_2)' = w_1' w_2 + w_1 w_2'$.
4. $f = u + iv$가 해석적이면

$$\frac{d}{dt}f[w(t)] = f'[w(t)]w'(t).$$

이 사실은 실변수 복소가함수의 미분정의 식 (7.1)을 이용하여 쉽게 보일 수 있다.

u와 v가 $[a,b]$에서 적분가능하면

$$w(t) = u(t) + iv(t)(t \in [a,b])$$

는 $[a,b]$에서 적분가능하다 하고 $[a,b]$에서 $w(t)$의 적분을 다음과 같이 정의한다.

$$\int_a^b w(t)dt = \int_a^b u(t)dt + i\int_a^b v(t)dt. \tag{7.2}$$

예제 7.1 식 (7.2)로 주어진 정의를 이용하여 계산하면

$$\begin{aligned}\int_0^1 (1+it)^2 dt &= \int_0^1 (1-t^2)dt + i\int_0^1 2tdt \\ &= \frac{2}{3} + i\end{aligned}$$

이다.

✍ **연습문제 7.1** $\int_0^{\frac{\pi}{6}} e^{i2t}dt$을 구하여라.

✍ **연습문제 7.2** m과 n이 정수일 때

$$\int_0^{2\pi} e^{im\theta}e^{-in\theta}d\theta = \begin{cases} 0, & m \neq n, \\ 2\pi, & m = n \end{cases}$$

이 성립함을 보여라.

$w(t)$의 **특이적분**(improper integral)도 비슷하게 정의한다. 즉, $w(t) = u(t) + iv(t)$의 특이적분의 실수부는 $u(t)$의 특이적분이고 허수부는 $v(t)$의 특이적분이 된다. 예를 들어 $[a,\infty)$에서 특이적분은 다음과 같이 정의한다.

$$\int_a^\infty w(t)dt = \int_a^\infty u(t)dt + i\int_a^\infty v(t)dt.$$

다른 특이적분도 비슷하게 정의한다.

✍ **연습문제 7.3** 특이적분

$$\int_0^\infty e^{-zt}dt \ (\mathrm{Re}z > 0)$$

을 구하여라.

7.2 경로적분

복소함수의 경로적분에 대해 알아보자. 실수의 구간 $[a, b]$에서 정의된 실변수 복소가함수 $z(t)$가 $[a, b]$에서 미분가능하고 $z'(t)$가 연속이며 $z'(t) \neq 0 (a < t < b)$이면 $z(t)$를 $[a, b]$에서 **매끈한 곡선**(smooth curve)이라 한다. 만일 $z(t)$가 유한개의 매끈한 곡선들의 이음, 즉 유한개의 매끈한 곡선들의 끝점(종점)과 끝점(시점)을 이어서 구성된 곡선이면 이 곡선을 **경로**(contour)라 한다.

기호

$$C : z = z(t)(a \leq t \leq b) \tag{7.3}$$

는 어떤 점들의 자취 C가 $z = z(t)(a \leq t \leq b)$로 매개화되어 있다는 의미로 사용하자.

$a_0 = a, a_n = b$이고

$$C_i : z_i = z_i(t) \ (a_{i-1} \leq t \leq a_i, i = 1, 2, \ldots, n)$$

라 하자. 그리고 각 i에 대해 $z_i(t)$가 $[a_{i-1}, a_i]$에서 미분가능하고 $z_i'(t)$가 연속이며 $z_i'(t) \neq 0 (a_{i-1} < t < a_i)$라 하자. 만일 $z_i(a_i) = z_{i+1}(a_i) \ \ (i = 1, 2, \ldots, n)$이면

$$C : z(t) = \begin{cases} z_1(t), & a_0 \leq t \leq a_1, \\ z_2(t), & a_1 \leq t \leq a_2, \\ \vdots & \vdots \\ z_n(t), & a_{n-1} \leq t \leq a_n \end{cases}$$

는 $[a, b]$에서 정의된 경로이다. 이때

$$C = C_1 + C_2 + \cdots + C_n$$

으로 나타내고 C를 매끈한 곡선 $C_1, C_2, \ldots, C_n$들의 **이음**이라 한다. 예를 들어 그림 7.1은 매끈한 곡선 C_1, C_2, C_3, C_4의 이음을 나타낸 것이다.

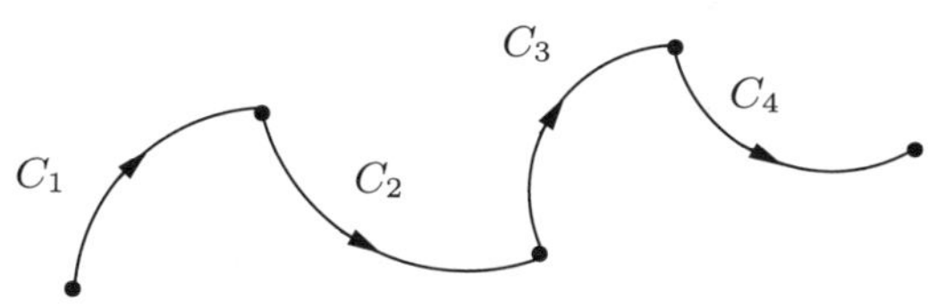

그림 7.1: 경로 $C = C_1 + C_2 + C_3 + C_4$

$z(t)$가 $[a,b]$에서 정의된 경로이고 $z(a) = z(b)$이면 $z(t)$를 **닫힌경로**(closed contour)라 하고, $z(t)$가 닫힌경로가

$$z(t_1) \neq z(t_2)(t_1 \neq t_2, t_1, t_2 \in (a,b))$$

를 만족하면 $z(t)$를 **단순닫힌경로**(simple closed contour)라 한다. (그림 7.2)

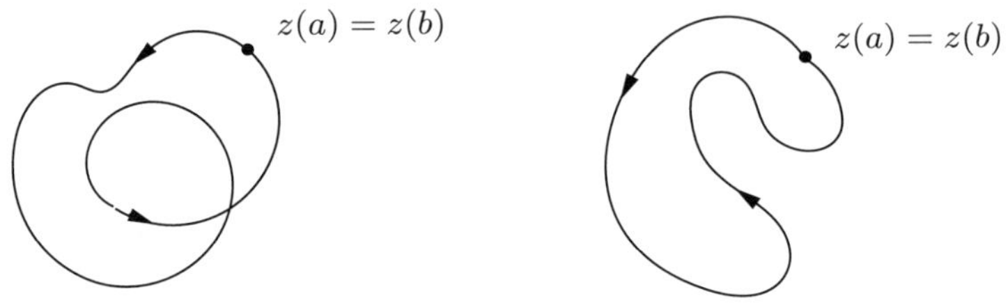

그림 7.2: 닫힌경로와 단순닫힌경로

직관적으로 단순닫힌경로는 평면을 두 개의 영역으로 분리한다. 이 사실에 대한 일반적인 결과는 다음과 같이 알려져 있다.

Jordan 곡선정리

C가 단순닫힌경로이면 C의 여집합은 서로 소인 두 개의 영역으로 되어 있다. 한 영역은 C로 둘러싸인 유계인 영역이고 다른 한 영역은 C의 외부인 유계가 아닌 영역이다. 그리고 C는 두 영역의 경계이다.

직관적으로 매우 당연해 보이는 결과를 증명하는 것은 늘 어렵다. 이 정리도 직관적으로 아주 당연해 보인다. 그러나 엄밀하게 증명하는 것은 매우 어렵다. 자세한 증명은 참고문헌 [10]을 참고하기 바란다.

식 (7.3)에 주어진 C가 경로이고 함수 f가 C에서 조각적연속일 때, 즉 $f[z(t)]$가 $[a,b]$에서 조각적연속일 때 C에서 f의 **경로적분**(contour integral)은 다음과 같이 정의한다.

정의 7.2.1

f가 경로 $C: z = z(t)\ (a \le t \le b)$에서 조각적 연속일 때

$$\int_C f(z)dz = \int_a^b f[z(t)]z'(t)dt \tag{7.4}$$

을 C에서 f의 **경로적분**이라 한다.

$f[z(t)]z'(t)$가 $[a,b]$에서 조각적연속이므로 적분 (7.4)가 존재한다.

만일

$$\phi : [\alpha, \beta] \longrightarrow [a, b]$$

가 C^1급이고 모든 $\tau \in [\alpha, \beta]$에 대해 $\phi'(\tau) > 0$이면 $w(\tau) = z(\phi(\tau))$를 C의 **동향재매개화**라 하고, $\phi'(\tau) < 0$이면 $w(\tau) = z(\phi(\tau))$를 C의 **역향재매개화**라 한다.

동향재매개화인 경우

$$\int_a^b f[z(t)]z'(t)dt = \int_\alpha^\beta f[w(\tau)]w'(\tau)d\tau$$

가 성립한다.

역향재매개화인 경우

$$\int_a^b f[z(t)]z'(t)dt = -\int_\alpha^\beta f[w(\tau)]w'(\tau)d\tau$$

가 성립한다. (자세한 계산은 참고문헌 [3]을 참고하라.) 따라서 경로적분은 C의 동향재매개화에 무관한 적분이다.

경로적분은 다음과 같은 성질을 가지는데 정의를 이용하면 쉽게 보일 수 있다.

경로적분의 성질

f와 g가 식 (7.3)에 정의된 경로 C에서 조각적연속이라 하자.

1. 임의의 상수 $c \in \mathbb{C}$에 대해 $cf(z)$의 경로적분이 존재하고

$$\int_C cf(z)dz = c\int_C f(z)dz.$$

2. $f(z) + g(z)$의 경로적분이 존재하고

$$\int_C [f(z) + g(z)]\,dz = \int_C f(z)dz + \int_C g(z)dz.$$

3. $-C$가 C의 역향경로, 즉 $-C : w(t) = z(-t)(-b \le t \le -a)$이면

$$\int_{-C} f(z)dz = -\int_C f(z)dz.$$

4. $C = C_1 + C_2$, 즉 C가 경로 C_1과 C_2의 이음이면

$$\int_C f(z)dz = \int_{C_1} f(z)dz + \int_{C_2} f(z)dz.$$

5. C에서 $|f| \le M$이고 L을 C의 길이라 하면

$$\left|\int_C f(z)dz\right| \le ML.$$

자세한 증명은 참고문헌 [3]을 참고하라.

예제 7.2 $C : z(\theta) = 2e^{i\theta}\left(-\frac{\pi}{2} \le \theta \le \frac{\pi}{2}\right)$라 하자. 그러면 C의 자취는 중심이 원점이고 반지름이 2인 원의 y축 오른쪽 부분을 나타내고

$$\begin{aligned}\int_C \overline{z}dz &= \int_{-\frac{\pi}{2}}^{\frac{\pi}{2}} \overline{2e^{i\theta}} \cdot 2ie^{i\theta}d\theta \\ &= 4i\int_{-\frac{\pi}{2}}^{\frac{\pi}{2}} e^{-i\theta}e^{i\theta}d\theta = 4\pi i.\end{aligned}$$

만일 $C : z_1(\theta) = 2e^{\frac{i\theta}{2}}(-\pi \le \theta \le \pi)$이면 z_1은 C의 동향재매개화이고

$$\begin{aligned}\int_C \overline{z}dz &= \int_{-\pi}^{\pi} \overline{2e^{\frac{i\theta}{2}}} \cdot 2 \cdot \frac{1}{2}ie^{\frac{i\theta}{2}}d\theta \\ &= 2i\int_{-\pi}^{\pi} e^{-\frac{i\theta}{2}} \cdot e^{\frac{i\theta}{2}}d\theta = 4\pi i.\end{aligned}$$

따라서 이 경우 C에서 경로적분은 동향재매개화에 무관함을 알 수 있다.

만일 z_0와 z_1을 잇는 임의의 경로 C_1, C_2에 대해 $\int_{C_1} f(z)dz = \int_{C_2} f(z)dz$이면 이 적분을 $\int_{z_0}^{z_1} f(z)dz$로 나타내자. 즉, 경로에 무관하고, 경로의 시점 z_0와 종점 z_1에만 의존하는 적분을 $\int_{z_0}^{z_1} f(z)dz$로 나타내자.

예제 7.3 $C_1 : z(t) = it(0 \le t \le 1), C_2 : z(t) = t + i(0 \le t \le 1)$라 하고 $C = C_1 + C_2$라 하자. 만일 $f(z) = y - x - i3x^2$이면

$$\begin{aligned}\int_{C_1} f(z)dz &= \int_0^1 (t)(it)'dt = \frac{1}{2}i, \\ \int_{C_2} f(z)dz &= \int_0^1 (1 - t - i3t^2)(t+i)'dt = \frac{1}{2} - i\end{aligned}$$

이므로

$$\int_C f(z)dz = \int_{C_1} f(z)dz + \int_{C_2} f(z)dz = \frac{1-i}{2}$$

이다.

✍ **연습문제 7.4** 곡선 C는 $1, 1+i, i$를 연결하는 직선과 단위원의 일부로 이루어져 있다. (그림 7.3) 이때 $\int_C \bar{z}dz$를 구하여라.

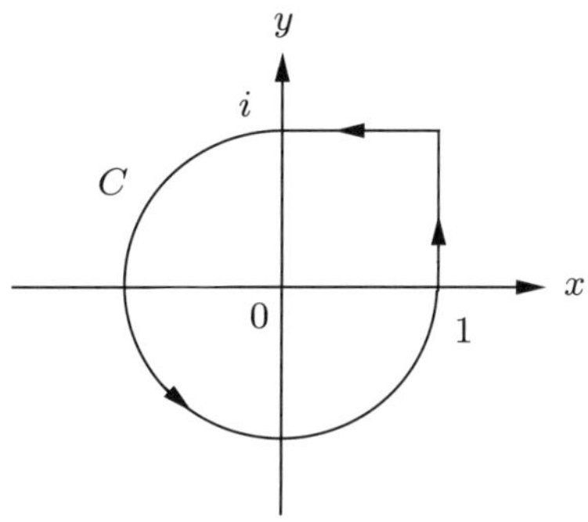

그림 7.3

✍ **연습문제 7.5** $\int_C \frac{z}{\bar{z}}dz$을 구하라. 여기서 C는 그림 7.4로 주어진 반원과 선분으로 이루어진 단순닫힌경로이다.

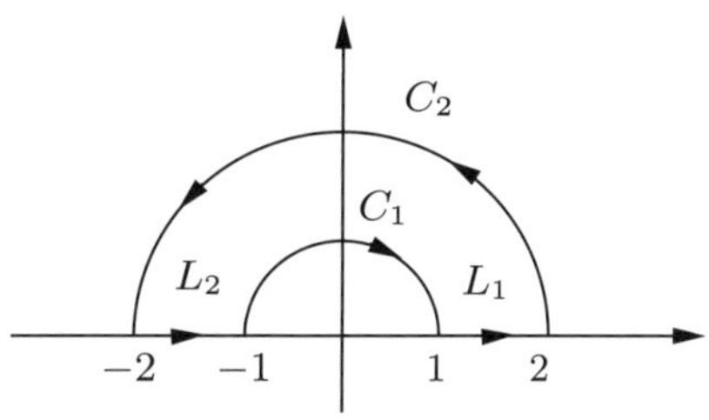

그림 7.4

✍ **연습문제 7.6** C가 그림 7.5와 같이 주어진 경로일 때 $\int_C \frac{z^3+3}{z(z-i)}dz$을 구하여라.

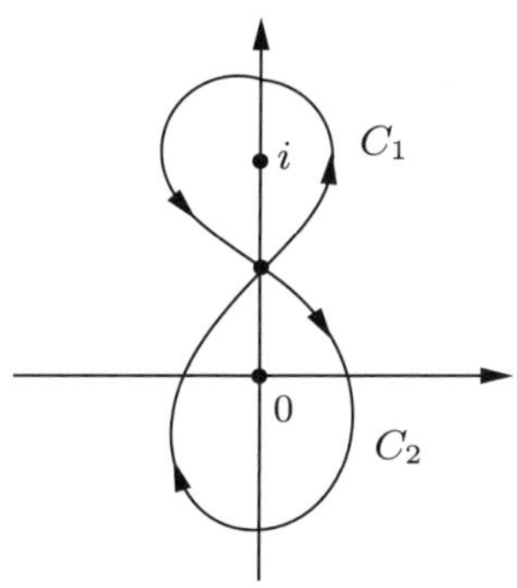

그림 7.5

✍ **연습문제 7.7** C는 곡선 $y = x^3$을 따라 $z = -1 - i$에서 $z = 1 + i$까지의 호이고

$$f(z) = \begin{cases} 1, & y < 0, \\ 4y, & y > 0 \end{cases}$$

라 할 때 $\int_C f(z)dz$를 구하여라.

✍ **연습문제 7.8** $P(z) = a_n z^n + a_{n-1}z^{n-1} + \cdots + a_1 z + a_0$ $(a_n \neq 0)$이고 $r > 0$일 때 $\int_{|z|=r} P(\overline{z})dz$을 구하여라.

예제 7.4 $f(z) = \sqrt{r}e^{\frac{i\theta}{2}}(r > 0, 0 < \theta < 2\pi)$를 $z^{\frac{1}{2}}$의 한 분지라 하고 $C : z(\theta) = 3e^{i\theta}(0 \le \theta \le \pi)$라 하자. (그림 7.6)

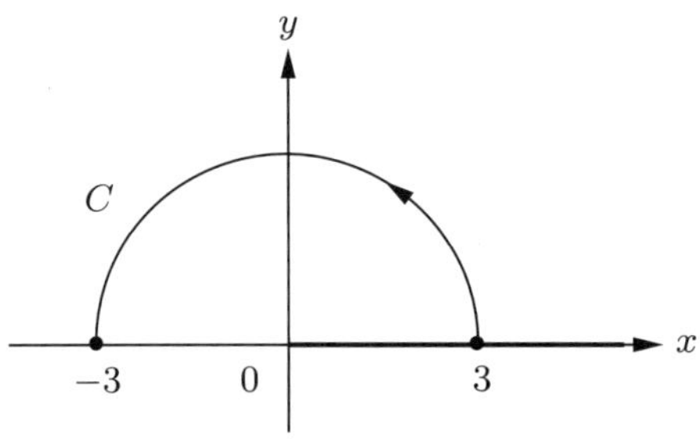

그림 7.6

이때 $f(z)$는 $z = 3$에서 정의되지 않음에도 불구하고 f가 C에서 조각적연속이므로 $\int_C f(z)dz$가 존재한다.

$$f[z(\theta)] = \sqrt{3}e^{\frac{i\theta}{2}} = \sqrt{3}\cos\frac{\theta}{2} + i\sqrt{3}\sin\frac{\theta}{2}(0 < \theta \le \pi)$$

이고

$$\lim_{\theta \to 0^+} f[z(\theta)] = \sqrt{3}$$

이므로 만일 $f[z(0)] = \sqrt{3}$으로 정의하면 $f[z(\theta)]$는 $[0, \pi]$에서 연속이다. 따라서

$$\int_0^{\pi} \sqrt{3}e^{\frac{i\theta}{2}} \cdot 3ie^{i\theta}d\theta = -\frac{2}{3i}(1 + i) = -2\sqrt{3}(1 + i).$$

참고 f, g가 $[a, b]$에서 적분가능한 실함수이고 $\{x \in [a, b] : f(x) \neq g(x)\}$가

유한집합이면

$$\int_a^b f(x)dx = \int_a^b g(x)dx$$

이다.

✍ **연습문제 7.9** $f(z)$는 z^{-1+i}의 분지

$$z^{-1+i} = \exp\left[(-1+i)\log z\right] \quad (|z| > 0, 0 < \arg z < 2\pi)$$

이고 C는 양의 방향의 단위원 $|z| = 1$이라 할 때 $\int_C f(z)dz$를 구하여라.

예 제 7.5 $C_R : z = Re^{i\theta}(0 \le \theta \le \pi)$이라 하고 $f(z)$는 다음과 같이 두자.

$$f(z) = \sqrt{r}e^{i\frac{\theta}{2}}(r > 0, 0 < \theta < 2\pi).$$

그러면 다음이 성립함을 보이자.

$$\lim_{R\to\infty} \int_{C_R} \frac{z^{\frac{1}{2}}}{z^2+1} dz = 0.$$

여기서 $z^{\frac{1}{2}}$는 분지 $f(z)$을 나타낸다.

만일 $|z| = R > 1$이면 $|z^{\frac{1}{2}}| = \sqrt{R}$이고

$$|z^2+1| \ge \left||z|^2 - 1\right| = R^2 - 1.$$

따라서

$$\left|\frac{z^{\frac{1}{2}}}{z^2+1}\right| \le \frac{\sqrt{R}}{R^2-1}.$$

$M_R = \dfrac{\sqrt{R}}{R^2-1}$라 하면

$$\left|\int_{C_R} \frac{z^{\frac{1}{2}}}{z^2+1} dz\right| \le \int_{C_R} \left|\frac{z^{\frac{1}{2}}}{z^2+1}\right| |dz| \le M_R \int_{C_R} |dz| = M_R L.$$

여기서 L은

$$L = \int_{C_R} |dz| = \int_0^{\pi} |z'(\theta)| d\theta = \int_0^{\pi} |iRe^{i\theta}| d\theta = \pi R.$$

$R \to \infty$ 이면

$$M_R L = \frac{\pi R\sqrt{R}}{R^2 - 1} = \frac{(\pi/\sqrt{R})}{(1 - 1/R^2)} \to 0$$

이므로

$$\lim_{R\to\infty} \int_{C_R} \frac{z^{\frac{1}{2}}}{z^2+1} dz = 0.$$

✍ **연습문제 7.10** C_R을 시계반대방향의 원 $|z| = R(R > 2)$의 윗쪽 반원일 때 다음을 보여라.

$$\left|\int_{C_R} \frac{2z^2 - 1}{z^4 + 5z^2 + 4} dz\right| \le \frac{\pi R(2R^2 + 1)}{(R^2 - 1)(R^2 - 4)}.$$

이 부등식을 이용해서

$$\lim_{R\to\infty} \int_{C_R} \frac{2z^2 - 1}{z^4 + 5z^2 + 4} dz = 0$$

임을 보여라.

✍ **연습문제 7.11** C_R을 시계반대방향의 원 $|z| = R(R > 1)$이라 할 때

$$\left|\int_{C_R} \frac{\text{Log } z}{z^2} dz\right| < 2\pi\left(\frac{\pi + \ln R}{R}\right)$$

임을 보여라.

(참고) $C : z = z(t)(a \le t \le b)$가 경로일 때 $|dz| = |z'(t)|dt$로 정의하면 C의 길이 L은

$$L = \int_C |dz|$$

로 나타낼 수 있다.

✍ **연습문제 7.12** $f(z)$가 길이가 L인 경로 C에서 연속이고 C에서 $|f(z)| \le M$을 만족하면

$$\left|\int_C f(z) dz\right| \le ML$$

이 성립함을 보여라.

✍ **연습문제 7.13** $\displaystyle\int_{|z|=1} |z - 1| \cdot |dz|$을 계산하여라.

7.3 부정적분을 이용한 경로적분

실함수의 정적분을 구하기 위해 부정적분을 이용하는 것처럼 경로적분에서도 부정적분을 이용할 수 있다.

영역 D에서 정의된 함수 $f(z)$에 대해 $F'(z) = f(z)$을 만족하는 미분가능한 함수 $F(z)$를 f의 **부정적분**(antiderivative)이라 하고

$$F(z) = \int f(z)dz$$

로 나타낸다.

어떤 함수의 부정적분은 항상 존재하는 것이 아니다. 다음 정리는 부정적분의 존재성과 경로적분의 관계에 대한 것이다.

정리 7.3.1

f가 영역 D에서 연속이면 다음은 동치관계이다.

(1) 영역 D에서 f의 부정적분 F가 존재한다.

(2) C_1, C_2가 시점이 z_1이고 종점이 z_2인 D 내의 임의의 경로이면

$$\int_{C_1} f(z)dz = \int_{C_2} f(z)dz \, (= F(z_2) - F(z_1)). \tag{7.5}$$

(3) C가 D 내에 있는 닫힌경로이면

$$\int_C f(z)dz = 0.$$

위 정리가 왜 성립하는지 간단히 알아보자.

C_1과 C_2가 시점이 z_1이고 종점이 z_2인 경로이면 C_1과 $-C_2$의 이음 $C = C_1 + (-C_2)$는 닫힌경로이다. (그림 7.7)

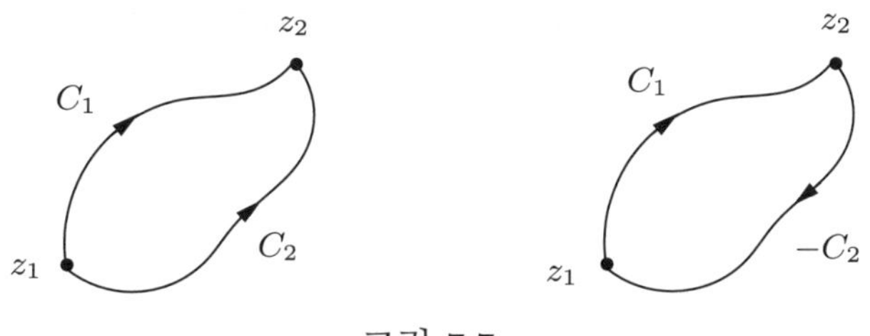

그림 7.7

따라서 (3) 이 성립하면

$$\int_{C_1+(-C_2)} f(z)dz = \int_{C_1} f(z)dz + \int_{-C_2} f(z)dz = \int_{C_1} f(z)dz - \int_{C_2} f(z)dz = 0$$

이므로 (2) 가 성립한다.

C 를 닫힌경로하고 z_1, z_2 를 C 위의 서로 다른 점이라 하자. z_1 을 시점으로 하고 z_2 를 종점으로 하는 C 의 부분경로를 C_1 이라 하고, z_2 를 시점으로 하고 z_1 을 종점으로 하는 C 의 부분경로를 C_2 라 하자. (그림 7.8)

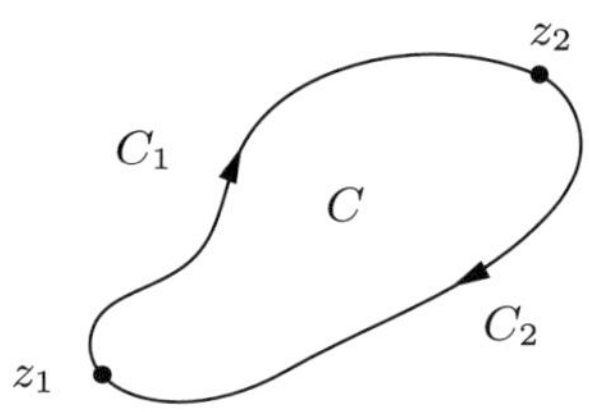

그림 7.8

그러면 C_1 과 $-C_2$ 는 시점이 z_1 이고 종점이 z_2 인 경로이다. 따라서 만일 (2) 가 성립하면

$$\int_{C_1} f(z)dz = \int_{-C_2} f(z)dz.$$

따라서

$$\int_{C_1} f(z)dz + \int_{C_2} f(z)dz = \int_{C_1+C_2} f(z)dz = \int_C f(z)dz = 0.$$

즉, (2) 가 성립하면 (3) 이 성립한다.

그러므로 (1) 과 (2) 가 동치관계라는 것을 보이면 된다.

먼저 (1) 이 성립하면 (2) 가 성립함을 보이자. $C : z = z(t)(a \le t \le b)$ 가 D 내에 존재하는 시점이 z_1 이고 종점이 z_2 인 매끈한 경로이면

$$\frac{d}{dt}F[z(t)] = F'[z(t)]z'(t) = f[z(t)]z'(t)$$

이므로

$$\begin{aligned}\int_C f(z)dz &= \int_a^b f[z(t)]z'(t)dt \\ &= \int_a^b \frac{d}{dt}F[z(t)] \\ &= F[z(b)] - F[z(a)] = F(z_2) - F(z_1).\end{aligned}$$

만일 C가 시점이 z_k이고 종점이 z_{k+1}인 매끈한 경로 $C_k(k = 1, 2, \ldots, n)$들의 이음이면 위 사실에 의해서

$$\begin{aligned}\int_C f(z)dz &= \sum_{k=1}^{n} \int_{C_k} f(z)dz \\ &= \sum_{k=1}^{n} [F(z_{k+1}) - F(z_k)] = F(z_{n+1}) - F(z_1).\end{aligned}$$

즉, $\int_C f(z)dz$는 경로에 무관하고 단지 경로의 시점과 종점에만 의존하는 적분이다. 따라서 (1)을 가정하면 (2)가 성립함을 알 수 있다.

역으로 (2)가 성립하면 (1)이 성립함을 보이자.

$z_0 \in D$을 고정하고 $F(z) = \int_{z_0}^{z} f(s)ds$라고 정의하면 $F(z)$는 잘 정의된다. 왜냐하면 (2)를 가정하고 있으므로 $\int_{z_0}^{z_1} f(s)ds$는 z_0에서 z_1까지 경로에 무관하고 단지 시점 z_0와 종점 z_1에만 의존하기 때문이다. 이때 $F'(z) = f(z)$이 성립함을 보이자. $|\Delta z|$가 충분히 작으면 z와 $z + \Delta z$를 잇는 선분은 D에 놓인다. (그림 7.9)

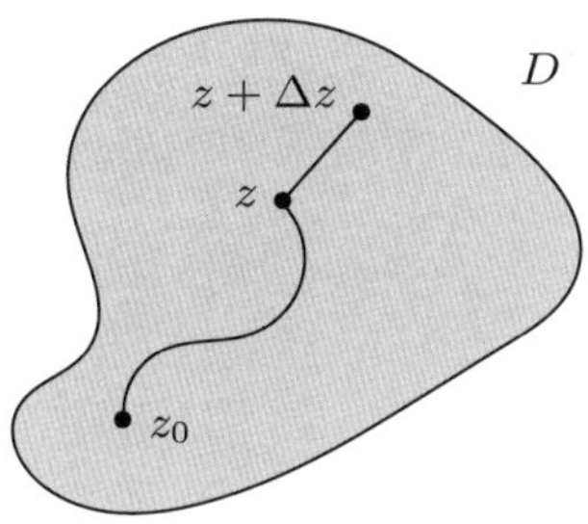

그림 7.9

그리고 다음이 성립한다.

$$\begin{aligned}F(z + \Delta z) - F(z) &= \int_{z_0}^{z+\Delta z} f(s)ds - \int_{z_0}^{z} f(s)ds \\ &= \int_{z}^{z+\Delta z} f(s)ds\end{aligned}$$

여기서 적분은 z와 $z + \Delta z$를 잇는 선분 위에서 경로적분이다. 그런데

$$f(z) = \frac{1}{\Delta z} \int_{z}^{z+\Delta z} f(z)ds$$

이므로

$$\frac{F(z + \Delta z) - F(z)}{\Delta z} - f(z) = \frac{1}{\Delta z} \int_{z}^{z+\Delta z} [f(s) - f(z)]ds.$$

임의의 양수 ε이 주어졌다고 하자. f가 z에서 연속이므로

$$|s-z|<\delta \Longrightarrow |f(s)-f(z)|<\varepsilon$$

을 만족하는 양수 $\delta>0$가 존재한다. 그러므로 만일 $0<|\Delta z|<\delta$이면

$$\left|\frac{F(z+\Delta z)-F(z)}{\Delta z}-f(z)\right|<\frac{1}{|\Delta z|}\varepsilon|\Delta z|=\varepsilon.$$

따라서

$$\lim_{\Delta z\to 0}\frac{F(z+\Delta z)-F(z)}{\Delta z}=f(z)$$

이고, 이것은 $F(z)$가 $f(z)$의 부정적분임을 보여주고 있으므로 (1)이 성립한다.

식 (7.5)를 만족하는 적분을 경로에 무관한 적분이라고 하는데 정리 7.3.1은 f의 부정적분이 존재하기 위한 필요충분조건은 D에서 f의 경로적분은 경로에 무관한 적분임을 보여주고 있다.

예제 7.6 $f(z)=z^2$이라 하면 $F(z)=\displaystyle\int z^2dz=\frac{z^3}{3}+C$($C$는 임의의 상수) 이므로 0과 $1+i$를 잇는 임의의 경로 Γ에 대해

$$\begin{aligned}\int_\Gamma z^2dz &= F(1+i)-F(0)\\ &=\frac{1}{3}(1+i)^3=\frac{2}{3}(-1+i).\end{aligned}$$

연습문제 7.14 C를 점 z_1을 시점으로하고 점 z_2를 종점으로 하는 임의의 경로일 때 부정적분을 이용하여

$$\int_C z^n dz=\frac{1}{n+1}\left(z_2^{n+1}-z_1^{n+1}\right)\ (n=0,1,2,\ldots)$$

를 보여라.

연습문제 7.15 부정적분을 이용해서 다음 적분을 구하여라. 여기서 경로는 적분의 아랫 끝에서 윗 끝을 잇는 임의의 경로이다.

(1) $\displaystyle\int_i^{\frac{i}{2}} e^{\pi z}dz$ (2) $\displaystyle\int_0^{\pi+2i}\cos\left(\frac{z}{2}\right)dz$

$\dfrac{1}{z^2}$은 $z\neq 0$에서 연속이고 $\left(-\dfrac{1}{z}\right)'=\dfrac{1}{z^2}$이므로 $z_1(\neq 0)$과 $z_2(\neq 0)$을 잇고

원점을 지나지 않는 임의의 경로에 대해

$$\int_{z_1}^{z_2} \frac{1}{z^2}dz = \left[-\frac{1}{z}\right]_{z_1}^{z_2} = \frac{1}{z_1} - \frac{1}{z_2}.$$

특히 C가 원점을 감싸는 닫힌경로이면 $z_1 = z_2$인 경우이므로

$$\int_C \frac{1}{z^2}dz = 0.$$

그러나 $\int_C \frac{1}{z}dz$는 이와 비슷한 계산을 할 수 없다. $\log z$의 임의의 분지 $F(z)$의 미분이 $\frac{1}{z}$이기는 하지만 $F(z)$가 분지절단선에서 미분가능하지 않으므로 분지절단선과 닫힌경로 C가 만나는 점에서는 미분가능이 아니다. 따라서 C를 포함하는 적당한 영역에서 $\frac{1}{z}$의 부정적분이 존재하지 않는다. 즉, $\int_C \frac{1}{z}dz$를 계산하기 위해서 부정적분을 이용할 수 없다.

예제 7.7 $D = \{z \in \mathbb{C} : |z| > 0, -\pi < \text{Arg } z < \pi\}$라 하자. 그러면 D에서

$$(\text{Log } z)' = \frac{1}{z}.$$

C가 원점을 지나지 않으며 $-2i$와 $2i$를 잇고 영역 D에 놓이는 경로이면

$$\begin{aligned}\int_{-2i}^{2i} \frac{1}{z}dz &= [\text{Log } z]_{-2i}^{2i} \\ &= \text{Log }(2i) - \text{Log }(-2i) \\ &= \left(\ln 2 + i\frac{\pi}{2}\right) - \left(\ln 2 - i\frac{\pi}{2}\right) = i\pi\end{aligned}$$

이다. (그림 7.10)

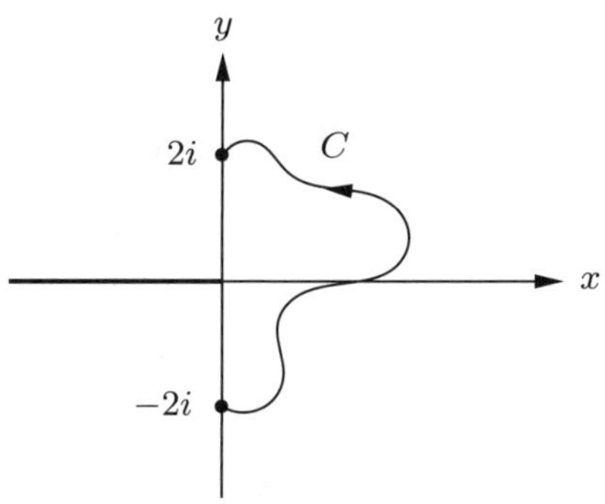

그림 7.10

✍ **연습문제 7.16** $D = \{z \in \mathbb{C} : |z| > 0, 0 < \arg z < 2\pi\}$라 하고 C를 $-2i$와 $2i$를 잇고 영역 D에 놓이는 경로라 할 때 $\int_C \frac{1}{z} dz$를 구하여라.

예제 7.8 C_1은 x축 윗쪽에 놓이는 -3과 3을 잇는 경로이고

$$f_0(z) = z^{\frac{1}{2}} = \sqrt{r} e^{\frac{i\theta}{2}} (r > 0, 0 < \theta < 2\pi)$$

라 하자. (그림 7.11)

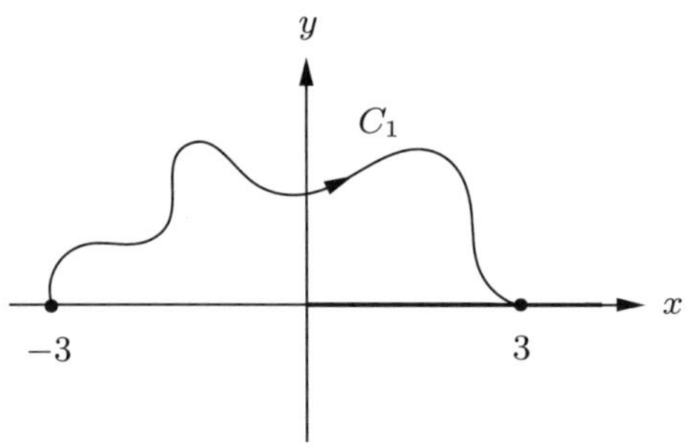

그림 7.11

그러면 f_0는 C_1에서 $z = 3$을 제외한 모든 점에서 연속이므로 C_1에서 조각적 연속이고, 따라서 $\int_{C_1} f_0(z)dz$가 존재한다. 그러나 $z^{\frac{1}{2}}$의 분지 f_0는 $\theta = 0$, 특히 $z = 3$에서 정의되어 있지 않으므로 C_1를 포함하는 임의의 영역에서 부정적분이 존재하지 않는다. 따라서 $\int_{C_1} f_0(z)dz$를 계산하기 위해서 부정적분을 이용할 수 없다. $z^{\frac{1}{2}}$의 또 다른 분지

$$f_1(z) = \sqrt{r} e^{\frac{i\theta}{2}} \left(r > 0, -\frac{\pi}{2} < \theta < \frac{3\pi}{2} \right)$$

는 C_1에서 정의되고 연속이다. 그리고 $z = 3$을 제외한 모든 $z \in C$에서 $f_0(z) = f_1(z)$이다. 그런데 유한개의 점은 적분에 영향을 주지 않으므로

$$\int_{C_1} f_0(z)dz = \int_{C_1} f_1(z)dz \tag{7.6}$$

이다.

$$F_1(z) = \frac{2}{3} z^{\frac{3}{2}} = \frac{2}{3} r\sqrt{r} e^{\frac{i3\theta}{2}} \left(r > 0, -\frac{\pi}{2} < \theta < \frac{3\pi}{2} \right)$$

라 하면 $F_1'(z) = f_1(z)$이므로 F_1은 C_1을 포함하는 적당한 영역에서 f_1의 부정

적분이다. 따라서

$$\int_{C_1} f_0(z)dz = \int_{C_1} f_1(z)dz = F_1(3) - F_1(-3) = 2\sqrt{3}(1+i).$$

✍ **연습문제 7.17** C_2를 -3과 3을 잇고 x축 밑에 놓이는 경로이고

$$f(z) = \sqrt{r}e^{\frac{i\theta}{2}} \left(r > 0, \frac{\pi}{2} < \theta < \frac{5\pi}{2}\right)$$

라 할 때 부정적분을 이용해서

$$\int_{C_2} f(z)dz$$

를 구하여라.

✍ **연습문제 7.18** z^i는 z^i의 주치

$$z^i = \exp(i\text{Log } z) \ (|z| > 0, -\pi < \text{Arg } z < \pi)$$

라 할 때 다음을 보여라.

$$\int_{-1}^{1} z^i dz = \frac{1+e^{-\pi}}{2}(1-i).$$

여기서 경로는 x축 위부분에 놓이고 -1에서 1을 잇는 임의의 경로이다.

✍ **연습문제 7.19** $z^{\frac{1}{3}} = \sqrt[3]{r}e^{\frac{i\theta}{3}}$ $(r > 0, -\pi < \theta < \pi)$는 $z^{\frac{1}{3}}$의 주분지이고 C는 $-1-i$와 $-1+i$을 잇는 그림 7.12와 같은 경로라 할 때 $\int_C z^{\frac{1}{3}}dz$를 구하여라.

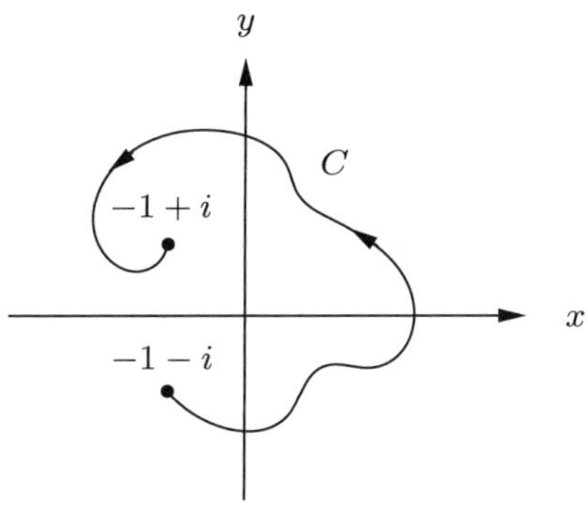

그림 7.12

✍ **연습문제 7.20** C는 $z=-1$과 $z=1$을 잇고 실수축 아래에 놓이는 임의의 경로이고 z^a는 다음과 같이 주어진 분지이다.

$$z^a = \exp(a \log z) \ (|z| > 0, 0 < \arg z < 2\pi)$$

이때 $\int_C z^a dz \ (a \neq -1)$를 구하여라.

제 8 장

경로적분의 성질

8.1 단순연결영역

정리 7.3.1에서 f가 영역 D에서 연속이고 f의 부정적분이 존재하면 D 내의 임의의 닫힌경로 C에 대해

$$\int_C f(z)dz = 0$$

가 성립함을 보았다.

다음 정리는 정리 7.3.1과 유사한 정리이다.

정리 8.1.1 **Cauchy-Goursat 정리**

f가 단순닫힌경로 C로 둘러싸인 영역과 C에서 해석적이면

$$\int_C f(z)dz = 0.$$

나중에 보이겠지만 단순닫힌경로로 둘러싸인 영역에서 f가 해석적이라는 사실과 f의 부정적분이 존재한다는 사실은 동치이다. 따라서 Cauchy-Goursat 정리는 앞의 사실과 일치한다. 자세한 증명은 참고문헌 [3]을 참고하라.

영역 D 내의 임의의 단순닫힌경로로 둘러싸인 영역이 D의 부분집합일 때 D를 **단순연결영역**(simply connected domain)이라 한다. 영역 D가 단순연결영역이 아니면 **다중연결영역**(multiply connected domain)이라 한다.

단순연결영역에 Cauchy-Goursat 정리를 적용하면 다음 정리를 얻을 수 있다.

정리 8.1.2

f가 단순연결영역 D에서 해석적이면 D 내에 있는 임의의 닫힌경로 C에 대해

$$\int_C f(z)dz = 0.$$

직관적이지만 임의의 닫힌경로는 여러 개의 단순닫힌경로의 합으로 나타낼 수 있다. (그림 8.1)

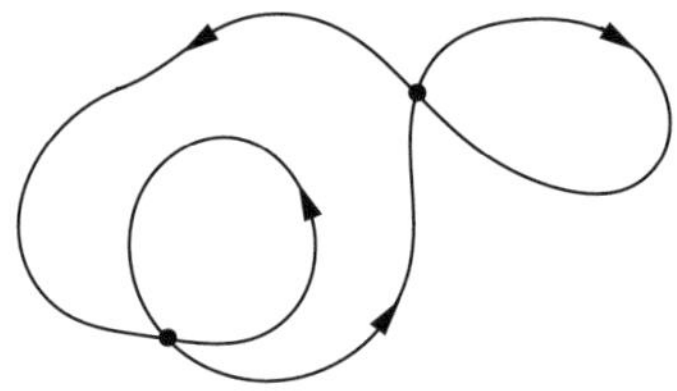

그림 8.1: 세 개의 단순닫힌경로로 구성된 닫힌경로

그리고 각각의 단순닫힌경로로 둘러싸인 영역과 그 닫힌경로 위에서 f가 해석적이므로 닫힌경로 C를 구성하는 각각의 단순닫힌경로 위에서 f의 적분이 0이된다. 따라서 정리 8.1.2가 성립함을 알 수 있다.

정리 7.3.1에서 어떤 영역에서 연속인 함수 f의 부정적분이 존재하기 위한 필요충분조건은 영역 내의 임의의 닫힌경로 C에 대해

$$\int_C f(z)dz = 0$$

임을 보았다. 이 사실과 정리 8.1.2를 이용하면 다음 따름정리를 얻는다.

따름정리 8.1.3

f가 단순연결영역 D에서 해석적이면 D에서 f의 부정적분이 존재한다.

즉, f가 단순연결영역 D에서 해석적이면 D 내의 임의의 닫힌경로 C에 대해

$$\int_C f(z)dz = 0$$

이므로 D에서 f의 부정적분이 존재한다. 특히, 전체평면 $\mathbb{C}$는 단순연결영역이므로 모든 전해석함수의 부정적분은 존재한다.

정리 8.1.2에 의하면 단순연결영역에서 해석함수 f의 경로적분은 경로에 무관

한 적분이다. 만일 D에서 $f(z) \neq 0$이면 $\dfrac{f'(z)}{f(z)}$는 D에서 해석적이므로 D 내의 임의의 두 점을 잇는 경로를 따라 $\dfrac{f'(z)}{f(z)}$을 적분하는 것은 경로에 무관한 적분이다. 따라서 $z_0 \in D$를 고정하면

$$g(z) = \int_{z_0}^{z} \frac{f'(\eta)}{f(\eta)} d\eta + \operatorname{Log} f(z_0) \ (z \in D)$$

는 D에서 잘 정의된다. $h(z) = f(z)e^{-g(z)}$라 하면 $h'(z) = 0(z \in D)$이므로 h는 D에서 상수함수가 되고, 특히 $h(z_0) = f(z_0)e^{-g(z_0)} = 1$이 되므로 D 내의 모든 z에 대해 $e^{g(z)} = f(z)$가 됨을 알 수 있다.

정리 8.1.4

f가 단순연결영역 D에서 해석적이고 $f(z) \neq 0$이면 $e^{g(z)} = f(z)$을 만족하는 D에서 해석적인 함수 $g(z)$가 존재한다.

$e^{g(z)+2k\pi i} = e^{g(z)} = f(z)$($k$는 정수)에서 보듯이 정리 8.1.4를 만족하는 $g(z)$는 유일하지 않다.

Cauchy-Goursat 정리를 이용하여 정리 8.1.2보다 더 일반적인 결과를 얻을 수 있다. C를 방향이 시계반대방향인 단순닫힌경로라 하고, C_1을 C로 둘러 싸인 영역 내에 존재하는 방향이 시계방향인 단순닫힌경로라 하자. 그리고 f는 C와 C_1, 그리고 그 사이의 닫힌영역 D에서 해석적이라 하자. 그러면

$$\int_C f(z)dz + \int_{C_1} f(z)dz = 0.$$

이 사실을 간단히 보이자.

C 위에 점 P_1과 C_1 위에 점 Q_1을 P_1과 Q_1를 잇는 다각형경로가 영역 D에 놓이도록 택한다. 그리고 그 다각형경로를 L_1이라고 두자.

비슷하게 C_1 위에 점 Q_2와 C 위에 점 P_2을 Q_2과 P_2를 잇는 다각형경로가 영역 D에 놓이고 L_1과 만나지 않도록 택하고 그 다각형경로를 L_2라 두자. 그리고

$$P_1 \to Q_1 \to Q_2 \to P_2 \to P_1$$

과

$$P_1 \to P_2 \to Q_2 \to Q_1 \to P_1$$

을 잇는 두 개의 서로 다른 단순닫힌경로를 각각 Γ_1과 Γ_2라고 하자. (그림 8.2)

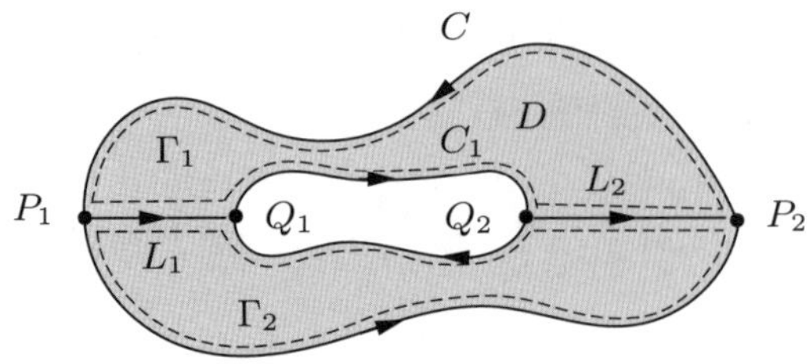

그림 8.2

그러면 Γ_1과 Γ_2로 둘러싸인 영역이 단순연결영역이고 f가 이 영역과 경로 위에서 해석적이므로 다음을 얻는다.

$$\int_{\Gamma_1} f(z)dz = \int_{\Gamma_2} f(z)dz = 0.$$

그런데 단순닫힌경로 Γ_1과 Γ_2는 서로 반대방향의 다각형경로 L_1과 L_2를 공유하고 있으므로 적분

$$\int_{\Gamma_1} f(z)dz + \int_{\Gamma_2} f(z)dz$$

에서 L_1과 L_2에서 적분은 서로 상쇄되고 C와 C_1에서 적분만 남는다. 따라서

$$0 = \int_{\Gamma_1} f(z)dz + \int_{\Gamma_2} f(z)dz = \int_C f(z)dz + \int_{C_1} f(z)dz.$$

이 방법을 일반화하면 다음 결과를 얻는다.

정리 8.1.5

C를 시계반대방향의 단순닫힌경로라 하고 $C_k(k = 1, 2, \ldots, n)$을 C로 둘러싸인 영역의 내부에 존재하며 각 C_k로 둘러싸인 영역의 내부를 서로 공유하지 않는 시계방향의 단순닫힌경로라 하자. (그림 8.3) 만일 f가 C와 $C_k(k = 1, 2, \ldots, n)$, 그리고 C와 $C_k(k = 1, 2, \ldots, n)$ 사이의 영역에서 해석적이면

$$\int_C f(z)dz + \sum_{k=1}^{n} \left[\int_{C_k} f(z)dz \right] = 0.$$

정리 8.1.5에서 만일 $C_k(k = 1, 2, \ldots, n)$가 시계반대방향, 즉 C와 같은 방향의

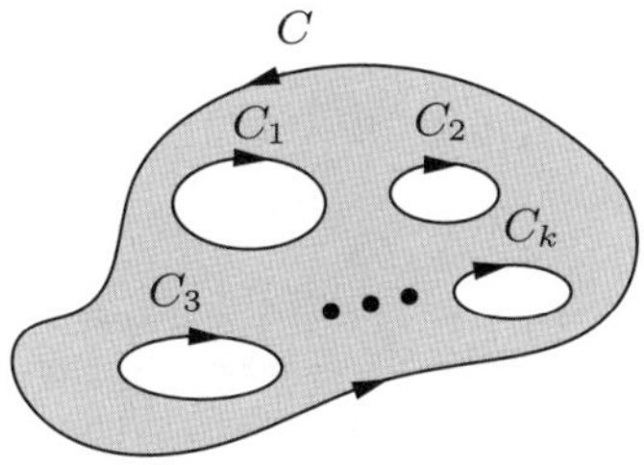

그림 8.3

단순닫힌경로이면

$$\int_C f(z)dz = \sum_{k=1}^{n} \left[\int_{C_k} f(z)dz \right]$$

임을 알 수 있다. 특히 $k = 1$이면

$$\int_C f(z)dz = \int_{C_1} f(z)dz.$$

이 성질을 **경로 호모토피 변형원리**(principle of deformation of path homotopy)라 한다. 어떤 두 경로가 호모토피(homotopy)라는 것은 어떤 한 경로를 연속적으로 다른 경로로 변형이 가능하다는 의미이다.

단순닫힌경로 C로 둘러싸인 영역의 내부가 왼쪽에 놓이는 C의 방향을 **양의 방향**(positive direction)이라 한다.

예제 8.1 양의 방향의 단순닫힌경로 C가 원점을 둘러싸고있다 하자. 그리고 $C_0 : z = e^{i\theta}(0 \le \theta \le 2\pi)$라 하자. (그림 8.4)

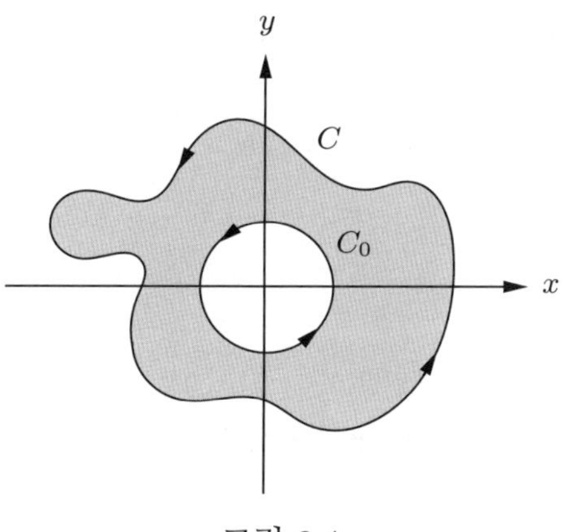

그림 8.4

그러면 C_0도 양의 방향의 단순닫힌경로이다. $f(z) = \dfrac{1}{z}$라 하면 f는 C와 C_0, 그리고 C와 C_0 사이의 영역에서 해석적이므로 경로 호모토피 변형원리에 의하여

$$\int_C \frac{1}{z}dz = \int_{C_0} \frac{1}{z}dz = \int_0^{2\pi} e^{-i\theta} \cdot ie^{i\theta}d\theta = 2\pi i$$

이다.

✍ **연습문제 8.1** C가 그림 8.5와 같이 주어진 경로일 때 $\dfrac{1}{2\pi i}\displaystyle\int_C \frac{1}{z}dz$를 구하라.

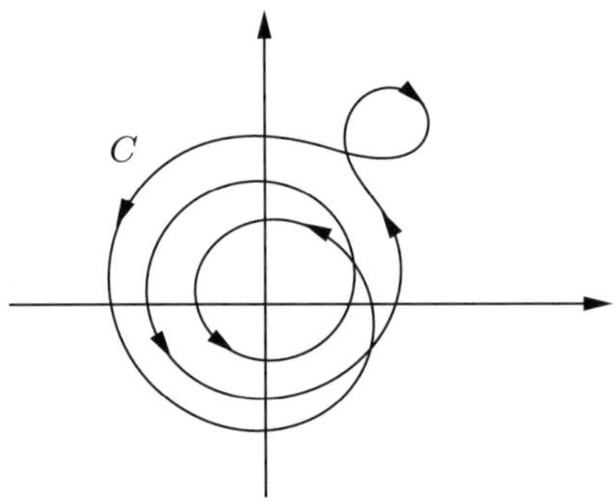

그림 8.5

✍ **연습문제 8.2** C_0를 양의 방향의 원 $|z - z_0| = R$이라 할 때 다음을 보여라.

$$\int_{C_0} (z-z_0)^{n-1}dz = \begin{cases} 0, & n = \pm 1, \pm 2, \ldots, \\ 2\pi i, & n = 0. \end{cases}$$

이 사실을 이용하여 만일 C가 사각형 $0 \le x \le 3, 0 \le y \le 2$의 양의 방향의 경계이면

$$\int_C (z-2-i)^{n-1}dz = \begin{cases} 0, & n = \pm 1, \pm 2, \ldots, \\ 2\pi i, & n = 0 \end{cases}$$

임을 보여라.

✍ **연습문제 8.3** C를 반원판 $0 \le r \le 1, 0 \le \theta \le \pi$의 양의 방향의 경계라 하자. 그리고 $f(z)$는 $f(0) = 0$이고 $z \neq 0$이면 이가함수 $z^{\frac{1}{2}}$의 분지

$$f(z) = \sqrt{r}e^{\frac{i\theta}{2}} \quad \left(r > 0, -\frac{\pi}{2} < \theta < \frac{3\pi}{2}\right)$$

로 정의된 이 반원판에서 연속인 함수라 하자. 이때 $f(z)$를 C를 따라 적분할 때 C를 반원과 원판의 지름으로 나누어 적분하여 다음을 보여라.

$$\int_C f(z)dz = 0.$$

그리고 이 경우 Cauchy-Goursat 정리를 적용할 수 없음을 설명하라.

✍ **연습문제 8.4** C가 양의 방향의 단순닫힌경로일 때 C로 둘러싸인 영역의 넓이 S는

$$S = \frac{1}{2i}\int_C \overline{z}dz$$

가 됨을 보여라.

✍ **연습문제 8.5** f가 닫힌경로 C에서 상수함수가 아닌 해석함수이면

$$\int_C \overline{f(z)}f'(z)dz$$

는 순허수임을 보여라.

이 장에서는 단순연결영역에서 경로적분의 성질에 대해 알아보았다. 정리 7.3.1과 정리 8.1.1은 연관이 있는 정리들이다. 그리고 이러한 결과를 이용하여 얻을 수 있는 정리 8.1.5는 앞으로 계속 응용하게 될 중요한 정리이다.

제 9 장

Cauchy의 적분공식

9.1 Cauchy의 적분공식

경로적분에서 여러 가지 중요한 공식들 중 하나인 **Cauchy의 적분공식**에 대해 알아보자.

정리 9.1.1 Cauchy의 적분공식

f가 양의 방향의 단순닫힌경로 C와 C 로 둘러싸인 영역 D에서 해석적이고 z_0가 이 영역의 내점이면

$$f(z_0) = \frac{1}{2\pi i}\int_C \frac{f(z)}{z-z_0}dz.$$

증명은 간단하다. f가 z_0에서 연속이므로 임의의 양수 ε에 대해

$$|z-z_0| < \delta \Longrightarrow |f(z)-f(z_0)| < \varepsilon$$

을 만족하는 양수 δ가 존재한다. 그리고 충분히 작은 δ에 대해 $0<\rho<\delta$이면 원 $|z-z_0|=\rho$은 C의 내부에 존재한다. $C_0 : |z-z_0|=\rho$라 하고 양의 방향이라 하자. (그림 9.1) 그러면 $\dfrac{f(z)}{z-z_0}$가 C와 C_0 사이의 영역에서 해석적이므로

$$\int_C \frac{f(z)}{z-z_0}dz = \int_{C_0} \frac{f(z)}{z-z_0}dz.$$

따라서

$$\int_C \frac{f(z)}{z-z_0}dz - f(z_0)\int_{C_0}\frac{dz}{z-z_0} = \int_{C_0}\frac{f(z)-f(z_0)}{z-z_0}dz.$$

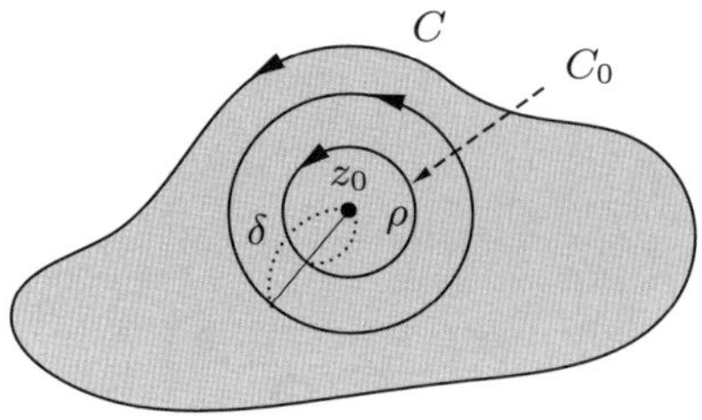

그림 9.1

그런데

$$\int_{C_0} \frac{dz}{z-z_0} = 2\pi i$$

이므로

$$\int_C \frac{f(z)}{z-z_0}dz - f(z_0)2\pi i = \int_{C_0} \frac{f(z)-f(z_0)}{z-z_0}dz.$$

따라서

$$\begin{aligned}\left|\int_C \frac{f(z)dz}{z-z_0} - f(z_0)2\pi i\right| &= \left|\int_{C_0} \frac{f(z)-f(z_0)}{z-z_0}dz\right| \\ &\le \int_{C_0} \frac{|f(z)-f(z_0)|}{|z-z_0|}|dz| \\ &\le \frac{\varepsilon}{\rho}\cdot 2\pi\rho = 2\pi\varepsilon.\end{aligned}$$

따라서

$$f(z_0) = \frac{1}{2\pi i}\int_C \frac{f(z)}{z-z_0}dz$$

이 성립한다.

9.2 해석함수의 미분

정리 9.1.1에 의하면 z가 D의 내점일 때 f는 다음과 같이 표현할 수 있다.

$$f(z) = \frac{1}{2\pi i}\int_C \frac{f(s)}{s-z}ds. \tag{9.1}$$

식 (9.1)을 이용하면 f의 미분을 C에서 경로적분 형태로 나타낼 수 있다.

f가 C와 C로 둘러 싸인 영역 D에서 해석적이라 하자. z가 D의 내점이고

$$|\Delta z| < d = \min\{|z-s| : s \in C\}$$

이면 $f(z+\Delta z)$가 정의되고

$$\begin{aligned}\frac{f(z+\Delta z)-f(z)}{\Delta z} &= \frac{1}{2\pi i}\int_C \left(\frac{1}{s-z-\Delta z} - \frac{1}{s-z}\right)\frac{f(s)}{\Delta z}ds \\ &= \frac{1}{2\pi i}\int_C \frac{f(s)}{(s-z-\Delta z)(s-z)}ds.\end{aligned}$$

그리고

$$\begin{aligned}&\frac{1}{2\pi i}\int_C \left[\frac{1}{(s-z-\Delta z)(s-z)}\right] f(s)ds - \frac{1}{2\pi i}\int_C \frac{f(s)}{(s-z)^2}ds \\ &= \frac{1}{2\pi i}\int_C \left[\frac{1}{(s-z-\Delta z)(s-z)} - \frac{1}{(s-z)^2}\right] f(s)ds \\ &= \frac{\Delta z}{2\pi i}\int_C \frac{f(s)}{(s-z-\Delta z)(s-z)^2}ds.\end{aligned}$$

$M = \max_{s\in C}|f(s)|$라 하고 L을 C의 길이라 하면 $s \in C$에 대해 $|s-z| \geq d > |\Delta z|$이므로

$$|s-z-\Delta z| \geq ||s-z| - |\Delta z|| \geq d - |\Delta z|.$$

따라서

$$\begin{aligned}\left|\frac{f(z+\Delta z)-f(z)}{\Delta z} - \frac{1}{2\pi i}\int_C \frac{f(s)}{(s-z)^2}ds\right| &= \left|\frac{\Delta z}{2\pi i}\int_C \frac{f(s)}{(s-z-\Delta z)(s-z)^2}ds\right| \\ &\leq \frac{|\Delta z|}{2\pi}\int_C \frac{|f(s)|}{|s-z-\Delta z||s-z|^2}|ds| \\ &\leq \frac{|\Delta z|ML}{2\pi(d-|\Delta z|)d^2}.\end{aligned}$$

$\Delta z \to 0$이면

$$\frac{|\Delta z|ML}{2\pi(d-|\Delta z|)d^2} \to 0$$

이므로

$$f'(z) = \lim_{\Delta z\to 0}\frac{f(z+\Delta z)-f(z)}{\Delta z} = \frac{1}{2\pi i}\int_C \frac{f(s)}{(s-z)^2}ds. \tag{9.2}$$

비슷한 방법으로 $z \in D$에서 $f', f'', \ldots, f^{(n)}, \ldots$이 미분가능하고 다음을 얻을 수 있다.

일반적인 Cauchy의 적분공식

f가 C와 C로 둘러 싸인 영역 D에서 해석적이이고 z가 D의 내점이면

$$f^{(n)}(z) = \frac{n!}{2\pi i}\int_C \frac{f(s)}{(s-z)^{n+1}}ds \ (n = 0, 1, 2, 3, \ldots) \qquad (9.3)$$

따라서 다음 결과를 얻는다.

정리 9.2.1

f가 어떤 점에서 해석적이면 그 점의 어떤 근방에서 $f^{(n)}(z)$ $(n = 1, 2, \ldots)$가 존재하고 해석적이다.

따라서 f가 어떤 영역 D에서 해석적이면 D에서 $f^{(n)}(z)(n = 1, 2, \ldots)$가 존재하고 해석적이다. 그리고 z를 감싸고 D의 내부에 존재하는 임의의 단순닫힌경로 C에 대해 $f^{(n)}(z)$는 식 (9.3)과 같이 주어진다.

식 (9.3)을 이용하면 특별한 형태의 적분을 쉽게 구할 수 있다. 즉,

C가 z_0을 감싸는 양의 방향의 단순닫힌경로이고 $f(z)$가 C와 C의 내부에서 해석적이면

$$\int_C \frac{f(z)}{(z-z_0)^{n+1}}dz = \frac{2\pi i}{n!}f^{(n)}(z_0) \ (n = 0, 1, 2, \ldots). \qquad (9.4)$$

예제 9.1 $f(z) = \exp(2z)$이고 $C : |z| = 1$은 양의 방향의 단위원이면 f는 C와 C의 내부에서 해석적이고 C는 원점을 감싸는 단순닫힌경로이므로

$$\int_C \frac{\exp(2z)}{z^4}dz = \int_C \frac{\exp(2z)}{(z-0)^4}dz = \frac{2\pi i}{3!}f^{(3)}(0) = \frac{8\pi i}{3}$$

이다.

✍ **연습문제 9.1** 다음 적분을 구하여라. 단, 각 경로의 방향은 양의 방향이다.

(1) $\displaystyle\int_{|z-i|=2} \frac{1}{(z^2+4)^2}dz$ (2) $\displaystyle\int_{|z|=2} \frac{3z+2}{z^3-2z^2+z}dz$

✍ **연습문제 9.2** C가 직선 $x=\pm 2, y=\pm 2$로 둘러 싸인 영역의 양의 방향의 경계일 때 다음 적분을 구하여라.

(1) $\displaystyle\int_C \frac{\cos z}{z(z^2+8)}dz$ (2) $\displaystyle\int_C \frac{\cosh z}{z^4}dz$

✍ **연습문제 9.3** $P(z)=a_0+a_1z+\cdots+a_nz^n$ $(a_n\neq 0)$는 n차 다항식이고 $P(z)$의 모든 영점은 원 $|z|=1$의 내부에 존재할 때

$$\frac{1}{2\pi i}\int_{|z|=1}\frac{1}{z}P\left(\frac{1}{z}\right)dz=a_0$$

임을 보여라.

✍ **연습문제 9.4** $P(z)=a_0+a_1z+\cdots+a_nz^n$ $(a_n\neq 0)$라 할 때 다음을 구하여라.

$$\lim_{R\to\infty}\left[\int_{|z|=R}\frac{z^2P'(z)}{P(z)}dz\right]$$

✍ **연습문제 9.5** $P(z)=a_0+a_1z+\cdots+a_nz^n$ $(n\geq 1, a_n\neq 0)$라 할 때 $\displaystyle\int_{|z|=1}P(\overline{z})dz$를 구하여라.

✍ **연습문제 9.6** $P(z)$가 다항식이고 $C:|z-a|=R$일 때 $\displaystyle\int_C P(z)d\overline{z}$를 구하여라.

✍ **연습문제 9.7** $P(z)$가 n차 다항식일 때

$$\int_{|z|=1}\frac{P(z)}{z^{n+2}}dz$$

의 값을 구하여라.

✍ **연습문제 9.8** $|a|\neq\rho$일 때

$$\int_{|z|=\rho}\frac{|dz|}{|z-a|^2}$$

를 구하여라.

✍ **연습문제 9.9** $P(z)$는 임의의 다항식이고 $z_0\in\mathbb{C}, r>0$이라 할 때

$$\frac{1}{2\pi i}\int_{|z-z_0|=r}\overline{P(z)}dz=r^2\overline{P'(z_0)}$$

가 성립함을 보여라.

$f(z) = u + iv$가 영역 D에서 해석적이면

$$f'(z) = u_x + iv_x = v_y - iu_y$$

도 해석적이다. 따라서 u와 v는 C^1급 실함수이다. 그리고

$$f''(z) = u_{xx} + iv_{xx} = v_{yx} - iu_{yx}$$

가 해석적이므로 u와 v는 C^2급 실함수이다. 이러한 과정을 계속하면 다음 결과를 얻는다.

정리 9.2.2

$f(z) = u + iv$가 영역 D에서 해석적이면 u와 v는 연속인 임의계의 편미분이 존재한다.

정리 7.3.1과 정리 8.1.2에 의하여 영역 D가 단순연결영역이고 f가 D에서 연속일 때 f가 D에서 해석적이라는 사실과 D의 내부의 임의의 단순닫힌경로 C에 대해 $\int_C f(z)dz = 0$이라는 사실은 동치이다. 그러나 D가 단순연결영역이 아니면 동치가 아니다. 예를 들어

$$D = \left\{ z \in \mathbb{C} : \frac{1}{2} < |z| < 2 \right\}$$

는 단순연결영역이 아니고 $f(z) = \dfrac{1}{z}$는 D에서 해석적이다. 그러나 D의 내부의 경로 $C : |z| = 1$에 대해

$$\int_C \frac{1}{z} dz = 2\pi i \neq 0$$

이다.

9.3 Morera 정리

다음은 영역 D가 단순연결영역이 아닐 때 f가 해석적이기 위한 충분조건을 보여준다.

정리 9.3.1 **Morera 정리**

f가 영역 D에서 연속이고 영역 D 내부의 임의의 단순닫힌경로 C에 대해 $\int_C f(z)dz = 0$이면 $f(z)$는 D에서 해석적이다.

물론 D가 단순연결영역이면 충분조건은 필요조건이 되는 것은 당연하다.

Morera의 정리는 f의 부정적분이 존재함을 보이면 증명된다.

임의의 고정된 $z_0 \in D$에 대해

$$F(z) = \int_{z_0}^{z} f(s)ds$$

라 하자. 그러면 가정에 의해 $F(z)$는 D에서 잘 정의된다.

z와 $z + \Delta z$를 잇는 선분이 D에 놓이도록 Δz를 충분히 작게 택하자. 그러면

$$\begin{aligned}\frac{F(z+\Delta z) - F(z)}{\Delta z} - f(z) &= \frac{1}{\Delta z}\int_{z}^{z+\Delta z} f(s)ds - \frac{1}{\Delta z}\int_{z}^{z+\Delta z} f(z)dz \\ &= \frac{1}{\Delta z}\int_{z}^{z+\Delta z} [f(s) - f(z)]ds\end{aligned}$$

여기서 z와 $z + \Delta z$를 잇는 경로는 선분이다.

f가 z에서 연속이므로 임의의 양수 ε에 대해 Δz가 충분히 작으면

$$|f(s) - f(z)| < \varepsilon$$

이다. 그러므로 아주 작은 Δz에 대해

$$\begin{aligned}\left|\frac{F(z+\Delta z) - F(z)}{\Delta z} - f(z)\right| &= \left|\frac{1}{\Delta z}\int_{z}^{z+\Delta z} [f(s) - f(z)]ds\right| \\ &\le \frac{1}{|\Delta z|}\int_{z}^{z+\Delta z} |f(s) - f(z)||ds| \\ &< \varepsilon\frac{|\Delta z|}{|\Delta z|} = \varepsilon\end{aligned}$$

따라서 $F(z)$는 D에서 해석적이고 $F'(z) = f(z)$이다. 그런데 $F'(z)$가 D에서 해석적이므로 f도 D에서 해석적이다.

참고 Morera 정리의 관점에서 단순연결영역에서 연속인 함수 f가 해석적이기 위한 필요충분조건은 경로적분은 경로에 무관하다는 것, 즉 f의 경로적분은 영역 내의 경로에 무관하고 단지 시점과 종점에만 의존한다는 것이다. 얼핏 보기에 모든 단순닫힌경로에 대해 조사하는 것이 불가능한 일이므로 Morera

정리가 어떤 함수가 해석적이라는 것을 증명하는데 쓸모없는 것처럼 보이지만 여러 가지 정리를 증명하는데 유용하게 쓰인다.

이 장에서는 경로적분에서 가장 중요한 공식 중에 하나인 Cauchy의 적분공식에 대해 알아보았다. Cauchy의 적분공식에 의하면 f가 영역 D에서 해석적이면 $f^{(n)}(n = 1, 2, \ldots)$도 D에서 해석적이고, $f^{(n)}$을 식 (9.3)과 같은 경로적분으로 표현할 수 있다. 뿐만 아니라 식 (9.4)를 이용하면 특정한 형태의 경로적분을 구할 수 있다.

제 10 장

Cauchy의 적분공식의 응용

10.1 Liouville 정리

f가 원 $C : |z - z_0| = R$과 C의 내부에서 해석적이고 $M_R = \max_{z \in C} |f(z)|$라 하자. Cauchy의 적분공식에 의해

$$f^{(n)}(z_0) = \frac{n!}{2\pi i} \int_C \frac{f(z)}{(z - z_0)^{n+1}} dz \ (n = 0, 1, \ldots)$$

이므로

$$\begin{aligned} \left| f^{(n)}(z_0) \right| &= \left| \frac{n!}{2\pi i} \int_C \frac{f(z)}{(z - z_0)^{n+1}} dz \right| \\ &\le \frac{n!}{2\pi} \int_C \frac{|f(z)|}{|z - z_0|^{n+1}} |dz| \\ &\le \frac{n!}{2\pi} \frac{M_R}{R^{n+1}} \cdot 2\pi R = \frac{n! M_R}{R^n} (n = 1, 2, \ldots). \end{aligned}$$

즉,

$$\left| f^{(n)}(z_0) \right| \le \frac{n! M_R}{R^n} \ (n = 1, 2, \ldots)$$

이 부등식을 **Cauchy의 부등식**(Cauchy's inequality)이라 한다.

✍ **연습문제 10.1** $f(z)$는 모든 z에 대해 $|f(z)| \le |e^z(A + Bz + Cz^2)|$을 만족하는 전해석함수라 하자. 여기서 A, B, C는 0이 아닌 복소수이다. 만일

$$f(0) = \alpha, f'(0) = \beta, f''(0) = \gamma$$

이면 모든 $n \ge 3$에 대해 $f^{(n)}(0)$을 구하여라.

Cauchy의 부등식에서 $n = 1$이면 다음을 얻을 수 있다.

$$|f'(z_0)| \le \frac{M_R}{R}. \tag{10.1}$$

그리고 부등식 (10.1)을 이용하면 다음 정리를 얻는다.

정리 10.1.1 **Liouville 정리**

f가 유계이고 전해석함수이면 f는 상수함수다.

f가 전해석함수이면 임의의 $z \in \mathbb{C}$와 임의의 양수 R에 대해 f는 $|z - s| \le R$에서 해석적이다. 만일 f가 유계이면 모든 z에 대해 $|f(z)| \le M$인 양수 M이 존재한다. 따라서 식 (10.1)에 의하여

$$|f'(z)| \le \frac{M}{R}.$$

그런데 R이 임의의 양수이므로 모든 z에 대해 $f'(z) = 0$이고, 따라서 $f(z)$는 상수함수이다.

Liouville 정리는 실가함수에 대해서는 성립하지 않는다. 예를 들어 $f(x) = \sin x$는 실수 전체집합 $\mathbb{R}$에서 해석적이고 유계이지만 상수함수가 아니다.

Liouville 정리는 조화함수에 대해서도 성립한다. 자세한 것은 나중에 다룬다.

✍ **연습문제 10.2** $f(z) = u(x, y) + iv(x, y)$가 전해석함수이고 $u(x, y)$가 z-평면에서 위로유계이면 f는 상수함수임을 보여라.

✍ **연습문제 10.3** $f(z)$가 모든 z에 대해

$$|f(z)| \le |e^z|$$

를 만족하는 전해석함수이면 $f(z) = ke^z$ $(|k| \le 1)$임을 보여라.

✍ **연습문제 10.4** 모든 z에 대해 $|f(z)| \le \left|e^{z^2}\right|$을 만족하는 전해석 함수 f를 모두 구하여라.

✍ **연습문제 10.5** f는 해석적이고 모든 $z \in \mathbb{C}$에 대해 $|f'(z)| \le |z|$라 할 때 $|b| \le \frac{1}{2}$에 대해 $f(z) = a + bz^2$가 됨을 보여라.

✍ **연습문제 10.6** f는 전해석함수이고 모든 $z \in \mathbb{C}$에 대해 $\mathrm{Re}f(z) > 1$을 만족하면 f는 상수함수임을 보여라.

✍ **연습문제 10.7** f가 전해석함수이고 모든 $z \in \mathbb{C}$에 대해

$$f(z+1) = f(z+i) = f(z)$$

을 만족하면 상수임을 보여라.

일반적으로 f가 전해석함수이고 양수 a, b와 모든 $z \in \mathbb{C}$에 대해

$$f(z+a) = f(z+ib) = f(z)$$

를 만족하면 f는 상수함수임을 보여라.

10.2 Picard 소정리

Liouville 정리에서 f가 상수함수가 아닌 전해석함수이면 f는 유계가 아니므로 $n \to \infty$이면 $f(z_n) \to \infty$인 수열 $\{z_n\}$이 존재함을 알 수 있다. 뿐만 아니라 상수함수가 아닌 전해석함수의 치역은 $\mathbb{C}$의 조밀집합(dense set)이다. 이 사실을 다음과 같이 표현할 수 있다.

정리 10.2.1

f가 상수함수가 아닌 전해석함수라 하자. 그러면 임의의 $a \in \mathbb{C}$와 양수 ε에 대해 $|w-a| < \varepsilon$인 $w = f(z)$가 존재한다.

정리 10.2.1이 의미하는 것은 상수함수가 아닌 전해석함수의 치역은 $\mathbb{C}$의 조밀집합이 된다는 것이다.

Liouville 정리를 이용하면 쉽게 보일 수 있다.

만일 모든 $z \in \mathbb{C}$에 대해 $|f(z) - a| \geq \varepsilon$인 $a \in \mathbb{C}$가 존재하면

$$g(z) = \frac{1}{f(z) - a}$$

는 유계이고 전해석함수이므로 Liouville 정리에 의하면 g는 상수함수여야 한다. 따라서 f가 상수함수여야 하는데 이것은 f가 상수함수가 아닌 전해석함수라는

사실에 모순이다. 따라서 정리 10.2.1이 성립한다.

정리 10.2.1을 이용하면 f가 상수함수가 아닌 전해석함수이고 $a \in \mathbb{C}$일 때 $n \to \infty$이면 $f(z_n) \to a$인 수열 $\{z_n\}$이 존재함을 알 수 있다. 이러한 수열 $\{z_n\}$을 구성하기 위해서는 각 $n = 1, 2, \ldots$에 대해 $\varepsilon = \dfrac{1}{n}$이라 두고 $|f(z) - a| < \varepsilon$을 만족하는 서로 다른 $z = z_n$들을 택하면 된다.

정리 10.2.1보다 더 일반적인 정리는 **Picard 소정리**(Picard's little theorem)라 알려진 다음 결과이다.

Picard 소정리

f가 상수함수가 아닌 전해석함수이면 f에 의한 $\mathbb{C}$의 상은 전체평면이거나 또는 전체평면에서 한 점을 제거한 것이다.

즉, f가 상수함수가 아닌 전해석함수이면 $f(\mathbb{C}) = \mathbb{C}$이거나 또는 어떤 $a \in \mathbb{C}$에 대해 $f(\mathbb{C}) = \mathbb{C} - \{a\}$이다. 이때 제거된 한 점 a를 f의 **예외값**(exceptional value)이라 한다.

Picard 소정리에 의하면 전해석함수 f에 의한 $\mathbb{C}$의 상은 $\mathbb{C}$ 또는 어떤 $a \in \mathbb{C}$에 대해 $\mathbb{C} - \{a\}$ 또는 어떤 $b \in \mathbb{C}$에 대해 $\{b\}$ 뿐임을 알 수 있다.

자세한 증명은 참고문헌 [6], [11]을 참고하기 바란다.

예제 10.1 $f(z) = e^z$는 전해석함수이다. $f(z) = e^z \neq 0$이므로 0은 f의 예외값이다. 임의의 0이 아닌 $a \in \mathbb{C}$에 대해 방정식 $e^z = a$의 해가 존재한다. 따라서 f의 치역은 $\mathbb{C} - \{0\}$이다. 그리고 $z_n = -n$이라 하면 $n \to \infty$일 때 $f(z_n) = e^{-n} \to 0$이다.

어떤 전해석함수의 증가속도가 적당하게 제한되어 있다면 그 함수의 움직임을 예측할 수 있다.

나중에 공부하겠지만 전해석함수 $f(z)$는 다음과 같이 멱급수로 나타낼 수 있다.

$$f(z) = \sum_{n=0}^{\infty} a_n z^n = \sum_{n=0}^{\infty} \frac{f^{(n)}(0)}{n!} z^n.$$

만일 f의 증가속도가 어떤 양수 M과 음이 아닌 실수 λ에 대해

$$|f(z)| \leq M r^{\lambda} \ (|z| = r > 0)$$

로 제한되어 있을 때 $|z| = r$에 Cauchy의 부등식을 적용하면 다음 부등식을 얻는

다.

$$|a_n| = \frac{|f^{(n)}(0)|}{n!} \le \frac{Mr^\lambda}{r^n} = \frac{M}{r^{n-\lambda}}.$$

$n > \lambda$일 때 $r \to \infty$이면 $a_n = 0$이다. 즉, $f(z)$는 차수가 λ보다 크지 않은 다항함수임을 알 수 있다. 이 사실을 정리하면 다음과 같다.

정리 10.2.2

f가 전해석함수이고 양수 M과 음이 아닌 실수 λ에 대해 $|f(z)| \le Mr^\lambda(|z| = r > 0)$을 만족하면 f는 차수가 λ보다 크지 않은 다항함수이다.

정리 10.2.2에서 $\lambda = 0$이면 Liouville의 정리를 얻을 수 있다.

✍ **연습문제 10.8** $u(z) = u(x, y)$가 전체평면에서 정의된 조화함수이고 모든 z에 대해 $u(z) \le |z|^n$을 만족하면 $u(z)$는 x, y에 관한 다항식임을 보여라.

10.3 대수학의 기본정리

Liouville 정리를 이용하면 대수학의 기본정리도 증명할 수 있다.

$n \ge 1$에 대해

$$P(z) = a_0 + a_1 z + \cdots + a_n z^n (a_n \ne 0)$$

라 하자. 만일 모든 z에 대해 $P(z) \ne 0$이면 $f(z) = \dfrac{1}{P(z)}$는 전해석함수이다. 그리고 삼각부등식을 이용하면

$$\begin{aligned} |P(z)| &= \left| z^n \left(a_n + \frac{a_{n-1}}{z} + \cdots + \frac{a_0}{z^n} \right) \right| \\ &\ge |z|^n \left| |a_n| - \left| \frac{a_{n-1}}{z} + \cdots + \frac{a_0}{z^n} \right| \right|. \end{aligned}$$

$M = |a_{n-1}| + \cdots + |a_0|$이고 충분히 큰 R에 대해 $|z| \ge R$이면

$$\begin{aligned} \left| \frac{a_{n-1}}{z} + \cdots + \frac{a_0}{z^n} \right| &\le \frac{|a_{n-1}|}{|z|} + \cdots + \frac{|a_0|}{|z|^n} \\ &\le \frac{M}{R}. \end{aligned}$$

따라서 $|z| \geq R$이면 다음을 만족하도록 양수 R을 충분히 크게 택할 수 있다.

$$|a_n| - \left|\frac{a_{n-1}}{z} + \cdots + \frac{a_0}{z^n}\right| > \frac{|a_n|}{2}.$$

즉, 충분히 큰 R에 대해 $|z| \geq R$이면

$$|P(z)| \geq R^n \cdot \frac{|a_n|}{2}. \tag{10.2}$$

그러므로 충분히 큰 양수 R에 대해 $|z| \geq R$이면

$$|f(z)| = \left|\frac{1}{P(z)}\right| \leq \frac{2}{|a_n|R^n}. \tag{10.3}$$

따라서 $f(z)$는 $|z| \geq R$에서 유계이다. 뿐만 아니라 f가 컴팩트집합 $|z| \leq R$에서 연속이므로 f는 $|z| \leq R$에서 유계이다. 따라서 f는 유계인 전해석함수이고, Liouville 정리에 의해 f는 상수함수이므로 $P(z)$도 상수함수여야 한다. 그러나 $P(z)$가 상수함수가 아니므로 이것은 모순이고, 이 모순은 모든 $z \in \mathbb{C}$에 대해 $P(z) \neq 0$이라는 가정에 따른 모순이다. 따라서 $P(z) = 0$인 z가 반드시 존재한다.

정리 10.3.1

차수가 $n \geq 1$인 임의의 다항함수

$$P(z) = a_0 + a_1 z + \cdots + a_n z^n \ (a_n \neq 0)$$

은 적어도 하나의 영점을 갖는다. 즉, $P(z_0) = 0$인 $z_0 \in \mathbb{C}$가 존재한다.

z_0가 $P(z)$의 영점이면 어떤 $n-1$차 다항식 $Q(z)$에 대해

$$P(z) = (z - z_0)Q(z)$$

이다. $n-1$차 다항식 $Q(z)$에 대해 정리 10.3.1을 다시 적용하고 이 과정을 계속 반복하면 다음 **대수학의 기본정리**를 얻는다.

정리 10.3.2 **대수학의 기본정리**

계수가 복소수인 n차 방정식

$$a_0 + a_1 z + \cdots + a_n z^n = 0 \ (a_n \neq 0)$$

의 해는 정확하게 n개 존재한다.

10.4 최대절대값원리와 최소절대값원리

Cauchy의 적분공식의 또 다른 응용에 대해 알아보자.

$f(z)$가 z_0의 ε-근방 $|z-z_0|<\varepsilon$에서 해석적이고 이 ε-근방의 모든 z에 대해

$$|f(z)| \le |f(z_0)|$$

라 하자. $|z-z_0|<\varepsilon$ 내의 임의의 한 점 z_1에 대해 $\rho=|z_1-z_0|$이고 $C_\rho : |z-z_0|=\rho$가 양의 방향의 원이면 $z=z_0+\rho e^{i\theta}(0\le\theta\le 2\pi)$는 C_ρ의 매개화이다.

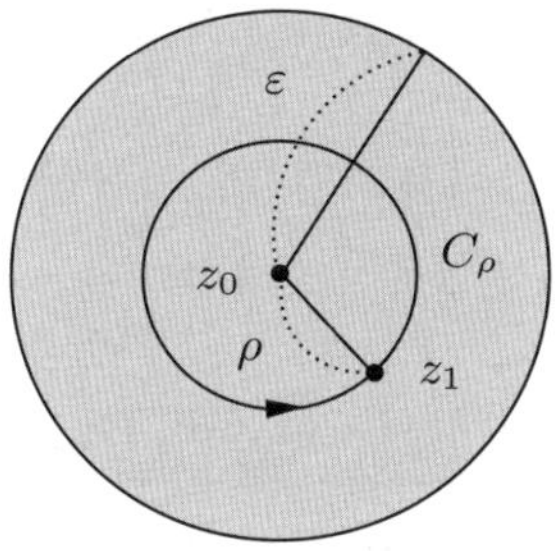

그림 10.1

이때 Cauchy의 적분공식을 이용하면

$$\begin{aligned} f(z_0) &= \frac{1}{2\pi i}\int_{C_\rho}\frac{f(z)}{z-z_0}dz \\ &= \frac{1}{2\pi i}\int_0^{2\pi}\frac{f(z_0+\rho e^{i\theta})}{\rho e^{i\theta}}\cdot i\rho e^{i\theta}d\theta = \frac{1}{2\pi}\int_0^{2\pi} f(z_0+\rho e^{i\theta})d\theta. \end{aligned}$$

따라서

$$|f(z_0)| \le \frac{1}{2\pi}\int_0^{2\pi}|f(z_0+\rho e^{i\theta})|d\theta \le |f(z_0)|$$

이고, 이것으로부터

$$|f(z_0)| = \frac{1}{2\pi}\int_0^{2\pi}|f(z_0+\rho e^{i\theta})|d\theta \tag{10.4}$$

또는

$$\frac{1}{2\pi}\int_0^{2\pi}\left[|f(z_0)|-|f(z_0+\rho e^{i\theta})|\right]d\theta = 0.$$

그런데

$$|f(z_0)|-|f(z_0+\rho e^{i\theta})| \ge 0$$

이고 $|f(z_0)| - |f(z_0 + \rho e^{i\theta})|$가 $[0, 2\pi]$에서 연속이므로 모든 $\theta \in [0, 2\pi]$에 대해

$$|f(z_0)| = |f(z_0 + \rho e^{i\theta})|$$

이다. 즉, $|z - z_0| = \rho$인 모든 점 z에 대해 $|f(z)| = |f(z_0)|$이 성립한다. 특히 $|z - z_0| < \varepsilon$ 내의 임의의 점 z_1에 대해 $|f(z_1)| = |f(z_0)|$이므로 $|z - z_0| < \varepsilon$에서 $|f(z)|$는 상수함수이다. 그런데 f가 해석적이므로 f는 상수함수이다. 즉,

> f가 $|z - z_0| < \varepsilon$에서 해석적이고, 이 근방의 모든 z에 대해 $|f(z)| \le |f(z_0)|$이면 f는 상수함수이다.

위에 언급한 사실을 이용하면 더 일반적인 결과인 **최대절대값원리**(maximum modulus principle)를 얻을 수 있다.

정리 10.4.1 **최대절대값원리**

f가 영역 D에서 해석적이고 상수함수가 아니면 $|f(z)|$는 D에서 최대값을 갖지 않는다. 즉, 모든 $z \in D$에 대해

$$|f(z)| \le |f(z_0)|$$

인 $z_0 \in D$가 존재하면 f는 상수함수이다.

최대절대값원리는 앞에서 보인 사실을 이용하면 보일 수 있다.

f가 영역 D에서 해석적이고 상수함수가 아니라 가정하자. 만일 $D = \mathbb{C}$이면 Liouville 정리에 의해 모든 z에 대해 $|f(z)| \le |f(z_0)|$인 z_0가 존재할 수 없다. 왜냐하면 그러한 z_0가 존재하면 $f(z)$는 유계인 전해석함수이고, 따라서 $f(z)$는 상수함수가 되기 때문이다.

$D \ne \mathbb{C}$이고 모든 $z \in D$에 대해 $|f(z)| \le |f(z_0)|$인 $z_0 \in D$가 존재한다고 가정하자. 그리고 $p \in D$라고 하자. D가 영역이므로 z_0와 p를 잇는 선분의 이음 L이 D에 존재한다. D의 경계 ∂D와 L이 유계인 닫힌집합들이고 서로 소이므로

$$d = \min\{|z' - z''| : z' \in L, z'' \in \partial D\}$$

가 존재하고 $d > 0$이다.

다음을 만족하는 유한개의 점 $z_0, z_1, \ldots, z_n = p$을 L에서 택하자.

$$|z_k - z_{k-1}| < d \ (k = 1, 2, \ldots, n).$$

그리고

$$N_k = \{z : |z - z_k| < d\}$$

라 하자. 그러면 $N_k \subset D$이고 $z_k \in N_{k-1}(k = 1, 2, \ldots, n)$이다. (그림 10.2)

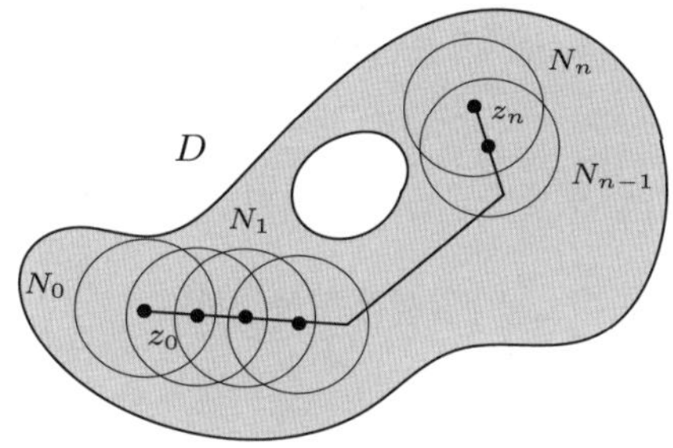

그림 10.2

가정에 의해 $z \in N_0$이면 $|f(z)| \le |f(z_0)|$이다. 그리고 앞의 사실에 의하면 모든 $z \in N_0$에 대해 $f(z) = f(z_0)$이다. 특히 $z_1 \in N_0$이므로 $f(z_0) = f(z_1)$이 된다. 비슷하게 $z_2 \in N_1$이므로 $f(z_0) = f(z_2)$을 얻는다.

이 과정을 계속하면 $f(z_0) = f(z_n)$을 얻는다. 그런데 $p = z_n$은 D의 임의의 점이므로 모든 $z \in D$에 대해 $f(z) = f(z_0)$이다. 즉, 모든 $z \in D$에 대해 $|f(z)| \le |f(z_0)|$을 만족하는 점 $z_0 \in D$가 존재하면 $f(z)$는 상수함수이다.

D가 유계이고 닫힌영역이라 하자. f가 D에서 연속이면 $|f|$가 D에서 연속이므로 실함수의 최대·최소정리에 의하여 $|f|$의 최대값이 존재한다. 만일 f가 D의 내부에서 해석적이면 정리 10.4.1은 $|f|$의 최대값은 D의 경계값 중에 있음을 알려준다. 즉,

> D가 유계이고 닫힌영역이라 하자. 만일 f가 D에서 연속이고 D의 내부에서 해석적이면
>
> $$\max_{z \in D} |f(z)| = \max_{z \in \partial D} |f(z)|.$$

최대절대값원리를 응용하면 **최소절대값원리**(minimum modulus principle)도 얻

을 수 있다.

정리 10.4.2 **최소절대값원리**

f가 영역 D에서 상수함수가 아닌 해석함수이고 모든 $z \in D$에 대해 $f(z) \neq 0$이면 $|f|$는 D에서 최소값을 갖지 않는다.

즉, $f(z)$가 D에서 해석적이고 모든 $z \in D$에 대해 $f(z) \neq 0$라 할 때, 만일 $|f(z_0)| \leq |f(z)|$인 $z_0 \in D$가 존재하면 f는 상수함수이다. 증명은 D에서 해석함수 $\dfrac{1}{f(z)}$에 정리 10.4.1을 적용하면 쉽게 얻을 수 있다. 자세한 증명은 연습문제로 남긴다.

✍ **연습문제 10.9** 최소절대값원리를 증명하라.

✍ **연습문제 10.10** 최대절대값원리 또는 최소절대값원리를 이용해서 대수학의 기본정리를 증명하라.

✍ **연습문제 10.11** 상수함수가 아닌 $f(z)$가 유계인 영역 D에서 해석적이고 D의 폐포(closure) $\overline{D}$에서 연속이라 하자. 만일 $|f(z)|$가 D의 경계에서 상수이면 $f(z_0) = 0$이 되는 점 $z_0 \in D$가 존재함을 보여라.

참고 D가 유계가 아니면 연습문제 10.11이 성립하지 않는다. 예를 들어 $D = \{z : \text{Im } z > 0\}$이라 하고 $f(z) = e^{iz}$라 하면 $|f|$는 D의 경계에서 상수이지만 $f(z_0) = 0$인 점 $z_0 \in D$가 존재하지 않는다.

예제 10.2 $D = \{(x, y) : 0 \leq x \leq \pi, 0 \leq y \leq 1\}$이고

$$f(z) = \sin z = \frac{e^{iz} - e^{-iz}}{2i} = \sin x \cosh y + i \cos x \sinh y$$

라 하면

$$|f(z)| = \sqrt{\sin^2 x + \sinh^2 y}$$

의 최대값은 $z = \dfrac{\pi}{2} + i$일 때, 최소값은 $z = 0$일 때 값이다. 그리고 $\dfrac{\pi}{2} + i$와 0은 모두 D의 경계점이다. (그림 10.3)

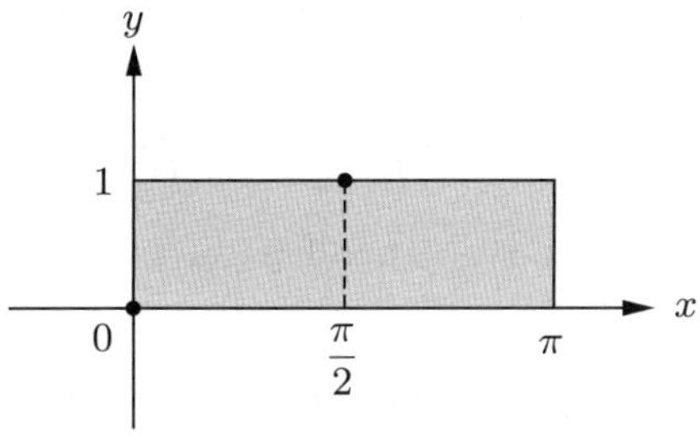

그림 10.3

✍ **연습문제 10.12** $f(z)$가 $|z| \leq 1$에서 해석적이고 $|f(z)| \geq 1$이라 하자. 만일 $f(0) = 1$이면 f는 상수함수임을 보여라.

✍ **연습문제 10.13** $f(z) = (z+1)^2$이라 하고 D는 꼭지점이 $z = 0, z = 2, z = i$인 닫힌삼각형이라 하자. 이때 D에서 $|f(z)|$가 최대와 최소가 되는 점을 구하여라.

✍ **연습문제 10.14** $\triangle$가 꼭지점이 a, b, c인 평면 상의 닫힌정삼각형일 때

$$\max_{z \in \triangle}\{|z-a||z-b||z-c|\}$$

를 구하여라.

✍ **연습문제 10.15** $f(z)$가 $|z| < 1$에서 해석적이고 $|f(z)| \leq 1, f(0) = 0$을 만족한다고 하자. 이때 $|f(z)| \leq |z|$이고 $|f'(0)| \leq 1$임을 보여라. 만일 어떤 $z \neq 0$에 대해 $|f(z)| = |z|$이거나 또는 $|f'(0)| = 1$이면 $|c| = 1$인 상수 c에 대해 $f(z) = cz$가 됨을 보여라.

✍ **연습문제 10.16** $f(z) = z^2 + 5z - 1$이라 하자. 이때 $|z| \leq 1$에서 $|f(z)|$의 최대값을 구하여라.

$f(z) = u + iv$가 유계이고 닫힌영역 D에서 연속이면 u가 D에서 연속이므로 u의 최대값이 존재한다. 만일 $f(z)$가 D의 내부에서 해석적이면

$$g(z) = \exp[f(z)]$$

도 D에서 연속이고 D의 내부에서 해석적이다. 따라서

$$\max_{z\in D}|g(z)| = \max_{z\in\partial D}|g(z)|. \tag{10.5}$$

$|g(z)| = \exp u$이고 $\mathbb{R}$에서 지수함수 exp가 증가함수이므로

$$\begin{aligned}\max_{z\in\partial D}\exp[u(x,y)] &= \exp\left[\max_{z\in\partial D}u(x,y)\right],\\ \max_{z\in D}\exp[u(x,y)] &= \exp\left[\max_{z\in D}u(x,y)\right].\end{aligned} \tag{10.6}$$

$\mathbb{R}$에서 지수함수 exp가 일대일이므로 식 (10.5)와 식 (10.6)에 의하여

$$\max_{z\in\partial D}u(x,y) = \max_{z\in D}u(x,y).$$

그리고

$$h(z) = -if(z) = v(x,y) - iu(x,y)$$

는 D에서 연속이고 D의 내부에서 해석적이므로 다음을 얻을 수 있다.

$$\max_{z\in\partial D}v(x,y) = \max_{z\in D}v(x,y).$$

즉,

> $f = u + iv$가 유계인 닫힌영역 D에서 연속이고 D의 내부에서 해석적이면
>
> $$\max_{z\in\partial D}u(x,y) = \max_{z\in D}u(x,y), \quad \max_{z\in\partial D}v(x,y) = \max_{z\in D}v(x,y)$$

u와 v의 최소값에 대해서도 비슷한 결과를 얻을 수 있다.

✍ **연습문제 10.17** $f = u + iv$가 컴팩트집합 D에서 연속이고 D의 내부에서 해석적일 때

$$\min_{z\in\partial D}u(x,y) = \min_{z\in D}u(x,y), \quad \min_{z\in\partial D}v(x,y) = \min_{z\in D}v(x,y)$$

임을 보여라.

✍ **연습문제 10.18** $f(z) = e^z$라 하고 R은 사각형 영역 $0 \le x \le 1, 0 \le y \le \pi$라 하자. 이때 $u(x,y) = \mathrm{Re}[f(z)]$가 최대, 최소가 되는 점을 구하여라.

✍ **연습문제 10.19** $u(z)$가 유계인 영역 D에서 조화함수이고 D의 경계 C는 닫힌경로라 하자. 만일 $u(z)$가 $D \cup C$에서 연속이고 C에서 $u(z) \equiv k$(상수)이면 D에서 $u(z) \equiv k$임을 보여라.

✍ **연습문제 10.20** $f(z)$가 $|z - z_0| \le r$에서 해석적이고 $f(z) \ne 0$이면

$$\ln|f(z_0)| = \frac{1}{2\pi}\int_0^{2\pi} \ln|f(z_0 + re^{i\theta})|d\theta$$

이 성립함을 보여라

✍ **연습문제 10.21** $f(z) = \sum_{n=0}^{\infty} a_n z^n$ $(|z| < R)$이라 하자. 만일 $0 < r < R$이고 $z = re^{i\theta}$이면 $f(z) = \sum_{n=0}^{\infty} a_n r^n e^{in\theta}$이고

$$a_n = \frac{1}{2\pi r^n}\int_0^{2\pi} f(re^{i\theta})e^{-in\theta}d\theta \ (n \ge 0)$$

임을 보여라. 그리고

$$\frac{1}{2\pi}\int_0^{2\pi} |f(re^{i\theta})|^2 d\theta = \sum_{n=0}^{\infty} |a_n|^2 r^{2n}$$

임을 보여라.

✍ **연습문제 10.22** 연속인 실함수 $u(z)$가 영역 D에 포함되어 있는 모든 원판 $|z-z_0| \le r$에서 다음을 만족하면 u를 D에서 준조화함수(subharmonic function)라고 한다.

$$u(z_0) \le \frac{1}{2\pi}\int_0^{2\pi} u(z_0 + re^{i\theta})d\theta \quad (z_0 \in D).$$

영역 D에서 정의된 상수함수가 아닌 준조화함수는 D에서 최대값을 가질 수 없음을 보여라. 최소값은 가질 수 있는가?

정리 10.4.3

$f(z)$가 $|z| < R$에서 해석적이라 하자. 그러면 $M(r) = M(r, f) = \max_{|z|=r}|f(z)|$은 $0 \le r \le R$에서 연속함수이다. 뿐만 아니라 $M(r)$은 증가함수이다.

정리 10.4.3의 증명은 참고문헌 [12]를 참고하라.

이 장에서는 Cauchy의 적분공식을 이용하여 Liouville 정리, 대수학의 기본정리, 최대절대값원리, 최소절대값원리를 증명하였다. 특히 Liouville 정리는 아주 단순하면서도 중요한 정리이다. 뿐만 아니라 최대·최소절대값원리도 어떤 영역에서 정의된 조화함수의 최대값, 최소값에 대한 훌륭한 정보를 알려주는 중요한 정리이다.

제 11 장

수열과 급수

11.1 수열의 극한

복소수들의 무한수열 $\{z_n\}$ 의 수렴과 발산을 정의하자.

정의 11.1.1

임의의 양수 ε에 대해

$$n > N \implies |z_n - z| < \varepsilon \tag{11.1}$$

인 양의 정수 N가 존재하면 수열 $\{z_n\}$은 z로 **수렴**한다고 하고

$$\lim_{n\to\infty} z_n = z$$

로 나타내고 z를 수열 $\{z_n\}$ 의 **극한**(limit)이라 한다.

따라서 수열 $\{z_n\}$ 이 z로 수렴한다는 것은 임의의 양수 ε이 주어지면 충분히 큰 모든 n에 대해 z_n은 z의 ε-근방에 놓인다는 의미이다.

양수 ε은 임의로 택할 수 있으므로 ε을 작게 택해가면 n이 커갈수록 z_n 이 z에 가까이 간다는 것을 알 수 있다. 그리고 수렴의 정의에서 N은 ε에 의존하는 양의 정수이다. 뿐만 아니라 식 (11.1)을 만족하는 z는 하나뿐 임을 알 수 있다.

만일 수렴하지 않으면 **발산**한다고 한다.

$z_n = x_n + iy_n (n = 1, 2, \ldots)$라 할 때 수열 $\{z_n\}$ 의 수렴과 수열 $\{x_n\}, \{y_n\}$ 의 수렴 사이에 관계가 있다. 직관적으로 수열 $\{z_n\}$ 이 $z = x + iy$로 수렴하면 $\{x_n\}$ 은 x로 수렴하고 $\{y_n\}$은 y로 수렴한다. 그리고 그 역도 성립한다. 즉, 다음이

성립한다.

정리 11.1.2

$z_n = x_n + iy_n (n = 1, 2, \ldots)$, $z = x + iy$라 하자. 이때 $\lim_{n\to\infty} z_n = z$일 필요충분조건은 $\lim_{n\to\infty} x_n = x$, $\lim_{n\to\infty} y_n = y$인 것이다.

이 사실은 다음 부등식을 이용하면 증명할 수 있다.

$$\max\{|x_n - x|, |y_n - y|\} \leq |z_n - z| \leq |x_n - x| + |y_n - y|.$$

자세한 증명은 생략한다.

✍ **연습문제 11.1** $\lim_{n\to\infty} z_n = z$이면 $\lim_{n\to\infty} |z_n| = |z|$임을 보여라.

11.2 급수의 극한

수열 $\{z_n\}$에 대한 무한급수

$$\sum_{n=1}^{\infty} z_n = z_1 + z_2 + \cdots$$

가 S에 수렴한다는 것은 다음과 같이 정의한다.

$$S_N = \sum_{n=1}^{N} z_n = z_1 + z_2 + \cdots + z_N \text{이라 할 때 } \lim_{N\to\infty} S_N = S.$$

이때 S를 무한급수 $\sum_{n=1}^{\infty} z_n$의 극한이라 하고 다음과 같이 나타낸다.

$$\sum_{n=1}^{\infty} z_n = S.$$

수열처럼 급수에서도 $\sum_{n=1}^{\infty} z_n$의 수렴과 $\sum_{n=1}^{\infty} x_n$, $\sum_{n=1}^{\infty} y_n$의 수렴 사이에 관계가 있다.

$X_N = \sum_{n=1}^{N} x_n, Y_N = \sum_{n=1}^{N}$ 이라 하면 $S_N = X_N + iY_N$ 이다. 정리 11.1.2에서 S_N 이 $S = X + iY$ 로 수렴하면 X_N 이 X 로 수렴하고 Y_N 이 Y 로 수렴하며 그 역도 성립한다. 즉, 다음이 성립한다.

정리 11.2.1

$z_n = x_n + iy_n (n = 1, 2, \ldots), S = X + iY$ 라 하자. 이때 $\sum_{n=1}^{\infty} z_n = S$ 일 필요충분조건은 $\sum_{n=1}^{\infty} x_n = X, \sum_{n=1}^{\infty} y_n = Y$ 인 것이다.

실수열 $\{a_n\}$ 의 급수 $\sum a_n$ 이 수렴하면 $\lim_{n \to \infty} a_n = 0$ 이다. 즉, $\lim_{n \to \infty} a_n = 0$ 은 $\sum a_n$ 이 수렴하기 위한 필요조건이다. 물론 충분조건은 아니다.

복소수 수열 $\{z_n\}$ 의 급수 $\sum z_n$ 에 대해서도 같은 결과를 얻을 수 있다. 즉, $\lim_{n \to \infty} z_n = 0$ 은 $\sum z_n$ 이 수렴하기 위한 필요조건이다. 물론 이 조건은 $\sum z_n$ 이 수렴하기 위한 충분조건은 아니다.

✍ **연습문제 11.2** 다음을 보여라.

$$\sum_{n=1}^{\infty} z^n = \frac{z}{1-z} \ (|z| < 1)$$

그리고 이 식을 이용해서 다음을 보여라.

$$\sum_{n=1}^{\infty} r^n \cos n\theta = \frac{r \cos\theta - r^2}{1 - 2r\cos\theta + r^2},$$
$$\sum_{n=1}^{\infty} r^n \sin n\theta = \frac{r \sin\theta}{1 - 2r\cos\theta + r^2}.$$

✍ **연습문제 11.3** $\sum_{n=1}^{\infty} z_n = S$ 이면 $\sum_{n=1}^{\infty} \overline{z_n} = \overline{S}$ 임을 보여라.

수렴하는 수열은 유계수열이다.

정리 11.2.2

$\{z_n\}$ 이 수렴하면 모든 n 에 대해 $|z_n| \leq M$ 인 양수 M 이 존재한다.

이 사실은 정의를 이용하면 쉽게 보일 수 있으므로 연습문제로 남긴다.

✍ **연습문제 11.4** 수열 $\{z_n\}$이 수렴하면 $\{z_n\}$은 유계수열임을 보여라.

✍ **연습문제 11.5** (1) 방정식

$$z^{n-1} + z^{n-2} + \cdots + z + 1 = 0 \quad (n \geq 2)$$

의 해를 구하여라.

(2) 다음 등식을 증명하라.

$$\sin\left(\frac{\pi}{n}\right)\sin\left(\frac{2\pi}{n}\right)\cdots\sin\left(\frac{(n-1)\pi}{n}\right) = \frac{n}{2^{n-1}} \ (n \geq 2).$$

급수 $\sum |z_n|$이 수렴하면 $\sum z_n$은 **절대수렴**한다고 한다.
$z_n = x_n + iy_n (n = 1, 2, \ldots)$이면

$$|x_n| \leq |z_n| = \sqrt{x_n^2 + y_n^2} \leq |x_n| + |y_n|,$$
$$|y_n| \leq |z_n| = \sqrt{x_n^2 + y_n^2} \leq |x_n| + |y_n|$$

이므로 비교판정법에 의해 $\sum |z_n|$이 수렴하면 $\sum |x_n|$과 $\sum |y_n|$이 수렴하고, 역도 성립한다.

만일 $\sum |x_n|, \sum |y_n|$이 수렴하면 $\sum x_n$과 $\sum y_n$이 수렴한다. 따라서 $\sum z_n$이 절대수렴하면, 즉 $\sum |z_n|$이 수렴하면 $\sum z_n$이 수렴함을 알 수 있다. 그러나 역은 성립하지 않는다.

✍ **연습문제 11.6** $\sum_{n=1}^{\infty} z_n$이 수렴하지만 $\sum_{n=1}^{\infty} |z_n|$이 수렴하지 않는 예를 구하여라.

(참고) 급수 $\sum z_n$이 S로 수렴할 때

$$\rho_N = S - S_N = \sum_{n=N+1}^{\infty} z_n$$

라 하면 $S = S_N + \rho_N$으로 나타낼 수 있다. 그리고 $\sum z_n$이 S로 수렴하기 위한 필요충분조건은 나머지 ρ_N이 0으로 수렴하는 것이라는 사실을 알 수 있다.

제 12 장

Taylor 급수와 Laurent 급수

12.1 Taylor 급수

f가 $|z-z_0|<R$에서 해석적이고

$$a_n = \frac{f^{(n)}(z_0)}{n!} \ (n=0,1,2,\dots)$$

라 할 때

$$\sum_{n=0}^{\infty} a_n(z-z_0)^n \tag{12.1}$$

을 z_0에서 f의 **Taylor 급수**라 한다. 이때 다음이 성립한다.

$$f(z) = \sum_{n=0}^{\infty} a_n(z-z_0)^n \ (|z-z_0|<R).$$

즉, $f(z)$가 $|z-z_0|<R$에서 해석적이면 $|z-z_0|<R$인 z에 대해 $\sum_{n=0}^{\infty} a_n(z-z_0)^n$은 $f(z)$로 수렴한다. 이 사실을 보이자.

먼저 $z_0=0$인 경우에 대해 보이자. $|z|<R_0$인 z에 대해 $|z|<r_0<R_0$인 r_0를 선택하자. 그리고 $C_0 : |z| = r_0 < R_0$을 양의 방향의 경로라 하자. 그러면 Cauchy의 적분공식에 의해 $|z|<r_0$인 임의의 z에 대해

$$f(z) = \frac{1}{2\pi i}\int_{C_0} \frac{f(s)}{s-z} ds$$

그런데

$$\frac{1}{1-z} - \frac{z^N}{1-z} = \frac{1-z^N}{1-z} = \sum_{n=0}^{N-1} z^n (z \neq 1)$$

이므로

$$\frac{1}{1-z} = \sum_{n=0}^{N-1} z^n + \frac{z^N}{1-z} (z \neq 1).$$

따라서

$$\begin{aligned}\frac{1}{s-z} = \frac{1}{s} \cdot \frac{1}{1-(z/s)} &= \frac{1}{s}\left(\sum_{n=0}^{N-1} \frac{z^n}{s^n} + \frac{(z/s)^N}{1-(z/s)}\right) \\ &= \sum_{n=0}^{N-1} \frac{z^n}{s^{n+1}} + \frac{z^N}{s^N(s-z)}\end{aligned}$$

공식

$$\frac{1}{2\pi i}\int_{C_0} \frac{f(s)}{s^{n+1}} ds = \frac{f^{(n)}(0)}{n!} \ (n = 0, 1, 2, \ldots)$$

을 이용하면

$$\begin{aligned}\int_{C_0} \frac{f(s)}{s-z} ds &= \sum_{n=0}^{N-1} z^n \int_{C_0} \frac{f(s)}{s^{n+1}} ds + z^N \int_{C_0} \frac{f(s)}{(s-z)s^N} ds \\ &= \sum_{n=0}^{N-1} z^n \frac{f^{(n)}(0)}{n!} \cdot 2\pi i + z^N \int_{C_0} \frac{f(s)}{(s-z)s^N} ds\end{aligned}$$

따라서

$$f(z) = \frac{1}{2\pi i}\int_{C_0} \frac{f(s)}{s-z} ds = \sum_{n=0}^{N-1} \frac{f^{(n)}(0)}{n!} z^n + \rho_N(z)$$

여기서

$$\rho_N(z) = \frac{z^N}{2\pi i}\int_{C_0} \frac{f(s)}{(s-z)s^N} ds.$$

$\lim_{N\to\infty} \rho_N(z) = 0$ 임을 보이자.

$|z| = r(< r_0)$ 이라 하자. 이때 만일 $s \in C_0$ 이면

$$|s-z| \geq ||s| - |z|| = r_0 - r.$$

따라서 $0 < \frac{r}{r_0} < 1$ 이므로 $N \to \infty$ 이면

$$|\rho_N(z)| \leq \frac{r^N}{2\pi} \cdot \frac{M}{(r_0 - r)r_0^N} \cdot 2\pi r_0 = \frac{M r_0}{r_0 - r}\left(\frac{r}{r_0}\right)^N \to 0$$

여기서 $M = \max_{s \in C_0} |f(s)|$. 따라서 임의의 $|z| < R_0$에 대해

$$f(z) = \lim_{N\to\infty} \sum_{n=0}^{N-1} \frac{f^{(n)}(0)}{n!} z^n = \sum_{n=0}^{\infty} \frac{f^{(n)}(0)}{n!} z^n$$

일반적인 경우는 다음과 같이 보이면 된다.

$f(z)$가 $|z - z_0| < R_0$에서 해석적이면 $f(z + z_0)$는 $|(z + z_0) - z_0| = |z| < R_0$에서 해석적이다. $g(z) = f(z + z_0)$라 하자. 그러면

$$g(z) = \sum_{n=0}^{\infty} \frac{g^{(n)}(0)}{n!} z^n \ (|z| < R_0)$$

그런데 $g^{(n)}(0) = f^{(n)}(z_0)$이므로

$$g(z) = f(z + z_0) = \sum_{n=0}^{\infty} \frac{f^{(n)}(z_0)}{n!} z^n \ (|z| < R_0)$$

z를 $z - z_0$으로 바꾸면

$$f(z) = \sum_{n=0}^{\infty} \frac{f^{(n)}(z_0)}{n!} (z - z_0)^n \ (|z - z_0| < R_0)$$

을 얻는다.

예제 12.1 $f(z) = e^z$는 전해석함수이고 $f^{(n)}(0) = 1 (n = 0, 1, 2, \ldots)$이므로 f의 Taylor 급수는

$$\sum_{n=0}^{\infty} \frac{z^n}{n!} \ (|z| < \infty)$$

이고, 모든 z에 대해 이 급수는 e^z에 수렴한다. 즉,

$$e^z = \sum_{n=0}^{\infty} \frac{z^n}{n!} \ (|z| < \infty)$$

멱급수 $\sum_{n=0}^{\infty} a_n (z - z_0)^n$가 $z = z_1$에서 수렴하면 $|z - z_0| < |z_1 - z_0|$인 모든 z에서 절대수렴하고, z_2에서 발산하면 $|z - z_0| > |z_2 - z_0|$인 모든 z에 대해 발산한다. 따라서 $\sum_{n=1}^{\infty} a_n (z - z_0)^n$은 z_0에서 $\sum_{n=0}^{\infty} a_n (z - a_0)^n$이 수렴하는 점들 중 가장 멀리 있는 점까지의 거리를 반지름으로 하고 중심이 z_0인 원의 내부의 모든 점에서 수렴한다. 이 반지름을 멱급수 $\sum_{n=0}^{\infty} a_n (z - z_0)^n$의 **수렴반경**이라 한다. 만일

이러한 점이 존재하지 않으면, 즉 모든 점에서 이 멱급수가 수렴하면 수렴반경을 ∞로 나타낸다.

✍ **연습문제 12.1** $\sum_{n=0}^{\infty} a_n(z-z_0)^n$는 $z=z_1$에서 수렴하면 $|z-z_0|<|z_1-z_0|$인 모든 z에서 (절대)수렴하고 z_2에서 발산하면 $|z-z_0|>|z_2-z_0|$인 모든 z에 대해 발산함을 보여라.

✍ **연습문제 12.2** (1) $z=0$에서

$$f(z)=\frac{z}{1-z-z^2}$$

의 Taylor 급수와 수렴반경을 구하여라.

(2) $a_0=0, a_1=1$인 Fibonacci 수열

$$a_{n+2}=a_{n+1}+a_n$$

을 이용하여 모든 n에 대해

$$a_n \le \left(\frac{2}{\sqrt{5}-1}\right)^n$$

이 성립함을 보여라.

한편, 해석적이 되지 않는 점들 중 가장 가까이 있는 점까지의 거리가 수렴반경이 되기도 한다. 즉, $\sum_{n=0}^{\infty} a_n(z-z_0)^n$의 수렴반경을 R이라고 f를 $\sum_{n=0}^{\infty} a_n(z-z_0)^n$의 극한함수라 하면 R을 다음과 같이 나타낼 수도 있다.

$$R=\min_{p\in\mathbb{C}}\{|z_0-p| : f(z)\text{는 } p\text{에서 해석적이 아님}\}.$$

만일

$$\{|z_0-p| : f(z)\text{는 } p\text{에서 해석적이 아님}\}=\emptyset$$

이면, 즉 모든 점에서

$$\sum_{n=1}^{\infty} a_n(z-z_0)^n=f(z)$$

가 해석적이면 $R=\infty$로 나타낸다.

✍ **연습문제 12.3** A를 고정된 양수라 하자. 그리고 $f(z)$는 모든 z에 대해

$$|f(z)| \leq A|z|$$

를 만족하는 전해석함수라 하자. 그러면 어떤 복소수 a에 대해 $f(z) = az$임을 보여라. 만일 f가 모든 z와 양의 정수 n에 대해

$$|f(z)| \leq A|z|^n$$

을 만족하는 전해석함수이면 f는 어떤 함수인가?

✍ **연습문제 12.4** (1) $z = \dfrac{\pi}{2}$에서 $f(z) = \cos z$의 Taylor 급수를 구하여라.

(2) $z = \pi i$에서 $f(z) = \sinh z$의 Taylor 급수를 구하여라.

✍ **연습문제 12.5** f가 전해석함수이고 임의의 점 z_0에서

$$f(z) = \sum_{n=0}^{\infty} a_n (z - z_0)^n$$

일 때 적어도 하나의 계수가 0이면 f는 다항함수임을 보여라.

✍ **연습문제 12.6** 멱급수 $f(z) = \sum_{n=0}^{\infty} a_n z^n$의 수렴반경이 1보다 크고 $\overline{D} = \{z : |z| \leq 1\}$ 위에서 일대일일 때 $f(\overline{D}) = \{f(z) : z \in \overline{D}\}$의 면적이

$$\pi \sum_{n=1}^{\infty} n|a_n|^2$$

이 됨을 보여라.

✍ **연습문제 12.7** f는 z_0에서 해석적이고 $f(z_0) = 0$라 하자. 이때 f가 해석적인 z_0의 임의의 근방에서 $f \equiv 0$이거나 또는 z_0의 어떤 제거된 근방 $0 < |z - z_0| < \varepsilon$에서 해석적이고 $f(z) \neq 0$임을 보여라.

✍ **연습문제 12.8** (1) $f : \mathbb{R} \longrightarrow \mathbb{R}$이 미분가능하고 모든 $n = 0, 1, 2, \ldots$에 대해 $f^{(n)}(0) = 0$이면 $f \equiv 0$인가? 여기서 $\mathbb{R}$은 실수 전체집합이다.

(2) $g : \mathbb{C} \longrightarrow \mathbb{C}$가 미분가능하고 모든 $n = 0, 1, 2, \ldots$에 대해 $g^{(n)}(0) = 0$이면 $g \equiv 0$인가?

12.2 Laurent 급수

f가 환영역(annular domain) $R_1 < |z - z_0| < R_2$에서 해석적이고 C가 z_0를 감싸고 이 영역에 존재하는 양의 방향의 단순닫힌경로이면

$$f(z) = \sum_{n=0}^{\infty} a_n (z - z_0)^n + \sum_{n=1}^{\infty} \frac{b_n}{(z - z_0)^n} \ (R_1 < |z - z_0| < R_2) \tag{12.2}$$

로 나타낼 수 있다. 여기서 a_n과 b_n은 다음과 같이 주어진다. (자세한 것은 참고문헌 [3]을 참고하라.)

$$\begin{aligned} a_n &= \frac{1}{2\pi i} \int_C \frac{f(z)}{(z - z_0)^{n+1}} dz \ (n = 0, 1, 2, \ldots), \\ b_n &= \frac{1}{2\pi i} \int_C \frac{f(z)}{(z - z_0)^{-n+1}} dz \ (n = 1, 2, \ldots). \end{aligned} \tag{12.3}$$

특히, 식 (12.3)에서 $n = 1$이면

$$b_1 = \frac{1}{2\pi i} \int_C f(z) dz.$$

즉,

$$\int_C f(z) dz = 2\pi i b_1. \tag{12.4}$$

식 (12.2)에 주어진 급수를 영역 $R_1 < |z - z_0| < R_2$에서 f의 **Laurent 급수**라 한다. 그리고 $\sum_{n=0}^{\infty} a_n (z - z_0)^n$과 $\sum_{n=0}^{\infty} \frac{b_n}{(z - z_0)^n}$을 각각 f의 Laurent 급수의 **해석부분**(analytic part), **주부분**(principal part)이라 한다.

환영역 $R_1 < |z - z_0| < R_2$에서 해석적인 함수 f를 식 (12.2)에 주어진 급수 형태로 나타낼 수 있는 방법은 Laurent 급수뿐이라는 것을 나중에 배우게 될 것이다.

f가 $|z - z_0| < R$에서 해석적이면 $f(z)(z - z_0)^{n-1} (n \geq 1)$이 해석적이므로 $b_n = 0 \ (n = 1, 2, \ldots)$이 돼서 주부분은 0이 된다. 따라서 f가 $|z - z_0| < R$에서 해석적이면 Laurent 급수는 Taylor 급수가 된다.

예제 12.2 e^z의 Taylor 급수는

$$e^z = \sum_{n=0}^{\infty} \frac{z^n}{n!} = 1 + \frac{z}{1!} + \frac{z^2}{2!} + \cdots \ (|z| < \infty)$$

이다.

$z \neq 0$일 때 z 대신 $\frac{1}{z}$를 이 식에 대입하면

$$e^{\frac{1}{z}} = \sum_{n=0}^{\infty} \frac{1}{z^n n!} = 1 + \frac{1}{z} + \frac{1}{2!z^2} + \cdots \ (0 < |z| < \infty). \qquad (12.5)$$

따라서 식 (12.5)에 주어진 급수는 $0 < |z| < \infty$에서 $e^{\frac{1}{z}}$의 Laurent 급수이고 이때 $b_1 = 1$이다. 그러므로 0을 감싸는 단순닫힌경로 C에 대해

$$\int_C e^{\frac{1}{z}} dz = 2\pi i \cdot b_1 = 2\pi i.$$

예제 12.3 $f(z)$를 다음과 같이 두자.

$$f(z) = \frac{-1}{(z-1)(z-2)} = \frac{1}{z-1} - \frac{1}{z-2}.$$

$D_1 = \{z : |z| < 1\}$이라 하면 $\frac{1}{z-1}$과 $\frac{1}{z-2}$는 D_1에서 해석적이고 $\left|\frac{z}{2}\right| < 1$이므로 다음과 같이 Taylor 급수로 표현할 수 있다.

$$\frac{1}{z-1} = -\frac{1}{1-z} = -\sum_{n=0}^{\infty} z^n \ (|z| < 1),$$

$$-\frac{1}{z-2} = \frac{1}{2-z} = \frac{1}{2} \cdot \frac{1}{1-z/2} = \frac{1}{2}\sum_{n=0}^{\infty}\left(\frac{z}{2}\right)^n = \sum_{n=0}^{\infty} \frac{z^n}{2^{n+1}} \ (|z| < 1).$$

따라서 D_1에서 f의 Laurent 급수는

$$f(z) = -\sum_{n=0}^{\infty} z^n + \sum_{n=0}^{\infty} \frac{z^n}{2^{n+1}} = \sum_{n=0}^{\infty}\left(\frac{1}{2^{n+1}} - 1\right) z^n \ \ (|z| < 1). \qquad (12.6)$$

그런데 f가 D_1에서 해석적이므로 식 (12.6)에 주어진 급수는 f의 Taylor 급수이다.

$D_2 = \{z : 1 < |z| < 2\}$라 하면 D_2에서 $\left|\frac{1}{z}\right| < 1, \left|\frac{z}{2}\right| < 1$이므로

$$\frac{1}{z-1} = \frac{1}{z}\left(\frac{1}{1-1/z}\right) = \sum_{n=0}^{\infty} \frac{1}{z^{n+1}} \ \ (|z| > 1),$$

$$-\frac{1}{z-2} = \frac{1}{2-z} = \frac{1}{2}\left(\frac{1}{1-z/2}\right) = \frac{1}{2}\sum_{n=0}^{\infty}\left(\frac{z}{2}\right)^n = \sum_{n=0}^{\infty} \frac{z^n}{2^{n+1}} \ \ (|z| < 2).$$

즉, $|z| > 1$이면

$$\frac{1}{z-1} = \sum_{n=0}^{\infty} \frac{1}{z^{n+1}}$$

이고 $|z| < 2$이면

$$-\frac{1}{z-2} = \sum_{n=0}^{\infty} \frac{z^n}{2^{n+1}}$$

이므로 $1 < |z| < 2$이면

$$f(z) = \frac{1}{z-1} - \frac{1}{z-2} = \sum_{n=0}^{\infty} \frac{1}{z^{n+1}} + \sum_{n=0}^{\infty} \frac{z^n}{2^{n+1}}.$$

따라서D_2에서 f의 Laurent 급수는

$$f(z) = \sum_{n=1}^{\infty} \frac{z^n}{2^n} + \sum_{n=0}^{\infty} \frac{1}{z^{n+1}} \quad (1 < |z| < 2).$$

$D_3 = \{z : |z| > 2\}$이라 하면 $\left|\frac{2}{z}\right| < 1, \left|\frac{1}{z}\right| < 1$이므로

$$\frac{1}{z-1} = \frac{1}{z}\left(\frac{1}{1-1/z}\right) = \frac{1}{z}\sum_{n=0}^{\infty} \frac{1}{z^n} = \sum_{n=0}^{\infty} \frac{1}{z^{n+1}} \quad (|z| > 1),$$
$$\frac{1}{z-2} = \frac{1}{z}\left(\frac{1}{1-2/z}\right) = \frac{1}{z}\sum_{n=0}^{\infty} \frac{2^n}{z^n} = \sum_{n=0}^{\infty} \frac{2^n}{z^{n+1}} \quad (|z| > 2).$$

즉, $|z| > 1$이면

$$\frac{1}{z-1} = \sum_{n=0}^{\infty} \frac{1}{z^{n+1}}$$

이고 $|z| > 2$이면

$$\frac{1}{z-2} = \sum_{n=0}^{\infty} \frac{2^n}{z^{n+1}}$$

이므로 D_3에서 f의 Laurent 급수는 다음과 같다.

$$f(z) = \frac{1}{z-1} - \frac{1}{z-2} = \sum_{n=0}^{\infty} \frac{1-2^n}{z^{n+1}} = \sum_{n=1}^{\infty} \frac{1-2^{n-1}}{z^n} \quad (|z| > 2).$$

✍ **연습문제 12.9** $0 < |z| < \infty$에서 $f(z) = z^2 \sin\left(\frac{1}{z^2}\right)$의 Laurent 급수를 구하여라.

✍ **연습문제 12.10** $f(z) = \frac{1}{z^2(1-z)}$라 하자. 이때 z의 멱으로 $f(z)$의 Laurent 급수 두 개를 구하고 이 Laurent 급수가 수렴하는 영역을 구하여라.

✍ **연습문제 12.11** $f(z) = \dfrac{z+1}{z-1}$일 때 $|z| < 1$과 $1 < |z| < \infty$에서 $f(z)$를 Laurent 급수로 나타내어라.

12.3 평등수렴

$\{f_n\}$을 영역 D에서 정의된 함수열이라 하자. 만일 각 z_0와 임의의 양수 ε에 대해

$$n \geq N(z_0, \varepsilon) \implies |f_n(z_0) - f(z_0)| < \varepsilon$$

을 만족하며 z_0와 ε에 의존하는 양의 정수 $N(z_0, \varepsilon)$이 존재하면 D에서 $\{f_n(z)\}$은 $f(z)$로 **점별수렴**한다(converges pointwise)고 한다. 그리고 만일 $N(z_0, \varepsilon) = N(\varepsilon)$, 즉 $N(z_0, \varepsilon)$이 양수 ε에만 의존하는 양의 정수이면 $\{f_n\}$은 D에서 f로 **평등수렴**한다(converges uniformly)고 한다.

정의 12.3.1

임의의 양수 ε에 대해

$$z \in D, n \geq N(\varepsilon) \implies |f_n(z) - f(z)| < \varepsilon$$

을 만족하며 ε에만 의존하는 양의 정수 $N(\varepsilon)$이 존재하면 D에서 $\{f_n\}$은 f로 평등수렴한다고 정의한다.

정의에서 평등수렴하면 점별수렴함을 알 수 있다. 그러나 역은 성립하지 않는다. 예를 들어

$$f_n(z) = z^n \quad (n = 1, 2, \ldots)$$

은 $|z| < 1$에서 0으로 점별수렴하지만 평등수렴하지 않는다. 왜냐하면

$$\left(1 - \frac{1}{n}\right)^n \to \frac{1}{e} > \frac{1}{3}$$

이므로 n이 충분히 크면 $|z^n| > \frac{1}{3}$. 따라서 $\{f_n\}$은 $|z| < 1$에서 평등수렴하지 않는다.

한편, 함수열 $\{f_n\}$과 $n = 1, 2, \ldots$에 대해

$$s_n(z) = \sum_{k=1}^{n} f_k(z)$$

라 하자. 만일 $\{s_n(z)\}$가 점별수렴하면 함수열의 급수 $\sum f_n$이 점별수렴한다고 하고, $\{s_n\}$이 평등수렴하면 함수열의 급수 $\sum f_n$이 평등수렴한다고 한다.

어떤 함수열의 평등수렴을 판정하는 것은 매우 어렵다. 약 1860년에 Weierstrass에 의해 알려진 다음 정리는 함수열의 평등수렴에 대한 충분조건을 제공하는데, 이 정리는 평등수렴을 판정하는데 매우 유용하게 쓰인다.

정리 12.3.2 **Weierstrass M-판정법**

모든 $z \in D$와 모든 n에 대해 $|f_n(z)| \le M_n$인 실수 M_n이 존재하고 $\sum M_n$이 수렴하면 $\sum f_n(z)$는 D에서 평등수렴한다.

증명은 참고문헌 [1], [12]를 참고하라.

정리 12.3.3

$\{f_n\}$은 영역 D에서 해석함수들의 수열이라 하자. 만일 D에 포함되어 있는 임의의 닫힌원판에서 $\{f_n\}$이 f로 평등수렴하면 f는 D에서 해석적이다. 뿐만 아니라 $\{f'_n\}$은 D에서 f'으로 점별수렴하고 D 내의 임의의 닫힌원판에서 평등수렴한다.

정리 12.3.3은 실함수에 대해서는 성립하지 않는다. 예를 들어 $x \in \mathbb{R}$에 대해

$$f_n(x) = \frac{\sin nx}{\sqrt{n}} \quad (n = 1, 2, \ldots)$$

이면

$$f(x) = \lim_{n \to \infty} f_n(x) = 0$$

이고 $\mathbb{R}$에서 f_n은 f로 평등수렴한다. 그런데 $f'(x) = 0$이고 $f'_n = \sqrt{n}\cos nx$이므로 $\{f'_n\}$은 f'으로 수렴하지 않는다.

정리 12.3.3을 반복하여 적용하면 D에 포함되어 있는 닫힌원판에서 $\left\{f_n^{(k)}\right\}$ $(k = 1,\ 2, \ldots)$은 $f^{(k)}$로 평등수렴함을 알 수 있다.

정리 12.3.3을 함수열의 급수에 대해 표현하면 다음과 같다.

함수열의 급수의 평등수렴

$\{f_n\}$이 D에서 해석함수들의 수열이고 D에 포함되어 있는 닫힌원판에서 $\sum f_n$이 F로 평등수렴하면 D에서 $\sum f_n'$은 F'으로 점별수렴하고 D에 포함되어 있는 닫힌원판에서 평등수렴한다.

정리 12.3.3의 자세한 증명은 참고문헌 [12]를 참고하라.

정리 12.3.3은 영역 D에서 평등수렴하지 않고 점별수렴만 해도 성립할 수 있다. 예를 들어 $D = \{z : |z| < 1\}$이고

$$f_n(z) = \frac{z^n}{n} \quad (n = 1, 2, \ldots)$$

이면 $\sum \frac{z^n}{n}$은 $D_r = \{z : |z| \leq r < 1\}$에서 평등수렴하므로 $\sum \frac{z^n}{n}$은 D에서 해석적이고

$$\left(\sum \frac{z^n}{n}\right)' = \sum z^{n-1}.$$

그러나 $\sum \frac{z^n}{n}$은 D에서 점별수렴하지만 평등수렴하지 않는다.

정리 12.3.3의 증명은 Morea의 정리와 Cauchy의 적분공식을 이용하면 증명할 수 있다. 자세한 증명은 참고문헌 [7]을 참고하라.

12.4 멱급수의 평등수렴

$\sum_{n=0}^{\infty} a_n(z-z_0)^n$의 수렴반경을 R이라 하자. 그러면 $\sum_{n=0}^{\infty} a_n(z-z_0)^n$은 수렴반경 내에서 절대수렴한다. 즉, $|z_1 - z_0| = R_1 < R$이면 $\sum_{n=0}^{\infty} |a_n(z_1-z_0)^n|$은 수렴한다.

$$\rho_n = |a_n(z_1 - z_0)^n| = |a_n|R_1^n$$

이라 하자. $|z - z_0| \leq R_1 < R$이면

$$|a_n(z - z_0)^n| \leq \rho_n \ (n = 0, 1, 2, \ldots)$$

이고 $\sum \rho_n$ 이 수렴하므로 M-판정법에 의해 다음 사실을 얻는다.

정리 12.4.1

급수 $\sum_{n=0}^{\infty} a_n(z-z_0)^n$ 의 수렴반경이 R이고 $|z_1 - z_0| = R_1 < R$이면

$$\sum_{n=0}^{\infty} a_n(z-z_0)^n$$

은 $|z - z_0| \le R_1 < R$에서 평등수렴한다.

즉, 임의의 양수 ε에 대해

$$|z-z_0| \le R_1 < R, N \ge N_\varepsilon \implies \sum_{n=N}^{\infty} |a_n(z-z_0)^n| < \varepsilon$$

을 만족하는 양의 정수 N_ε 이 존재한다.

수렴반경 내의 임의의 z_1에 대해 $\sum_{n=0}^{\infty} a_n(z-z_0)^n$ 이

$$|z-z_0| \le R_0 < R \quad (|z_1 - z_0| < R_0 < R)$$

에서 평등수렴하므로 $\sum_{n=0}^{\infty} a_n(z-z_0)^n$ 의 극한함수는 z_1에서 연속이다.

정리 12.4.2

$f(z)$가 급수

$$\sum_{n=0}^{\infty} a_n(z-z_0)^n \quad (|z-z_0| < R)$$

의 극한함수이면 $f(z)$는 $|z-z_0| < R$에서 연속이다.

뿐만 아니라 $f(z)$는 $|z - z_0| < R$에서 해석적이라는 것도 나중에 보일 것이다.

다음은 Laurent 급수의 평등수렴에 대해 알아보자.
$\sum_{n=1}^{\infty} \frac{b_n}{(z-z_0)^n}$ 이 $z = z_1 (z_1 \ne z_0)$에서 수렴하면 수열

$$\left\{ \frac{b_n}{(z_1 - z_0)^n} \right\}$$

이 유계이므로 모든 n에 대해

$$\frac{|b_n|}{|z_1 - z_0|^n} \le M$$

인 양수 M이 존재한다. 따라서 $|z - z_0| > |z_1 - z_0|$이면

$$\frac{|b_n|}{|z - z_0|^n} = \frac{|b_n|}{|z_1 - z_0|^n} \cdot \frac{|z_1 - z_0|^n}{|z - z_0|^n} < \frac{|b_n|}{|z_1 - z_0|^n} \cdot \rho^n \le M\rho^n.$$

여기서 $\rho = \left|\frac{z_1 - z_0}{z - z_0}\right| < 1$이다. 그런데 $\sum_{n=1}^{\infty} M\rho^n$이 수렴하므로 비교판정법에 의해 다음 사실을 얻는다.

> $\sum_{n=1}^{\infty} \frac{b_n}{(z_1 - z_0)^n}$ $(z_1 \ne z_0)$가 수렴하면 $\sum_{n=1}^{\infty} \frac{b_n}{(z - z_0)^n}$은 $|z - z_0| > |z_1 - z_0|$에서 절대수렴한다.

한편 $\sum_{n=1}^{\infty} \frac{b_n}{(z - z_0)^n}$이 $z = z_1$에서 절대수렴하고 $|z - z_0| \ge R' = |z_1 - z_0|$라 하자. 그러면 $\left|\frac{z_1 - z_0}{z - z_0}\right| \le 1$이므로

$$\frac{|b_n|}{|z - z_0|^n} = \frac{|b_n|}{|z_1 - z_0|^n} \cdot \frac{|z_1 - z_0|^n}{|z - z_0|^n} \le \frac{|b_n|}{|z_1 - z_0|^n}$$

이고, $\sum_{n=1}^{\infty} \frac{|b_n|}{|z_1 - z_0|^n}$이 수렴하므로 M-판정법에 의해 다음 사실을 얻는다.

> $\sum_{n=1}^{\infty} \frac{|b_n|}{|z_1 - z_0|^n}$이 수렴하면 $|z - z_0| \ge |z_1 - z_0|$에서 $\sum_{n=1}^{\infty} \frac{b_n}{(z - z_0)^n}$은 평등수렴한다.

$f(z)$의 Laurent 급수가 다음과 같이 주어졌다고 하자.

$$f(z) = \sum_{n=0}^{\infty} a_n(z - z_0)^n + \sum_{n=1}^{\infty} \frac{b_n}{(z - z_0)^n} \quad (R_1 < |z - z_0| < R_2).$$

그러면 정리 12.4.1에 의해 해석부분 $\sum a_n(z - z_0)^n$은 $|z - z_0| \le R_2' < R_2$에서 평등수렴한다. 그리고 위 사실에서 주부분 $\sum \frac{b_n}{(z - z_0)^n}$은 $|z - z_0| \ge R_1' > R_1$에서 평등수렴한다. 따라서 다음 결과를 얻는다.

정리 12.4.3

급수

$$\sum_{n=0}^{\infty} a_n(z-z_0)^n + \sum_{n=1}^{\infty} \frac{b_n}{(z-z_0)^n}$$

이 $R_1 < |z-z_0| < R_2$에서 수렴하면 이 급수는 $R_1 < R_1' \leq |z-z_0| \leq R_2' < R_2$에서 평등수렴한다.

멱급수 $S(z) = \sum_{n=0}^{\infty} a_n(z-z_0)^n$의 수렴반경을 R이라 하고 C는 수렴반경 내에 있는 경로라 하자. g가 C에서 연속이면 $g(z)S(z)$가 C에서 연속이므로 $\int_C g(z)S(z)dz$가 존재한다. 그리고

$$\int_C g(z)S(z)dz = \sum_{n=0}^{N-1} a_n \int_C g(z)(z-z_0)^n dz + \int_C g(z)\rho_N(z)dz.$$

여기서

$$\rho_N(z) = S(z) - S_N(z) = \sum_{n=N+1}^{\infty} a_n(z-z_0)^n.$$

$\sum_{n=0}^{\infty} a_n(z-z_0)^n$이 $|z-z_0| \leq R_1 (R_1 < R)$에서 평등수렴하므로 임의의 양수 ε에 대해 $N \geq N_\varepsilon$이면 모든 $z \in C$에 대해 $|\rho_N(z)| < \varepsilon$을 만족하는 양의 정수 N_ε이 존재한다. 따라서 $M = \max_{z \in C} |g(z)|$라 하고 $L = \int_C |dz|$, 즉 C의 길이라 할 때 $N \geq N_\varepsilon$이면

$$\left|\int_C g(z)\rho_N(z)dz\right| \leq \int_C |g(z)||\rho_N(z)||dz| < M\varepsilon L.$$

따라서

$$\lim_{N\to\infty} \int_C g(z)\rho_N(z)dz = 0$$

이고

$$\begin{aligned}\int_C g(z)S(z)dz &= \lim_{N\to\infty} \sum_{n=0}^{N-1} a_n \int_C g(z)(z-z_0)^n dz \\ &= \sum_{n=0}^{\infty} a_n \int_C g(z)(z-z_0)^n dz.\end{aligned}$$

위 사실을 정리하면 다음과 같다.

정리 12.4.4

$S(z) = \sum_{n=0}^{\infty} a_n(z-z_0)^n$ 의 수렴반경이 R이고 C는 수렴반경 내의 경로라 하자. 이때 $g(z)$가 C에서 연속이면

$$\int_C g(z)S(z)dz = \sum_{n=0}^{\infty} a_n \int_C g(z)(z-z_0)^n dz. \tag{12.7}$$

✍ **연습문제 12.12** w-평면에서 Taylor 급수

$$\frac{1}{w} = \sum_{n=0}^{\infty}(-1)^n(w-1)^n \ (|w-1|<1)$$

을 $w=1$과 $w=z$를 잇는 수렴반경 내의 경로를 따라 적분하여

$$\text{Log } z = \sum_{n=1}^{\infty} \frac{(-1)^{n+1}}{n}(z-1)^n \ (|z-1|<1)$$

임을 보여라.

✍ **연습문제 12.13** 급수 $\sum_{n=1}^{\infty} \frac{b_n}{(z-z_0)^n}$ 이 $|z-z_0|>R$에서 $f(z)$로 수렴한다고 하자.

(1) C가 z_0을 둘러 싸고 $|z-z_0|>R$의 내부에 존재하는 단순닫힌경로이고 g는 C에서 연속함수일 때 다음을 보여라.

$$\int_C g(z)f(z)dz = \sum_{n=1}^{\infty} b_n \int_C \frac{g(z)}{(z-z_0)^n}dz.$$

(이 급수는 $|z-z_0| \geq R_0 > R$에서 $f(z)$로 평등수렴한다는 사실을 이용하라.)

(2) $f(z)$가 $|z-z_0|>R$에서 해석적이고

$$f'(z) = \sum_{n=1}^{\infty} \frac{-nb_n}{(z-z_0)^{n+1}} \ (|z-z_0|>R)$$

이 성립함을 보여라.

한편,

$$\int_C g(z)S(z)dz = \int_C \left[\sum_{n=0}^{\infty} a_n g(z)(z-z_0)^n\right] dz$$

이므로 식 (12.7)은 다음과 같이 나타낼 수 있다.

$$\int_C \left[\sum_{n=0}^{\infty} a_n g(z)(z-z_0)^n\right] dz = \sum_{n=0}^{\infty} a_n \int_C g(z)(z-z_0)^n dz.$$

따라서 식 (12.7)은 C에서 적분과 무한합의 순서를 바꿀 수 있음을 보여준다. 그리고 식 (12.7)에서 $g \equiv 1$이라 두고 C는 수렴반경 내의 임의의 닫힌경로라 하면

$$\int_C (z-z_0)^n dz = 0 \quad (n = 0, 1, 2, \ldots)$$

이므로

$$\int_C S(z)dz = \sum_{n=0}^{\infty} \int_C (z-z_0)^n dz = 0.$$

따라서 Morera의 정리에 의해 $S(z)$는 $|z-z_0| < R$에서 해석적이다.

정리 12.4.5

$S(z) = \sum_{n=0}^{\infty} a_n(z-z_0)^n$은 이 급수의 수렴반경 내에서 해석적이다.

물론 정리 12.4.5는 정리 12.3.3을 이용해서 보일 수도 있다.

✍ **연습문제 12.14** 급수를 이용해서

$$f(z) = \begin{cases} \dfrac{e^z - 1}{z}, & z \neq 0, \\ 1, & z = 0 \end{cases}$$

가 전해석함수임을 보여라.

식 (12.7)에서 C는 z_0를 감싸고 $|z-z_0| < R$에 있는 양의 방향의 단순닫힌경로이고

$$g(s) = \frac{1}{2\pi i} \cdot \frac{1}{(s-z)^2} \quad (s \in C)$$

이면 $g(s)$가 C에서 연속이므로

$$\int_C g(s)S(s)ds = \sum_{n=0}^{\infty} a_n \int_C g(s)(s-z_0)^n ds.$$

$S(z)$가 C와 C로 둘러싸인 영역에서 해석적이므로 Cauchy의 적분공식에 의해서

$$\int_C g(s)S(s)ds = \frac{1}{2\pi i}\int_C \frac{S(s)}{(s-z)^2}ds = S'(z). \tag{12.8}$$

그런데

$$\begin{aligned}\int_C g(s)S(s)ds &= \sum_{n=0}^{\infty} a_n \int_C g(s)(s-z_0)^n ds \\ &= \sum_{n=0}^{\infty} a_n \cdot \frac{1}{2\pi i}\int_C \frac{(s-z_0)^n}{(s-z)^2}ds \\ &= \sum_{n=0}^{\infty} a_n \left.\frac{d}{ds}\right|_{s=z}(s-z_0)^n = \sum_{n=1}^{\infty} na_n(z-z_0)^{n-1}.\end{aligned} \tag{12.9}$$

따라서 식 (12.8)과 식 (12.9)에 의해서 다음을 얻는다.

정리 12.4.6

$S(z) = \sum_{n=0}^{\infty} a_n(z-z_0)^n$의 수렴반경이 R이면

$$S'(z) = \sum_{n=0}^{\infty} na_n(z-z_0)^{n-1} \ (|z-z_0| < R). \tag{12.10}$$

$$S'(z) = \frac{d}{dz}\left[\sum_{n=0}^{\infty} a_n(z-z_0)^n\right]$$

이므로 식 (12.10)은 다음을 의미한다.

$$\frac{d}{dz}\left[\sum_{n=0}^{\infty} a_n(z-z_0)^n\right] = \sum_{n=0}^{\infty} \frac{d}{dz}(a_n(z-z_0)^n).$$

즉, 식 (12.10)은 미분과 무한합의 순서를 바꿀 수 있음을 의미한다.

예제 12.4 $\frac{1}{z}$은 $|z-1| < 1$에서 해석적이므로

$$\frac{1}{z} = \frac{1}{1+(z-1)} = \sum_{n=0}^{\infty}(-1)^n(z-1)^n \ (|z-1| < 1),$$

$$\frac{d}{dz}\left(\frac{1}{z}\right) = -\frac{1}{z^2} = \sum_{n=1}^{\infty}(-1)^n n(z-1)^{n-1} \ (|z-1| < 1).$$

따라서 $\dfrac{1}{z^2}$은 $|z-1|<1$에서 해석적이고 $\dfrac{1}{z^2}$의 Taylor 급수는

$$\begin{aligned}\frac{1}{z^2} &= \sum_{n=1}^{\infty}(-1)^{n+1}n(z-1)^{n-1} \\ &= \sum_{n=0}^{\infty}(-1)^{n}(n+1)(z-1)^{n} \ (|z-1|<1)\end{aligned}$$

✍ **연습문제 12.15** Taylor 급수

$$\frac{1}{1-z} = \sum_{n=0}^{\infty} z^n \ (|z|<1)$$

을 이용하여 $\dfrac{1}{(1-z)^2}$과 $\dfrac{1}{(1-z)^3}$의 Taylor 급수를 구하여라.

✍ **연습문제 12.16** Taylor 급수

$$\cos z = \sum_{n=0}^{\infty}(-1)^n \frac{z^{2n}}{(2n)!} \ (|z|<\infty)$$

을 이용해서 $\sin z$의 Taylor 급수를 구하여라.

12.5 멱급수 표현의 유일성

f가 어떤 열린원판 $|z-z_0|<R$에서 해석적이고

$$a_n = \frac{f^{(n)}(z_0)}{n!} \ \ (n=0,1,2,\ldots)$$

이면 $f(z)$를 다음과 같은 멱급수로 표현할 수 있다.

$$f(z) = \sum_{m=0}^{\infty} a_m(z-z_0)^m \ (|z-z_0|<R).$$

역으로 어떤 멱급수 $\sum_{n=0}^{\infty} a_n(z-z_0)^n$이 $|z-z_0|<R$에서 어떤 함수 $f(z)$로 수렴하면

$$a_n = \frac{f^{(n)}(z_0)}{n!} \ (n=0,1,2,\ldots)$$

임을 보일 수 있다. 이때 정리 12.4.5에 의해 $f(z)$는 해석적이다.

식 (12.7) 에서

$$g(z) = \frac{1}{2\pi i} \cdot \frac{1}{(z-z_0)^{n+1}} \quad (n = 0, 1, 2, \ldots)$$

라 두고 $C : |z - z_0| = R_0 < R$이면

$$\int_C g(z)f(z)dz = \sum_{m=0}^{\infty} a_m \int_C g(z)(z-z_0)^m dz. \tag{12.11}$$

그리고

$$\int_C g(z)f(z)dz = \frac{1}{2\pi i}\int_C \frac{f(z)}{(z-z_0)^{n+1}}dz = \frac{f^{(n)}(z_0)}{n!}. \tag{12.12}$$

그런데

$$\begin{aligned}\int_C g(z)(z-z_0)^m dz &= \frac{1}{2\pi i}\int_C \frac{(z-z_0)^m}{(z-z_0)^{n+1}}dz \\ &= \frac{1}{2\pi i}\int_C \frac{dz}{(z-z_0)^{n-m+1}} = \begin{cases} 0, & m \neq n, \\ 1, & m = n \end{cases}\end{aligned}$$

이므로

$$\int_C g(z)f(z)dz = \sum_{m=0}^{\infty} a_m \int_C g(z)(z-z_0)^m dz = a_n. \tag{12.13}$$

식 (12.12)와 식 (12.13) 에서

$$a_n = \frac{f^{(n)}(z_0)}{n!} \quad (n = 0, 1, 2, \ldots).$$

따라서 다음 결과를 얻는다.

정리 12.5.1

멱급수 $\sum_{n=0}^{\infty} a_n(z-z_0)^n$ 이 $|z - z_0| < R$의 모든 점에서 $f(z)$로 수렴하면 이 급수는 z_0 에서 f 의 Taylor 급수이다. 즉,

$$a_n = \frac{f^{(n)}(z_0)}{n!} \quad (n = 0, 1, 2, \ldots).$$

즉, 멱급수 $\sum_{n=0}^{\infty} a_n(z-z_0)^n$ 이 $|z - z_0| < R$에서 $f(z)$로 수렴하면 $f(z)$는 $|z - z_0| < R$에서 해석적이고 이 급수는 $f(z)$의 Taylor 급수가 된다.

Laurent 급수에 대해서도 비슷하다. f가 영역 $R_1 < |z - z_0| < R_2$에서 해석적이면 $f(z)$는 다음과 같은 멱급수로 나타낼 수 있다.

$$f(z) = \sum_{-\infty}^{\infty} c_n(z - z_0)^n \ (R_1 < |z - z_0| < R_2).$$

여기서 C는 z_0을 감싸고 이 영역의 내부에 존재하는 닫힌경로이고

$$c_n = \frac{1}{2\pi i} \int_C \frac{f(z)}{(z - z_0)^{n+1}} dz \quad (n = 0, \pm 1, \pm 2, \ldots).$$

앞에서 보였던 비슷한 방법을 이용하면 이것의 역도 성립함을 보일 수 있다.

정리 12.5.2

$\sum_{-\infty}^{\infty} c_n(z - z_0)^n$이 영역 $R_1 < |z - z_0| < R_2$의 모든 점에서 $f(z)$로 수렴하면 이 급수는 영역 $R_1 < |z - z_0| < R_2$에서 f의 Laurent 급수이다.

정리 12.5.1과 정리 12.5.2는 Taylor 급수와 Laurent 급수가 유일함을 보여준다. 즉, $|z - z_0| < R$에서 $\sum a_n(z - z_0)^n$과 $\sum b_n(z - z_0)^n$이 $f(z)$로 수렴하면

$$a_n = b_n = \frac{f^{(n)}(z_0)}{n!} \ (n = 0, 1, 2, \ldots).$$

따라서

멱급수 $\sum_{n=0}^{\infty} a_n(z - z_0)^n$이 $|z - z_0| < R$에서 함수 $f(z)$로 수렴하면 이 멱급수는 f의 Taylor 급수이다.

마찬가지로 $R_1 < |z - z_0| < R_2$에서 $\sum_{-\infty}^{\infty} c_n(z - z_0)^n$과 $\sum_{-\infty}^{\infty} d_n(z - z_0)^n$이 $f(z)$로 수렴하면 z_0를 감싸고 $R_1 < |z - z_0| < R_2$ 내에 존재하는 닫힌경로 C에 대해

$$c_n = d_n = \frac{1}{2\pi i} \int_C \frac{f(z)}{(z - z_0)^{n+1}} dz \ (n = 0, 1, 2, \ldots).$$

즉,

$f(z)$가 영역 $R_1 < |z - z_0| < R_2$에서 해석적이면 $f(z)$를 식 (12.2)에 주어진 형태의 급수로 표현할 수 있는 방법은 $f(z)$의 Laurent 급수 뿐이다.

이러한 사실을 이용하면 이미 알고 있는 Taylor 급수나 Laurent 급수를 이용해서 다른 함수의 멱급수를 구할 수 있다. 좀 더 자세히 살펴보자.

$|z-z_0|<R$에서

$$f(z)=\sum_{n=0}^{\infty}a_n(z-z_0)^n,\quad g(z)=\sum_{n=0}^{\infty}b_n(z-z_0)^n$$

이면 f와 g가 $|z-z_0|<R$에서 해석적이므로 $f+g$는 해석적이다. 그리고 수렴하는 급수의 합에 대한 성질을 이용하면

$$f(z)+g(z)=\sum_{n=0}^{\infty}(a_n+b_n)(z-z_0)^n. \tag{12.14}$$

식 (12.14)의 우변은 $f(z)+g(z)$로 수렴하는 멱급수이므로 이 멱급수는 z_0에서 $f+g$의 Taylor 급수이다.

마찬가지로 fg가 $|z-z_0|<R$에서 해석적이므로 z_0에서 fg의 Taylor 급수가 존재하는데 다음과 같이 두자.

$$f(z)g(z)=\sum_{n=0}^{\infty}c_n(z-z_0)^n\ (|z-z_0|<R).$$

그러면 다음을 얻을 수 있다.

$$\begin{aligned}c_n=\frac{(fg)^{(n)}(z_0)}{n!}&=\frac{1}{n!}\sum_{k=0}^{n}\frac{n!}{k!(n-k)!}f^{(k)}(z_0)g^{(n-k)}(z_0)\\&=\sum_{k=0}^{n}\frac{1}{k!(n-k)!}(k!a_k)((n-k)!b_{n-k})\\&=\sum_{k=0}^{n}a_kb_{n-k}\ (n=0,1,2,\ldots).\end{aligned}$$

따라서

$$\begin{aligned}f(z)g(z)=a_0b_0+(a_0b_1+a_1b_0)(z-z_0)+(a_0b_2+a_1b_1+a_2b_0)(z-z_0)^2+\cdots\\+\left(\sum_{k=0}^{n}a_kb_{n-k}\right)(z-z_0)^n+\cdots(|z-z_0|<R).\end{aligned}$$

이것을 주어진 두 급수 $\sum a_n(z-z_0)$, $\sum b_n(z-z_0)$의 **Cauchy 곱**(Cauchy product)이라 한다.

예제 12.5 $e^z=1+z+\dfrac{z^2}{2!}+\cdots(|z|<\infty)$이고

$$\frac{1}{1+z}=1-z+z^2-z^3+\cdots(|z|<1)$$

이므로 이 두 급수의 Cauchy곱은

$$\frac{e^z}{1+z} = 1 + \frac{1}{2}z^2 - \frac{1}{3}z^3 + \cdots \quad (|z| < 1).$$

✍ **연습문제 12.17** 급수의 곱을 이용해서

$$\frac{e^z}{z(z^2+1)} = \frac{1}{z} + 1 - \frac{1}{2}z - \frac{5}{6}z^2 + \cdots (0 < |z| < 1)$$

임을 보여라.

✍ **연습문제 12.18** $0 < |z| < \infty$에서 $f(z) = e^{\frac{1}{z}}$의 Laurent 급수를 구하고

$$\frac{1}{\pi}\int_0^\pi e^{\cos\theta}\cos(\sin\theta - n\theta)d\theta = \frac{1}{n!} \ (n = 0, 1, 2, \ldots)$$

임을 보여라.

✍ **연습문제 12.19** 함수

$$f(z) = \begin{cases} e^{-\frac{1}{z^2}}, & z \neq 0, \\ 0, & z = 0 \end{cases}$$

는 0에서 미분가능한가?

$|z - z_0| < R$에서 f와 g가 해석적이고 $g(z) \neq 0$이면 $|z - z_0| < R$에서 $\dfrac{f}{g}$도 해석적이다. 만일 $\dfrac{f(z)}{g(z)}$의 Taylor 급수가

$$\frac{f(z)}{g(z)} = \sum_{n=0}^{\infty} d_n(z - z_0)^n \ (|z - z_0| < R)$$

이고

$$f(z) = \sum a_n(z - z_0)^n, \quad g(z) = \sum b_n(z - z_0)^n$$

라 하면

$$\sum_{n=0}^{\infty} a_n(z - z_0)^n = \left[\sum_{n=0}^{\infty} d_n(z - z_0)^n\right]\left[\sum_{n=0}^{\infty} b_n(z - z_0)^n\right] \tag{12.15}$$

식 (12.15)의 오른쪽 두 급수의 Cauchy곱을 구하고 왼쪽의 급수와 비교함으로써 구하고자 하는 $d_n (n = 0, 1, 2, \ldots)$를 구할 수 있다.

예 제 12.6 다음은 $0 < |z| < \pi$ 에서 해석적이다.

$$\frac{1}{z^2 \sinh z} = \frac{1}{z^3}\left(\frac{1}{1 + z^2/3! + z^4/5! + \cdots}\right)$$

따라서 Laurent 급수로 표현할 수 있다.

$$1 + \frac{z^2}{3!} + \frac{z^4}{5!} + \cdots$$

으로 1을 나누면

$$\frac{1}{1 + z^2/3! + z^4/5! + \cdots} = 1 - \frac{1}{3!}z^2 + \left(\frac{1}{(3!)^2} - \frac{1}{5!}\right)z^4 + \cdots$$

따라서 $\dfrac{1}{z^2 \sinh z}$ 의 Laurent 급수는

$$\frac{1}{z^3} - \frac{1}{6}\cdot\frac{1}{z} + \frac{7}{360}z + \cdots (0 < |z| < \pi).$$

✍ **연습문제 12.20** 다음 Taylor 급수에 주어진 $E_n(n = 0, 1, 2, \ldots)$ 을 **Euler 수**라고 한다.

$$\frac{1}{\cosh z} = \sum_{n=0}^{\infty} \frac{E_n}{n!} z^n \quad \left(|z| < \frac{\pi}{2}\right)$$

이 식이 성립함을 보이고 $E_{2n+1} = 0(n = 0, 1, 2, \ldots)$ 임을 보여라. 그리고

$$E_0 = 1,\ E_2 = -1,\ E_4 = 5,\ E_6 = -61$$

을 보여라.

이 장에서는 함수의 멱급수 표현에 대해 알아보았다. f가 영역 $|z - z_0| < R$ 에서 해석적이면 이 영역에서 $f(z)$를 Taylor 급수로 표현할 수 있다. 역으로 어떤 멱급수 $\sum_{n=0}^{\infty} a_n(z - z_0)^n$ 이 $|z - z_0| < R$ 에서 $f(z)$로 수렴하면 $f(z)$는 $|z - z_0| < R$ 에서 해석적이고 $\sum a_n(z - z_0)^n$ 은 $f(z)$의 Taylor 급수이다. 이러한 사실들을 이용하면 $f(z)$를 $z - z_0$ 의 멱급수로 나타낼 수 있는 방법은 Taylor 급수 뿐임을 알 수 있다.

f가 환영역 $R_1 < |z - z_0| < R_2$ 에서 해석적이면 이 영역에서 $f(z)$를 Laurent 급수로 표현할 수 있다. 역으로 식 (12.2)에 주어진 형태의 멱급수가 환영역 $R_1 < |z - z_0| < R_2$ 에서 $f(z)$로 수렴하면 $f(z)$는 이 영역에서 해석적이고 식 (12.2)에 주어진 급수는 $f(z)$의 Laurent 급수이다. 그리고 이러한 사실들을 이용하면

환영역 $R_1 < |z - z_0| < R_2$에서 해석함수 $f(z)$를 식 (12.2)에 주어진 형태의 급수로 표현할 수 있는 방법은 $f(z)$의 Laurent 급수 뿐임을 알 수 있다.

어떤 함수가 주어졌을 때 이 함수가 해석적이 되는 적당한 영역에서 Taylor 급수나 Laurent 급수로 표현하는 것은 매우 중요하다. 나중에 경로적분에서 함수의 멱급수 표현의 중요성을 알게 될 것이다.

제 13 장

유수정리

13.1 유수

f가 z_0에서 해석적이 아니지만 z_0의 임의의 근방에 해석적인 점이 존재하면 z_0를 특이점이라 한다. 특히 어떤 양수 ε에 대해 $0 < |z - z_0| < \varepsilon$에서 f가 해석적이면 z_0을 f의 고립특이점이라고 한다. 예를 들어

$$f(z) = \frac{z+1}{z^3(z^2+1)}$$

라 하면 $z = 0, \pm i$는 f의 고립특이점이다. 그러나 $g(z) = \text{Log}\, z$라 하면 0은 g의 특이점이지만 0의 임의의 근방에는 $g(z) = \text{Log}\, z$가 해석적이 아닌 점, 즉 음의 실수축의 점을 항상 포함하므로 고립특이점은 아니다.

만일 f의 특이점이 유한개 뿐이면 이 점은 모두 f의 고립특이점이다.

예제 13.1 $f(z) = \dfrac{1}{\sin(\frac{\pi}{z})}$라 하면 $\sin\left(\dfrac{\pi}{z}\right) = 0$을 만족하는 $z = 0, \pm\dfrac{1}{n}$ $(n = 1, 2, \ldots)$는 모두 f의 특이점들이다. 그런데 0의 임의의 근방에는 항상 특이점이 존재하므로 0은 고립특이점이 아니다. 그러나 나머지 점들은 고립특이점이다. 왜냐하면 임의의 n $(n = \pm 1, \pm 2, \ldots)$에 대해, 만일 $n \neq \pm 1$이면

$$\varepsilon = \min\left\{\left|\frac{1}{n} - \frac{1}{n+1}\right|, \left|\frac{1}{n} - \frac{1}{n-1}\right|\right\} = \frac{1}{n(n+1)}$$

이라 하고, $n = \pm 1$이면 $\varepsilon = \dfrac{1}{2}$이라 하자. 그러면 f는 $0 < \left|z - \dfrac{1}{n}\right| < \varepsilon$에서 해석적이므로 $\dfrac{1}{n}$ $(n = \pm 1, \pm 2, \ldots)$는 고립특이점이다.

z_0가 f의 고립특이점이면 f가 $0 < |z - z_0| < R$에서 해석적이 되는 양수 R이

존재한다. 따라서 이 영역에서 f는 다음과 같은 Laurent 급수로 표현할 수 있다.

$$f(z) = \sum_{n=0}^{\infty} a_n (z-z_0)^n + \frac{b_1}{z-z_0} + \frac{b_2}{(z-z_0)^2} + \cdots \ (0 < |z-z_0| < R).$$

여기서 b_n은 z_0를 감싸고 영역 $0 < |z-z_0| < R$의 내부에 존재하는 양의 방향의 임의의 닫힌경로 C에 대해 다음과 같이 나타낼 수 있다.

$$b_n = \frac{1}{2\pi i}\int_C \frac{f(z)}{(z-z_0)^{-n+1}} dz \ (n = 1, 2, \ldots).$$

이때 b_1을 고립특이점 z_0에서 f의 **유수**(residue)라 하고 $\operatorname*{Res}_{z=z_0} f(z)$로 나타낸다. 즉, f의 고립특이점 z_0와 z_0를 감싸고 영역 $0 < |z-z_0| < R$의 내부에 존재하는 양의 방향의 닫힌경로 C에 대해 z_0에서 f의 유수는 다음과 같이 정의한다.

z_0에서 f의 유수와 경로적분

$$\operatorname*{Res}_{z=z_0} f(z) = b_1 = \frac{1}{2\pi i}\int_C f(z)dz. \tag{13.1}$$

따라서

$$\int_C f(z)dz = 2\pi i \cdot \operatorname*{Res}_{z=z_0} f(z). \tag{13.2}$$

예제 13.2 $f(z) = \dfrac{1}{z(z-2)^4}$ 이면 2는 f의 고립특이점이고 f는 $0 < |z-2| < 2$에서 해석적이다. 그리고

$$\begin{aligned}\frac{1}{z(z-2)^4} &= \frac{1}{2}\cdot\frac{1}{(z-2)^4}\cdot\frac{1}{1+(z-2)/2}\\ &= \frac{1}{2}\cdot\frac{1}{(z-2)^4}\cdot\left[\sum_{n=1}^{\infty}(-1)^n\frac{(z-2)^n}{2^n}\right] = \sum_{n=0}^{\infty}\frac{1}{2^{n+1}}(-1)^n(z-2)^{n-4}.\end{aligned}$$

따라서 $\operatorname*{Res}_{z=2} f(z) = -\dfrac{1}{16}$ 이고

$$\int_{|z-2|=1}\frac{dz}{z(z-2)^4} = -\frac{1}{16}\cdot 2\pi i = -\frac{\pi i}{8}$$

이다.

✍ **연습문제 13.1** $z = 0$에서 다음 함수의 유수를 구하여라.

(1) $\dfrac{1}{z+z^2}$ (2) $\dfrac{z-\sin z}{z}$ (3) $\dfrac{\sinh z}{z^4(1-z^2)}$

✍ **연습문제 13.2** C가 중심이 원점인 단위원일 때 $\int_C \exp\left(\frac{1}{z^2}\right) dz$를 구하여라.

13.2 유수정리

C가 양의 방향의 단순닫힌경로이고 C의 내부에 z_0가 존재한다고 하자. (그림 13.1) 그리고 f는 z_0을 제외한 C와 C의 내부의 모든 점에서 해석적이라 하자.

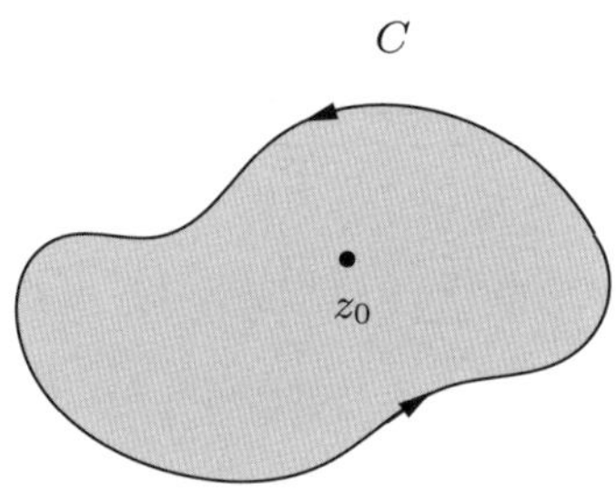

그림 13.1

만일 z_0가 f의 특이점이면 C에서 f의 경로적분은 다음과 같이 나타낼 수 있다.

$$\int_C f(z)dz = 2\pi i \cdot \operatorname*{Res}_{z=z_0} f(z).$$

이 사실과 정리 8.1.5를 이용하면 다음 **유수정리**(residue theorem)를 얻는다.

정리 13.2.1 **유수정리**

C가 양의 방향의 단순닫힌경로이고 f가 C와 C의 내부에 존재하는 유한개의 특이점 $z_1, z_2, \ldots, z_n$을 제외한 나머지 모든 점에서 해석적이면

$$\int_C f(z)dz = 2\pi i \sum_{k=1}^{n} \operatorname*{Res}_{z=z_k} f(z).$$

예제 13.3 유수정리를 이용해서

$$\int_{|z|=2} \frac{5z-2}{z(z-1)} dz$$

를 구하자. $f(z) = \dfrac{5z-2}{z(z-1)}$의 고립특이점은 $0, 1$이고 모두 $|z| = 2$의 내부에 존재하므로 0과 1에서 f의 유수를 구하면 된다. 환영역 $0 < |z| < 1$에서 $f(z)$의 Laurent 급수를 구하면

$$\begin{aligned}\frac{5z-2}{z(z-1)} &= \frac{2}{z} + \frac{3}{z-1}\\ &= \frac{2}{z} - \frac{3}{1-z} = \frac{2}{z} - 3\sum_{n=0}^{\infty} z^n \quad (0 < |z| < 1).\end{aligned}$$

따라서 0에서 f의 유수는

$$\operatorname*{Res}_{z=0}\left[\frac{5z-2}{z(z-1)}\right] = 2.$$

비슷하게 환영역 $0 < |z-1| < 1$에서 $f(z)$의 Laurent 급수를 구하자.

$$\frac{5z-2}{z(z-1)} = \frac{5(z-1)+3}{z-1}\cdot\frac{1}{z} = \left(5 + \frac{3}{z-1}\right)\cdot\frac{1}{1+(z-1)},$$
$$\frac{1}{1+(z-1)} = \sum_{n=0}^{\infty}(-1)^n(z-1)^n \ (|z-1| < 1)$$

이므로

$$\begin{aligned}\frac{5z-1}{z(z-1)} &= \left(5 + \frac{3}{z-1}\right)\left(\sum_{n=0}^{\infty}(-1)^n(z-1)^n\right)\\ &= \sum_{n=0}^{\infty}(-1)^n 5(z-1)^n + \sum_{n=0}^{\infty}(-1)^n 3(z-1)^{n-1} \ (0 < |z-1| < 1).\end{aligned}$$

따라서 1에서 f의 유수는

$$\operatorname*{Res}_{z=1}\left[\frac{5z-1}{z(z-1)}\right] = 3.$$

따라서 유수정리에 의하여 구하고자 하는 적분은

$$\int_{|z|=2}\frac{5z-1}{z(z-1)}dz = 2\pi i\left[\operatorname*{Res}_{z=0} f(z) + \operatorname*{Res}_{z=1} f(z)\right] = 2\pi i(2+3) = 10\pi i$$

이다.

✍ **연습문제 13.3** C를 양의 방향의 원 $|z| = 3$이라 하고 $f(z)$가 다음과 같이 주어질 때 $\displaystyle\int_C f(z)dz$를 구하여라.

(1) $\dfrac{\exp(-z)}{(z-1)^2}$ (2) $\dfrac{z+1}{z^2-2z}$

✍ **연습문제 13.4** C가 중심이 원점인 단위원일 때 적분

$$\int_C z^3 \cos\frac{1}{z} dz$$

를 구하여라.

(참고) 유계인 영역 D에 f의 고립특이점이 무한히 많이 존재한다고 하자. 그러면 이 고립특이점들의 극점이 존재한다. 만일 극점이 D의 내부에 존재하면 극점은 해석점이 아니고 극점의 임의의 근방은 해석점을 포함하므로 극점은 특이점이다. 그러나 이 극점은 고립특이점이 아니다. 따라서 만일 f의 특이점이 모두 고립특이점이면 극점은 영역 D에 존재할 수 없다. 이 경우 고립특이점들의 극점은 D의 경계점이다. 이러한 이유 때문에 C의 내부에 무한히 많은 f의 특이점을 가지는 경우로 유수정리를 확장할 수 없다. 자세한 것은 참고문헌 [4]를 참고하라.

13.3 유수정리의 응용

f의 특이점이 유한하고 단순닫힌경로 C의 내부에 f의 모든 특이점이 포함되어 있을 때 유수정리를 이용해서 적분 $\int_C f(z)dz$를 구하기 위해서는 각 고립특이점에서 유수를 구해야 한다. 그러나 이 경우 각 고립특이점의 유수를 구하지 않고 적분을 구할 수 있는 방법이 있다. 그 방법에 대해 알아보자.

$C \subset \{z : |z| < R\}$인 충분히 큰 $R > 0$을 택하고 C_0는 양의 방향의 원 $|z| = R_0 > R$이라 하자. (그림 13.2)

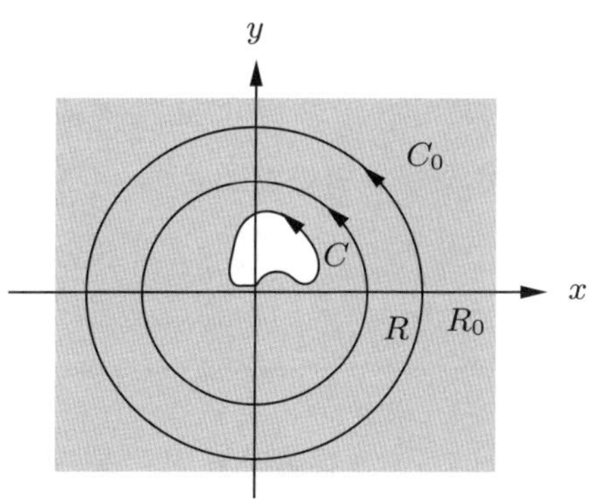

그림 13.2

f가 $R < |z| < \infty$에서 해석적이므로 $f(z)$를 다음과 같이 Laurent 급수로 표현할 수 있다.

$$f(z) = \sum_{n=-\infty}^{\infty} c_n z^n \ (R < |z| < \infty). \tag{13.3}$$

여기서

$$c_n = \frac{1}{2\pi i} \int_{C_0} \frac{f(z)}{z^{n+1}} dz \ (n = 0, \pm 1, \ldots).$$

따라서 $n = -1$이면

$$\int_{C_0} f(z) dz = 2\pi i c_{-1}$$

이다. 그러나 0가 f의 특이점이 아닐 수 있으므로 c_{-1}이 0에서 f의 유수가 아닐 수 있다. 그런데 식 (13.3)에 의해

$$\frac{1}{z^2} f\left(\frac{1}{z}\right) = \sum_{n=-\infty}^{\infty} \frac{c_n}{z^{n+2}} = \sum_{n=-\infty}^{\infty} \frac{c_{n-2}}{z^n}$$

이 $0 < |z| < \dfrac{1}{R}$에서 성립한다. 이때 0은 $\dfrac{1}{z^2} f\left(\dfrac{1}{z}\right)$의 고립특이점이므로

$$c_{-1} = \operatorname*{Res}_{z=0} \left[\frac{1}{z^2} f\left(\frac{1}{z}\right) \right].$$

따라서

$$\int_{C_0} f(z) dz = \int_C f(z) dz = 2\pi i \operatorname*{Res}_{z=0} \left[\frac{1}{z^2} f\left(\frac{1}{z}\right) \right]$$

이고 다음 결과를 얻는다.

정리 13.3.1

f가 유한개의 고립특이점을 제외한 모든 점에서 해석적이고 f의 모든 고립특이점이 양의 방향의 단순닫힌경로 C의 내부에 존재하면

$$\int_C f(z) dz = 2\pi i \operatorname*{Res}_{z=0} \left[\frac{1}{z^2} f\left(\frac{1}{z}\right) \right]$$

따라서 이 경우 f의 각 고립특이점의 유수를 구하지 않고 0에서

$$\frac{1}{z^2} f\left(\frac{1}{z}\right)$$

의 유수만 구하면 적분 $\int_C f(z)dz$를 구할 수 있다. 예를 들어 닫힌경로 C의 내부에 f의 특이점이 100개 존재하고 C와 C의 외부에서 f가 해석적일 때 $\int_C f(z)dz$를 구하기 위해 유수정리를 이용한다면 100개의 유수를 구해야 하지만 이 정리를 이용하면 1개의 유수만 구해도 된다는 것이다. 따라서 이 정리는 조건만 만족한다면 상당히 경제적인 정리이다. 그러나 f의 유한개의 고립특이점이 닫힌경로 C의 내부에 존재하고 C와 C의 외부에서 f가 해석적이어야 이 정리를 응용할 수 있다는 것을 주의해야 한다.

예 제 13.4 $C : |z| = 2$라 하면

$$f(z) = \frac{5z-2}{z(z-1)}$$

의 고립특이점 0과 1은 C의 내부에 존재한다. 그리고

$$\begin{aligned}
\frac{1}{z^2} f\left(\frac{1}{z}\right) &= \frac{1}{z^2} \cdot \frac{5 \cdot (1/z) - 2}{(1/z)(1/z-1)} \\
&= \frac{(5-2z)/z}{1-z} = \frac{5-2z}{z(1-z)} \\
&= \left(\frac{5}{z} - 2\right) \frac{1}{1-z} \\
&= \left(\frac{5}{z} - 2\right) \left(\sum_{n=0}^{\infty} z^n\right) = \sum_{n=0}^{\infty} 5z^{n-1} - \sum_{n=0}^{\infty} 2z^n \ (0 < |z| < 1).
\end{aligned}$$

따라서

$$\operatorname*{Res}_{z=0} \left[\frac{1}{z^2} f\left(\frac{1}{z}\right)\right] = 5$$

이고 정리 13.3.1에 의하여

$$\int_C f(z)dz = 10\pi i$$

이다.

✍ **연습문제 13.5** f가 고립특이점 $z_1, z_2, \ldots, z_n$을 제외한 $\mathbb{C}$ 전체평면에서 해석적이고 C가 z_n을 제외한 나머지 모든 특이점들을 포함하는 양의 방향의 단순닫힌경로이면

$$\int_C f(z)dz = 2\pi i \left\{ \operatorname*{Res}_{z=0} \left[\frac{1}{z^2} f\left(\frac{1}{z}\right)\right] - \operatorname*{Res}_{z=z_n} f(z) \right\}$$

임을 보여라.

✍ **연습문제 13.6** 다음 적분을 구하여라.

(1) $\displaystyle\int_{|z|=3} \frac{z^3(1-3z)}{(1+z)(1+2z^4)}dz$ (2) $\displaystyle\int_{|z-i|=\frac{1}{2}} \frac{\text{Log}z}{(z^2+1)^2}dz$

✍ **연습문제 13.7** $C : |z| = \dfrac{3}{2}$가 양의 방향의 경로일 때 $\displaystyle\int_C \frac{1}{(z^5-1)(z-2)}dz$를 구하여라.

✍ **연습문제 13.8** 다음 적분을 구하여라.

(1) $\displaystyle\int_{|z|=2} \frac{z^5}{(1-z^3)(z+3)}dz$ (2) $\displaystyle\int_{|z|=4} \frac{3z^3+2}{(z-1)(z^2+9)}dz$

✍ **연습문제 13.9** C가 양의 방향의 원 $|z|=2$이고 $f(z)$가 다음과 같을 때 $\displaystyle\int_C f(z)dz$를 구하여라.

(1) $f(z) = \dfrac{z^5}{1-z^3}$ (2) $f(z) = \dfrac{1}{1+z^2}$

제 14 장

고립특이점의 분류

z_0가 f의 고립특이점이면 어떤 양수 R에 대해 f는 $0 < |z - z_0| < R$에서 해석적이다. 그리고 $f(z)$는 다음과 같이 Laurent 급수로 표현할 수 있다.

$$f(z) = \sum_{n=0}^{\infty} a_n (z - z_0)^n + \sum_{n=1}^{\infty} \frac{b_n}{(z - z_0)^n} \quad (0 < |z - z_0| < R). \tag{14.1}$$

식 (14.1)에 주어진 $f(z)$의 Laurent 급수의 주부분의 형태에 따라 f의 고립특이점 z_0을 **극**(pole) 또는 **제거가능한 특이점**(removable singular point) 또는 **본질적 특이점**(essential singular point)이라 한다.

14.1 극

식 (14.1)에서 $b_m \neq 0$이고 $n \geq m + 1$이면 $b_n = 0$인 양수 $m \geq 1$이 존재하면 z_0를 **위수**(order)가 m인 극이라 한다. 이 경우 $f(z)$의 Laurent 급수는 다음과 같은 형태이다.

$$f(z) = \sum_{n=0}^{\infty} a_n (z - z_0)^n + \sum_{n=1}^{m} \frac{b_n}{(z - z_0)^n} \quad (b_m \neq 0).$$

특히 $m = 1$이면 z_0을 f의 **단순극**(simple pole)이라 한다.

예제 14.1 $f(z) = \dfrac{\sinh z}{z^4}$이면

$$\begin{aligned} f(z) = \frac{\sinh z}{z^4} &= \frac{1}{z^4}\left(z + \frac{z^3}{3!} + \frac{z^5}{5!} + \cdots\right) \\ &= \frac{1}{z^3} + \frac{1}{3!}\frac{1}{z} + \frac{1}{5!}z + \frac{z^3}{7!} + \cdots \quad (0 < |z| < \infty) \end{aligned}$$

이므로 0은 $f(z)$의 위수가 3인 극이고 $\operatorname*{Res}_{z=0} f(z) = \dfrac{1}{3!}$이다.

예제 14.2 $f(z)=\dfrac{z^2-2z+3}{z-2}$ 이면

$$\frac{z(z-2)+3}{z-2}=z+\frac{3}{z-2}\ (0<|z-2|<\infty)$$

이므로 2는 f 의 단순극이고 $\operatorname*{Res}_{z=2} f(z)=3$ 이다.

✍ **연습문제 14.1** 0은

$$f(z)=\frac{e^z}{z^5}$$

의 극임을 보이고 0 에서 유수를 구하여라.

✍ **연습문제 14.2** 다음 함수들의 특이점들이 극임을 보이고 각 특이점의 위수와 유수를 구하여라.

(1) $\dfrac{1-\cosh z}{z^3}$ (2) $\dfrac{\exp(2z)}{(z-1)^2}$

✍ **연습문제 14.3** 적분

$$\int_{|z|=2}\frac{(z^2+7)e^{2z}}{(z-3)(z+1)^2}dz$$

를 구하여라.

14.2 제거가능한 특이점

식 (14.1) 에서 모든 $n\ge 1$ 에 대해 $b_n=0$ 이면 z_0 를 f 의 제거가능한 특이점이라 한다. 이 경우 $f(z)$ 의 Laurent 급수의 주부분이 0 이므로 $f(z)$ 의 Laurent 급수는 다음과 같은 형태이다.

$$f(z)=\sum_{n=0}^{\infty}a_n(z-z_0)^n\ (0<|z-z_0|<R_2).$$

따라서 이 경우 $\operatorname*{Res}_{z=z_0} f(z)=0$ 이다. 만일 $f(z_0)=a_0$ 으로 정의하면 정리 12.4.5에 의해서

$$f(z)=\sum_{n=0}^{\infty}a_n(z-z_0)^n$$

는 $|z-z_0|<R_2$에서 해석적이다. 즉, 제거가능한 특이점에서 함수값을 적당히 정의하면 그 점에서 해석적이 될 수 있다.

예제 14.3 0은 $f(z)=\dfrac{1-\cos z}{z^2}$의 고립특이점이고

$$\begin{aligned}\frac{1-\cos z}{z^2} &= \frac{1}{z^2}\left[1-\left(1-\frac{z^2}{2!}+\frac{z^4}{4!}-\frac{z^6}{6!}+\cdots\right)\right]\\ &= \frac{1}{2!}-\frac{z^2}{4!}+\frac{z^4}{6!}-\cdots \quad (0<|z|<\infty).\end{aligned}$$

따라서 0은 f의 제거가능한 특이점이다. 만일 $f(0)=\dfrac{1}{2!}$으로 정의하면 f는 전해석함수가 된다.

연습문제 14.4 f는 z_0에서 해석적이고

$$g(z)=\frac{f(z)}{z-z_0}$$

라 하자.

(1) 만일 $f(z_0)\neq 0$이면 z_0는 g의 단순극이고 유수가 $f(z_0)$임을 보여라.

(2) 만일 $f(z_0)=0$이면 z_0는 g의 제거가능한 특이점임을 보여라.

연습문제 14.5

$$\begin{aligned}P(z)&=a_0+a_1z+a_2z^2+\cdots+a_nz^n \ (a_n\neq 0),\\ Q(z)&=b_0+b_1z+b_2z^2+\cdots+b_mz^m \ (b_m\neq 0)\end{aligned}$$

라 하고, $m\geq n+2$라 하자.

(1) 0은 함수

$$\frac{1}{z^2}\left[P\left(\frac{1}{z}\right)\Big/Q\left(\frac{1}{z}\right)\right]$$

의 제거가능한 특이점임을 보여라.

(2) C가 단순닫힌경로이고 $Q(z)$의 모든 영점이 C의 내부에 존재하면

$$\int_C \frac{P(z)}{Q(z)}dz=0$$

임을 보여라.

연습문제 14.6 유리함수의 고립특이점은 극이거나 제거가능한 특이점 뿐임을 보여라.

어떤 고립특이점 근방에서 f의 움직임을 보면 그 특이점이 제거가능한 특이점인지 아닌지 판단할 수 있다.

$C : |z - z_0| = \rho < \varepsilon$라 하자. f가 $0 < |z - z_0| < \varepsilon$에서 유계이면 모든 $z(0 < |z - z_0| < \varepsilon)$에 대해 $|f(z)| \leq M$인 양수 M이 존재한다. 따라서

$$\begin{aligned} |b_n| &\leq \frac{1}{2\pi} \int_C \frac{|f(z)|}{|z - z_0|^{-n+1}} |dz| \\ &\leq \frac{M}{2\pi} \cdot \frac{1}{\rho^{-n+1}} \cdot 2\pi\rho = M\rho^n (n = 1, 2, \ldots). \end{aligned} \tag{14.2}$$

식 (14.2)에서 $\rho \to 0$이면 $b_n = 0(n = 1, 2, \ldots)$을 얻을 수 있다. 따라서 이 경우 z_0는 f의 제거가능한 특이점이다. 이 결과를 **Riemann 정리**라 한다.

> **정리 14.2.1** **Riemann 정리**
>
> f의 고립특이점 z_0의 어떤 제거된 근방 $0 < |z - z_0| < \varepsilon$에서 f가 해석적이고 유계이면 z_0는 f의 제거가능한 특이점이다.

연습문제 14.7 f는 원점이 제거된 어떤 근방에서 해석적이고 $\lim_{z \to 0} zf(z) = 0$을 만족한다. 만일 원점이 f의 특이점이면 원점은 f의 제거가능한 특이점임을 보여라.

14.3 본질적 특이점

식 (14.1)에서 무한히 많은 b_n이 0이 아니면, 즉 $f(z)$의 Laurent 급수의 주부분에 0이 아닌 항이 무한히 많이 존재하면 z_0를 f의 본질적 특이점이라고 한다.

예제 14.4 0은

$$f(z) = \exp\left(\frac{1}{z}\right)$$

의 특이점이다. 그리고 $z \neq 0$에서 f가 해석적이고 $f(z)$의 Laurent 급수는

$$\begin{aligned} f(z) &= \exp\left(\frac{1}{z}\right) \\ &= \sum_{n=1}^{\infty} \frac{1}{n!} \cdot \frac{1}{z^n} = 1 + \frac{1}{1!} \cdot \frac{1}{z} + \frac{1}{2!} \cdot \frac{1}{z^2} + \cdots (0 < |z| < \infty) \end{aligned}$$

이다. 따라서 0은 f의 본질적 특이점이다.

✍ **연습문제 14.8** 다음에 주어진 함수의 특이점을 찾고 어떤 특이점인지 판별하라.

(1) $\dfrac{1}{e^{\frac{1}{z}}+1}$ (2) $e^{z+\frac{1}{z}}$

✍ **연습문제 14.9** C를 시계반대방향의 원 $|z|=1$이라 하자.

(1) e^z의 Taylor 급수를 이용해서

$$\int_C \exp\left(z+\frac{1}{z}\right)dz = \sum_{n=0}^{\infty}\frac{1}{n!}\int_C z^n \exp\left(\frac{1}{z}\right)dz$$

임을 보여라.

(2) (1)을 이용해서

$$\int_C \exp\left(z+\frac{1}{z}\right)dz = 2\pi i\sum_{n=0}^{\infty}\frac{1}{n!(n+1)!}$$

임을 보여라.

✍ **연습문제 14.10** $z=z_0$가 f의 고립특이점이고

$$\lim_{z\to z_0}(z-z_0)^{\alpha}f(z)=M\neq 0,\infty$$

이면 α는 정수여야 함을 보여라.

14.4 Casorati-Weierstrass 정리

다음 정리는 본질적 특이점 근방에서 f의 움직임에 대한 것을 알려준다.

정리 14.4.1 **Casorati-Weierstrass 정리**

z_0가 f의 본질적 특이점이고 w_0는 임의의 복소수, ε을 임의의 양수라 하자. 그러면 임의의 z_0의 제거된 근방 $0<|z-z_0|<\delta$에는 부등식 $|f(z)-w_0|<\varepsilon$을 만족하는 z가 항상 존재한다.

따라서 임의의 복소수 w_0에 대해 $z_n \to z_0$이면 $f(z_n) \to w_0$인 수열 $\{z_n\}$이 항상 존재한다.

Casorati-Weierstrass 정리가 왜 성립하는지 알아보자.

z_0가 f의 고립특이점이므로 $0 < |z - z_0| < \delta$에서 f가 해석적이 되는 양수 δ가 존재한다. $0 < |z - z_0| < \delta$에서 $|f(z) - w_0| \geq \varepsilon$라 가정하자. 그리고

$$g(z) = \frac{1}{f(z) - w_0}$$

라 하자. 그러면 $g(z)$는 $0 < |z - z_0| < \delta$에서 유계이고 해석적이다. 따라서 z_0는 g의 제거가능한 특이점이다. 따라서

$$g(z_0) = \lim_{z \to z_0} g(z)$$

라 정의하면 g는 $|z - z_0| < \delta$에서 해석적이다.

만일 $g(z_0) \neq 0$이면

$$f(z_0) = \frac{1}{g(z_0)} + w_0$$

라 정의하자. 그러면

$$f(z) = \frac{1}{g(z)} + w_0$$

는 z_0에서 해석적이 된다. 그러므로 z_0는 f의 제거가능한 특이점이 되고, 이것은 z_0가 f의 본질적 특이점이라는 가정에 모순이다.

만일 $g(z_0) = 0$이면 $0 < |z - z_0| < \delta$에서 $g \not\equiv 0$이므로 z_0는 위수 $m(\geq 1)$인 g의 영점이 돼야 한다. (제 16장을 참고하라.) 이 경우 z_0는 위수 m인 f의 극이다. 따라서 이 경우도 모순이다. 이러한 모순들은 $0 < |z - z_0| < \delta$에서 $|f(z) - w_0| \geq \varepsilon$라는 가정에서 오는 모순이므로 Casorati-Weierstrass 정리가 성립한다.

✍ **연습문제 14.11** f의 고립특이점은 $\exp(f(z))$의 극이 될 수 없음을 보여라.

14.5 Picard 대정리

다음 결과를 **Picard 대정리**(Picard's great theorem)라 한다. 자세한 것은 참고문헌 [6]을 참고하기 바란다.

정리 14.5.1 **Picard 대정리**

z_0가 f의 본질적 특이점이면 $\mathbb{C}$의 어떤 한 점을 제외한 임의의 점 w에 대해 z_0의 임의의 근방에는 방정식 $f(z) = w$의 해가 무한히 존재한다.

정리 14.5.1에서 제외되는 한 점을 f의 **예외값**(exceptional value)이라 한다. 다음 예는 Picard 대정리를 잘 설명해주고 있다.

예제 14.5 $f(z) = \exp\left(\frac{1}{z}\right)$라 하면 0은 f의 본질적 특이점이다. $w = -1$이라 하자.

$$\exp\left(\frac{1}{z}\right) = -1 = \exp\left[(2n\pi + \pi)\, i\right] = \exp\left[(2n+1)\,\pi i\right] \quad (n = 0, \pm 1, \ldots)$$

에서 $\exp\left(\frac{1}{z}\right) = -1$의 해는

$$z = \frac{1}{(2n+1)\pi i} = -\frac{i}{(2n+1)\pi} \quad (n = 0, \pm 1, \pm 2, \ldots)$$

이고, 이 해들은 f의 본질적 특이점 0의 임의의 근방에 무한히 많이 존재한다.

비슷하게 $w \neq 0$이면

$$\exp\left(\frac{1}{z}\right) = w$$

의 해가 무한히 많이 존재하고, 특히 0의 임의의 근방에 무한히 많이 존재한다. 그리고 모든 $z \neq 0$에 대해 $\exp\left(\frac{1}{z}\right) \neq 0$이므로 0은 f의 예외값이다.

14.6 ∞에서 유수

확장된 복소평면에서 ∞가 고립특이점이 될 수 있다.

어떤 양수 R에 대해 $R < |z| < \infty$을 ∞의 제거된 근방이라 한다. 그리고 f가 ∞의 제거된 근방에서 해석적이면 ∞는 f의 고립특이점이라 정의한다.

정리 14.6.1

f가 ∞의 제거된 근방 $R < |z| < \infty$에서 해석적이면 ∞를 f의 고립특이점이라 한다.

f가 $R < |z| < \infty$에서 해석적일 필요충분조건은 $f\left(\frac{1}{z}\right)$가

$$0 < \left|\frac{1}{z}\right| < \frac{1}{R}$$

에서 해석적인 것이다. 따라서 ∞가 f의 고립특이점이면 0은 $f\left(\frac{1}{z}\right)$의 고립특이점이고 역도 성립한다. 즉, 0이 $f\left(\frac{1}{z}\right)$의 고립특이점이면 ∞는 $f(z)$의 고립특이점이다.

한편, 0이 $f\left(\frac{1}{z}\right)$의 극 또는 제거가능한 특이점 또는 필연적 특이점이면 ∞는 각각 $f(z)$의 극 또는 제거가능한 특이점 또는 필연적 특이점이라고 정의한다. 예를 들어 $f(z) = z^2 + 1$이라 하면 0은

$$f\left(\frac{1}{z}\right) = \frac{1}{z^2} + 1$$

의 위수가 2인 극이므로 ∞는 $f(z) = z^2 + 1$의 위수가 2인 극이 된다. 만일 $f(z) = e^z$라 하면 0은 $f\left(\frac{1}{z}\right) = e^{\frac{1}{z}}$의 필연적 특이점이므로 ∞는 $f(z) = e^z$의 필연적 특이점이 된다.

∞가 f의 고립특이점이라 하자. f를 $R < |z| < \infty$에서 Laurent 급수로 나타내었을 때 $\frac{1}{z}$의 계수를 b_1이라 하면 $-b_1$을 ∞에서 f의 유수로 정의한다. 따라서 $-\operatorname*{Res}_{z=\infty} f(z) = b_1$은 $f\left(\frac{1}{z}\right)$를 $0 < |z| < \frac{1}{R}$에서 Laurent 급수로 나타내었을 때 z의 계수이다. 그리고 b_1은 $0 < |z| < \frac{1}{R}$에서

$$F(z) = \frac{1}{z^2} f\left(\frac{1}{z}\right)$$

을 Laurent 급수로 나타내었을 때 $\frac{1}{z}$의 계수이다. 따라서

$$\operatorname*{Res}_{z=\infty} f(z) = -\operatorname*{Res}_{z=0}\left[\frac{1}{z^2} f\left(\frac{1}{z}\right)\right].$$

z를 $\frac{1}{z}$로 치환하면 다음을 얻을 수 있다.

$$\int_{|z|=R} f(z)dz = \int_{|z|=\frac{1}{R}} \frac{1}{z^2} f\left(\frac{1}{z}\right) dz.$$

$\frac{1}{z^2} f\left(\frac{1}{z}\right)$이 $0 < |z| < \frac{1}{R}$에서 해석적이므로 0은 $\frac{1}{z^2} f\left(\frac{1}{z}\right)$의 고립특이점이다.

따라서

$$\begin{aligned}\int_{|z|=R} f(z)dz &= \int_{|z|=\frac{1}{R}} \frac{1}{z^2} f\left(\frac{1}{z}\right) dz \\ &= 2\pi i \operatorname*{Res}_{z=0} F(z) = -2\pi i \operatorname*{Res}_{z=\infty} f(z).\end{aligned} \tag{14.3}$$

식 (14.3)은 ∞가 고립특이점인 경우에도 유수정리가 성립함을 보여준다. 그리고 이 사실은 정리 13.3.1과 일치한다.

식 (14.3) 오른쪽의 음의 부호는 ∞가 원 $|z| = R$의 외부에 존재하기 때문에 생기는 것이다.

확장된 복소평면에서 f가 유한개의 고립특이점을 갖는다고 하면 유수들의 합은 0이다. 왜냐하면 f의 고립특이점이 유한개이므로 R이 충분히 크면 f가 $|z| > R$에서 해석적이다. 따라서 ∞는 f의 고립특이점이다.

$z_1, \ldots, z_n$가 f의 ∞ 이외의 고립특이점이면

$$\begin{aligned}2\pi i \left(\sum_{k=1}^{n} \operatorname*{Res}_{z=z_k} f(z)\right) &= \int_{|z|=R} f(z)dz \\ &= \int_{|z|=\frac{1}{R}} \frac{1}{z^2} f\left(\frac{1}{z}\right) dz = -2\pi i \operatorname*{Res}_{z=\infty} f(z).\end{aligned}$$

따라서

$$\sum_{k=1}^{n} \operatorname*{Res}_{z=z_k} f(z) + \operatorname*{Res}_{z=\infty} f(z) = 0.$$

정리 14.6.2

확장된 복소평면에서 f가 유한개의 고립특이점을 갖는다고 하면 각 특이점에서 유수들의 합은 0이다.

✍ **연습문제 14.12** 확장된 복소평면에서 ∞는 다음 함수의 어떤 특이점인지 판정하여라.

(1) $\dfrac{z^2}{z+1}$ (2) $\dfrac{e^z}{z^2+10}$ (3) $\dfrac{1}{z} + \sin z$

참고 확장된 복소평면 $\mathbb{C}^*$에서 ∞가 f의 고립특이점이면 ∞ 이외의 특이점은

아주 큰 양의 실수 R에 대해 $|z| \leq R$ 안에 모두 포함된다. 그런데 $|z| \leq R$ 안에 특이점이 무한히 많으면 고립이 아닌 특이점이 존재하므로 f의 모든 특이점이 고립이고 ∞가 f의 특이점이면 f의 특이점은 유한개 뿐이다.

제 15 장

극과 영점의 관계

15.1 극에서 유수

f의 고립특이점 z_0가 위수 m인 극이면 z_0의 어떤 제거된 근방 $0 < |z - z_0| < \varepsilon$에서 $f(z)$의 Laurent급수는 다음과 같은 형태이다.

$$f(z) = \sum_{n=0}^{\infty} a_n (z - z_0)^n + \frac{b_1}{z - z_0} + \cdots + \frac{b_m}{(z - z_0)^m} \ (b_m \neq 0, 0 < |z - z_0| < \varepsilon).$$

$\phi(z)$를 다음과 같이 정의하자.

$$\phi(z) = \begin{cases} (z - z_0)^m f(z), & z \neq z_0, \\ b_m, & z = z_0. \end{cases}$$

그러면 $\phi(z)$는 $0 < |z - z_0| < \varepsilon$에서 해석적이다. 그리고 $\lim_{z \to z_0} \left[\frac{\phi(z) - \phi(z_0)}{z - z_0} \right]$가 존재하므로 ϕ는 z_0에서 미분가능하다. 따라서 ϕ는 $|z - z_0| < \varepsilon$에서 해석적이다. 그리고 $\phi(z)$의 Taylor 급수는 다음과 같다.

$$\phi(z) = \sum_{n=0}^{\infty} a_n (z - z_0)^{n+m} + b_m + b_{m-1}(z - z_0) + \cdots + b_1 (z - z_0)^{m-1} (|z - z_0| < \varepsilon).$$

따라서 $\phi(z_0) = b_m \neq 0$이고 $|z - z_0| < \varepsilon$에서 해석적인 함수 $\phi(z)$에 대해 $f(z)$는 다음과 같이 나타낼 수 있다.

$$f(z) = \frac{\phi(z)}{(z - z_0)^m} \ (0 < |z - z_0| < \varepsilon).$$

역으로 z_0에서 해석적이고 $\phi(z_0) \neq 0$인 함수 $\phi(z)$에 대해

$$f(z) = \frac{\phi(z)}{(z - z_0)^m}$$

라고 하자. 그러면 어떤 양수 ε에 대해 $f(z)$는 다음과 같이 나타낼 수 있다.

$$\begin{aligned} f(z) = \frac{\phi(z)}{(z-z_0)^m} &= \sum_{n=0}^{\infty} \frac{\phi^{(n)}(z_0)}{n!} \cdot \frac{(z-z_0)^n}{(z-z_0)^m} \\ &= \sum_{n=0}^{\infty} \frac{\phi^{(n)}(z_0)}{n!} \cdot \frac{1}{(z-z_0)^{m-n}} \\ &= \sum_{n=0}^{\infty} \frac{\phi^{(n)}(z_0)}{n!} (z-z_0)^{n-m} \ (0 < |z-z_0| < \varepsilon). \end{aligned} \tag{15.1}$$

그런데 $\phi^{(0)}(z_0) = \phi(z_0) \neq 0$이므로 z_0는 위수 m인 $f(z)$의 극이다. 그리고 z_0에서 f의 유수는 식 (15.1)에서 $n = m-1$인 경우이므로 다음을 얻는다.

z_0가 위수 m인 f의 극일 때 유수

$$\operatorname*{Res}_{z=z_0} f(z) = \frac{\phi^{(m-1)}(z_0)}{(m-1)!} = \frac{1}{(m-1)!} \cdot \frac{d^{m-1}}{dz^{m-1}} [(z-z_0)^m f(z)] \Big|_{z=z_0} \quad (m \geq 1).$$

따라서 다음을 얻는다.

정리 15.1.1

f의 고립특이점 z_0가 위수가 m인 극일 필요충분조건은 z_0에서 해석적이고 $\phi(z_0) \neq 0$인 함수 $\phi(z)$에 대해

$$f(z) = \frac{\phi(z)}{(z-z_0)^m}$$

인 것이다. 그리고 이 경우

$$\operatorname*{Res}_{z=z_0} f(z) = \frac{\phi^{(m-1)}(z_0)}{(m-1)!} \quad (m \geq 1).$$

참고 z_0가 위수 m인 f의 극이면 z_0에서 해석적이고 $\phi(z_0) \neq 0$인 함수 $\phi(z)$에 대해 f는 다음과 같이 나타낼 수 있다.

$$f(z) = \frac{\phi(z)}{(z-z_0)^m}.$$

따라서

$$\lim_{z \to z_0} \frac{1}{f(z)} = \lim_{z \to z_0} \frac{(z-z_0)^m}{\phi(z)} = 0.$$

즉, z_0가 f의 극이면 $\lim_{z \to z_0} f(z) = \infty$이다.

예제 15.1 $f(z) = \dfrac{z+1}{z^2+9}$이면 $z = 3i$는 f의 고립특이점이다. $\phi(z) = \dfrac{z+1}{z+3i}$ 이면 $\phi(z)$는 $3i$에서 해석적이고 $\phi(3i) = \dfrac{3-i}{6} \neq 0$이며

$$f(z) = \frac{z+1}{(z+3i)(z-3i)} = \frac{(z+1)/(z+3i)}{z-3i} = \frac{\phi(z)}{z-3i}.$$

따라서 $3i$는 f의 단순극이고

$$\operatorname*{Res}_{z=3i} f(z) = \phi(3i) = \frac{3-i}{6}.$$

비슷하게 $-3i$ 역시 f의 단순극이고

$$\operatorname*{Res}_{z=-3i} = \frac{3+i}{6}$$

이다.

✍ **연습문제 15.1** 다음 각 함수의 특이점들은 극임을 보여라. 그리고 각 극의 위수와 유수를 구하여라.

(1) $\dfrac{z^2+2}{z-1}$ (2) $\tanh z$ (3) $\dfrac{e^z}{z^2+\pi^2}$

✍ **연습문제 15.2** 적분

$$\int_{|z|=2} \frac{\cos \pi z}{z(z^2+1)} dz$$

을 구하여라. 단, 적분경로는 양의 방향이다.

✍ **연습문제 15.3** 다음 적분을 구하여라.

$$\int_{|z+i|=\frac{1}{2}} \frac{z^{\frac{1}{2}}}{(z^2+1)^2} dz \ (|z| > 0, -\pi < \arg z < \pi)$$

단, 적분경로는 양의 방향이다.

✍ **연습문제 15.4** $\operatorname*{Res}_{z=i} \dfrac{\operatorname{Log} z}{(z^2+1)^2} = \dfrac{\pi+2i}{8}$ 임을 보여라.

✍ **연습문제 15.5** $z=-1$에서 함수의

$$g(z)=\frac{z^{\frac{1}{4}}}{z+1} \quad (|z|>0, 0<\arg z<2\pi)$$

의 유수를 구하여라.

✍ **연습문제 15.6** 양의 정수 N에 대해 C_N을 다음 직선들에 의해 만들어지는 정사각형의 양의 방향의 경계라 하자.

$$x=\pm\left(N+\frac{1}{2}\right)\pi, \qquad y=\pm\left(N+\frac{1}{2}\right)\pi.$$

(1) 다음을 보여라.

$$\int_{C_N}\frac{1}{z^2\sin z}dz=2\pi i\left[\frac{1}{6}+2\sum_{n=1}^{N}\frac{(-1)^n}{n^2\pi^2}\right].$$

(2) $\displaystyle\lim_{N\to\infty}\int_{C_N}\frac{1}{z^2\sin z}dz=0$임을 보이고 이것을 이용해서

$$\sum_{n=1}^{\infty}\frac{(-1)^{n+1}}{n^2}=\frac{\pi^2}{12}$$

임을 보여라.

15.2 영점

f가 z_0에서 해석적이라 하자. 만일 모든 $0\le i\le m-1$에 대해 $f^{(i)}(z_0)=0$이고 $f^{(m)}(z_0)\neq 0$인 양수 m이 존재하면 z_0을 위수가 m인 f의 **영점**(zero)이라 한다. 특히 $m=1$이면 z_0을 f의 **단순영점**(simple zero)이라 한다.

z_0가 위수가 m인 f의 영점이면 z_0의 적당한 근방 $|z-z_0|<\varepsilon$에서 f의 Taylor 급수는

$$\begin{aligned} f(z) &= \sum_{n=m}^{\infty}\frac{f^{(n)}(z_0)}{n!}(z-z_0)^n \\ &= (z-z_0)^m\left[\frac{f^{(m)}(z_0)}{m!}+\frac{f^{(m+1)}(z_0)}{(m+1)!}(z-z_0)+\cdots\right] \end{aligned}$$

이다.

만일

$$g(z) = \frac{f^{(m)}(z_0)}{m!} + \frac{f^{(m+1)}(z_0)}{(m+1)!}(z-z_0) + \cdots \ (|z-z_0| < \varepsilon)$$

라 하면 $g(z)$는 $|z-z_0| < \varepsilon$에서 수렴하는 멱급수의 극한함수이므로 $|z-z_0| < \varepsilon$에서 해석적이고 $f^{(m)}(z_0) \neq 0$이므로 $g(z_0) \neq 0$이다. 즉,

> f가 z_0에서 해석적이고 z_0가 위수가 $m > 0$인 f의 영점이면
>
> $$f(z) = (z-z_0)^m g(z) \ \ (|z-z_0| < \varepsilon)$$
>
> 을 만족하는 z_0에서 해석적이고 $g(z_0) \neq 0$인 함수 $g(z)$가 존재한다.

이것의 역도 성립한다. 만일 z_0에서 해석적이고 $g(z_0) \neq 0$인 함수 g에 대해

$$f(z) = (z-z_0)^m g(z) \ \ (|z-z_0| < \varepsilon)$$

이면 f는 z_0에서 해석적이다. 그리고

$$\begin{aligned} f(z) &= g(z)(z-z_0)^m \\ &= g(z_0)(z-z_0)^m + \frac{g'(z_0)}{1!}(z-z_0)^{m+1} + \cdots (|z-z_0| < \varepsilon) \end{aligned}$$

이므로 z_0는 위수가 m인 f의 영점이다.

정리 15.2.1

f가 z_0에서 해석적이라 하자. 그러면 z_0가 위수가 m인 f의 영점일 필요충분조건은

$$f(z) = (z-z_0)^m g(z)$$

인 z_0에서 해석적이고 $g(z_0) \neq 0$인 함수 $g(z)$가 존재하는 것이다.

예제 15.2 $f(z) = z(e^z - 1)$는 전해석함수이고

$$f(0) = f'(0) = 0, \quad f''(0) = 2 \neq 0$$

이므로 0은 위수가 2인 f의 영점이다.

$p(z)$와 $q(z)$가 z_0에서 해석적이고 $p(z_0) \neq 0$이라 하자. 만일 z_0가 위수가 m인 $q(z)$의 영점이면

$$q(z) = (z - z_0)^m g(z)$$

인 z_0에서 해석적이고 함수값이 0이 되지않는 함수 g가 존재한다. $\phi(z) = \dfrac{p(z)}{g(z)}$라 하면 $g(z_0) \neq 0$이고 $p(z)$와 $g(z)$가 z_0에서 해석적이므로 $\phi(z)$는 z_0에서 해석적이다. 그리고 $p(z_0) \neq 0$이므로 $\phi(z_0) \neq 0$이고

$$\frac{p(z)}{q(z)} = \frac{\phi(z)}{(z - z_0)^m}.$$

정리 15.1.1에 의해서 z_0는 위수가 m인 $\dfrac{p(z)}{q(z)}$의 극이다.

정리 15.2.2

$p(z)$와 $q(z)$가 z_0에서 해석적이고 $p(z_0) \neq 0$이라 하자. 만일 z_0가 위수가 m인 $q(z)$의 영점이면 z_0는 위수가 m인 $\dfrac{p(z)}{q(z)}$의 극이다.

정리 15.2.2에서 $m = 1$이면, 즉 z_0가 q의 단순영점이면 z_0는 $\dfrac{p(z)}{q(z)}$의 단순극이고

$$\operatorname*{Res}_{z=z_0} \frac{p(z)}{q(z)} = \lim_{z \to z_0} \left[(z - z_0) \frac{p(z)}{q(z)} \right] = \frac{p(z_0)}{q'(z_0)}$$

이 성립한다.

예제 15.3 $p(z) = z, q(z) = z^4 + 4$이고

$$f(z) = \frac{z}{z^4 + 4} = \frac{p(z)}{q(z)}$$

이면 $z_0 = \sqrt{2} e^{\frac{i\pi}{4}} = 1 + i$는 f의 고립특이점이다. 그리고

$$p(z_0) \neq 0, \;\; q(z_0) = 0, \;\; q'(z_0) = 4(1 + i)^3 \neq 0$$

이므로 $z_0 = 1 + i$는 f의 단순극이다. 따라서

$$\operatorname*{Res}_{z=z_0} f(z) = \frac{1 + i}{4(1 + i)^3} = \frac{1}{4(1 + i)^2} = \frac{1}{8i} = -\frac{i}{8}$$

이다.

✍ **연습문제 15.7** p와 q가 z_0에서 해석적이고 $p(z_0) \neq 0, q(z_0) = 0$라 하자. 만일 z_0가 $\dfrac{p(z)}{q(z)}$의 위수가 m인 극이면 z_0은 q의 위수가 m인 영점임을 보여라.

✍ **연습문제 15.8** f가 z_0에서 해석적이고 $f(z_0) = 0$이라 하자. 그리고 f는 z_0의 어떤 근방에서도 항등적으로 0이 아니라 가정하자. 그러면 어떤 양의 성수 m에 대해 z_0는 위수가 m인 f의 영점이 되어야 함을 증명하라. 그리고 z_0의 제거된 근방 $0 < |z-z_0| < \varepsilon$에서 $f(z) \neq 0$임을 보여라. (이러한 성질을 만족하는 영점을 **고립영점**(isolated zero)이라 한다.)

✍ **연습문제 15.9** f가 z_0의 어떤 제거된 근방에서 해석적이고 z_0는 f의 영점들의 극점이라고 하면 z_0가 f의 본질적 특이점이든지 아니면 $f \equiv 0$임을 보여라.

✍ **연습문제 15.10** (1) 만일 z_0가 f의 극이면 $\lim_{z\to z_0} f(z) = \infty$임을 보여라.

(2) 유계가 아닌 닫힌집합 R의 각 점은 f의 해석점이거나 극이라 하자. 그리고 $z \in R$이고 $|z| > M$이면

$$|f(z)| \leq k|z|^p$$

을 만족하는 실수 $M > 0, k > 0$와 p가 존재한다고 하자. 이때 R에서 $f(z)$의 극은 유한개 뿐임을 보여라.

f와 g가 z_0에서 해석적이고 $f(z_0) = g(z_0) = 0$이라 하자. 이때 만일 z_0가 f, g의 고립영점이면 정리 15.2.1에 의해서 z_0 근방에서

$$f(z) = (z - z_0)^m F(z), \quad g(z) = (z - z_0)^n G(z)$$

을 만족하고 $F(z_0) \neq 0, G(z_0) \neq 0$인 z_0에서 해석함수 F, G와 양의 정수 m, n이 존재한다. 따라서 z_0의 어떤 제거된 근방에서

$$\frac{f(z)}{g(z)} = (z - z_0)^{m-n} \frac{F(z)}{G(z)}$$

로 나타낼 수 있다. 따라서

$$\frac{f'(z)}{g'(z)} = (z - z_0)^{m-n} \frac{mF(z) + (z - z_0)F'(z)}{nG(z) + (z - z_0)G'(z)}. \tag{15.2}$$

식 (15.2)에서 만일 $m = n$이면

$$\lim_{z\to z_0} \frac{f(z)}{g(z)} = \frac{F(z_0)}{G(z_0)} = \lim_{z\to z_0} \frac{f'(z)}{g'(z)}.$$

만일 $m > n$이면

$$\lim_{z\to z_0}\frac{f(z)}{g(z)} = 0 = \lim_{z\to z_0}\frac{f'(z)}{g'(z)}.$$

그리고 만일 $m < n$이면

$$\lim_{z\to z_0}\frac{f(z)}{g(z)} = \infty = \lim_{z\to z_0}\frac{f'(z)}{g'(z)}.$$

따라서 다음 **L'Hospital 법칙**을 얻는다.

정리 15.2.3 **L'Hospital 법칙**

f와 g가 z_0에서 해석적이고 z_0가 f와 g의 고립영점이면

$$\lim_{z\to z_0}\frac{f(z)}{g(z)} = \lim_{z\to z_0}\frac{f'(z)}{g'(z)}. \tag{15.3}$$

정리 15.2.3과 정리 3.1.2를 비교해 보기 바란다.

일반적으로 f와 g가 고립영점 z_0에서 해석적이 아니면 식 (15.3)이 성립하지 않는다. 예를 들어 $f(z) = x$, $g(z) = x + x^2 e^{\frac{i}{x^2}}$ 이면

$$\lim_{z\to 0}\frac{f(z)}{g(z)} = 1.$$

한편,

$$\begin{aligned}|g'(z)| &= \left|1 + \left(2x - \frac{2i}{x}\right)e^{\frac{i}{x^2}}\right| \\ &\geq \left|2x - \frac{2i}{x}\right| - 1 \geq \frac{2}{x} - 1\end{aligned}$$

이므로

$$\left|\frac{f'(z)}{g'(z)}\right| = \frac{1}{|g'(z)|} \leq \frac{x}{2-x}.$$

따라서

$$\lim_{z\to 0}\frac{f'(z)}{g'(z)} = 0.$$

따라서 이 경우

$$1 = \lim_{z\to 0}\frac{f(z)}{g(z)} \neq \lim_{z\to 0}\frac{f'(z)}{g'(z)} = 0$$

이므로 식 (15.3)이 성립하지 않는다.

✍ **연습문제 15.11** L'Hospital 법칙을 이용해서 $\lim_{z\to i}\frac{e^{\pi z}+1}{z^2+1}$을 구하여라.

어떤 경우에는 삼각함수 $\cot\pi z$의 단순극에서 유수를 이용하여 특별한 형태의 무한급수의 합을 구할 수 있다.

만일 $p(z)$가 위수가 2보다 크거나 같은 실계수 다항함수이고 정수해를 갖지 않는다고 하자. 그리고 $p(z)$의 모든 영점이 $z_1, z_2, \ldots, z_r$이라 하자. 그러면

$$f(z) = \frac{\pi\cot\pi z}{p(z)}$$

의 특이점은 $\cot\pi z$에 대한 단순극 $z = 0, \pm1, \pm2, \ldots$와 $p(z)$의 영점인 $z_1, z_2, \ldots, z_r$ 뿐이다.

만일 충분히 큰 n에 대해 $z = 0, \pm1, \pm2, \ldots, \pm n$과 $z_1, z_2, \ldots, z_r$을 포함하는 꼭지점이 $\pm\left(n+\frac{1}{2}\right)\pm ni$인 사각형의 경계를 C라 하자. (그림 15.1)

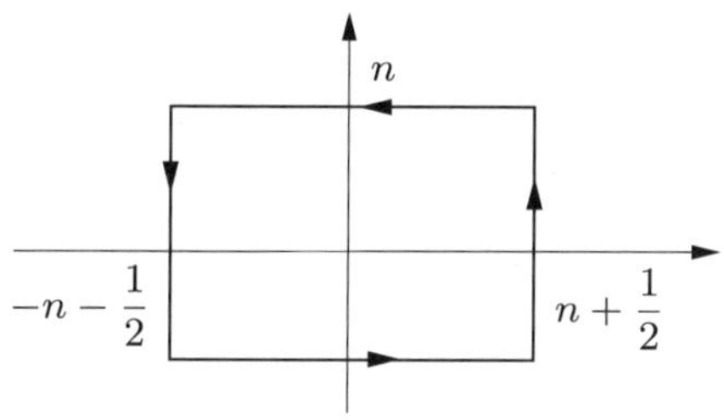

그림 15.1

이때 유수정리에 의해

$$\int_C \frac{\pi\cot\pi z}{p(z)}dz = 2\pi i\left[\sum_{k=-n}^{n}\operatorname*{Res}_{z=k}\left(\frac{\pi\cot\pi z}{p(z)}\right) + \sum_{i=1}^{r}\operatorname*{Res}_{z=z_i}\left(\frac{\pi\cot\pi z}{p(z)}\right)\right].$$

$p(z) = a_s z^s + \cdots + a_0 (s \ge r, a_s \ne 0)$이라 하자. 그러면 $|z|$가 충분히 크면

$$|p(z)| \ge |z|^s \times \frac{|a_s|}{2} \ge n^s \times \frac{|a_s|}{2}.$$

그리고 $|z|$가 충분히 크면

$$\begin{aligned}|\cot\pi z| &= \left|\frac{(e^{i\pi z})^2+1}{(e^{i\pi z})^2-1}\right| \\ &\le \left|\frac{|e^{i\pi z}|^2+1}{1-|e^{i\pi z}|^2}\right| = \left|\frac{1+e^{-2\pi y}}{1-e^{-2\pi y}}\right| < 2.\end{aligned}$$

따라서

$$\begin{aligned}\left|\int_C \frac{\pi\cot\pi z}{p(z)}dz\right| &\le \int_C \frac{|\pi\cot\pi z|}{|p(z)|}|dz| \\ &\le \frac{4}{n^s|a_s|}\times\pi\times\int_C |dz| = \frac{4\pi(8n+2)}{n^s|a_s|}.\end{aligned}$$

$p(z)$의 차수 s가 2보다 크거나 같으므로

$$\lim_{n\to\infty}\int_C \frac{\pi\cot\pi z}{p(z)}dz = 0$$

이고

$$\sum_{k=-\infty}^{\infty}\operatorname*{Res}_{z=k} f(z) = \sum_{k=-\infty}^{\infty}\operatorname*{Res}_{z=k}\left(\frac{\pi\cot\pi z}{p(z)}\right) = -\sum_{i=1}^{r}\operatorname*{Res}_{z=z_i}\left(\frac{\pi\cot\pi z}{p(z)}\right)$$

그런데 $z=k$는 f의 단순극이므로

$$\operatorname*{Res}_{z=k} f(z) = \lim_{z\to k}\frac{(z-k)\pi\cot\pi z}{p(z)} = \frac{1}{p(k)}$$

이고

$$\sum_{k=-\infty}^{\infty}\frac{1}{p(k)} = -\sum_{i=1}^{r}\operatorname*{Res}_{z=z_i}\left(\frac{\pi\cot\pi z}{p(z)}\right)$$

비슷하게 $\csc\pi z$의 유수를 이용하면

$$\sum_{k=-\infty}^{\infty}\frac{(-1)^k}{p(k)} = -\sum_{i=1}^{r}\operatorname*{Res}_{z=z_i}\left(\frac{\pi\csc\pi z}{p(z)}\right)$$

을 얻는다.

예제 15.4 무한급수 $\displaystyle\sum_{k=0}^{\infty}\frac{1}{k^2+4}$을 구하자.

$p(z)=z^2+4$라 하자.. 그러면 $p(z)$는 위의 세 가지 조건을 만족한다. 그리고 $p(z)$의 영점은 $\pm 2i$이고, 이것은 $f(z)=\dfrac{\pi\cot\pi z}{z^2+4}$의 단순극이다. 따라서

$$\sum_{k=-\infty}^{\infty}\frac{1}{k^2+4} = -\left[\operatorname*{Res}_{z=-2i}\left(\frac{\pi\cot\pi z}{z^2+4}\right)+\operatorname*{Res}_{z=2i}\left(\frac{\pi\cot\pi z}{z^2+4}\right)\right]$$

그리고

$$\operatorname*{Res}_{z=-2i}\left(\frac{\pi\cot\pi z}{z^2+4}\right)+\operatorname*{Res}_{z=2i}\left(\frac{\pi\cot\pi z}{z^2+4}\right) = 2\times\frac{\pi\cot 2\pi i}{4i} = -\frac{\pi}{2}\coth 2\pi$$

따라서

$$\sum_{k=-\infty}^{\infty} \frac{1}{k^2+4} = \frac{\pi}{2}\coth 2\pi$$

그런데

$$\begin{aligned}\sum_{k=-\infty}^{\infty} \frac{1}{k^2+4} &= \sum_{k=-\infty}^{-1} \frac{1}{k^2+4} + \frac{1}{4} + \sum_{k=1}^{\infty} \frac{1}{k^2+4} \\ &= \sum_{k=1}^{\infty} \frac{1}{(-k)^2+4} + \frac{1}{4} + \sum_{k=1}^{\infty} \frac{1}{k^2+4} \\ &= 2\sum_{k=1}^{\infty} \frac{1}{k^2+4} + \frac{1}{4} = 2\sum_{k=0}^{\infty} \frac{1}{k^2+4} - \frac{1}{4}\end{aligned}$$

이므로

$$\sum_{k=0}^{\infty} \frac{1}{k^2+4} = \frac{1}{8} + \frac{\pi}{4}\coth 2\pi$$

이다.

✍ **연습문제 15.12** 다음 무한급수의 합을 구하여라.

(1) $\displaystyle\sum_{k=0}^{\infty} \frac{1}{k^2+a^2}$ $(a > 0)$

(2) $\displaystyle\sum_{k=1}^{\infty} \frac{1}{(2k-1)^2}$

(3) $\displaystyle\sum_{k=-\infty}^{\infty} \frac{1}{(k-a)^2}$ $(a \neq 0, \pm 1, \pm 2, \ldots)$

(4) $\displaystyle\sum_{k=-\infty}^{\infty} \frac{(-1)^k}{(4k+1)^2}$

제 16 장

항등정리와 해석적 확장함수

16.1 항등정리

$\{z_n\}$을 z_0로 수렴하고, 모든 n에 대해 $|z_n - z_0| < R$인 서로 다른 점들의 수열이라 하자. 그리고 f가 $|z - z_0| < R$에서 해석적이고 각 n에 대해 $f(z_n) = 0$이라 하자. f가 $|z - z_0| < R$에서 해석적이므로 다음과 같이 나타낼 수 있다.

$$f(z) = \sum_{k=0}^{\infty} a_k (z - z_0)^k \ (|z - z_0| < R).$$

f가 z_0에서 연속이고 $z_n \to z_0$이므로 $f(z_n) \to f(z_0)$이다. 따라서 $f(z_0) = a_0 = 0$이고

$$f(z) = (z - z_0)\left[a_1 + \sum_{k=2}^{\infty} a_k (z - z_0)^{k-1}\right] \ (|z - z_0| < R).$$

만일

$$f_1(z) = a_1 + \sum_{k=2}^{\infty} a_k (z - z_0)^{k-1}$$

이면 f_1는 $|z - z_0| < R$에서 해석적이다. 그리고 $f(z)$는 다음과 같이 나타낼 수 있다.

$$f(z) = (z - z_0) f_1(z). \tag{16.1}$$

$z = z_n$이라 두고 식 (16.1)의 양변을 $z_n - z_0$로 나누면 다음을 얻는다.

$$\lim_{n\to\infty} \frac{f(z_n)}{z_n - z_0} = 0 = a_1.$$

비슷한 방법으로 $a_n = 0 (n = 1, 2, \ldots)$을 얻을 수 있다. 따라서 이 경우 $|z-z_0| < R$에서 $f \equiv 0$이다.

정리 16.1.1

f가 $|z - z_0| < R$에서 해석적이고 서로 다른 점들의 수열 $\{z_n\}$이 z_0로 수렴한다고 하자. 만일 각 n에 대해 $f(z_n) = 0$이면 $|z - z_0| < R$에서 $f \equiv 0$이다.

정리 16.1.1은 다음과 같은 의미를 내포하고 있다.

1. f가 z_0에서 해석적이고 $f(z_n) = 0$ $(n = 1, 2, \ldots)$을 만족하며 z_0로 수렴하는 서로 다른 점들의 수열 $\{z_n\}$이 존재하면 $f(z)$가 해석적이 되는 z_0의 ε-근방에서 $f \equiv 0$이다.
2. $f(z_0) = 0$이고 1을 만족하는 수열이 존재하지 않으면 z_0의 어떤 제거된 근방의 모든 z에 대해 $f(z) \neq 0$이다. 즉, z_0는 f의 고립영점이다.

따라서 f가 z_0에서 해석적이면 어떤 양수 ε_1에 대해 $|z - z_0| < \varepsilon_1$에서 $f \equiv 0$이거나 또는 어떤 양수 ε_2에 대해 $0 < |z - z_0| < \varepsilon_2$에서 $f(z) \neq 0$이다. 왜냐하면, 만일 z_0의 임의의 제거된 근방에 $f(z) = 0$인 점 z가 존재한다면 각 n에 대해 $0 < |z - z_0| < \dfrac{1}{n}$ 안에 $f(z_n) = 0$인 점 z_n이 존재한다. z_n을 각각 다르게 택하면 $z_n \to z_0$이고 $f(z_n) = 0$이므로 1의 조건을 만족한다. 따라서 1 또는 2가 성립한다.

이러한 사실을 일반화하면 다음과 같다.

정리 16.1.2

f는 영역 D에서 해석적이고 $\{z_n\}$은 $z_0 \in D$로 수렴하고 D에 존재하는 서로 다른 점들의 수열이라 하자. 만일 각 n에 대해 $f(z_n) = 0$이면 D에서 $f \equiv 0$이다.

이 사실을 간단히 보이자.

집합 A와 B를 다음과 같이 정의하자.

$$A = \{a \in D : a\text{의 어떤 근방에서 } f \equiv 0\},$$

$$B = \{a \in D : a\text{의 어떤 제거된 근방의 모든 } z\text{에 대해 } f(z) \neq 0\}.$$

그러면 A와 B는 D의 분할이다.

$a \in A$이면 어떤 양수 ε_1에 대해 $|z-a| < \varepsilon_1$에서 $f \equiv 0$이므로 $B_{\varepsilon_1}(a) \subset A$이다.

$a \in B$이면 어떤 양수 ε_2에 대해 $0 < |z-a| < \varepsilon_2$에서 $f(z) \neq 0$이므로

$$B'_{\varepsilon_2}(a) = \{z \in D : 0 < |z-a| < \varepsilon_2\} \subset B.$$

따라서 A와 B는 열린집합이다. D가 연결집합이므로 $A = \emptyset$이거나 $B = \emptyset$이다. 그런데 $A \neq \emptyset$이므로 $B = \emptyset$이고 $A = D$이다. 따라서 D에서 $f \equiv 0$이다.

정리 16.1.2를 다른 형태로 나타낼 수 있다.

f와 g가 D에서 해석적이라 하자. 그리고 $\{z_n\}$은 D에서 서로 다른 점들의 수열이며 $f(z_n) = g(z_n)$이라 하자. 만일 $z_0 \in D$가 $\{z_n\}$ 의 극점이면 z_0로 수렴하는 $\{z_n\}$의 부분수열 $\{z_{n_k}\}$가 존재한다. 그런데 $f-g$가 D에서 해석적이고 각 n_k에 대해 $(f-g)(z_{n_k}) = 0$이므로 D에서 $f - g \equiv 0$이다. 즉, D에서 $f \equiv g$이다.

이 사실을 이용하면 다음 **항등정리**(identity theorem)를 얻는다.

정리 16.1.3 **항등정리**

f와 g가 D에서 해석적이고 $\{z_n\}$은 $f(z_n) = g(z_n)$을 만족하는 D의 서로 다른 점들의 수열이라 하자. 이때 $\{z_n\}$의 극점이 D에 존재하면 D에서 $f \equiv g$이다.

참고 정리 16.1.3에서 극점이 D에 존재한다는 가정은 반드시 필요하다. 예를 들어

$$f(z) = \exp\left(\frac{1}{1-z}\right)$$

라 하면 f는 $D = \{z : |z| < 1\}$에서 해석적이다. 그리고

$$z_n = 1 - \frac{1}{2n\pi i} \ (n = 1, 2, \ldots)$$

라 하면 $z_n \in D$이고

$$\exp\left(\frac{1}{1-z_n}\right) = \exp(2n\pi i) = 1$$

이지만 D에서 $f(z) \not\equiv 1$이다. 여기서 1은 $\{z_n\}$의 극점이지만 $1 \notin D$이다. 따라서 정리 16.1.3에서 극점이 D에 존재한다는 가정은 필수적이다.

예제 16.1 모든 $n = 1, 2, \ldots$에 대해

$$f\left(\frac{1}{2n}\right) = \frac{1}{2n}$$

을 만족하는 $|z| < 1$에서 해석적인 함수는 $f(z) = z$ 뿐이다. 이 사실은 항등정리에 의해 알 수 있다.

예제 16.2 항등정리를 이용해서 항등식 $\sin^2 z + \cos^2 z \equiv 1$을 보일 수 있다.

$$f(z) = \sin^2 z + \cos^2 z - 1$$

이면 f는 전해석함수이고 z가 실수일 때 $f(z) = 0$이다. 그런데 실수축의 모든 점은 극점이므로 항등정리에 의해 모든 z에 대해 $f(z) = 0$이다. 따라서 모든 z에 대해 항등식

$$\sin^2 z + \cos^2 z \equiv 1$$

이 성립한다.

✍ **연습문제 16.1** $|z| < \dfrac{1}{2}$에서 해석적이고 다음을 만족하는 함수를 모두 구하여라.

$$f\left(\frac{1}{2n+1}\right) = \frac{1}{2n-1} \ (n = 1, 2, \ldots)$$

✍ **연습문제 16.2** f와 g가 영역 D에서 해석적이고 $fg \equiv 0$이면 D에서 $f \equiv 0$이거나 $g \equiv 0$임을 보여라.

✍ **연습문제 16.3** 모든 n에 대해 $z_n \neq 0$인 수열 $\{z_n\}$에 대해 $\lim_{n\to\infty} z_n = 0$이고 $f(z_n) = 0 (n = 1, 2, \ldots)$라 하자. 만일 f가 0의 제거된 근방에서 해석적이고 항등적으로 0이 아니면 0은 f의 제거가능한 특이점이 될 수 없음을 보여라.

✍ **연습문제 16.4** (1) $f : \mathbb{R} \longrightarrow \mathbb{R}$이 미분가능하고

$$f\left(\frac{1}{n}\right) = 0 \ (n = 1, 2, \ldots)$$

이면 $f \equiv 0$인가?

(2) $g : \mathbb{C} \longrightarrow \mathbb{C}$가 미분가능하고

$$g\left(\frac{1}{n}\right) = 0 \ (n = 1, 2, \ldots)$$

이면 $g \equiv 0$인가?

16.2 해석적 확장함수

D_1, D_2는 $D_1 \cap D_2 \neq \emptyset$을 만족하는 영역이라 하자. 그리고 f_1이 D_1에서 해석적이고 f_2가 D_2에서 해석적이며 $D_1 \cap D_2$에서 $f_1 \equiv f_2$라고 하자. 이때 f_2를 영역 D_2로 f_1의 **해석적 확장함수**(analytic continuation)라 한다. (그림 16.1)

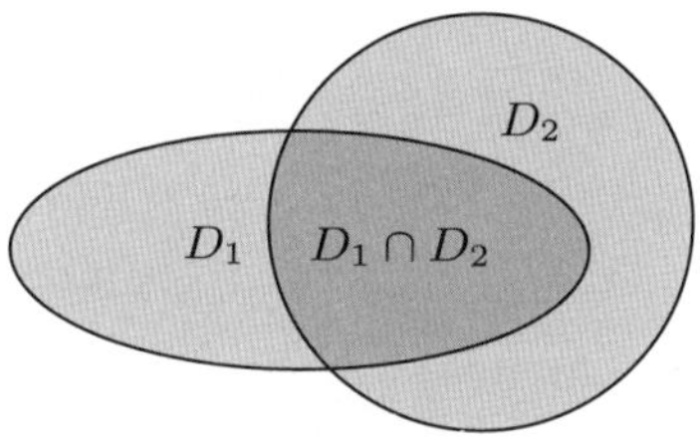

그림 16.1

g_2가 D_2로 f_1의 해석적 확장함수라 하면 항등정리에 의해서 D_2에서 $f_2 \equiv g_2$이다. 즉, D_2로 f_1의 해석적 확장함수는 유일하다. 그러나 D_3가 $D_2 \cap D_3 \neq \emptyset$을 만족하는 영역이고 f_3가 D_3로 f_2의 해석적 확장함수라 할 때 $D_1 \cap D_3$에서 반드시 $f_1 \equiv f_3$일 필요는 없다. 즉, f_3가 D_3로 f_1의 해석적 확장함수일 필요는 없다.

예제 16.3 다음은 $z^{\frac{1}{2}}$의 분지들이다.

$$\begin{aligned} f_1(z) &= \sqrt{r}e^{\frac{i\theta}{2}} \ (r > 0, 0 < \theta < \pi), \\ f_2(z) &= \sqrt{r}e^{\frac{i\theta}{2}} \ \left(r > 0, \frac{\pi}{2} < \theta < 2\pi\right), \\ f_3(z) &= \sqrt{r}e^{\frac{i\theta}{2}} \ \left(r > 0, \pi < \theta < \frac{5\pi}{2}\right). \end{aligned}$$

f_2는 영역

$$D_2 = \left\{(r, \theta) : r > 0, \frac{\pi}{2} < \theta < 2\pi\right\}$$

로 f_1 의 해석적 확장함수이고 f_3는 영역

$$D_3 = \left\{(r, \theta) : r > 0, \pi < \theta < \frac{5}{2}\pi\right\}$$

로 f_2 의 해석적 확장함수이다. $z = re^{i(\Theta + 2n\pi)}$ $(\Theta = \text{Arg } z)$이면 제 1사분면에서

$$f_1(z) = \sqrt{r}e^{\frac{i\Theta}{2}},$$
$$f_3(z) = \sqrt{r}e^{\frac{i(\Theta+2\pi)}{2}} = \sqrt{r}e^{\frac{i\Theta}{2}} \cdot e^{\pi i} = -\sqrt{r}e^{\frac{i\Theta}{2}} = -f_1(z).$$

따라서 만일

$$D_1 = \{(r, \theta) : r > 0, 0 < \theta < \pi\}$$

이면 제 1사분면$(D_1 \cap D_3)$에서 $f_3 \not\equiv f_1$이다. 즉, f_2는 D_2로 f_1의 해석적 확장함수이고 f_3는 D_3로 f_2의 해석적 확장함수이지만 f_3는 D_3로 f_1의 해석적 확장함수가 아니다.

예 제 16.4 $f_1(z)$을 다음과 같이 두자.

$$f_1(z) = \sum_{n=0}^{\infty} z^n = \frac{1}{1-z} \quad (|z| < 1).$$

만일 $|z| \geq 1$이면 $\sum_{n=0}^{\infty} z^n$이 발산하므로 $f_1(z)$는 $|z| \geq 1$에서 정의되지 않는다.

$$f_2(z) = \frac{1}{1-z} \quad (z \neq 1)$$

이면 $f_2(z)$는 $z \neq 1$에서 정의되고 해석적이다.

$$D_1 = \{z : |z| < 1\}, \quad D_2 = \mathbb{C} - \{1\}$$

이면 $D_1 \cap D_2 = D_1$에서 $f_1 \equiv f_2$이고 f_2가 D_2에서 해석적이므로 f_2는 D_2로 f_1의 해석적 확장함수이다.

연습문제 16.5 $f_1(z)$와 $f_2(z)$를 다음과 같이 두자.

$$f_1(z) = \sum_{n=0}^{\infty} (-1)^n z^{2n} \ (|z| < 1), \quad f_2(z) = \frac{1}{z^2+1} \ (z \neq \pm i).$$

이때 $f_2(z)$는 $\mathbb{C} - \{i, -i\}$로 $f_1(z)$의 해석적 확장함수임을 보여라.

✍ **연습문제 16.6** 상반평면 $\text{Im}z > 0$에서 $r > 0, 0 < \theta < 2\pi$로 $\text{Log}\, z$의 해석적 확장함수을 구하여라. 그리고 이 확장함수가 하반평면 $\text{Im}z < 0$에서 $\text{Log}\, z$와 같지 않음을 설명하여라.

✍ **연습문제 16.7** 다음 함수의 영역 $\mathbb{C} - \{1\}$로의 해석적 확장함수 f를 구하여라.

$$g(z) = \sum_{n=1}^{\infty} n^2 z^n \ (|z| < 1).$$

✍ **연습문제 16.8** $f(z)$를 다음과 같이 정의하자.

$$f(z) = \int_0^\infty t^2 e^{-zt} dt \ (\text{Re}(z) > 0).$$

이때 $\mathbb{C} - \{0\}$로 $f(z)$의 해석적 확장함수를 구하여라.

✍ **연습문제 16.9** $f(z)$를 다음과 같이 정의하자.

$$f(z) = \int_0^\infty t e^{-zt} dt \ (\text{Re}z > 0).$$

이때 영역 $\mathbb{C} - \{0\}$로 $f(z)$의 해석적 확장함수을 구하여라.

✍ **연습문제 16.10** 함수

$$f(z) = \int_0^\infty e^{-zt} \sin t dt \ (\text{Re}z > 0)$$

의 영역 $\mathbb{C} - \{i, -i\}$로의 해석적 확장함수를 구하여라.

이 장에서는 항등정리와 해석적 확장함수에 대해 알아보았다. 항등정리는 해석함수가 갖고 있는 중요한 특성 중 하나이다. 그리고 항등정리를 이용하면 해석함수의 어떤 영역으로의 해석적 확장함수의 유일성을 보일 수 있는데, 이 사실은 해석적 확장함수를 구하는데 매우 유용하다.

제 17 장

실함수 특이적분

17.1 실함수 특이적분

유계이고 닫힌집합 $[a,b]$에서 정의된 유계인 실함수에 대한 적분을 **고유적분**(proper integral)이라 한다. 그리고 적분하고자 하는 함수의 정의역이 유계가 아니거나 닫힌집합이 아닌 경우 또는 함수가 유계가 아닌 실함수에 대한 적분을 **특이적분**(improper integral)이라 한다.

먼저 정의역이 유계가 아닌 경우의 특이적분에 대해 알아보자.

f가 구간 $[a,\infty)$에서 정의된 함수이고 모든 $b>a$에 대해 f가 $[a,b]$에서 적분가능할 때, 만일 $\lim_{b\to\infty}\int_a^b f(x)dx$가 존재하면 특이적분 $\int_a^\infty f(x)dx$가 수렴한다고 하고

$$\int_a^\infty f(x)dx = \lim_{b\to\infty}\int_a^b f(x)dx$$

로 정의한다. 만일 $\lim_{b\to\infty}\int_a^b f(x)dx$가 존재하지 않으면 특이적분 $\int_a^\infty f(x)dx$는 발산한다고 한다. 예를 들어

$$\lim_{b\to\infty}\int_1^b \frac{1}{x^2}dx = \lim_{b\to\infty}\left(1-\frac{1}{b}\right) = 1$$

이므로 특이적분 $\int_1^\infty \frac{1}{x^2}dx$는 1로 수렴한다.

한편,

$$\lim_{b\to\infty}\int_1^b \frac{1}{\sqrt{x}}dx = \lim_{b\to\infty} 2(\sqrt{b}-1) = \infty$$

이므로 특이적분 $\int_1^\infty \frac{1}{\sqrt{x}}dx$는 발산한다.

특이적분 $\int_{-\infty}^{b} f(x)dx$ 의 수렴과 발산도 비슷한 방법으로 정의한다.

만일 임의의 실수 a에 대해 특이적분

$$\int_{-\infty}^{a} f(x)dx, \quad \int_{a}^{\infty} f(x)dx$$

가 수렴하면 특이적분 $\int_{-\infty}^{\infty} f(x)dx$가 수렴한다고 하고 다음과 같이 정의한다.

$$\int_{-\infty}^{\infty} f(x)dx = \int_{a}^{\infty} f(x)dx + \int_{-\infty}^{a} f(x)dx.$$

그리고 만일 $\lim_{a\to\infty}\int_{-a}^{a} f(x)dx$가 존재하면 이 값을 적분 $\int_{-\infty}^{\infty} f(x)dx$ 의 **Cauchy의 주치**(Cauchy principal value)라 하고 다음과 같이 나타낸다.

$$\text{P.V}\int_{-\infty}^{\infty} f(x)dx = \lim_{a\to\infty}\int_{-a}^{a} f(x)dx. \tag{17.1}$$

정의에 의해서 $\int_{-\infty}^{\infty} f(x)dx$가 존재하면 $\text{P.V}\int_{-\infty}^{\infty} f(x)dx$가 존재한다.

이것의 역은 성립하지 않는다. 예를 들어 임의의 실수 a에 대해

$$\int_{-a}^{a} \sin x dx = 0$$

이므로 $\text{P.V}\int_{-\infty}^{\infty} \sin x dx = 0$이다. 하지만 임의의 실수 c에 대해 $\lim_{a\to\infty}\int_{c}^{a} \sin x dx$가 존재하지 않으므로 $\int_{c}^{\infty} \sin x dx$가 존재하지 않는다. 따라서 $\int_{-\infty}^{\infty} \sin x dx$가 존재하지 않는다. 그러나 f가 $\mathbb{R}$에서 정의된 우함수(even function)이면 이것의 역이 성립하고

$$\int_{-\infty}^{\infty} f(x)dx = \text{P.V}\int_{-\infty}^{\infty} f(x)dx$$

이다.

17.2 경로적분의 응용

복소함수의 경로적분을 이용하면 식 (17.1)에 주어진 형태의 특이적분을 구할 수 있는 경우가 있다. 뿐만 아니라 경로적분을 이용하여 삼각함수들로 구성된 함

수의 적분도 구할 수있는 경우도 있다. 각각의 경우를 유형별로 나누어 구해보도록 하자.

I. $p(x), q(x)$가 $\deg(p(x)) + 2 \le \deg(q(x))$이고 서로 소인 다항식일 때 $f(x) = \dfrac{p(x)}{q(x)}$의 특이적분.

$p(x), q(x)$가 $\deg(p(x)) + 2 \le \deg(q(x))$이고 서로 소인 다항식일 때

$$f(x) = \frac{p(x)}{q(x)}$$

의 특이적분을 경로적분을 이용해서 구할 수 있는 경우가 있다. 그러한 경우들을 예를 들어 알아보자.

예제 17.1 경로적분을 이용해서

$$\int_0^\infty \frac{x^2}{x^6+1}dx = \frac{\pi}{6}$$

임을 보이자. $f(z) = \dfrac{z^2}{z^6+1}$라 하고

$$c_k = \exp\left[i\left(\frac{\pi}{6} + \frac{2k\pi}{6}\right)\right] \quad (k = 0, 1, \ldots, 5)$$

라 하면 각 c_k는 f의 단순극이다.

C_R을 중심이 원점이고 반지름이 $R > 1$인 원의 x축 윗부분의 반원, L_R를 $(-R, 0)$에서 $(R, 0)$까지 선분이라 하고 $C_R + L_R$의 방향은 시계반대방향이라 하자. (그림 17.1)

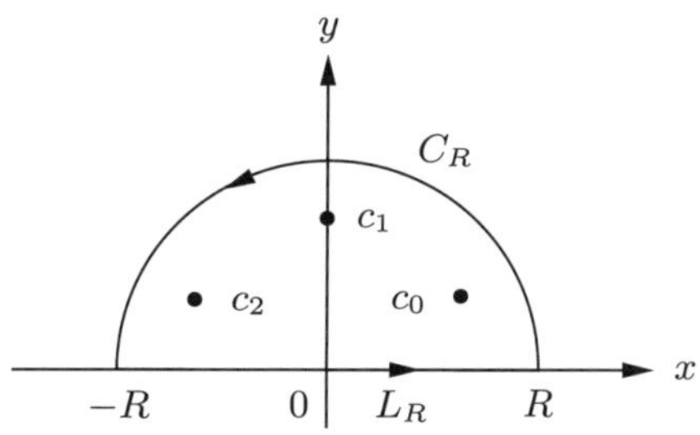

그림 17.1

c_0, c_1, c_2가 $C_R + L_R$ 내부에 존재하는 f의 단순극이므로 유수정리에 의해

$$\begin{aligned}\int_{C_R+L_R} f(z)dz &= \int_{L_R} f(z)dz + \int_{C_R} f(z)dz \\ &= 2\pi i\,(B_0 + B_1 + B_2).\end{aligned}$$

여기서 $B_k = \operatorname*{Res}_{z=c_k} f(z)$ $(k = 0, 1, 2)$이다. 그런데

$$B_k = \lim_{z \to c_k} (z - c_k) f(z) = \frac{1}{6c_k^3} \ (k = 0, 1, 2)$$

이므로

$$2\pi i \left(B_0 + B_1 + B_2\right) = 2\pi i \left(\frac{1}{6i} - \frac{1}{6i} + \frac{1}{6i}\right) = \frac{\pi}{3}.$$

따라서

$$\int_{L_R} f(z) dz = \int_{-R}^{R} f(x) dx = \frac{\pi}{3} - \int_{C_R} f(z) dz.$$

$|z| = R$이면

$$\left|z^6 + 1\right| \geq \left||z|^6 - 1\right| = R^6 - 1$$

이므로 $|z| = R$에서

$$|f(z)| = \frac{|z|^2}{|z^6 + 1|} \leq \frac{R^2}{R^6 - 1}.$$

$R \to \infty$이면

$$\left|\int_{C_R} f(z) dz\right| \leq \int_{C_R} |f(z)||dz| \leq \frac{R^2}{R^6 - 1} \cdot \pi R \to 0$$

이므로

$$\lim_{R \to \infty} \int_{C_R} f(z) dz = 0.$$

따라서

$$\lim_{R \to \infty} \int_{-R}^{R} \frac{x^2}{x^6 + 1} dx = \text{P.V} \int_{-\infty}^{\infty} \frac{x^2}{x^6 + 1} dx = \frac{\pi}{3}.$$

그런데 $\dfrac{x^2}{x^6 + 1}$이 우함수이므로

$$\text{P.V} \int_{-\infty}^{\infty} \frac{x^2}{x^6 + 1} dx = \int_{-\infty}^{\infty} \frac{x^2}{x^6 + 1} dx = 2 \int_{0}^{\infty} \frac{x^2}{x^6 + 1} dx = \frac{\pi}{3}.$$

따라서

$$\int_{0}^{\infty} \frac{x^2}{x^6 + 1} dx = \frac{\pi}{6}$$

이다.

✍ **연습문제 17.1** 경로적분을 이용하여

$$\int_{-\infty}^{\infty} \frac{x^2+3}{(x^2+1)(x^2+4)} dx$$

를 구하여라.

✍ **연습문제 17.2** 경로적분을 이용하여

$$\int_{0}^{\infty} \frac{1}{x^4+1} dx$$

을 구하여라.

✍ **연습문제 17.3** 경로적분을 이용하여 다음 적분의 Cauchy의 주치를 구하여라.

(1) $\displaystyle\int_{-\infty}^{\infty} \frac{1}{x^2+2x+2} dx$ (2) $\displaystyle\int_{-\infty}^{\infty} \frac{2}{(x^2+1)(x^2+2x+2)} dx$

✍ **연습문제 17.4** 유수와 그림 17.2에 주어진 경로를 이용해서

$$\int_{0}^{\infty} \frac{1}{x^3+1} dx = \frac{2\pi}{3\sqrt{3}}$$

임을 보여라.

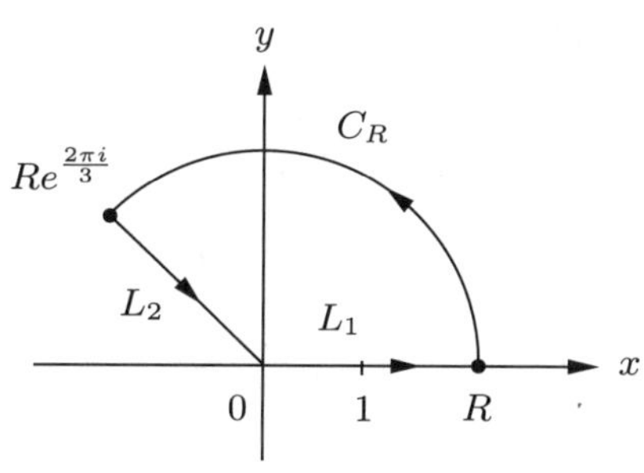

그림 17.2

✍ **연습문제 17.5** 꼭지점이 $-R, R, R+2\pi i, -R+2\pi i$ 인 직사각형의 변을 따라

$$\frac{e^{\lambda z}}{1+e^z} \quad (0 < \lambda < 1)$$

을 경로적분하여

$$\text{P.V}\int_{-\infty}^{\infty}\frac{e^{\lambda x}}{1+e^{x}}dx=\frac{\pi}{\sin\pi\lambda}$$

임을 보여라. (그림 17.3)

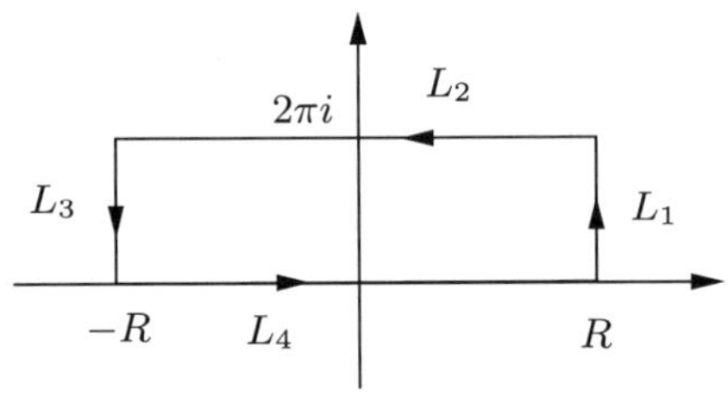

그림 17.3

II. $\int_{-\infty}^{\infty} f(x)\sin ax dx$과 $\int_{-\infty}^{\infty} f(x)\cos ax dx$의 적분

$a>0$이고, 서로 소인 실계수 다항식 $p(x), q(x)$에 대해 $q(x)$의 영점이 실수가 아니고

$$f(x)=\frac{p(x)}{q(x)}$$

라 하자. 이때 특이적분 $\int_{-\infty}^{\infty} f(x)\sin ax dx$과 $\int_{-\infty}^{\infty} f(x)\cos ax dx$를 경로적분을 이용하여 구하자. 이 경우 $\sin az$와 $\cos az$가 유계가 아니므로 **I** 처럼 $f(z)\sin az$ 또는 $f(z)\cos az$를 바로 적분해서 구하지 못할 수 있다. 그러나

$$\int_{-R}^{R} f(x)\cos ax dx+i\int_{-R}^{R} f(x)\sin ax dx=\int_{-R}^{R} f(x)e^{iax}dx$$

이고

$$\left|e^{iaz}\right|=e^{-ay}=\frac{1}{e^{ay}}$$

이므로 e^{iaz}가 상반평면 $y=\text{Im}(z)>0$에서 유계이다. 따라서 앞에서와 비슷하게 $f(z)e^{iaz}$의 경로적분을 이용하면 어느 정도 구할 가능성이 있다.

예 제 17.2 경로적분을 이용하여

$$\int_{-\infty}^{\infty}\frac{\cos 3x}{(x^2+1)^2}dx=\frac{2\pi}{e^3}$$

임을 보이자. $\frac{\cos 3x}{(x^2+1)^2}$가 우함수이므로

$$\text{P.V}\int_{-\infty}^{\infty}\frac{\cos 3x}{(x^2+1)^2}dx$$

를 구해도 된다.

$$f(z)=\frac{1}{(z^2+1)^2}$$

이면 $f(z)e^{i3z}$는 $z=i$을 제외한 상반평면 $y>0$의 모든 점에서 해석적이다. 중심이 원점이고 반지름이 $R>1$인 원에서 상반평면 $y>0$에 놓인 부분을 C_R이라 하고, $(-R,0)$와 $(R,0)$을 잇는 선분을 L_R이라 하자. (그림 17.1) 그러면 유수정리에 의해서

$$\int_{C_R} f(z)e^{i3z}dz+\int_{L_R} f(z)e^{i3z}dz=2\pi i\operatorname*{Res}_{z=i}\left[f(z)e^{i3z}\right].$$

그런데

$$\begin{aligned}\operatorname*{Res}_{z=i}\left[\frac{e^{i3z}}{(z^2+1)^2}\right]&=\operatorname*{Res}_{z=i}\left[\frac{1}{(z-i)^2}\cdot\frac{e^{i3z}}{(z+i)^2}\right]\\&=\frac{d}{dz}\left(\frac{e^{i3z}}{(z+i)^2}\right)\Bigg|_{z=i}=\frac{1}{ie^3}\end{aligned}$$

이므로

$$\int_{L_R} f(z)e^{i3z}dz=\int_{-R}^{R} f(x)e^{i3x}dx=\frac{2\pi i}{ie^3}-\int_{C_R} f(z)e^{i3z}dz$$

이고

$$\begin{aligned}\int_{-R}^{R} f(x)\cos 3x dx&=\frac{2\pi}{e^3}-\text{Re}\left[\int_{C_R} f(z)e^{i3z}dz\right],\\\int_{-R}^{R} f(x)\sin 3x dx&=-\text{Im}\left[\int_{C_R} f(z)e^{i3z}dz\right].\end{aligned}$$

$C_R: z=Re^{i\theta}(0\le\theta\le\pi)$에서

$$\begin{aligned}|z^2+1|\ge|z|^2-1=R^2-1,\\|e^{i3z}|=\left|e^{i3(Re^{i\theta})}\right|=\left|e^{i3(R\cos\theta+iR\sin\theta)}\right|=e^{-3R\sin\theta}\quad(0\le\theta\le\pi).\end{aligned}$$

따라서 C_R에서

$$|f(z)e^{i3z}|\le\frac{1}{(R^2-1)^2e^{3R\sin\theta}}$$

이고

$$\left|\int_{C_R} f(z)e^{i3z}dz\right| \le \left|\int_{C_R} f(z)e^{i3z}dz\right| \le \int_{C_R} |f(z)e^{i3z}||dz| \le \frac{1}{(R^2-1)^2}\cdot\int_0^{\pi} Re^{-3R\sin\theta}d\theta. \tag{17.2}$$

$\sin\theta \ge \dfrac{2\theta}{\pi}$ $\left(0 \le \theta \le \dfrac{\pi}{2}\right)$ 이므로

$$e^{-3R\sin\theta} \le e^{-\frac{6R\theta}{\pi}}.$$

그런데

$$\int_0^{\frac{\pi}{2}} e^{-3R\sin\theta}d\theta \le \int_0^{\frac{\pi}{2}} e^{-\frac{6R\theta}{\pi}}d\theta = \frac{\pi}{6R}\left(1-e^{-R}\right) < \frac{\pi}{6R}$$

이므로

$$\int_0^{\pi} e^{-3R\sin\theta}d\theta = 2\int_0^{\frac{\pi}{2}} e^{-3R\sin\theta}d\theta < \frac{\pi}{3R}.$$

따라서 $R\to\infty$ 이면

$$\frac{1}{(R^2-1)^2}\cdot\int_0^{\pi} Re^{-3R\sin\theta}d\theta \le \frac{R}{(R^2-1)^2}\cdot\frac{\pi}{3R} \to 0$$

이고, 식 (17.2) 에서

$$\lim_{R\to\infty} \mathrm{Re}\int_{C_R} f(z)e^{i3z}dz = \lim_{R\to\infty} \mathrm{Im}\int_{C_R} f(z)e^{i3z}dz = 0.$$

따라서

$$\text{P.V}\int_{-\infty}^{\infty} f(x)\cos 3x dx = \lim_{R\to\infty}\int_{-R}^{R} f(x)\cos 3x dx = \frac{2\pi}{e^3}$$

이고

$$\text{P.V}\int_{-\infty}^{\infty} f(x)\sin 3x dx = \lim_{R\to\infty}\int_{-R}^{R} f(x)\sin 3x dx = 0.$$

참고 위 계산 과정에서 부등식

$$\int_0^{\pi} e^{-R\sin\theta}d\theta < \frac{\pi}{R}\ (R>0).$$

을 이용하였는데, 이 부등식을 **Jordan 부등식**이라고 한다.

✍ **연습문제 17.6** Jordan의 부등식을 증명하라.

상반평면 $y > 0$의 일부분인 반원 $C_R : z = Re^{i\theta}(0 \le \theta \le \pi)$의 윗 쪽에서 $f(z)$가 해석적이라 하자. (그림 17.4) 만일 C_R에서 $|f(z)| \le M_R$(M_R은 R의 함수)이면

$$\left|\int_{C_R} f(z)e^{iaz}dz\right| \le \int_0^\pi \left|f(Re^{i\theta})e^{ia(Re^{i\theta})}Re^{i\theta}\right| d\theta$$
$$\le M_R \cdot R\int_0^\pi e^{-aR\sin\theta}d\theta \qquad (17.3)$$
$$< M_R \cdot R \cdot \frac{\pi}{aR} = \frac{M_R\pi}{a} \ (a > 0).$$

따라서 만일 $R \to \infty$일 때 $M_R \to 0$이면

$$\lim_{R\to\infty}\int_{C_R} f(z)e^{iaz}dz = 0 \ (a > 0). \qquad (17.4)$$

이 결과를 **Jordan 보조정리**라고 한다.

보조정리 17.2.1 **Jordan 보조정리**

상반평면 $y > 0$의 일부분인 반원 $C_{R_0} : z = R_0e^{i\theta}(0 \le \theta \le \pi)$의 위쪽에서 $f(z)$가 해석적이라 하자. (그림 17.4) 그리고 $R > R_0$에 대해 $C_R : z = Re^{i\theta}$ $(0 \le \theta \le \pi)$라 하자. 만일 C_R에서 $|f(z)| \le M_R$이고 $R \to \infty$일 때 $M_R \to 0$인 양수 M_R이 존재하면

$$\lim_{R\to\infty}\int_{C_R} f(z)e^{iaz}dz = 0 \ (a > 0).$$

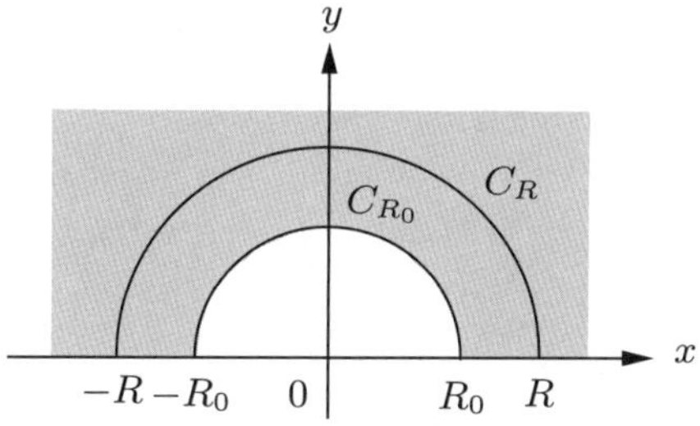

그림 17.4

예 제 17.3 경로적분을 이용하여

$$\text{P.V}\int_{-\infty}^{\infty}\frac{x\sin x}{x^2+2x+2}dx$$

을 구하자. $z_1=-1+i$ 라 하고

$$f(z)=\frac{z}{z^2+2z+2}=\frac{z}{(z-z_1)(z-\overline{z_1})}$$

라 하자. z_1 이 $f(z)e^{iz}$ 의 단순극이므로

$$\operatorname*{Res}_{z=z_1} f(z)e^{iz}=\lim_{z\to z_1}(z-z_1)f(z)e^{iz}=\frac{z_1e^{iz_1}}{z_1-\overline{z_1}}.$$

그러므로 $C_R: z=Re^{i\theta}(0\le\theta\le\pi, R>\sqrt{2})$ 이고 $B_1=\dfrac{z_1e^{iz_1}}{z_1-\overline{z_1}}$ 이면

$$\int_{-R}^{R}f(z)e^{iz}dz+\int_{C_R}f(z)e^{iz}dz=2\pi iB_1.$$

따라서

$$\int_{-R}^{R}f(x)e^{ix}dx=2\pi iB_1-\int_{C_R}f(z)e^{iz}dz$$

이고

$$\int_{-R}^{R}f(x)\sin x dx=\text{Im}\,(2\pi iB_1)-\text{Im}\int_{C_R}f(z)e^{iz}dz. \tag{17.5}$$

C_R 에서

$$|z-z_1|\ge|z|-|z_1|=R-\sqrt{2},$$
$$|z-\overline{z_1}|\ge|z|-|\overline{z_1}|=R-\sqrt{2}.$$

따라서 C_R 에서

$$|f(z)|\le\frac{R}{(R-\sqrt{2})^2}$$

이고, Jordan 보조정리에 의해서

$$\lim_{R\to\infty}\int_{C_R}f(z)e^{iz}dz=0.$$

그런데

$$\left|\text{Im}\int_{C_R}f(z)e^{iz}dz\right|\le\left|\int_{C_R}f(z)e^{iz}dz\right|$$

이므로

$$\lim_{R\to\infty}\left[\text{Im}\int_{C_R} f(z)e^{iz}dz\right]=0.$$

그러므로 식 (17.5) 에서

$$\text{P.V}\int_{-\infty}^{\infty} f(x)\sin x dx=\text{Im}\,(2\pi i B_1)=\frac{\pi}{e}\,(\sin 1+\cos 1)$$

이다.

✍ **연습문제 17.7** 경로적분을 이용하여 다음을 구하여라.

$$\int_0^{\infty}\frac{\cos ax}{x^2+1}dx(a>0)$$

✍ **연습문제 17.8** 경로적분을 이용하여 다음 특이적분을 구하여라. 단 $a>0$이다.

(1) $\displaystyle\int_{-\infty}^{\infty}\frac{x\sin ax}{x^4+4}dx$ (2) $\displaystyle\text{P.V}\int_{-\infty}^{\infty}\frac{\sin x}{x^2+4x+5}dx$

✍ **연습문제 17.9** 다음 과정에 따라 Fresnel 적분

$$\int_0^{\infty}\cos(x^2)dx=\int_0^{\infty}\sin(x^2)dx=\frac{1}{2}\sqrt{\frac{\pi}{2}}$$

을 계산하여라.

(1) $0\le r\le R, 0\le\theta\le\frac{\pi}{4}$의 경계의 양의 방향을 따라 함수 $\exp(iz^2)$을 Cauchy-Goursat 정리를 이용해서 적분하여 다음을 보여라. (그림 17.5)

$$\int_0^R\cos(x^2)dx=\frac{1}{\sqrt{2}}\int_0^R e^{-r^2}dr-\text{Re}\int_{C_R}e^{iz^2}dz,$$
$$\int_0^R\sin(x^2)dx=\frac{1}{\sqrt{2}}\int_0^R e^{-r^2}dr-\text{Im}\int_{C_R}e^{iz^2}dz.$$

여기서 $C_R: z=Re^{i\theta}\ \left(0\le\theta\le\frac{\pi}{4}\right)$ 이다.

(2) 다음 부등식을 보여라.

$$\left|\int_{C_R}e^{iz^2}dz\right|\le\frac{R}{2}\int_0^{\frac{\pi}{2}}e^{-R^2\sin\phi}d\phi.$$

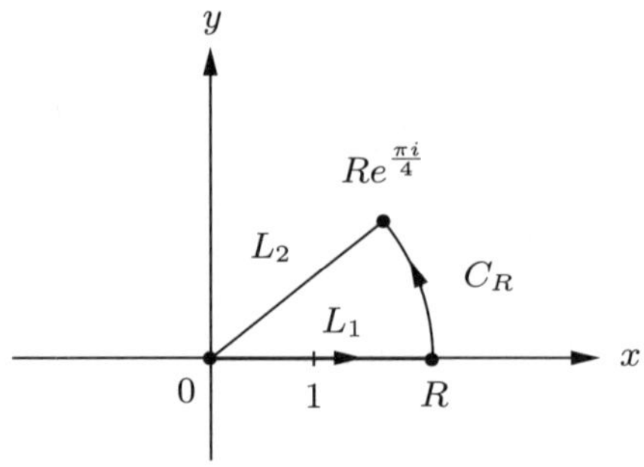

그림 17.5

이 부등식을 이용해서 다음을 보여라.

$$\lim_{R\to\infty}\left(\mathrm{Re}\int_{C_R} e^{iz^2}dz\right)=\lim_{R\to\infty}\left(\mathrm{Im}\int_{C_R} e^{iz^2}dz\right)=0.$$

(3) (1)과 (2)의 결과와

$$\int_0^\infty e^{-x^2}dx=\frac{\sqrt{\pi}}{2}$$

임을 이용해서 Fresenl 적분을 보여라.

✍ **연습문제 17.10** L_1은 $(-a,0)(a>0)$와 $(a,0)$을 잇는 선분, L_2는 $(a,0)$와 $(a,b)(b>0)$을 잇는 선분, L_3는 (a,b)와 $(-a,b)$를 잇는 선분 그리고 L_4는 $(-a,b)$와 $(-a,0)$을 잇는 선분이라 하자. (그림 17.6)

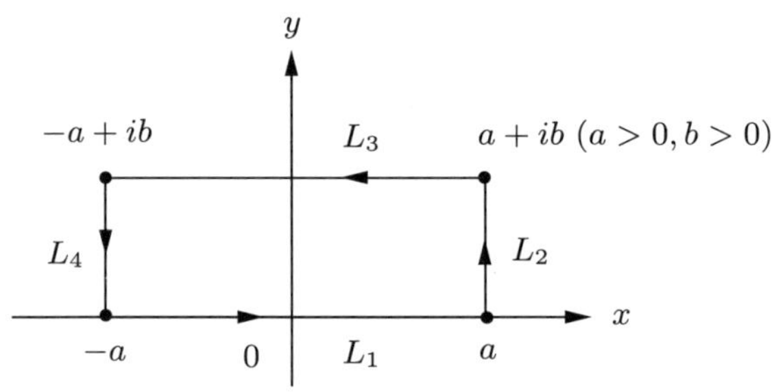

그림 17.6

(1) 다음을 보여라.

$$\int_{L_1} e^{-z^2}dz+\int_{L_3} e^{-z^2}dz=2\int_0^a e^{-x^2}dx-2e^{b^2}\int_0^a e^{-x^2}\cos(2bx)dx,$$
$$\int_{L_2} e^{-z^2}dz+\int_{L_4} e^{-z^2}dz=ie^{-a^2}\int_0^b e^{y^2}e^{-i2ay}dy-ie^{-a^2}\int_0^b e^{y^2}e^{i2ay}dy.$$

그리고 다음을 보여라.

$$\int_0^a e^{-x^2}\cos(2bx)dx = e^{-b^2}\int_0^a e^{-x^2}dx + e^{-(a^2+b^2)}\int_0^b e^{y^2}\sin(2ay)dy.$$

(2) (1)을 이용해서 다음을 보여라.

$$\int_0^\infty e^{-x^2}\cos(2bx)dx = \frac{\sqrt{\pi}}{2}e^{-b^2}$$

III. $\int_0^{2\pi} F(\sin\theta, \cos\theta)d\theta$ 의 적분

$z = e^{i\theta}(0 \le \theta \le 2\pi)$ 이면

$$\sin\theta = \frac{z - z^{-1}}{2i}, \quad \cos\theta = \frac{z + z^{-1}}{2}, \quad d\theta = \frac{dz}{iz}$$

이므로 다음과 같이 나타낼 수 있다.

$$\int_0^{2\pi} F(\sin\theta, \cos\theta)d\theta = \int_{|z|=1} F\left(\frac{z - z^{-1}}{2i}, \frac{z + z^{-1}}{2}\right)\frac{dz}{iz}. \tag{17.6}$$

따라서 식 (17.6) 의 왼쪽 적분을 구하기 위하여 식 (17.6) 의 오른쪽 경로적분을 구하면 된다.

예제 17.4 $\int_0^{2\pi} \frac{d\theta}{1 + a\sin\theta} = \frac{2\pi}{\sqrt{1-a^2}}$ $(-1 < a < 1)$ 임을 보이자. 식 (17.6) 에서

$$\begin{aligned}\int_0^{2\pi} \frac{d\theta}{1 + a\sin\theta} &= \int_{|z|=1} \frac{1}{1 + a\cdot((z - z^{-1})/2i)}\cdot\frac{dz}{iz} \\ &= \int_{|z|=1} \frac{2/a}{z^2 + (2i/a)\,z - 1}dz.\end{aligned}$$

$z^2 + \frac{2i}{a}z - 1 = 0$ 의 해는

$$z_1 = \left(\frac{-1 + \sqrt{1-a^2}}{a}\right)i, \ z_2 = \left(\frac{-1 - \sqrt{1-a^2}}{a}\right)i.$$

$|a| < 1$ 이므로 $|z_2| = \frac{1 + \sqrt{1-a^2}}{|a|} > 1$ 이고 $|z_1 z_2| = 1$ 이므로 $|z_1| < 1$ 이다. 따라서 $\frac{2/a}{z^2 + (2i/a)\,z - 1}$ 의 특이점 z_1 이 $|z| = 1$ 내에 존재하고 유수정리에

의해 다음을 얻는다.

$$\begin{aligned}\int_0^{2\pi} \frac{d\theta}{1+a\sin\theta} &= \int_{|z|=1} \frac{2/a}{z^2+(2i/a)\,z-1}dz \\ &= 2\pi i \cdot \frac{2}{a} \cdot \operatorname*{Res}_{z=z_1}\left[\frac{1}{(z-z_1)(z-z_2)}\right] \\ &= \frac{4\pi i}{a} \cdot \frac{1}{z_1-z_2} \\ &= \frac{4\pi i}{a} \cdot \frac{1}{(2\sqrt{1-a^2}/a)i} = \frac{2\pi}{\sqrt{1-a^2}}.\end{aligned}$$

✍ **연습문제 17.11** 경로적분을 이용하여

$$\int_0^{2\pi} \frac{1}{1-2\alpha\cos\theta+\alpha^2}d\theta \quad (\alpha \in \mathbb{C}, |\alpha| \neq 1)$$

을 구하여라.

✍ **연습문제 17.12** 경로적분을 이용하여 $\displaystyle\int_0^{2\pi} \frac{\sin^2\theta}{5+4\cos\theta}d\theta$을 구하여라.

✍ **연습문제 17.13** 유수정리를 이용해서 적분

$$\int_0^{\pi} \frac{1}{(a+\cos\theta)^2}d\theta \ (a>1)$$

를 구하여라.

✍ **연습문제 17.14** 경로적분을 이용하여

$$\int_{-\pi}^{\pi} \frac{d\theta}{a^2\cos^2\theta+b^2\sin^2\theta} \quad (0<b<a)$$

을 구하여라.

✍ **연습문제 17.15** 유수정리를 이용해서 $\displaystyle\int_0^{\pi} \sin^{2n}\theta d\theta \ (n=1,2,\ldots)$를 구하여라.

✍ **연습문제 17.16** (Wallis) n이 양의 정수일 때 이항정리를 이용해서

$$\int_{|z|=1} \left(z+\frac{1}{z}\right)^{2n} \frac{dz}{z}$$

를 계산하고, 이것을 이용해서

$$\frac{1}{2\pi}\int_0^{2\pi}(2\cos\theta)^{2n}d\theta = \frac{(2n)!}{(n!)^2}$$

임을 보여라.

IV. 특이점이 실수일 때 경로적분을 이용한 실함수 특이적분 구하기

$z = x_0 \in \mathbb{R}$은 $0 < |z - x_0| < R$에서 해석함수 f의 단순극이고 $\operatorname*{Res}_{z=x_0} f(z) = B_0$라 하자. 그리고 C_ρ는 시계방향의 원 $|z - x_0| = \rho < R$의 x축 윗부분이라 하자. (그림 17.7)

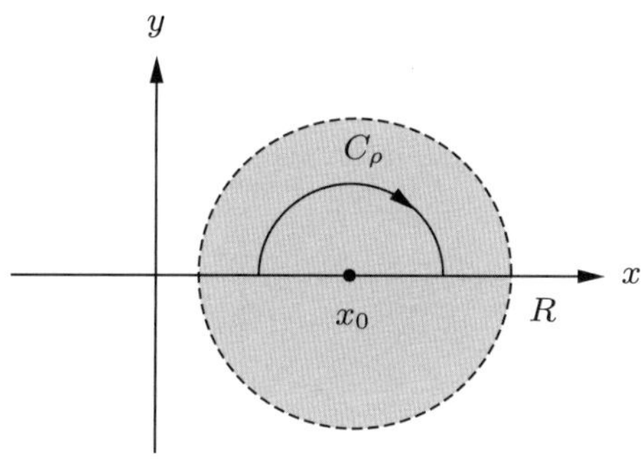

그림 17.7

$0 < |z - x_0| < R$에서 $f(z)$의 Laurent 급수가

$$f(z) = g(z) + \frac{B_0}{z - x_0}$$

이면 $g(z)$는 $|z - x_0| \le \rho_0 < R$에서 연속이므로 $|z - x_0| \le \rho_0$의 모든 z에 대해 $|g(z)| \le M$을 만족하는 양수 M이 존재한다. 따라서 $\rho \le \rho_0$이면

$$\left|\int_{C_\rho} g(z)dz\right| \le \int_0^{\pi} |g(z)|\rho d\theta \le M\rho\pi.$$

따라서

$$\lim_{\rho\to 0}\int_{C_\rho} g(z)dz = 0$$

이고

$$\int_{C_\rho}\frac{B_0}{z - x_0}dz = \int_{\pi}^{0}\frac{B_0}{\rho e^{i\theta}} i\rho e^{i\theta}d\theta = -B_0\pi i.$$

따라서

$$\lim_{\rho\to 0}\int_{C_\rho} f(z)dz = \lim_{\rho\to 0}\left[\int_{C_\rho} g(z)dz + \int_{C_\rho}\frac{B_0}{z-x_0}dz\right] = -B_0\pi i. \tag{17.7}$$

예제 17.5 다음을 보이자.

$$\int_0^\infty \frac{\sin x}{x}dx = \frac{\pi}{2}.$$

중심이 원점이고 반지름이 R인 시계반대방향의 원의 x축 윗부분을 C_R, 중심이 원점이고 반지름이 ρ인 시계방향의 원의 x축 윗부분을 C_ρ, $(\rho,0)$와 $(R,0)$을 잇는 선분을 L_1, $(-R,0)$와 $(-\rho,0)$를 잇는 선분을 L_2라 하면

$$L_1 + C_R + L_2 + C_\rho \ (0<\rho<1<R)$$

은 단순닫힌경로이다. (그림 17.8)

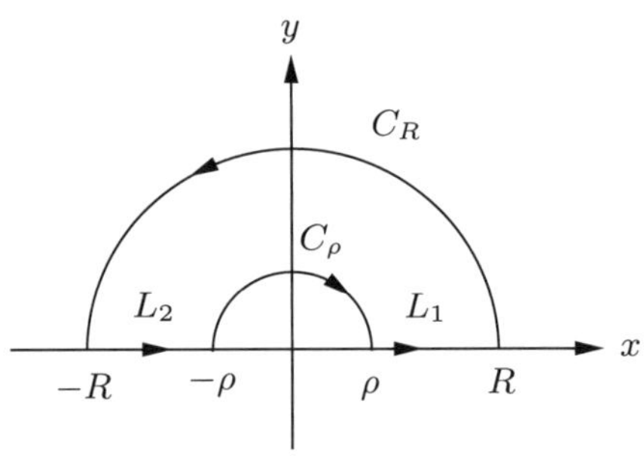

그림 17.8

$f(z) = \dfrac{e^{iz}}{z}$이면 0은 f의 단순극이다. 그리고 f가 $L_1+C_R+L_2+C_\rho$로 둘러싸인 영역에서 해석적이므로

$$\int_{L_1} f(z)dz + \int_{C_R} f(z)dz + \int_{L_2} f(z)dz + \int_{C_\rho} f(z)dz = 0. \tag{17.8}$$

그리고

$$\begin{aligned}\int_{L_1} f(z)dz &= \int_\rho^R \frac{e^{ix}}{x}dx = \int_\rho^R \frac{\cos x}{x}dx + i\int_\rho^R \frac{\sin x}{x}dx,\\ \int_{L_2} f(z)dz &= \int_{-R}^{-\rho} \frac{e^{ix}}{x}dx = \int_{-R}^{-\rho} \frac{\cos x}{x}dx + i\int_{-R}^{-\rho} \frac{\sin x}{x}dx \\ &= -\int_\rho^R \frac{\cos x}{x}dx + i\int_\rho^R \frac{\sin x}{x}dx\end{aligned} \tag{17.9}$$

이고, 식 (17.7)에서

$$\lim_{\rho \to 0} \int_{C_\rho} f(z)dz = -\left(\operatorname*{Res}_{z=0} \frac{e^{iz}}{z} \right) \pi i = -\pi i. \tag{17.10}$$

$C_R : z = Re^{i\theta}$ $(0 \le \theta \le \pi)$에서

$$\left| \int_{C_R} \frac{e^{iz}}{z} dz \right| \le \int_0^\pi \frac{e^{-R\sin\theta}}{R} \cdot Rd\theta < \frac{\pi}{R}$$

이므로

$$\lim_{R \to \infty} \int_{C_R} f(z)dz = 0. \tag{17.11}$$

따라서 식 (17.8), 식 (17.9), 식 (17.10), 식 (17.11)에 의해서 $\rho \to 0$이고 $R \to \infty$이면

$$2i \int_0^\infty \frac{\sin x}{x} dx = \pi i$$

또는

$$\int_0^\infty \frac{\sin x}{x} dx = \frac{\pi}{2}$$

예제 17.6 경로적분을 이용하여

$$\int_0^\infty \frac{\ln x}{(x^2+4)^2} dx = \frac{\pi}{32} (\ln 2 - 1)$$

임을 보이자.

$f(z)$는 다가함수 $\dfrac{\log z}{(z^2+4)^2}$의 다음과 같은 분지로 택한다.

$$f(z) = \frac{\log z}{(z^2+4)^2} \quad \left(|z| > 0, \ -\frac{\pi}{2} < \arg z < \frac{3\pi}{2} \right).$$

그러면 $f(z)$는 $0, 2i$와 분지절단선 $\theta = -\dfrac{\pi}{2}$를 제외한 나머지 모든 점에서 해석적이다. 그림 17.8에서 $\rho < 2 < R$이면 $f(z)$는 $L_1 + C_R + L_2 + C_\rho$로 둘러싸인 영역 내의 모든 $z \ne 2i$에서 해석적이고 $2i$는 위수가 2인 f의 극이다. 따라서 유수정리에 의하여

$$\int_{L_1} f(z)dz + \int_{C_R} f(z)dz + \int_{L_2} f(z)dz + \int_{C_\rho} f(z)dz = 2\pi i \operatorname*{Res}_{z=2i} f(z). \tag{17.12}$$

$\varphi(z) = \dfrac{\log z}{(z+2i)^2}$ 라 하면 φ는 $2i$에서 해석적이고 $\varphi(2i) \neq 0$. 그런데 $2i$가 위수가 2인 f의 극이고

$$f(z) = \frac{\log z/(z+2i)^2}{(z-2i)^2} = \frac{\varphi(z)}{(z-2i)^2}$$

로 나타낼 수 있으므로

$$\operatorname*{Res}_{z=2i} f(z) = \varphi'(2i) = \left(\frac{\pi}{64} + i\frac{1-\ln 2}{32}\right)$$

이다.

$$f(z) = \frac{\ln r + i\theta}{(r^2 e^{2i\theta} + 4)^2} \quad \left(z = re^{i\theta}, r > 0, -\frac{\pi}{2} < \theta < \frac{3\pi}{2}\right)$$

이므로

$$\int_{L_1} f(z)dz = \int_\rho^R \frac{\ln r}{(r^2+4)^2} dr. \tag{17.13}$$

$-L_2 : z = re^{i\pi} = -r \ (\rho \le r \le R)$ 이면 $\log z = \log(-r) = \ln r + i\pi$ 이므로

$$\int_{L_2} f(z)dz = -\int_{-L_2} f(z)dz = \int_\rho^R \frac{\ln r + i\pi}{(r^2+4)^2} dr \tag{17.14}$$

이고, 식 (17.12), 식 (17.13), 식 (17.14) 에서

$$\begin{aligned} &2\int_\rho^R \frac{\ln r}{(r^2+4)^2} dr + i\pi \int_\rho^R \frac{dr}{(r^2+4)^2} \\ &= \frac{\pi}{16}(\ln 2 - 1) + i\frac{\pi^2}{32} - \int_{C_\rho} f(z)dz - \int_{C_R} f(z)dz. \end{aligned} \tag{17.15}$$

식 (17.15) 의 실수부를 택하면

$$2\int_\rho^R \frac{\ln r}{(r^2+4)^2} = \frac{\pi}{16}(\ln 2 - 1) - \operatorname{Re}\int_{C_\rho} f(z)dz - \operatorname{Re}\int_{C_R} f(z)dz. \tag{17.16}$$

다음을 보이자.

$$\lim_{\rho\to 0}\left[\operatorname{Re}\int_{C_\rho} f(z)dz\right] = \lim_{R\to\infty}\left[\operatorname{Re}\int_{C_R} f(z)dz\right] = 0. \tag{17.17}$$

$C_\rho : z = \rho e^{i\theta} \ (\rho < 1, 0 \le \theta \le \pi)$ 에서

$$|\log z| = |\ln \rho + i\theta| \le |\ln \rho| + \theta \le -\ln\rho + \pi,$$

$$|z^2 + 4| \ge \big||z|^2 - 4\big| \ge 4 - \rho^2$$

이므로 L'Hopstial 법칙에 의해 $\rho \to 0$이면

$$\left|\text{Re}\int_{C_\rho} f(z)dz\right| \le \left|\int_{C_\rho} f(z)dz\right|$$
$$\le \frac{-\ln\rho+\pi}{(4-\rho^2)^2}\int_{C_\rho}|dz| \quad = \frac{-\ln\rho+\pi}{(4-\rho^2)^2}\cdot\pi\rho \to 0.$$

$C_R : z = Re^{i\theta}$ $(R > 2, 0 \le \theta \le \pi)$에서

$$|\log z| = |\ln R + i\theta| \le \ln R + \pi,$$
$$|z^2+4| \ge \big||z|^2-4\big| = R^2-4.$$

따라서 L'Hopstial 법칙에 의해 $R \to \infty$이면

$$\left|\text{Re}\int_{C_R} f(z)dz\right| \le \left|\int_{C_R} f(z)dz\right| \le \frac{\ln R+\pi}{(R^2-4)^2}\cdot\pi R \to 0.$$

따라서 식 (17.17)이 성립하고, 식 (17.16)에서

$$\int_0^\infty \frac{\ln x}{(x^2+4)^2}dx = \frac{\pi}{32}(\ln 2 - 1).$$

비슷하게 식 (17.15)에서 허수부를 택하면

$$\int_0^\infty \frac{dx}{(x^2+4)^2} = \frac{\pi^2}{32}$$

을 얻는다.

✍ **연습문제 17.17** 다음을 보여라.

$$\text{P.V}\int_{-\infty}^\infty \frac{5x^3}{1+x+x^2+x^3+x^4}dx = -2\pi\left(\sin\frac{\pi}{5}+\sin\frac{2\pi}{5}\right).$$

✍ **연습문제 17.18** 함수

$$f(z) = \frac{(\log z)^2}{z^2+1} \quad \left(|z|>0, -\frac{\pi}{2} < \arg z < \frac{3\pi}{2}\right)$$

을 이용해서

$$\int_0^\infty \frac{(\ln x)^2}{x^2+1}dx$$

을 구하여라.

✍ **연습문제 17.19** 그림 17.8을 이용해서 다음 적분을 구하여라.

$$\int_0^\infty \frac{\sin x}{x(x^2+1)}dx$$

✍ **연습문제 17.20** 그림 17.8을 이용하여 다음 적분을 보여라.

$$\int_0^\infty \frac{\cos(ax)-\cos(bx)}{x^2}dx = \frac{\pi}{2}(b-a)\ (a \geq 0, b \geq 0).$$

그리고 항등식 $1-\cos 2x = 2\sin 2x$을 이용해서

$$\int_0^\infty \frac{\sin^2 x}{x^2}dx = \frac{\pi}{2}$$

임을 보여라.

✍ **연습문제 17.21** 그림 17.8을 이용하여 $-1 < a < 3$이고 $x^a = \exp(a\ln x)$일 때 특이적분

$$\int_0^\infty \frac{x^a}{(x^2+1)^2}dx$$

을 구하여라.

✍ **연습문제 17.22** 다음을 보여라.

$$\int_0^\infty \frac{x^{a-1}}{1+x^2}dx = \frac{\pi}{2\sin\left(\frac{a\pi}{2}\right)}\ (0 < a < 2).$$

V. 분지절단선 위의 경로를 이용한 특이적분 구하기

복소함수의 경로적분을 이용해서 실함수의 적분값을 구할 때 경로적분하려는 적분함수의 분지절단선을 따라 적분하는 것이 유용할 때가 있다. 이런 경우에 대해 알아보자.

예제 17.7 x^{-a}의 주치

$$x^{-a} = \exp(-a\ln x)\ \ (0 < a < 1, x > 0)$$

을 이용해서

$$\int_0^\infty \frac{x^{-a}}{x+1}dx$$

을 계산하자. $0 < x \le 1$이면

$$\frac{x^{-a}}{x+1} < x^{-a}$$

이고 $\int_0^1 \frac{1}{x^a}dx$가 존재하므로 $\int_0^1 \frac{x^{-a}}{x+1}dx$가 존재한다. $x > 1$이면

$$\frac{x^{-a}}{x+1} < \frac{x^{-a}}{x} = x^{-a-1}$$

이고 $\int_1^\infty \frac{1}{x^{a+1}}dx$가 존재하므로 $\int_1^\infty \frac{x^{-a}}{x+1}dx$가 존재한다. 따라서 $\int_0^\infty \frac{x^{-a}}{x+1}dx$가 존재한다.

$0 < \rho < 1 < R$인 R, ρ에 대해 C_R을 중심이 원점이고 반지름이 R인 반시계방향의 원, C_ρ는 중심이 원점이고 반지름이 ρ인 시계방향의 원이라 하자. (그림 17.9)

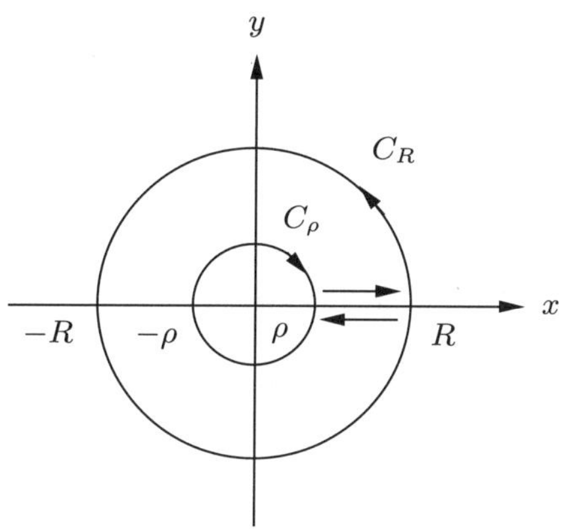

그림 17.9

그리고

$$f(z) = \frac{z^{-a}}{z+1} \ (|z| > 1, 0 < \arg z < 2\pi)$$

라 하자. 분지점이 원점, 분지절단선이 $\arg z = 0$인 다가함수 $\frac{z^{-a}}{z+1}$의 분지 $f(z)$는 C_R과 C_ρ에서 조각적연속이므로 $\int_{C_\rho} f(z)dz$, $\int_{C_R} f(z)dz$가 존재한다.

$z = re^{i\theta}$이면

$$f(z) = \frac{\exp(-a\log z)}{z+1} = \frac{\exp[-a(\ln r + i\theta)]}{re^{i\theta}+1}.$$

분지절단선의 상변 $(\theta = 0)$ 에서

$$f(z) = \frac{\exp[-a(\ln r + i0)]}{r+1} = \frac{r^{-a}}{r+1}$$

이고, 분지절단선의 하변 $(\theta = 2\pi)$ 에서

$$f(z) = \frac{\exp[-a(\ln r + i2\pi)]}{r+1} = \frac{r^{-a}e^{-i2a\pi}}{r+1}.$$

분지절단선의 상변에 놓이고 $(\rho, 0)$ 와 $(R, 0)$ 을 잇는 선분, $(R, 0)$ 을 시점과 종점으로 하는 경로 C_R, 분지절단선의 하변에 놓이고 $(R, 0)$ 와 $(\rho, 0)$ 을 잇는 선분, $(\rho, 0)$ 을 시점과 종점으로 하는 경로 C_ρ 의 이음은 닫힌경로이고 -1은 이 경로 내에 존재하는 f 의 유일한 고립특이점이므로 유수정리에 의해

$$\int_\rho^R \frac{r^{-a}}{r+1}dr + \int_{C_R} f(z)dz - \int_\rho^R \frac{r^{-a}e^{-i2a\pi}}{r+1}dr + \int_{C_\rho} f(z)dz \tag{17.18}$$
$$= 2\pi i \operatorname*{Res}_{z=-1} f(z).$$

$\phi(z) = z^{-a} = \exp(-a\log z)\ (|z| > 0, 0 < \arg z < 2\pi)$ 가 해석적이고

$$\phi(-1) = \exp[-a(\ln 1 + i\pi)] = e^{-ia\pi} \neq 0$$

이므로 -1는 f 의 단순극이다. 따라서

$$\operatorname*{Res}_{z=-1} f(z) = \phi(-1) = e^{-ia\pi}.$$

따라서

$$\int_{C_\rho} f(z)dz + \int_{C_R} f(z)dz = 2\pi i e^{-ia\pi} + \left(e^{-i2a\pi} - 1\right)\int_\rho^R \frac{r^{-a}}{r+1}dr. \tag{17.19}$$

그리고 $-C_\rho : z = \rho e^{i\theta}(0 < \theta < 2\pi)$ 에서

$$|z+1| \geq |z| - 1 = 1 - \rho,$$
$$|z^{-a}| = |\exp[-a\log z]| = |\exp[-a(\ln\rho + i\theta)]| = \exp(-a\ln\rho) = \rho^{\ln e^{-a}} = \rho^{-a}$$

이므로

$$\left|\int_{C_\rho} f(z)dz\right| = \left|-\int_{-C_\rho} f(z)dz\right| \leq \frac{\rho^{-a}}{1-\rho}\cdot 2\pi\rho = \frac{2\pi}{1-\rho}\cdot\rho^{1-a}.$$

따라서 $\rho \to 0$ 이면 $\frac{2\pi}{1-\rho}\cdot\rho^{1-a} \to 0$ 이다. 그리고 $C_R : z = Re^{i\theta}(0 < \theta < 2\pi)$

에서

$$|z+1| \geq |z| - 1 = R - 1,$$
$$|z^{-a}| = R^{-a}$$

이므로

$$|f(z)| \leq \left|\frac{z^{-a}}{z+1}\right| \leq \frac{R^{-a}}{R-1}.$$

따라서

$$\left|\int_{C_R} f(z)dz\right| = \int_0^{2\pi} |f(z)||dz| \leq \frac{R^{-a}}{R-1} \cdot 2\pi R = \frac{2\pi R}{R-1} \cdot \frac{1}{R^a}$$

이므로 $R \to \infty$이면 $\frac{2\pi R}{R-1} \cdot \frac{1}{R^a} \to 0$이다. 따라서 식 (17.19)에 의해서 $R \to \infty$이고 $\rho \to 0$이면

$$\begin{aligned}
\int_0^\infty \frac{r^{-a}}{r+1} dr &= 2\pi i \cdot \frac{e^{-ia\pi}}{1 - e^{-i2a\pi}} \\
&= 2\pi i \cdot \frac{e^{-ia\pi}}{(1 - e^{-i2a\pi})} \cdot \frac{e^{ia\pi}}{e^{ia\pi}} \\
&= 2\pi i \cdot \frac{1}{e^{ia\pi} - e^{-ia\pi}} = \frac{\pi}{\sin a\pi}.
\end{aligned}$$

참고 그림 17.9에 주어진 경로에서 $f(z) = \dfrac{z^{-a}}{z+1}$ $(|z| > 1, 0 < \arg z < 2\pi)$가 해석적이 아니므로 식 (17.18)이 성립하지 않을 것 같지만 여러 가지 이유에서 성립한다. 자세한 것은 참고문헌 [3], [12]를 참고하라.

연습문제 17.23 그림 17.8과 함수

$$f(z) = \frac{z^{\frac{1}{3}} \log z}{z^2+1} = \frac{e^{\frac{1}{3}\log z} \log z}{z^2+1} \quad \left(|z| > 0, -\frac{\pi}{2} < \arg z < \frac{3\pi}{2}\right)$$

을 이용해서

$$\int_0^\infty \frac{\sqrt[3]{x} \ln x}{x^2+1} dx = \frac{\pi^2}{6}, \qquad \int_0^\infty \frac{\sqrt[3]{x}}{x^2+1} dx = \frac{\pi}{\sqrt{3}}$$

이 성립함을 보여라.

연습문제 17.24 그림 17.8과 함수

$$f(z) = \frac{(\log z)^2}{z^2+1} \quad \left(|z| > 0, -\frac{\pi}{2} < \arg z < \frac{3\pi}{2}\right)$$

을 이용해서

$$\int_0^\infty \frac{(\ln x)^2}{x^2+1}dx = \frac{\pi^3}{8}, \quad \int_0^\infty \frac{\ln x}{x^2+1}dx = 0$$

을 보여라.

✍ **연습문제 17.25** 다가함수

$$f(z) = \frac{z^{-\frac{1}{2}}}{z^2+1} = \frac{e^{-\frac{1}{2}\log z}}{z^2+1}$$

의 적당한 분지를 이용해서

$$\int_0^\infty \frac{1}{\sqrt{x}(x^2+1)}dx$$

을 구하여라.

이 장에서는 경로적분을 이용하여 실함수의 특이적분을 구하는 방법을 다섯 가지 경우로 나누어 알아보았다. 물론 여기에 주어진 다섯 가지 형태의 특이적분을 모두 구할 수 있는 것은 아니다. 경우에 따라서는 다른 경로를 택해야 하고 또는 적절한 함수와 경로를 택했다고 해도 계산상의 어려움이 있을 수 있다.

제 18 장

무한곱과 Weierstrass 정리

18.1 무한곱

$u_1, u_2, \ldots$가 복소수일 때 $u_1 u_2 u_3 \cdots$의 형태를 $u_1, u_2, \ldots, u_n, \ldots$의 **무한곱** (infinite product)이라 하고 이것을

$$\prod_{n=1}^{\infty} u_n$$

으로 나타낸다. 무한급수와 비슷하게 $\lim_{n\to\infty}\left(\prod_{k=1}^{n} u_k\right)$가 존재하면 무한곱 $\prod_{n=1}^{\infty} u_n$이 수렴한다고 정의하고 싶다. 그러나 u_n 중 어느 한 항이 0이면 나머지 항들의 움직임에 관계없이 수렴하기 때문에 이러한 정의는 만족스럽지 못하다. 그러므로 무한곱을 정의하기 위해 모든 항이 0이 아니라 가정한다. 그러나 모든 항이 0이 아닐지라도 무한곱이 0이 될 수 있다. 예를 들면 $\lim_{n\to\infty}\left(\prod_{k=1}^{n} \frac{1}{k}\right) = 0$ 이다. 무한곱의 수렴의 정의에서 이러한 경우는 배제한다.

정의 18.1.1

모든 항이 0이 아닐 때 $\lim_{n\to\infty}\left(\prod_{k=1}^{n} u_k\right)$가 존재하고 0이 아니면 무한곱 $\prod_{n=1}^{\infty} u_n$이 수렴한다고 정의하고

$$\prod_{n=1}^{\infty} u_n = \lim_{n\to\infty}\left(\prod_{k=1}^{n} u_k\right)$$

로 나타낸다. 그리고 수렴하지 않으면 발산한다고 한다.

$p_n = \prod_{k=1}^{n} u_k$ 이라 하자. $\prod_{n=1}^{\infty} u_n$ 이 수렴하면 $\{p_n\}$은 0이 아닌 어떤 p로 수렴한다. 그러므로 $n \to \infty$이면

$$u_n = \frac{p_n}{p_{n-1}} \to \frac{p}{p} = 1.$$

그러므로 만일 $a_n = u_n - 1$이라 두면 $u_n = 1 + a_n$이고 $\lim_{n\to\infty} a_n = 0$이다. 따라서

> 무한곱이 수렴하면 $\lim_{n\to\infty} a_n = 0$인 수열 $\{a_n\}$에 대해 $\prod_{n=1}^{\infty}(1 + a_n)$ 형태로 나타낼 수 있다.

그러나 무한급수에서 처럼 $\lim_{n\to\infty} a_n = 0$은 무한곱 $\prod_{n=1}^{\infty}(1+a_n)$이 수렴하기 위한 충분조건은 아니다. 예를 들어

$$p_n = \prod_{k=1}^{n}\left(1 + \frac{1}{k}\right) = \frac{3}{2}\cdot\frac{4}{3}\cdots\frac{n+1}{n} = \frac{n+1}{2} \to \infty$$

이므로 $\lim_{n\to\infty} \frac{1}{n} = 0$이지만 $\prod_{n=1}^{\infty}\left(1 + \frac{1}{n}\right)$은 발산한다. 비슷하게

$$p_n = \prod_{k=2}^{n}\left(1 - \frac{1}{k}\right) = \frac{1}{2}\cdot\frac{2}{3}\cdots\frac{n-1}{n} = \frac{1}{n} \to 0$$

이므로 $\prod_{n=2}^{\infty}\left(1 - \frac{1}{n}\right)$도 발산한다.

✍ **연습문제 18.1** 다음 값을 구하여라.

(1) $\prod_{n=1}^{\infty}\left(1 + \frac{1}{n(n+2)}\right)$ (2) $\prod_{n=2}^{\infty}\left(1 - \frac{2}{n(n+1)}\right)$

a_n이 실수일 때 무한급수 $\sum a_n$과 무한곱 $\prod(1+a_n)$ 사이에 깊은 연관이 있다. 특히 모든 n에 대해 $a_n \geq 0$이면 이 둘 사이의 관계는 아주 중요하다.

모든 n에 대해 $a_n \geq 0$이라 하자. 그러면 다음 부등식에서 무한급수 $\sum a_n$과 무한곱 $\prod(1 + a_n)$ 사이의 관계를 알 수 있다.

$$\begin{aligned} a_1 + a_2 + \cdots + a_n &\leq (1 + a_1)(1 + a_2)\cdots(1 + a_n) \\ &\leq e^{a_1}e^{a_2}\cdots e^{a_n} = e^{a_1+a_2+\cdots+a_n}. \end{aligned} \tag{18.1}$$

정리 18.1.2

모든 n에 대해 $a_n \ge 0$일 때 $\prod_{n=1}^{\infty}(1+a_n)$이 수렴하기 위한 필요충분조건은 $\sum a_n$이 수렴하는 것이다.

정리 18.1.2는 식 (18.1)과 급수의 비교판정법을 이용하면 쉽게 증명할 수 있다.

$a_n \ge 0$이고 $a_n \ne 1$이라 하자. 이때 $\prod_{n=1}^{\infty}(1-a_n)$의 수렴성과 $\sum a_n$의 수렴성 사이의 관계를 알아보자.

$\sum a_n$이 수렴하면 Cauchy의 조건을 만족하므로 충분히 큰 N에 대해

$$\sum_{n=N}^{\infty} a_n < \frac{1}{2}$$

이다. 따라서

$$\begin{aligned}(1-a_N)(1-a_{N+1}) &= 1-a_N-a_{N+1}+a_Na_{N+1} \\ &\ge 1-a_N-a_{N+1} > \frac{1}{2}.\end{aligned}$$

수학적 귀납법을 이용하면 모든 $n > N$에 대해 다음이 성립함을 보일 수 있다.

$$\prod_{k=N}^{n}(1-a_k) \ge 1-\sum_{k=N}^{n} a_k > \frac{1}{2}. \tag{18.2}$$

따라서 $\left\{\prod_{k=N}^{n}(1-a_k)\right\}$는 아래로 유계이고 단조감소수열이므로 수렴한다.

$$p_n = \prod_{k=1}^{n}(1-a_k) = p_{N-1}\prod_{k=N}^{n}(1-a_k)$$

이면 식 (18.2)에서 $n \to \infty$일 때

$$\frac{p_n}{p_{N-1}} = \prod_{k=N}^{n}(1-a_k) \to p \ \left(\frac{1}{2} \le p \le 1\right).$$

따라서 $\lim_{n\to\infty} p_n = p_{N-1}p \ne 0$이고 $\prod_{k=1}^{\infty}(1-a_k)$은 수렴한다.

$\sum_{n=1}^{\infty} a_n$이 발산한다고 하자. $\lim_{n\to\infty} a_n \ne 0$이면 $\lim_{n\to\infty}(1-a_n) \ne 1$이므로 $\prod_{k=1}^{\infty}(1-a_k)$는 발산한다. $\lim_{n\to\infty} a_n = 0$이면 $n \ge N$일 때 $0 \le a_n < 1$인 어떤 N이 존재한

다. 모든 $0 \le x \le 1$에 대해

$$1 - x \le e^{-x}$$

이므로 $n > N$이면

$$0 \le \prod_{k=N}^{n} (1 - a_k) \le \prod_{k=N}^{\infty} \exp(-a_k) = \exp\left(-\sum_{k=N}^{\infty} a_k \right).$$

$\sum_{k=1}^{\infty} a_k$가 발산하므로 $\prod_{k=N}^{\infty}(1 - a_k) = 0$이다. 따라서 $\prod_{k=1}^{\infty}(1 - a_k)$는 발산한다. 즉, 다음 관계를 얻는다.

정리 18.1.3

$a_n \ge 0$이고 $a_n \ne 1$일 때 $\prod_{n=1}^{\infty}(1-a_n)$가 수렴하기 위한 필요충분조건은 $\sum a_n$이 수렴하는 것이다.

만일 $a_n \ge 0$이라든가 $a_n \ne 1$이라는 조건이 없으면 $\prod(1 + a_n)$의 수렴성과 $\sum a_n$의 수렴성이 무관할 수 있다. 즉, $\sum a_n$이 수렴하지만 $\prod(1+a_n)$이 발산할 수 있고 또는 $\sum a_n$이 발산하지만 $\prod(1 + a_n)$이 수렴할 수 있다.

✍ **연습문제 18.2** $\sum a_n$은 수렴하지만 $\prod(1 + a_n)$이 발산하는 실수열 $\{a_n\}$의 예를 구하여라.

✍ **연습문제 18.3** $\sum a_n$이 발산하지만 $\prod(1 + a_n)$이 수렴하는 실수열 $\{a_n\}$의 예를 구하여라.

실수에서와 비슷하게 복소수의 무한급수와 무한곱 사이의 관계는 다음과 같다.

정리 18.1.4

a_n이 복소수이고 $a_n \ne -1$이면 $\prod(1+a_n)$이 수렴하기 위한 필요충분조건은 $\sum \text{Log}\,(1+a_n)$이 수렴하는 것이다.

자세한 것은 참고문헌 [1], [8], [12] 를 참고하라.

✍ **연습문제 18.4** $\{a_n\}$이 모든 n에 대해 $|a_n| < 1$인 실수열이고 $\sum a_n$이 수렴한다고 하자. 이때 $\prod_{n=1}^{\infty}(1+a_n)$이 수렴하기 위한 필요충분조건은 $\sum_{n=1}^{\infty} a_n^2$이 수렴하는 것임을 보여라.

$\lim_{n\to\infty} a_n = 0$이면 충분히 큰 모든 n에 대해 $|a_n| \le \frac{1}{2}$이 되므로 n이 충분히 크면

$$\begin{aligned}\left|\frac{\mathrm{Log}\,(1+a_n)}{a_n}\right| &= \left|1-\frac{a_n}{2}+\frac{a_n^2}{3}-\cdots\right| \\ &\le 1+\left|-\frac{a_n}{2}+\frac{a_n^2}{3}-\cdots\right| \\ &\le 1+\frac{1}{2}(|a_n|+|a_n|^2+\cdots) \\ &= 1+\frac{1}{2}\cdot\frac{|a_n|}{1-|a_n|} \le 1+\frac{1}{2}=\frac{3}{2}.\end{aligned}$$

즉, 충분히 큰 모든 n에 대해

$$|\mathrm{Log}\,(1+a_n)| \le \frac{3}{2}|a_n|. \tag{18.3}$$

한편, 충분히 큰 모든 n에 대해

$$\begin{aligned}\left|\frac{\mathrm{Log}\,(1+a_n)}{a_n}\right| &= \left|1-\frac{a_n}{2}+\frac{a_n^2}{3}-\cdots\right| \\ &\ge 1-\left|\frac{a_n}{2}-\frac{a_n^2}{3}+\cdots\right| \\ &\ge 1-\big(|a_n|+|a_n|^2+\cdots\big) \\ &= 1-\frac{|a_n|}{2(1-|a_n|)} \ge 1-\frac{1}{2}=\frac{1}{2}.\end{aligned}$$

즉, 충분히 큰 모든 n에 대해

$$\frac{1}{2}|a_n| \le |\mathrm{Log}\,(1+a_n)|. \tag{18.4}$$

식 (18.3)과 식 (18.4)를 이용하면 다음을 얻는다.

정리 18.1.5

a_n이 복소수이고 $a_n \neq -1$일 때 $\sum |a_n|$이 수렴하기 위한 필요충분조건은 $\sum |\mathrm{Log}\,(1+a_n)|$이 수렴하는 것이다.

$\prod(1+|a_n|)$이 수렴하면 정리 18.1.2에서 $\sum |a_n|$이 수렴하고, 정리 18.1.5에

의해서

$$\sum |\text{Log } (1 + a_n)|$$

이 수렴한다. 따라서 $\sum \text{Log } (1+a_n)$이 수렴한다. 그리고 정리 18.1.4에서 $\prod(1+a_n)$이 수렴하므로 다음 결과를 얻을 수 있다.

정리 18.1.6

$\prod(1 + |a_n|)$이 수렴하면 $\prod(1 + a_n)$이 수렴한다.

$\prod(1 + |a_n|)$이 수렴하면 $\prod(1 + a_n)$이 **절대수렴**한다고 한다.

✍ **연습문제 18.5** 다음 곱이 수렴하지만 절대수렴하지 않음을 보여라.

$$\left(1 - \frac{1}{2}\right)\left(1 + \frac{1}{2}\right)\left(1 - \frac{1}{3}\right)\left(1 + \frac{1}{3}\right)\left(1 - \frac{1}{4}\right)\cdots$$

18.2 함수열의 무한곱과 평등수렴

어떤 영역 D에서 정의된 함수열 $\{f_n(z)\}$에 대해, 각 $z \in D$에서

$$\lim_{n\to\infty} \prod_{k=1}^{n} [1 + f_k(z)]$$

가 수렴하고 극한값이 0이 아니면 함수들의 무한곱

$$\prod_{n=1}^{\infty} [1 + f_n(z)] \tag{18.5}$$

가 영역 D에서 수렴한다고 한다. 만일 영역 D에서

$$p_n(z) = \prod_{k=1}^{n} [1 + f_k(z)]$$

가 0이 아닌 함수로 평등수렴하면 $\prod_{n=1}^{\infty} [1 + f_n(z)]$는 D에서 **평등수렴**한다고 한다.

모든 $z \in D$에대해 $|f_n(z)| \leq M_n, f_n(z) \neq -1$이라 하자. 이때 $\sum M_n$이 M

으로 수렴하면 정리 18.1.2에 의해 각 $z \in D$에서 $\prod[1+f_n(z)]$이 수렴한다.

임의의 양의 정수 $m, n(m < n)$에 대해 다음과 같이 나타낼 수 있다.

$$p_n(z) - p_m(z) = \sum_{k=m}^{n-1}[p_{k+1}(z) - p_k(z)] = \sum_{k=m}^{n-1} p_k(z) f_{k+1}(z). \tag{18.6}$$

그리고 모든 k에 대해

$$\begin{aligned}|p_k(z)| \le \prod_{n=1}^{\infty}(1+|f_n(z)|) &\le \exp\left(\sum_{n=1}^{\infty}|f_n(z)|\right)\\ &\le \exp\left(\sum_{n=1}^{\infty}M_n\right) = e^M.\end{aligned}$$

한편, M-판정법에 의해 $\sum|f_n(z)|$가 D에서 평등수렴한다. 따라서 임의의 양수 ε에 대해 m이 충분히 크면 모든 $z \in D$와 $n(n > m)$에 대해 $\sum_{k=m}^{n}|f_k(z)| < \varepsilon$이므로 식 (18.6)에서 다음을 만족함을 알 수 있다.

$$\begin{aligned}|p_n(z) - p_m(z)| &\le \sum_{k=m}^{n-1}|p_k(z)||f_k(z)|\\ &\le e^M \sum_{k=m}^{n-1}|f_k(z)| < \varepsilon e^M.\end{aligned}$$

따라서 p_n은 D에서 Cauchy의 조건을 만족하므로 다음 결과를 얻을 수 있다. Cauchy의 조건에 대한 것은 참고문헌 [2]를 참고하라.

정리 18.2.1

영역 D에서 정의된 함수 $f_n(z)$에 대해 모든 $z \in D$에서 $|f_n(z)| \le M_n$이고 $f_n(z) \ne -1$이라 하자. 이때 $\sum M_n$이 수렴하면 $\prod[1+f_n(z)]$는 D에서 평등수렴한다.

정리 18.2.1은 함수열의 급수에서 평등수렴에 관한 Weierstrass M-판정법과 비슷한 무한곱에서 평등수렴에 관한 판정법이다.

✍ **연습문제 18.6** 다음 곱이 수렴하는 영역을 구하여라.

(1) $\displaystyle\prod_{n=1}^{\infty}(1+z^n)$ (2) $\displaystyle\prod_{n=2}^{\infty}\left(1-\frac{1}{n^z}\right)$

✍ **연습문제 18.7** p_n을 n번째 소수라 하자. 예를 들어 $p_1 = 2, p_2 = 3, p_3 = 5, \ldots$ 등이다. 만일 Re $z > 1$이면 다음이 성립함을 보여라.

$$\sum_{n=1}^{\infty} \frac{1}{n^z} = \prod_{n=1}^{\infty} \frac{1}{1 - p_n^{-z}}$$

18.3 Weierstrass 곱정리

지금까지 결과들을 이용해서 극점이 존재하지 않는 어떤 수열 $\{a_n\}$이 주어지면 a_n들만 영점으로 가지는 전해석함수의 존재성에 대해 알아보자.

어떤 0이 아닌 유한개의 복소수 $a_1, a_2, \ldots, a_k$가 주어졌을 때 이 점들만 영점이 되는 전해석함수는 쉽게 구할 수 있다. 예를 들어

$$\prod_{n=1}^{k} \left(1 - \frac{z}{a_n}\right)$$

는 이러한 조건을 만족하는 전해석함수이다.

> 만일 어떤 무한히 많은 점들이 주어지면 주어진 점들만 영점으로 가지는 전해석함수를 찾을 수 있을까?

주어진 무한히 많은 점들의 극점이 존재하면 항등정리에 의하여 이 점들을 영점으로 가지는 전해석함수는 항등적으로 0인 상수함수 뿐이므로 찾고자 하는 전해석함수는 존재하지 않는다. 그러나 주어진 점들의 극점이 존재하지 않는다면 이 점들만 영점으로 가지는 전해석함수가 존재하고 찾을 수 있다.

수열 $\{a_n\}$의 극점이 없다면 ∞로 발산하므로 일반성을 잃지 않고 다음과 같다고 가정할 수 있다.

$$0 < |a_1| \le |a_2| \le |a_3| \le \cdots$$

$f(z) = \prod_{n=1}^{\infty} \left(1 - \frac{z}{a_n}\right)$가 $a_1, a_2, \ldots$들만 영점으로 가지는 전해석함수일 것이라고 예상하기 쉽다. 만일 $f(z)$가 전해석함수이면 $f(z)$는 $a_1, a_2, \ldots$들만 영점으로 가지는 전해석함수이다. 그러나 $a_1, a_2, \ldots$에 따라 $f(z)$가 전해석함수가 아닐 수 있다.

$\prod_{n=1}^{\infty}\left(1-\frac{z}{a_n}\right)$가 수렴하는 것은

$$p_n(z)=\prod_{k=1}^{n}\left(1-\frac{z}{a_n}\right)$$

가 함수값이 0이 되지 않는 함수로 수렴하는 것으로 정의했다. 그러나 지금부터 $\prod_{n=1}^{\infty}\left(1-\frac{z}{a_n}\right)$의 성분 중 0이 되는 점에서 극한함수의 함수값이 0이 되는 경우도 수렴하는 것으로 수렴의 정의를 조금 완화하도록 하자.

$\sum_{n=1}^{\infty}\frac{1}{|a_n|}$이 수렴한다고 하자. 임의의 양수 R에 대해 $|z|\le R$이면

$$\left|\frac{z}{a_n}\right|\le\frac{R}{|a_n|}$$

이므로 정리 18.2.1에 의해 임의의 컴팩트집합에서 $p_n(z)$는

$$f(z)=\prod_{n=1}^{\infty}\left(1-\frac{z}{a_n}\right)$$

로 평등수렴한다. 따라서 $f(z)$는 전해석함수이다. 예를 들어 $a_n=n^2$ $(n=1,2,\ldots)$라 하면 $\sum_{n=1}^{\infty}\frac{1}{n^2}$이 수렴하므로 $\prod_{n=1}^{\infty}\left(1-\frac{z}{n^2}\right)$는 전해석함수이고 $1,4,9,16,\ldots$ 들만 영점으로 갖는다. 그러나 $a_n=n$이면 $\prod_{n=1}^{\infty}\left(1-\frac{z}{n}\right)$는 전해석함수가 아니다. 예를 들어 $z=-1$이면 $\prod_{n=1}^{\infty}\left(1+\frac{1}{n}\right)$은 발산한다. 그러나

$$f(z)=\prod_{n=1}^{\infty}\left(1-\frac{z}{n}\right)e^{\frac{z}{n}}$$

은 전해석함수이다. $f(z)$가 전해석함수임을 보이자.

정리 18.1.4에 의해 다음 급수가 수렴하는 점에서 $\prod_{n=1}^{\infty}\left(1-\frac{z}{n}\right)e^{\frac{z}{n}}$가 수렴한다.

$$\sum_{n=1}^{\infty}\mathrm{Log}\ \left[\left(1-\frac{z}{n}\right)e^{\frac{z}{n}}\right]=\sum_{n=1}^{\infty}\left[\mathrm{Log}\ \left(1-\frac{z}{n}\right)+\frac{z}{n}\right].$$

각 n에 대해

$$\begin{aligned}\mathrm{Log}\ \left(1-\frac{z}{n}\right)&=-\sum_{k=1}^{\infty}\frac{1}{k}\left(\frac{z}{n}\right)^k\\&=-\frac{z}{n}-\frac{1}{2}\left(\frac{z}{n}\right)^2-\frac{1}{3}\left(\frac{z}{n}\right)^3-\cdots\end{aligned}\tag{18.7}$$

는 $|z| \le R < n$ 에서 성립한다. $2R \le n$ 이면

$$\begin{aligned}\left|\mathrm{Log}\ \left(1-\frac{z}{n}\right)+\frac{z}{n}\right| &= \left|\sum_{k=2}^{\infty}\frac{1}{k}\left(\frac{z}{n}\right)^k\right| \\ &\le \frac{1}{2}\sum_{k=2}^{\infty}\left(\frac{R}{n}\right)^k \\ &= \frac{1}{2}\cdot\left(\frac{R}{n}\right)^2\Big/\left(1-\frac{R}{n}\right) \le \frac{R^2}{n^2}.\end{aligned}$$

따라서 $M_n = \dfrac{R^2}{n^2}$ 이라 하면 $N > 2R$ 에 대해

$$\sum_{n=N}^{\infty}\left|\mathrm{Log}\ \left(1-\frac{z}{n}\right)+\frac{z}{n}\right| \le \sum_{n=N}^{\infty}\frac{R^2}{n^2} < \infty.$$

따라서 모든 z 에 대해 $\displaystyle\sum_{n=1}^{\infty}\mathrm{Log}\ \left[\left(1-\frac{z}{n}\right)e^{\frac{z}{n}}\right]$ 가 수렴하므로

$$f(z)=\prod_{n=1}^{\infty}\left(1-\frac{z}{n}\right)e^{\frac{z}{n}}$$

는 전해석함수이고 양의 정수들만 영점이 된다.

더 일반적인 것은 식 (18.7) 에서 예측할 수 있다. 예를 들어

$$\mathrm{Log}\ \left(1-\frac{z}{\sqrt{n}}\right) = -\frac{z}{\sqrt{n}}-\frac{1}{2}\left(\frac{z}{\sqrt{n}}\right)-\frac{1}{3}\left(\frac{z}{\sqrt{n}}\right)^3-\cdots$$

와 앞의 방법을 이용하면 $1, \sqrt{2}, \sqrt{3}, \ldots$ 들만 영점으로 가지는 전해석함수는 다음과 같다.

$$\prod_{n=1}^{\infty}\left(1-\frac{z}{\sqrt{n}}\right)e^{\frac{z}{\sqrt{n}}+\frac{1}{2}\left(\frac{z}{\sqrt{n}}\right)^2}$$

일반적으로

어떤 정수 p 에 대해 $\displaystyle\sum\frac{1}{|a_n|^{p+1}}$ 이 수렴하면 a_n 들만 영점으로 가지는 전해석함수는 다음과 같다.

$$f(z)=\prod_{n=1}^{\infty}\left(1-\frac{z}{a_n}\right)e^{\frac{z}{a_n}+\frac{1}{2}\left(\frac{z}{a_n}\right)^2+\cdots+\frac{1}{p}\left(\frac{z}{a_n}\right)^p}. \tag{18.8}$$

그러나 모든 p에 대해 $\sum \frac{1}{|a_n|^{p+1}}$이 수렴하지 않을 수 있다. 예를 들어 $a_n = \ln n$ $(n = 2, 3, \ldots)$이면 모든 p에 대해 $\sum_{n=2}^{\infty} \frac{1}{(\ln n)^p}$은 발산한다. 따라서 어떤 정수 p에 대해 $\sum_{n=1}^{\infty} \frac{1}{|a_n|^{p+1}}$의 수렴성과 무관하게 전해석함수를 구해야 한다.

각 n에 대해

$$p_n(z) = \frac{z}{a_n} + \frac{1}{2}\left(\frac{z}{a_n}\right)^2 + \cdots + \frac{1}{n}\left(\frac{z}{a_n}\right)^n$$

이라 하자. 이때

$$f(z) = \prod_{n=1}^{\infty}\left(1 - \frac{z}{a_n}\right)e^{p_n(z)} \tag{18.9}$$

가 찾고자 했던 전해석함수임을 보일 것이다. 이것을 보이기 위해서 임의의 양수 R에 대해

$$\left\{\prod_{k=1}^{n}\left(1 - \frac{z}{a_k}\right)e^{p_k(z)}\right\}$$

가 $|z| \le R$에서 평등수렴함을 보이면 된다.

만일 $|z| \le R < 2R \le |a_n|$이면

$$\left|\frac{z}{a_n}\right| < \frac{R}{2R} = \frac{1}{2}$$

이므로

$$\begin{aligned}
&\left|\operatorname{Log}\left(1 - \frac{z}{a_n}\right) + p_n(z)\right| \\
&= \left|-\frac{1}{n+1}\left(\frac{z}{a_n}\right)^{n+1} - \frac{1}{n+2}\left(\frac{z}{a_n}\right)^{n+2} - \frac{1}{n+3}\left(\frac{z}{a_n}\right)^{n+3} - \cdots\right| \\
&\le \left|\frac{z}{a_n}\right|^{n+1}\left(1 + \left|\frac{z}{a_n}\right| + \left|\frac{z}{a_n}\right|^2 + \cdots\right) \\
&\le 2\left|\frac{z}{a_n}\right|^{n+1} \le \frac{1}{2^n}.
\end{aligned}$$

그러므로 충분히 큰 N에 대해 $|a_N| \ge 2R$이면

$$\begin{aligned}
\sum_{n=N}^{\infty}\left|\operatorname{Log}\left[\left(1 - \frac{z}{a_n}\right)e^{p_n(z)}\right]\right| &= \sum_{n=N}^{\infty}\left|\operatorname{Log}\left(1 - \frac{z}{a_n}\right) + p_n(z)\right| \\
&\le \sum_{n=N}^{\infty}\frac{1}{2^n} < \infty \quad (|z| \le R).
\end{aligned}$$

따라서 정리 18.2.1에 의해서

$$f(z)=\prod_{n=1}^{\infty}\left(1-\frac{z}{a_n}\right)e^{p_n(z)}$$

는 임의의 컴팩트집합에서 평등수렴하므로 $f(z)$는 $a_1, a_2, \ldots$들만 영점으로 가지는 전해석함수이다. 이 사실을 **Weierstrass 곱정리**라 한다.

정리 18.3.1 **Weierstrass 곱정리**

극점이 존재하지 않는 복소수의 수열이 주어지면 이 점들만 영점으로 가지는 전해석함수가 존재한다.

모든 n에 대해 $a_n \neq 0$이면 식 (18.9)에 주어진 $f(z)$가 이러한 성질을 만족하는 전해석함수이다. 만일 $\{a_n\}$ 중 k개의 0이 존재하면 0이 아닌 점들을 영점으로 가지는 전해석함수에 z^k를 곱한 것이 찾고자 하는 전해석함수가 될 것이다.

정리 18.3.1을 만족하는 전해석함수는 유일하지 않다. 그러나 정리 18.3.1을 만족하는 전해석함수들 사이에 다음과 같은 관계가 있다.

정리 18.3.2

$f_0(z)$와 $f_1(z)$가 서로 같은 영점을 갖고 각 영점에서 중복도가 같다면

$$f_0(z)=f_1(z)e^{g(z)}$$

인 전해석함수 $g(z)$가 존재한다.

예를 들어

$$f_1(z)=\prod_{n=1}^{\infty}\left(1-\frac{z}{n}\right)e^{\frac{z}{n}}$$

은 양의 정수들만 단순영점으로 가지는 전해석함수이다. 뿐만 아니라

$$f_0(z)=\prod_{n=1}^{\infty}\left(1-\frac{z}{n}\right)e^{\frac{z}{n}+\left(\frac{1}{2}\right)\left(\frac{z}{n}\right)^2+\cdots+\left(\frac{1}{n}\right)\left(\frac{z}{n}\right)^n}$$

역시 양의 정수들만 단순영점으로 가지는 전해석함수이다.

$$Q_n(z)=\frac{z}{n}+\left(\frac{1}{2}\right)\left(\frac{z}{n}\right)^2+\cdots+\left(\frac{1}{n}\right)\left(\frac{z}{n}\right)^n\ (n\geq 2)$$

라 하고

$$g(z) = \sum_{n=2}^{\infty} Q_n(z)$$

라 하면 $g(z)$는 전해석함수이고 $f_0(z) = f_1(z)e^{g(z)}$를 만족한다.

정리 18.3.1, 정리 18.3.2의 증명은 참고문헌 [1], [8], [12]를 참고하기 바란다.

예 제 18.1 모든 정수들만 단순영점으로 가지는 전해석함수를 구하자.

$\prod_{n=1}^{\infty}\left(1-\frac{z}{n}\right)e^{\frac{z}{n}}$는 양의 정수들만 단순영점으로 가지는 전해석함수이다. 그리고 $\prod_{n=1}^{\infty}\left(1+\frac{z}{n}\right)e^{-\frac{z}{n}}$는 음의 정수들만 단순영점으로 가지는 전해석함수이다. 따라서

$$z\left[\prod_{n=1}^{\infty}\left(1-\frac{z}{n}\right)e^{\frac{z}{n}}\right]\left[\prod_{n=1}^{\infty}\left(1+\frac{z}{n}\right)e^{-\frac{z}{n}}\right] = z\prod_{n=1}^{\infty}\left(1-\frac{z^2}{n^2}\right)$$

은 모든 정수들만 단순영점으로 가지는 전해석함수이다.

Weierstrass 곱정리에 의해서 어떤 발산하는 무한수열이 주어지면 이 수열의 각 항들만 영점으로 가지는 전해석함수를 무한곱의 형태로 나타낼 수 있음을 보았다. 역으로 어떤 전해석함수의 모든 영점을 알고 있을 때, 그리고 영점들이 무한할 때 그 전해석함수를 무한곱 형태로 나타낼 수 있을까?

정리 18.3.2에 의하면 무한곱에 지수함수를 곱한 형태로는 항상 가능하다. 예를 들어 $\sin\pi z$는 모든 정수들을 단순영점으로 가지는 전해석함수이다. 그리고

$$z\left[\prod_{n=1}^{\infty}\left(1-\frac{z}{n}\right)e^{\frac{z}{n}}\right]\left[\prod_{n=1}^{\infty}\left(1+\frac{z}{n}\right)e^{-\frac{z}{n}}\right] = z\prod_{n=1}^{\infty}\left(1-\frac{z^2}{n^2}\right)$$

도 모든 정수들만 단순영점으로 가지는 전해석함수이다. 따라서 정리 18.3.2에 의하면

$$\sin\pi z = z\prod_{n=1}^{\infty}\left(1-\frac{z^2}{n^2}\right)e^{g(z)}$$

인 전해석함수 $g(z)$가 존재하는데, $g(z) = \pi$ 임이 알려져 있다. 그런데 일반적으로 정리 18.3.2를 만족하는 $g(z)$를 구하는 것은 매우 어렵다. 자세한 것은 참고문헌 [1], [8], [12]를 참고하기 바란다.

✍ **연습문제 18.8** $z = \ln n (n = 2, 3, \ldots)$들만 영점으로 가지는 전해석함수를 구하라.

✍ **연습문제 18.9** (1) $e^{2z}-1$과 $\sin iz$는 같은 영점을 가지고, 각 영점은 모두 단순영점임을 보여라.

(2) $\dfrac{e^{2z}-1}{\sin iz}=e^{g(z)}$라 할 때 $g(z)$를 구하여라.

✍ **연습문제 18.10** $\sin \pi z = \pi z \prod_{n=1}^{\infty}\left(1-\dfrac{z^2}{n^2}\right)$임을 이용해서 다음을 보여라.

(1) $\displaystyle\sum_{n=1}^{\infty}\frac{1}{n^4}=\frac{\pi^4}{90}$.

(2) $\dfrac{\pi}{2}=\dfrac{2}{1}\cdot\dfrac{2}{3}\cdot\dfrac{4}{3}\cdot\dfrac{4}{5}\cdot\dfrac{6}{5}\cdot\dfrac{6}{7}\cdots$

18.4 Riemann ζ-함수와 Riemann 가설

임의의 자연수 n과 $s\in\mathbb{C}$에 대해 $n^s=e^{s\mathrm{Log}\ n}$이라 정의하면

$$|n^s|=|e^{s\mathrm{Log}\ n}|=e^{\mathrm{Re}(s\ln n)}=n^{\mathrm{Re}(s)}.$$

만일 $\mathrm{Re}(s)>1$이면 $\displaystyle\sum_{n=1}^{\infty}\frac{1}{n^{\mathrm{Re}(s)}}$가 수렴하므로 비교판정법에 의해서 $\displaystyle\sum_{n=1}^{\infty}\frac{1}{n^s}$도 수렴한다.

$\mathrm{Re}(s)>1$인 $s\in\mathbb{C}$에 대해 다음과 같이 정의하자.

$$\zeta(s)=\sum_{n=1}^{\infty}\frac{1}{n^s}. \tag{18.10}$$

이 함수를 **제타함수**(zeta-function)라 한다. 이 함수는 소수의 분포를 연구하기 위하여 고안된 함수이다.

$n^s=e^{s\mathrm{Log}\ n}$은 $D=\{s:\mathrm{Re}(s)>1\}$에서 해석함수이고 0이 되지 않으므로 $\dfrac{1}{n^s}$도 D에서 해석함수이다. 임의의 $s_0\in D$에 대해 $\delta=\dfrac{1}{2}(\mathrm{Re}(s_0)-1)$이면 $\delta>0$이다. 그리고 $s\in N_\delta(s_0)$이면 $\mathrm{Re}(s)>1+\delta$이므로

$$\left|n^{-s}\right|=\left|e^{-s\mathrm{Log}\ n}\right|=n^{-\mathrm{Re}(s)}<n^{-1-\delta}.$$

$M_n=n^{-1-\delta}$이면 $\displaystyle\sum_{n=1}^{\infty}M_n$이 수렴하므로 Weierstrass M-판정법에 의해서 $\displaystyle\sum_{n=1}^{\infty}\frac{1}{n^s}$는 $N_\delta(z_0)$에서 평등수렴한다. 따라서 정리 12.3.3에 의해서 $\zeta(s)$는 $N_\delta(s_0)$에서

해석적이다. 특히 $\zeta(s)$는 임의의 $s_0 \in D$에서 해석적이다. 따라서 다음 결과를 얻는다.

> 제타함수 $\zeta(s) = \sum_{n=1}^{\infty} \frac{1}{n^s}$는 $D = \{s : \mathrm{Re}(s) > 1\}$에서 해석함수이다.

$p_1 = 2, p_2 = 3, p_3 = 5, \ldots, p_n, \ldots$를 크기순으로 배열한 소수들이라 하고 $\sigma = \mathrm{Re}(s)$라 하자. 만일 $\sigma \geq \sigma_0 > 1$이면

$$\sum_{n=1}^{\infty} |p_n^{-s}| = \sum_{n=1}^{\infty} p_n^{-\sigma}$$

가 수렴하므로 정리 18.2.1에 의해서 $\prod_{n=1}^{\infty} \left(1 - p_n^{-s}\right)$는 평등수렴한다. $\sigma > 1$이므로

$$\begin{aligned} \zeta(s)(1-2^{-s}) &= \zeta(s) - \sum (2n)^{-s} \\ &= \sum n^{-s} - \sum (2n)^{-s} = \sum m^{-s}. \end{aligned} \tag{18.11}$$

여기서 m은 홀수인 모든 양의 정수들이다. 비슷하게

$$\zeta(s)(1-2^{-s})(1-3^{-s}) = \sum m^{-s}$$

이고 m은 2와 3으로 나눌 수 없는 모든 양의 정수들이다.

일반적으로 소수 $2, 3, \ldots, p_N$으로 나눌 수 없는 모든 양의 정수 m에 대해

$$\zeta(s)(1-2^{-s})(1-3^{-s})\cdots(1-p_N^{-s}) = \sum m^{-s} \tag{18.12}$$

이 성립한다. 그러므로 식 (18.12)의 오른쪽 첫 번째 항은 1이고, 다음 항은 p_{N+1}^{-s}가 된다. 따라서

$$\lim_{N\to\infty} \zeta(s) \prod_{n=1}^{N} (1 - p_n^{-s}) = \zeta(s) \prod_{n=1}^{\infty} (1 - p_n^{-s}) = 1.$$

즉,

$$\zeta(s) = \prod_{p} \left(1 - \frac{1}{p^s}\right)^{-1} \quad (s \in \mathbb{C}, \mathrm{Re}(s) > 1). \tag{18.13}$$

식 (18.13)을 **Euler 곱공식**이라 하고, 이 공식으로부터 $\mathrm{Re}(s) > 1$이면 $\zeta(s) \neq 0$임을 쉽게 알 수 있다.

ζ-함수의 정의역은

$$\{s \in \mathbb{C} : \mathrm{Re}(s) > 1\}$$

이지만 이 함수의 $\mathbb{C} - \{1\}$로의 해석적 확장함수를 구할 수 있다. 먼저 영역

$$\mathbb{H} = \{s \in \mathbb{C} : \mathrm{Re}(s) > 0, s \neq 1\}$$

로의 해석적 확장함수를 구하자. $\mathrm{Re}(s) > 1$인 복소수 s에 대하여

$$\begin{aligned}\sum_{n=1}^{\infty} \frac{(-1)^{n-1}}{n^s} &= \zeta(s) - 2\sum_{n=1}^{\infty} \frac{1}{(2n)^s} \\ &= \zeta(s) - 2^{1-s}\zeta(s) = (1-2^{1-s})\zeta(s)\end{aligned}$$

가 성립하므로

$$\zeta(s) = \frac{1}{1-2^{1-s}} \sum_{n=0}^{\infty} \frac{(-1)^{n-1}}{n^s} \quad (\mathrm{Re}(s) > 1) \tag{18.14}$$

그런데 식 (18.14)의 우변이 $\mathrm{Re}(s) > 0, s \neq 1$인 복소수 s에 대해 수렴하므로 $\zeta(s)$의 정의역을 $\mathbb{H}$로 확장할 수 있다.

$$\zeta(s) = \frac{1}{1-2^{1-s}} \sum_{n=1}^{\infty} \frac{(-1)^{n-1}}{n^s} \quad (\mathrm{Re}(s) > 0, s \neq 1) \tag{18.15}$$

한편, 다음 결과가 알려져 있다.

> $\zeta(s)$는 $s = 1$을 제외한 전체평면에서 해석함수로 확장할 수 있다. 그리고 $s = 1$은 이 함수의 유수가 1인 단순극이다.

증명은 복잡하므로 생략하자. 자세한 것은 참고문헌 [1]을 참고하라.

$\zeta(s)$를 $s = 1$을 제외한 전체평면으로 확장한 해석함수를 Riemann **ζ-함수**라 하는데 다음 사실이 알려져 있다.

$$\mathrm{Re}(s) = 1, s \neq 1 \implies \zeta(s) \neq 0.$$

한편, $s > 1$인 실수 s에 대하여

$$\Gamma(s) = \int_0^{\infty} e^{-t} t^{s-1} dt \tag{18.16}$$

로 정의된 Γ-함수도 $s = 0, -1, -2, \ldots$를 제외한 복소평면 전체를 정의역으로 하

는 해석함수로 확장할 수 있다. 그리고 Weierstrass는 이 확장된 Γ-함수에 대하여 다음 등식이 성립함을 보였다.

$$\Gamma(s) = \frac{1}{se^{\gamma s}} \prod_{n=1}^{\infty} \frac{e^{\frac{s}{n}}}{1+\frac{s}{n}}, \quad s \in \mathbb{C}, s \neq 0, -1, -2, \ldots$$

여기서 γ는 Euler 상수이다.

Riemann ζ-함수의 극은 $s = 1$ 뿐이며 단순극이고, Γ-함수의 극은 정확히 $s = 0, -1, -2, \ldots$ 들이며 역시 단순극임이 알려져 있다. 그러나 Γ-함수는 복소평면상에서 영점을 갖지 않는다. 그러면 Riemann ζ-함수의 영점은 어떤 것일까? Riemann은 $\mathrm{Re}(s) \leq 0$ 또는 $\mathrm{Re}(s) \geq 1$인 영역에는 Riemann ζ-함수의 영점은 $s = -2, -4, -6, \ldots$ 뿐이라는 사실을 보였으며, 이들을 Riemann ζ-함수의 **자명근**(trivial zero)이라 한다. 그러면 Riemann ζ-함수의 **비장명근**(nontrivial zero)은 어떤 것이 있을까? 비장명근은 영역 $\{s \in \mathbb{C} : 0 < \mathrm{Re}(s) < 1\}$에 존재해야 하는데 이 영역을 Riemann ζ-함수의 임계띠(critical strip)라 한다. Riemann ζ-함수의 비자명근은 무한히 많음이 알려져 있고, 특히 1859년에 Riemann은 다음과 같은 가설을 발표하였다.

Riemann 가설

복소수 s가 Riemann ζ-함수의 비자명근이면

$$\mathrm{Re}(s) = \frac{1}{2}.$$

즉, Riemann ζ-함수의 비장명근은 모두 직선 $\mathrm{Re}(s) = \frac{1}{2}$ 위에 존재한다.

2001년 미국 매사추세츠주의 클레이 연구소(www.claymath.org)에서 상금 100만 달러를 내걸었던, 그리고 150년 가까이 수학계의 최대의 난제였던 "Riemann 가설"은 2004년 6월 미국의 퍼듀대학 수학자 Louis de Branges가 풀었다고 영국 BBC에서 공식적으로 발표하였다.

이 장에서는 무한수열의 무한곱을 정의하고 무한곱의 수렴과 발산에 대해 알아보았다. 그리고 ∞로 발산하는 어떤 복소수 수열이 주어졌을 때 이 수열의 각 항들만 영점으로 가지는 전해석함수의 존재성과 구성은 Weierstrass 곱정리에서 알 수 있었다.

제 19 장

유리형함수와 Mittag-Leffler 정리

19.1 유리형함수

영역 D에서 정의된 함수 $f(z)$가 D에서 극 이외의 특이점을 갖지 않으면 $f(z)$를 D에서 **유리형함수**(meromorphic function)라 한다.

정의에 따르면 $f(z)$가 전체평면에서 유리형함수이면 유계인 영역 내에 무한히 많은 극을 가질 수 없다. 왜 그럴까? 만일 무한히 많은 극이 유계인 영역 내에 존재하면 Bolzano-Weierstrass 정리(참고문헌 [2]를 참고하라)에 의해 극들의 극점이 존재하는데 이 극점은 특이점이다. 왜냐하면 이 점은 극들의 극점이므로 이 점의 임의의 근방에는 $f(z)$의 극을 항상 포함하고, 뿐만 아니라 해석점도 포함한다. 따라서 이 극점은 특이점이지만 고립특이점이 아니므로 극이 될 수 없다. 그런데 유리형함수의 특이점은 모두 극이여야 한다. 따라서 전체평면에서 유리형함수의 극은 유계인 영역에 무한히 많이 존재할 수 없다.

예제 19.1 $f(z) = \dfrac{1}{(z-1)(z-2)}$는 $\mathbb{C}$에서 유리형함수이다. 그러나 $z=0$이 $g(z) = \dfrac{1}{\sin\frac{1}{z}}$의 고립특이점이 아니므로 $g(z)$는 유리형함수가 아니다.

$f(z)$가 항등적으로 0이 아닌 전해석함수이면 $f(z)$의 (만일 존재하면) 영점은 고립적이어야 한다. 왜냐하면 만일 고립적이아닌 $f(z)$의 영점이 존재하면 그 점은 $f(z)$의 영점들의 극점이고 항등정리에 의하면 $f(z)$는 항등적으로 0이 돼야 하므로 모순이다. 따라서 $f(z)$의 영점은 고립적이고 $\dfrac{1}{f(z)}$는 유리형함수가 된다.

일반적으로 유리형함수는 다음과 같이 특징지울 수 있다.

$f(z)$가 유리형함수이고 $z_1, z_2, \ldots$을 각각 위수가 $n_1, n_2, \ldots$인 $f(z)$의 극이라 하자. 그러면 Weierstrass의 곱정리에 의해서 $z_1, z_2, \ldots$을 위수가 각각 $n_1, n_2, \ldots$

인 영점이 되도록 하는 전해석함수 $h(z)$가 존재한다. 따라서 $z_1, z_2, \ldots$는 $f(z)h(z)$의 제거가능한 특이점들이고

$$g(z) = \begin{cases} f(z)h(z), & z \neq z_1, z_2, \ldots, \\ \lim_{z \to z_i} f(z)h(z), & z = z_i (i = 1, 2, \ldots) \end{cases}$$

는 전해석함수이다. 그러므로 전해석함수 $g(z), h(z)$에 대해 $f(z) = \dfrac{g(z)}{h(z)}$로 나타낼 수 있다.

역으로 전해석함수 $g(z), h(z)$에 대해 $f(z) = \dfrac{g(z)}{h(z)}$이면 $f(z)$는 유리형함수가 된다. 왜냐하면 $f(z)$의 특이점들은 $h(z)$의 고립영점들뿐이고, 이 영점들은 $f(z)$의 극이 되기 때문이다.

이러한 사실을 다음과 같이 정리할 수 있다.

정리 19.1.1

어떤 함수가 유리형함수이기 위한 필요충분조건은 그 함수가 전해석함수들의 분수 꼴인 것이다.

즉, $f(z)$가 유리형함수이면 서로 영점을 공유하지 않는 전해석함수 $g(z), h(z)$에 대해

$$f(z) = \frac{g(z)}{h(z)}$$

로 나타낼 수 있고, 그 역도 성립한다.

19.2 Mittag-Leffler 정리

Weierstrass 정리(정리 18.3.1)에 의해 극점이 존재하지 않는 무한수열 $\{a_n\}$이 주어지면 a_n들만 영점으로 가지는 전해석함수가 존재한다. 그렇다면

극점이 존재하지 않는 무한수열 $\{a_n\}$과 자연수들의 수열 $\{k_n\}$이 주어졌을 때 $\{a_n\}$들만 극으로 가지고, 각 a_n의 위수가 k_n인 유리형함수가 존재할까?

지금부터 이 문제를 다루자.

어떤 유한개의 점 $b_1, b_2, \ldots, b_n$이 주어지면

$$\frac{1}{z-b_1} + \frac{1}{z-b_2} + \cdots + \frac{1}{z-b_n}$$

은 $b_1, b_2, \ldots, b_n$만을 단순극으로 가지는 유리형함수이다. 만일 무한히 많은 점이 주어졌다면 그 점들만 극으로 가지는 유리형함수의 구성은 복잡한다. 왜냐하면 여기에는 수렴성에 관한 문제를 해결해야 하기 때문이다. 예를 들어

$$f(z) = \sum_{n=1}^{\infty} \frac{1}{z-n^2}$$

은 $1, 2^2, 3^2, \ldots$를 제외한 모든 점에서 수렴하므로 이 점들을 제외한 모든 점에서 정의된다. 왜냐하면 z가 $1, 2^2, 3^2, \ldots$을 포함하지 않는 어떤 주어진 점의 근방의 모든 z에 대해 n이 충분히 크면

$$\left|\frac{1}{z-n^2}\right| \le \frac{2}{n^2}$$

이고 $\sum \frac{2}{n^2}$가 수렴하기 때문이다. 뿐만 아니라 1, 2^2, $3^2, \ldots$을 포함하지 않는 어떤 근방에서 $\sum_{n=1}^{\infty} \frac{1}{z-n^2}$은 $f(z)$로 (평등)수렴하므로 $f(z)$는 $1, 2^2, 3^2, \ldots$을 제외한 모든 점에서 해석적이다. 따라서 $f(z)$는 $z = n^2$ $(n = 1, 2, \ldots)$을 단순극으로 가지는 유리형함수이다.

하지만 모든 양의 정수를 단순극으로 가지는 유리형함수는 이와 비슷하게 구할 수 없다. $\sum_{n=1}^{\infty} \frac{1}{z-n}$이 양의 정수들을 단순극으로 가지는 유리형함수일 것 같지만 $\sum_{n=1}^{\infty} \frac{1}{z-n}$은 모든 z에서 발산하므로 정의되지 않는다. 그러나 Weierstrass 곱정리처럼 $\sum_{n=1}^{\infty} \frac{1}{z-n}$의 각 성분에 적당한 함수를 더하면 구하고자 하는 유리형함수를 얻을 수 있다. 예를 들면

$$\sum_{n=1}^{\infty} \left(\frac{1}{z-n} + \frac{1}{n}\right) = \sum_{n=1}^{\infty} \frac{z}{n(z-n)} \tag{19.1}$$

은 모든 양의 정수들을 단순극으로 가지는 유리형함수이다. 이유는 다음과 같다.

$n > \frac{|z|}{2}$이면

$$\left|\frac{z}{n(z-n)}\right| \le \frac{2|z|}{n^2}$$

이므로 양의 정수를 제외한 모든 점에서 식 (19.1)은 (절대)수렴한다. 따라서 식

(19.1) 에 주어진 급수는 양의 정수를 제외한 모든 점에서 해석적이 되므로 구하고자 하는 유리형함수이다.

$\{b_n\}$은 극점이 존재하지 않는 수열이고, $\{k_n\}$은 양의 정수들의 수열이라 하자. 이때 각 b_n이 위수 k_n인 극이 되는 유리형함수를 구성하자.

수열 $\{b_n\}$의 극점이 존재하지 않으므로 $\{b_n\}$은 ∞로 발산한다. 각 n에 대해

$$p_n\left(\frac{1}{z-b_n}\right) = \frac{a_1^{(n)}}{z-b_n} + \frac{a_2^{(n)}}{(z-b_n)^2} + \cdots + \frac{a_{k_n}^{(n)}}{(z-b_n)^{k_n}} \tag{19.2}$$

이라 하자. 여기서 $a_i^{(n)}(i=1,2,\ldots,k_n)$은 상수이고 $a_{k_n}^{(n)} \neq 0$이다. 적당한 유리형 함수를 곱함으로써 언제든지 원점이 극이되게 할 수 있고 $\{b_n\}$이 ∞로 발산하므로 일반성을 잃지않고 모든 n에 대해 $b_n \neq 0$이고

$$0 < |b_1| \leq |b_2| \leq |b_3| \leq \cdots$$

라 가정할 수 있다. 각 n에 대해 $p_n\left(\dfrac{1}{z-b_n}\right)$은 $|z| < |b_n|$에서 해석적이므로 이 함수의 Taylor 급수는 $|z| \leq \dfrac{|b_n|}{2}$에서 평등수렴한다. $Q_n(z)$를 $|z| \leq \dfrac{|b_n|}{2}$이면

$$\left|p_n\left(\frac{1}{z-b_n}\right) - Q_n(z)\right| < \frac{1}{2^n} \tag{19.3}$$

을 만족하는 $p_n\left(\dfrac{1}{z-b_n}\right)$의 Taylor 급수의 부분합이라 하자. 이때 함수

$$f(z) = \sum_{n=1}^{\infty}\left[p_n\left(\frac{1}{z-b_n}\right) - Q_n(z)\right] \tag{19.4}$$

가 찾고자 하는 유리형함수임을 보이자. 이것은 평면의 임의의 컴팩트집합 $|z| \leq R$에서 $|b_n| \leq R$인 b_n들을 제외한 나머지 점들의 집합에서 평등수렴함을 보이면 충분하다.

$|b_N| \geq 2R$인 N을 택하면 식 (19.3) 에서

$$\sum_{n=N}^{\infty}\left|p_n\left(\frac{1}{z-b_n}\right) - Q_n(z)\right| \leq \sum_{n=N}^{\infty}\frac{1}{2^n} < \infty \quad \left(|z| \leq R \leq \frac{|b_N|}{2}\right).$$

M-판정법에 의해

$$\sum_{n=N}^{\infty}\left[p_n\left(\frac{1}{z-b_n}\right) - Q_n(z)\right]$$

는 $|z| \leq R$에서 평등수렴한다. 그리고 $n \geq N$이면

$$|z| \le R \le \frac{|b_n|}{2} < |b_n|$$

이므로 $p_n\left(\dfrac{1}{z-b_n}\right)$의 극이 $|z| = R$ 밖에 존재한다. 따라서

$$\sum_{n=N}^{\infty}\left[p_n\left(\frac{1}{z-b_n}\right) - Q_n(z)\right]$$

는 $|z| \le R$에서 해석적이다. 이것이 임의의 R에 대해 성립하므로 $f(z)$는 복소평면에서 유리형함수이다. 그리고 $p_n\left(\dfrac{1}{z-b_n}\right)$은 b_n의 제거된 근방에서 f의 Laurent 급수의 주부분이다. 이 결과를 **Mittag-Leffler 정리**라 한다.

정리 19.2.1 **Mittag-Leffler 정리**

$\{b_n\}$이 ∞로 발산하는 수열이라 하고 $p_n\left(\dfrac{1}{z-b_n}\right)$은 식 (19.2)와 같이 주어졌다고 하자. 그리고 $\{k_n\}$은 자연수들의 수열이라 하자. 그러면 각 b_n이 위수가 k_n인 극이 되고 b_n의 제거된 근방에서 Laurent 급수의 주부분이 $p_n\left(\dfrac{1}{z-b_n}\right)$인 유리형함수가 존재한다.

식 (19.3)을 만족하는 $Q_n(z)$의 차수는 n에 따라 변한다.

만일

$$\sum_{n=1}^{\infty} p_n\left(\frac{1}{z-b_n}\right)$$

이 수렴하면 $Q_n(z) \equiv 0$으로 택할 수 있다.

만일

$$p_n\left(\frac{1}{z-b_n}\right) = \frac{1}{z-n}$$

이면 $\dfrac{1}{z-n}$을 $|z| \le \dfrac{n}{2}$에서 Taylor 급수로 나타냈을 때 첫 번째 항, 즉

$$Q_n(z) = -\frac{1}{n}$$

을 택하면 된다.

만일

$$p_n\left(\frac{1}{z-b_n}\right) = \frac{1}{z-\sqrt{n}}$$

이면

$$Q_n(z) = -\left(\frac{1}{\sqrt{n}} + \frac{z}{n}\right)$$

를 택하면 된다. 이것은 $|z| \leq \dfrac{\sqrt{n}}{2}$ 에서 $\dfrac{1}{z-\sqrt{n}}$ 을 Taylor 급수로 전개했을 때 두 번째 항까지 합이다.

✍ **연습문제 19.1** 다음 두 조건을 만족하는 유리형함수를 구하여라.

(i) f 의 극은 $z = 1, 2, 3, \ldots$ 뿐이다.

(ii) 극 n 에서 위수가 n 이다.

✍ **연습문제 19.2** $p(\geq 1)$ 이 정수이고 $\displaystyle\sum_{n=1}^{\infty} \frac{1}{|a_n|^{p+1}}$ 이 수렴하면

$$\sum_{n=1}^{\infty}\left(\frac{1}{z-a_n} + \frac{1}{a_n} + \frac{z}{a_n^2} + \frac{z^2}{a_n^3} + \cdots + \frac{z^{p-1}}{a_n^p}\right)$$

은 유리형함수임을 보여라.

✍ **연습문제 19.3** $\displaystyle\sum_{n=1}^{\infty}\left(\frac{|\alpha_n|}{n^2}\right)$ 이 수렴하면

$$f(z) = 2z\sum_{n=1}^{\infty}(-1)^n \frac{\alpha_n}{z^2-n^2}$$

가 유리형함수임을 보이고 $g(n) = \alpha_n (n = 1, 2, \ldots)$ 이면

$$g(z) = \frac{\sin \pi z}{\pi} f(z)$$

는 전해석함수임을 보여라.

∞ 로 발산하는 두 수열 $\{a_n\}, \{c_n\}$ 이 있을 때 각 n 에 대해 $f(a_n) = c_n$ 인 전해석함수의 존재성은 Weierstrass 곱정리와 Mittag-Leffler 정리를 이용해서 보일 수 있다.

Weierstrass 곱정리에 의하면 $a_n (n = 1, 2, \ldots)$ 들만 단순영점으로 가지는 전해석함수 $g(z)$ 를 구성할 수 있다. 그러면 모든 n 에 대해 $g(a_n) = 0$, $g'(a_n) \neq 0$ 이 된다.

Mittag-Leffler 정리에 의해 $a_n(n = 1, 2, \ldots)$들은 단순극이고 $c_n \neq 0$이면 a_n의 어떤 제거된 근방에서 Laurent 급수의 주부분이 $\dfrac{c_n}{g'(a_n)(z - a_n)}$ 인 유리형함수 $h(z)$를 구성할 수 있다. $c_n = 0$이면 $h(z)$은 a_n에서 해석함수로 택하면 된다. $h(z)$의 단순극들은 $g(z)$의 단순영점들이므로 $f(z) = g(z)h(z)$의 특이점들은 제거가능한 특이점들이다. 즉, 각 특이점에서 함수값을 적당히 정의하면 $f(z)$는 전해석함수가 된다.

각 n에 대해 $g(z)$를 a_n에서 Taylor 급수로 전개하면

$$g(z) = g'(a_n)(z - a_n) + \frac{g''(a_n)}{2}(z - a_n)^2 + \cdots \tag{19.5}$$

그리고 a_n 근방에서 해석함수 $h_1(z)$에 대해 $h(z)$는 다음과 같이 나타낼 수 있다.

$$h(z) = \frac{c_n}{g'(a_n)(z - a_n)} + h_1(z). \tag{19.6}$$

식 (19.5)와 식 (19.6)에서

$$f(a_n) = \lim_{z \to a_n} f(z) = \lim_{z \to a_n} g(z)h(z) = c_n.$$

따라서 f는 모든 n에 대해 $f(a_n) = c_n$을 만족하는 전해석함수이다. 이 사실을 다음과 같이 정리할 수 있고 이것은 Weierstrass 곱정리의 일반적인 경우이다.

정리 19.2.2

$\{a_n\}$을 ∞로 발산하는 서로 다른 복소수들의 수열이고 $\{c_n\}$은 임의의 수열이라 하자. 그러면 모든 n에 대해 $f(a_n) = c_n$인 전해석함수 f가 존재한다.

한편, 정리 19.2.2에서 $c_n = 0(n = 1, 2, \ldots)$이면 Weierstrass의 곱정리를 얻을 수 있다.

✍ **연습문제 19.4** (1) 항등식

$$e^z - 1 = 2ie^{\frac{z}{2}} \sin\left(\frac{z}{2i}\right)$$

를 이용해서 $e^z - 1$을 무한곱으로 표현하라.

(2) (1)에서 구한 항등식을 이용하여 등식

$$\frac{1}{e^z - 1} = \frac{1}{z} - \frac{1}{2} + 2z\sum_{n=1}^{\infty} \frac{1}{z^2 + 4\pi^2 n^2}$$

을 보여라.

이 장에서는 유리형함수를 정의하고 ∞로 발산하는 어떤 복소수 수열이 주어지면 이 수열의 각 항들만 주어진 위수의 극이 되는 유리형함수의 존재성과 구성에 대한 Mittag-Leffler 정리에 대해 알아보았다. 기타 자세한 것은 참고문헌 [1], [12]를 참고하기 바란다.

제 20 장

편각원리와 Rouche 정리

20.1 회전수

f가 단순닫힌경로 C와 C로 둘러싸인 영역에서 유리형함수이고 C에서 해석적이며 영점을 갖지 않는다고 하자. 그리고 $\Gamma = f(C)$라 하자. 그러면 z가 C의 양의 방향을 따라 움직이면 $f(z)$는 Γ의 양의 방향 또는 음의 방향을 따라 움직이고 $0 \notin \Gamma$이다.

임의의 $w_0 \in \Gamma$를 고정하고 ϕ_0는 $\arg w_0$의 어떤 특정한 값이라 하자. $z_0 \in C$이고 $f(z_0) = w_0$일 때 z가 z_0을 시점으로 C의 양의 방향으로 움직이면 $w = f(z)$는 w_0을 시점으로 Γ의 어떤 방향을 따라 움직이는데 w가 시점 w_0에 다시 돌아왔을 때 편각의 변화는 어떤 정수 n에 대해 $2n\pi$가 된다. 이때 $f(z)$의 편각의 변화를 $\Delta_C \arg f(z)$로 나타내면

$$\Delta_C \arg f(z) = 2n\pi.$$

따라서 다음과 같이 나타낼 수 있다.

$$\frac{1}{2\pi}\Delta_C \arg f(z) = n.$$

이때 n을 원점에 대한 Γ의 **회전수**(winding number)라 한다. 이 값은 w_0의 선택에 무관하다.

참고 일반적으로 경로 C의 시점에서 종점까지의 편각의 변화량을 $\Delta_C \arg f(z)$로 나타낸다. 그리고 C가 닫힌경로이고 $a \notin C$일 때

$$\frac{1}{2\pi i}\int_C \frac{1}{z-a}dz$$

를 a에 대한 C의 회전수라 한다.

✍ **연습문제 20.1** f가 닫힌경로 C를 포함하는 단순연결영역 D에서 해석함수이고 $a \notin C$라 하자. 그리고 N은 a에 대한 C의 회전수라 하자. 이때

$$\frac{1}{2\pi i}\int_C \frac{f(z)}{z-a}dz = Nf(a)$$

임을 보여라.

20.2 편각원리

원점에 대한 $\Gamma = f(C)$의 회전수는 C로 둘러싸인 영역 내에 존재하는 f의 극의 개수와 영점의 개수에 의해 결정된다. 그리고 이 사실을 이용하면 전해석함수의 영점의 분포도 어느 정도 조사할 수 있다.

$C: z = z(t)(a \leq t \leq b)$를 단순닫힌경로라 하고 f는 C와 C로 둘러싸인 영역에서 유리형함수라 하자. 그리고 f는 C에서 해석적이며 영점을 갖지 않는다고 하자. 그러면 이 영역에는 f의 극과 영점이 유한개만 존재한다. 왜냐하면 만일 무한히 많은 극이 존재하면 극들의 극점이 C의 내부 또는 C에 존재하는데, f가 C와 C로 둘러싸인 영역에서 유리형함수이므로 그 점 역시 f의 특이점이다. 그러나 고립특이점은 아니다. 따라서 f가 유리형함수가 될 수 없다. 무한히 많은 영점이 존재해도 비슷한 이유에서 f가 유리형함수가 될 수 없다.

중복된 것까지 계산하여 Z를 이 영역 내에 존재하는 f의 영점의 개수, P를 f의 극의 개수라 하자. $0 \notin \Gamma$이므로 $\Gamma: f[z(t)] = \rho(t)e^{i\phi(t)}$ $(a \leq t \leq b)$ 로 나타낼 수 있고

$$\begin{aligned} f'[z(t)]z'(t) &= \frac{d}{dt}f[z(t)] \\ &= \frac{d}{dt}\left[\rho(t)e^{i\phi(t)}\right] = \rho'(t)e^{i\phi(t)} + i\rho(t)e^{i\phi(t)}\phi'(t). \end{aligned}$$

$\rho'(t)$와 $\phi'(t)$가 $a \leq t \leq b$에서 조각적 연속이므로 다음 적분이 존재한다.

$$\begin{aligned} \int_C \frac{f'(z)}{f(z)}dz &= \int_a^b \frac{f'[z(t)]z'(t)}{f[z(t)]}dt \\ &= \int_a^b \frac{\rho'(t)}{\rho(t)}dt + i\int_a^b \phi'(t)dt = \ln\rho(t)\big|_a^b + i\phi(t)\big|_a^b. \end{aligned}$$

$\rho(a) = \rho(b)$ 이고 $\phi(b) - \phi(a) = \Delta_C \arg f(z)$ 이므로

$$\int_C \frac{f'(z)}{f(z)} dz = i\Delta_C \arg f(z).$$

따라서

$$\frac{1}{2\pi i}\int_C \frac{f'(z)}{f(z)} dz = \frac{1}{2\pi}\Delta_C \arg f(z). \tag{20.1}$$

z_0 가 위수가 m_0 인 $f(z)$ 의 영점이면 $g(z_0) \neq 0$ 인 z_0 에서 해석함수 $g(z)$ 에 대해

$$f(z) = (z - z_0)^{m_0} g(z)$$

로 나타낼 수 있다. 따라서

$$f'(z) = m_0(z - z_0)^{m_0 - 1} g(z) + (z - z_0)^{m_0} g'(z)$$

이고

$$\frac{f'(z)}{f(z)} = \frac{m_0}{z - z_0} + \frac{g'(z)}{g(z)}.$$

$\dfrac{g'(z)}{g(z)}$ 가 z_0 에서 해석적이므로 z_0 는 $\dfrac{f'(z)}{f(z)}$ 의 단순극이고

$$\operatorname*{Res}_{z=z_0} \frac{f'(z)}{f(z)} = m_0.$$

z_0 가 위수 m_p 인 $f(z)$ 의 극이면 $\varphi(z_0) \neq 0$ 인 z_0 에서 해석적인 함수 $\varphi(z)$ 에 대해

$$f(z) = \frac{\varphi(z)}{(z - z_0)^{m_p}}$$

로 나타낼 수 있다. 따라서

$$\begin{aligned}\frac{f'(z)}{f(z)} &= \frac{-m_p(z - z_0)^{-m_p - 1}\varphi(z) + (z - z_0)^{-m_p}\varphi'(z)}{(z - z_0)^{-m_p}\varphi(z)} \\ &= \frac{-m_p}{z - z_0} + \frac{\varphi'(z)}{\varphi(z)}.\end{aligned}$$

$\varphi(z_0) \neq 0$ 이므로 $\dfrac{\varphi'(z)}{\varphi(z)}$ 는 z_0 에서 해석적이다. 따라서 z_0 는 $\dfrac{f'(z)}{f(z)}$ 의 단순극이고

$$\operatorname*{Res}_{z=z_0} \left[\frac{f'(z)}{f(z)}\right] = -m_p.$$

즉,

z_0가 위수 m_0인 $f(z)$의 영점이면 z_0는 유수가 m_0인 $\dfrac{f'(z)}{f(z)}$의 단순극이고,
z_0가 위수 m_p인 $f(z)$의 극이면 z_0는 유수가 $-m_p$인 $\dfrac{f'(z)}{f(z)}$의 단순극이다.

그런데 중복된 것까지 계산한 영점의 개수가 N이고 극의 개수가 P이므로 유수정리에 의해 다음을 얻을 수 있다.

$$\int_C \frac{f'(z)}{f(z)}dz = 2\pi i\,(N-P).$$

이 결과를 **편각원리**(argument principle)라 한다.

정리 20.2.1 **편각원리**

f가 양의 방향의 단순닫힌경로 C로 둘러 싸인 영역의 내부에서 유리형함수이고, C에서 영점을 갖지 않고 해석적이라 하자. 만일 중복된 것까지 계산하여 f가 C 안에 Z개의 영점과 P개의 극을 갖는다고 하면 원점에 대한 $\Gamma = f(C)$의 회전수는

$$\frac{1}{2\pi}\Delta_C \arg f(z) = \frac{1}{2\pi i}\int_C \frac{f'(z)}{f(z)}dz = Z - P.$$

예제 20.1 $f(z) = \dfrac{1}{z^2}$이고 $C : |z| = 1$이면 $Z = 0$이고 $P = 2$이다. 따라서 원점에 대한 $\Gamma = f(C)$의 회전수는

$$\frac{1}{2\pi}\Delta_C \arg f(z) = -2.$$

✍ **연습문제 20.2** C를 양의 방향의 단위원 $|z| = 1$이라 할 때 $\Delta_C \arg f(z)$를 구하여라.

(1) $f(z) = \dfrac{z^3+2}{z}$ (2) $f(z) = \dfrac{(2z-1)^7}{z^3}$

✍ **연습문제 20.3** $f(z)$가 단순닫힌경로 C와 C의 내부에서 해석적이고 C에서 0이 아니라 하자. 그리고 그림 20.1과 같이 주어진 닫힌경로 Γ는 $w = f(z)$에 의한 C의 상이라 하자. 이때 $\Delta_C \arg f(z)$를 구하여라. 그리고 C 안에 존재하는 $f(z)$의 영점의 개수를 구하여라.

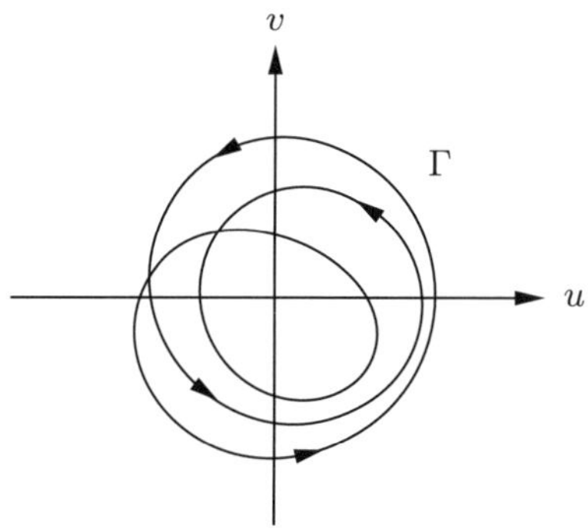

그림 20.1

✍ **연습문제 20.4** f가 단순닫힌경로 C로 둘러싸인 영역 D에서 유리형함수이고 C에서는 해석적이며 0이 되지 않는다고 하자. 그리고 D_0는 D에서 $f(z)$의 극점을 뺀 나머지 영역이라 하자. 만일 $f(z)$가 D_0에서 항등적으로 0이 아니면 D 내에 존재하는 $f(z)$의 영점들의 개수가 유한하고 모든 영점들의 위수가 유한함을 보여라.

✍ **연습문제 20.5** f가 단순연결영역 D에서 해석적이고 $|f(z)-1|<1$을 만족하면 D 내에 존재하는 임의의 닫힌경로 C에 대해

$$\int_C \frac{f'(z)}{f(z)}dz = 0$$

임을 보여라.

✍ **연습문제 20.6** f는 단순닫힌경로 C와 C의 내부에서 유한개의 영점과 극을 제외한 모든 점에서 해석적이라 하자. 그리고 C 위에는 f의 영점이 없다고 하자. $z_1, z_2, \ldots, z_n$은 위수가 $\alpha_1, \alpha_2, \ldots, \alpha_n$인 C의 내부에 있는 f의 모든 영점이고, $w_1, w_2, \ldots, w_m$은 위수가 $\beta_1, \beta_2, \ldots, \beta_m$인 C의 내부에 있는 $f(z)$의 모든 극이라 하자. 만일 $g(z)$가 C와 C의 내부에서 해석적이면

$$\frac{1}{2\pi i}\int_C g(z)\frac{f'(z)}{f(z)}dz = \sum_{i=1}^{n}\alpha_i g(z_i) - \sum_{i=1}^{m}\beta_i g(w_i)$$

이 성립함을 보여라.

✍ **연습문제 20.7** $P(z) = a_0 + a_1 z + \cdots + a_n z^n$이고 양수 R이 충분히 클 때

$$\frac{1}{2\pi i}\int_{|z|=R} \frac{zP'(z)}{P(z)}dz$$

구하여라.

✍ **연습문제 20.8** 영역 $x \geq 0, y \geq 0$에는 방정식 $z^4 + z^3 + 5z^2 + 2z + 4 = 0$의 해가 존재하지 않음을 보여라.

20.3 Rouche 정리

C가 양의 방향의 단순닫힌경로라 하자. 그리고 $f(z)$와 $g(z)$가 C와 C로 둘러 싸인 영역에서 해석적이고 C에서 $|g(z)| < |f(z)|$를 만족한다고 하자. Z_f와 Z_{f+g}를 각각 C 안에 있는 $f(z)$와 $f(z) + g(z)$의 중복된 것까지 계산한 영점의 개수라 하면 편각원리에 의해

$$\begin{aligned} Z_f &= \frac{1}{2\pi}\Delta_C \arg f(z), \\ Z_{f+g} &= \frac{1}{2\pi}\Delta_C \arg\left[f(z) + g(z)\right]. \end{aligned}$$

그런데

$$\begin{aligned} Z_{f+g} &= \frac{1}{2\pi}\Delta_C \arg[f(z) + g(z)] \\ &= \frac{1}{2\pi}\Delta_C \arg\left[f(z)\left(1 + \frac{g(z)}{f(z)}\right)\right]. \end{aligned}$$

$F(z) = 1 + \dfrac{g(z)}{f(z)}$라 하면 C에서 $|f(z)| > |g(z)|$이므로

$$|F(z) - 1| = \left|\frac{g(z)}{f(z)}\right| < 1.$$

즉, F에 의한 C의 상은 w-평면에 중심이 $(1,0)$이고 반지름이 1인 원의 내부 $|w-1| < 1$에 존재한다. 따라서 $\dfrac{1}{2\pi}\Delta_C \arg F = 0$이고

$$\begin{aligned} Z_{f+g} &= \frac{1}{2\pi}\Delta_C \arg[f(z)F(z)] \\ &= \frac{1}{2\pi i}\int_C \frac{(f(z)F(z))'}{f(z)F(z)}dz \\ &= \frac{1}{2\pi i}\int_C \frac{f'(z)}{f(z)}dz + \frac{1}{2\pi i}\int_C \frac{F'(z)}{F(z)}dz \\ &= \frac{1}{2\pi}\Delta_C \arg f(z) + \frac{1}{2\pi}\Delta_C \arg F(z) = Z_f. \end{aligned}$$

따라서 이 경우 C의 내부에 존재하는 $f(z)$의 영점의 개수와 $f(z)+g(z)$의 영점의 개수는 같다. 이 결과를 **Rouche 정리**라 한다.

정리 20.3.1 **Rouche 정리**

$f(z)$와 $g(z)$가 단순닫힌경로 C와 C로 둘러싸인 영역에서 해석적이고 C에서 $|g(z)| < |f(z)|$를 만족한다 하자. 그러면 C의 내부에 존재하는 $f(z)$의 중복된 것까지 계산한 영점의 개수와 $f(z) + g(z)$의 중복된 것까지 계산한 영점의 개수는 같다.

정리 20.3.1에서 $|g(z)| = |-g(z)|$이므로 f의 영점의 개수와 $f(z) - g(z)$의 영점의 개수도 같다는 것을 유도할 수 있다.

참고 Rouche 정리에서 C에서 $|g(z)| < |f(z)|$라는 조건을 $|g(z)| \le |f(z)|$로 바꿀 수 없다. 예를 들어 $g(z) = -f(z)$라 하면 $f(z)$의 영점의 개수에 관계없이 항상 $f(z)+g(z) \equiv 0$이 되기 때문에 이 경우 Rouche 정리가 성립하지 않는다.

예제 20.2 $|z| = 1$의 내부에

$$z^7 - 4z^3 + z - 1 = 0$$

의 해는 몇 개 존재하겠는가?

$$f(z) = -4z^3, g(z) = z^7 + z - 1$$

이면 $|z| = 1$에서

$$|g(z)| \le |z|^7 + |z| + 1 < 4 = |-4z^3| = |f(z)|$$

이고 $f(z)$는 $|z| = 1$의 내부에 3개의 영점이 존재하므로 Rouche 정리에 의해 $|z| = 1$의 내부에

$$f(z) + g(z) = z^7 - 4z^3 + z - 1 = 0$$

의 해가 3개 존재한다.

✍ **연습문제 20.9** 다음 다항식에 대해 원 $|z| = 1$의 내부에 존재하는 영점의 개수를

중복된 것까지 계산하여 구하여라.

(1) $z^6 - 5z^4 + z^3 - 2z$ (2) $2z^4 - 2z^3 + 2z^2 - 2z + 9$

✍ **연습문제 20.10** 환영역 $1 < |z| < 2$에 존재하는 다항식

$$2z^5 - 6z^2 + z + 1$$

의 영점의 개수를 중복된 것까지 계산하여 구하여라.

✍ **연습문제 20.11** $a > e$이면 단위원 $|z| = 1$의 내부에 방정식 $e^z = az^n$의 근이 n개 존재함을 보여라. 만일 $n = 2$이면 두 개의 근이 모두 실수임을 보여라.

✍ **연습문제 20.12** Rouche 정리를 이용해서 대수학의 기본정리를 증명하라.

✍ **연습문제 20.13** Γ를 유리형함수

$$f(z) = \frac{z^4 - 2z^3 + 9z^2 + z - 1}{z^5 + 3z^3 + z^2 + 1}$$

에 의한 양의 방향의 단순닫힌경로 $C : |z| = 2$의 상이라고 할 때 0에 대한 Γ의 회전수를 구하여라.

✍ **연습문제 20.14** (1) $\lambda > 1$이면 오른쪽 반평면 $\{z : \text{Re}z > 0\}$에는 방정식

$$\lambda - z - e^{-z} = 0$$

의 근이 하나 뿐이고 실근임을 보여라.

(2) Rouche 정리와 편각원리를 이용하여 다음 적분을 구하여라.

$$\int_C \frac{1 - e^{-z}}{z + e^{-z} - a} dz (a > 1)$$

여기서 C는 꼭지점이 $\pm iR, R \pm iR (R > 2a)$인 직사각형의 양의 방향의 경계이다.

✍ **연습문제 20.15** 제1사분면에

$$z^4 + iz^2 + 2 = 0$$

의 해가 몇 개 존재하는가?

실함수에서 정의역에 미분계수가 0이 되는 점이 존재해도 일대일함수일 수 있다. 예를 들어 $f(z) = x^3$이면 $f'(0) = 0$이지만 f는 실수 전체집합에서 일대일함수이다. 그러나 이러한 사실이 복소함수에서는 더 이상 성립하지 않음을 다음 정리에서 알 수 있다.

정리 20.3.2

f가 영역 D에서 해석함수이고 일대일이면 D의 모든 점 z에서 $f'(z) \neq 0$이다.

따라서 f의 정의역의 어떤 점에서 미분계수가 0이면 f는 일대일이 될 수 없다. 정리 20.3.2는 Rouche 정리를 이용하여 보일 수 있다.

어떤 점 $z_0 \in D$에서 $f'(z_0) = 0$이면 D에서

$$f(z) - f(z_0) = \frac{f''(z_0)}{2!}(z - z_0)^2 + \cdots$$

따라서 z_0는 $f(z) - f(z_0)$의 위수 $k(\geq 2)$인 영점이다. 그리고 z_0가 $f(z) - f(z_0)$와 $f'(z) = (f(z) - f(z_0))'$의 영점이고 $f(z) \not\equiv f(z_0), f'(z) \not\equiv 0$이므로 z_0는 $f(z) - f(z_0)$와 $f'(z)$의 고립영점이다. 따라서 $0 < |z - z_0| \leq r$에는 $f(z) - f(z_0)$와 $f'(z)$의 영점이 존재하지 않도록 하는 양수 r이 존재한다.

r을 작게 택해도 되므로 $0 < |z - z_0| \leq r$이 D의 내부에 존재한다고 가정해도 무관하다.

$$m = \min_{|z - z_0| = r} |f(z) - f(z_0)|$$

이고

$$g(z) = f(z) - f(z_0) - a \quad (0 < |a| < m)$$

이면 $g(z_0) = -a \neq 0$이고, $0 < |z - z_0| \leq r$이면 $g'(z) = f'(z) \neq 0$이므로 $|z - z_0| \leq r$에서 g의 모든 영점은 단순영점이다. $|z - z_0| = r$에서

$$|f(z) - f(z_0)| \geq m > |a|$$

이므로 Rouche 정리에 의해 $|z - z_0| \leq r$에서 g의 영점의 개수는 $f(z) - f(z_0)$의

영점의 개수와 같다. 즉, $|z-z_0| \le r$에서 g의 영점의 개수는 $k(\ge 2)$이다. 그러나 이것은 $|z-z_0| \le r$ 안에 $f(z) = f(z_0)+a$가 되는 서로 다른 k개의 점이 존재함을 의미하므로 f가 D에서 일대일이란 가정에 모순이다. 따라서 f가 영역 D에서 일대일이면 D의 모든 점 z에 대해 $f'(z) \neq 0$이 성립함을 알 수 있다.

그러나 정리 20.3.2의 역은 성립하지 않는다. 예를 들어 지수함수 $f(z) = e^z$는 모든 z에 대해 $f'(z) \neq 0$이지만 f는 전체평면에서 일대일이 아니다. 따라서 이 문제에 대해 다음과 같은 결과를 얻는다.

실함수인 경우 어떤 구간에서 미분가능한 함수의 미분계수가 0이 되지 않는 것은 그 함수가 그 구간에서 일대일이 되기 위한 충분조건이지만 필요조건은 아니다. 그러나 복소함수인 경우 어떤 해석함수의 정의역에서 미분계수가 0이 되지 않는 것은 그 함수가 그 영역에서 일대일이 되기 위한 필요조건이지만 충분조건은 아니다.

정리 20.3.2의 역은 성립하지 않지만 다음이 성립한다.

정리 20.3.3

f가 영역 D에서 해석함수이고 $z_0 \in D$에 대해 $f'(z_0) \neq 0$이면 z_0의 어떤 근방에서 f는 일대일이다.

따라서 f가 모든 $z \in D$에서 $f'(z) \neq 0$일 때 f가 D 전체에서 일대일이 아닐 수 있어도 국소적으로 일대일이 될 수 있다. 자세한 증명은 참고문헌 [13]을 참고하라.

단순연결영역 D와 D의 경계인 단순닫힌경로 C에서 정의된 해석함수 f가 경계 C에서 일대일이라는 조건은 f가 D에서 일대일이 되기 위한 충분조건이라는 것을 편각원리를 이용해서 보일 수 있다.

f가 D의 경계인 단순닫힌경로 C에서 일대일이라 가정하자. 만일 $z_0 \in D$가 C의 모든 z에 대해 $w_0 = f(z_0) \neq f(z)$인 점이면 C에서 $f(z) - f(z_0) \neq 0$이므로 편각원리에 의해 D 내에 존재하는 $f(z) - f(z_0)$의 영점의 개수는

$$\frac{1}{2\pi}\Delta_C \arg\{f(z) - f(z_0)\}.$$

$f(z)-f(z_0)$에 의한 C의 상을 Γ라 하면 $f(z)-f(z_0)$가 C에서 일대일이고 $z_0 \in D$

가 $f(z)-f(z_0)$의 영점이므로 Γ는 원점을 감싸는 단순닫힌경로이다. 따라서 Γ의 회전수는 1 또는 -1이다. 그런데 $f(z)-f(z_0)$의 영점이 D의 내부에 적어도 한 개는 존재하므로 회전수는 1이다. 즉,

$$\frac{1}{2\pi}\Delta_C \arg\{f(z)-f(z_0)\}=1.$$

따라서 D에서 $f(z)-f(z_0)$의 영점은 하나 뿐, 즉 z_0 뿐임을 알 수 있다. 이 사실은 $f(z_0)\notin\Gamma$인 모든 점 $z_0\in D$에 대해 성립한다.

만일 $z_0\in D$가 어떤 $z\in C$에 대해 $f(z)=f(z_0)$이면 $\Delta_C\arg\{f(z)-f(z_0)\}$가 정의되지 않는다. 그러나 이 경우도 역시 D에 존재하는 $f(z)-f(z_0)$의 영점의 개수는 하나 뿐이다. 자세한 것은 참고문헌 [12]를 참고하라.

이러한 사실을 정리하면 다음과 같다.

정리 20.3.4

f가 단순연결영역 D와 D의 경계 C에서 해석적이고 C에서 일대일이면 f는 D에서 일대일이다.

연습문제 20.16 $a_0=1, a_1=1$이고

$$f(z)=\sum_{n=0}^{\infty}a_nz^n$$

일 때 $\displaystyle\sum_{n=2}^{\infty}n|a_n|\le 1$이면 f는 단위원판 $\{z:|z|<1\}$에서 일대일이 됨을 보여라.

연습문제 20.17 f가 $B_r(a)=\{z:|z-a|<r\}$에서 해석적이고 모든 $z\in B_r(a)$ $(z\neq a)$에 대해 $|f'(z)-f'(a)|<|f'(a)|$을 만족하면 f는 일대일이 됨을 보여라.

20.4 열린사상정리

Rouche 정리를 이용하면 **열린사상정리**(open mapping theorem)를 얻을 수 있다.

정리 20.4.1 **열린사상정리**

상수함수가 아닌 해석함수는 열린집합을 열린집합으로 사상 한다.

열린집합을 열린집합으로 사상하는 함수 f를 **열린사상**(open mapping)이라 한다. 정리 20.4.1은 상수가 아닌 해석함수는 열린사상임을 보여주고 있다.

상수가 아닌 해석함수 f가 열린사상임을 보이기 위해 f가 해석적이 되는 점의 아주 작은 열린근방은 f에 의해 열린집합으로 사상함을 보이면 된다.

f가 z_0에서 해석적이고 $w_0 = f(z_0)$라 하자. 그리고 $f(z) - w_0$가 $|z - z_0| \le \delta$에서 해석적이고 원 $|z - z_0| = \delta$ 위에는 $f(z) - w_0$의 영점이 포함하지 않도록 양수 δ를 택하자. 이것은 f가 상수함수가 아니므로(즉, z_0는 $f(z) - f(z_0)$의 고립영점이므로) 가능하다. $m = \min_{|z-z_0|=\delta} |f(z) - w_0|$라 할 때 f에 의한 $|z - z_0| < \delta$의 상이 열린원판 $|w - w_0| < m$을 포함한다는 것을 보이자.

w_1이 $|w_1 - w_0| < m$을 만족하면 원 $|z - z_0| = \delta$ 위의 모든 점 z에 대해

$$|w_0 - w_1| < m \le |f(z) - w_0|.$$

따라서 Rouche 정리에 의해서 $|z - z_0| < \delta$ 내에 존재하는

$$f(z) - w_1 = (f(z) - w_0) + (w_0 - w_1)$$

의 영점의 개수와 $f(z) - w_0$의 영점의 개수가 같다. 그런데 $|z - z_0| < \delta$ 내에는 $f(z) - w_0$의 영점이 오직 한 개, 즉 z_0 뿐이므로 $f(z) - w_1$의 영점의 개수는 하나이다. 즉, $|w - w_0| < m$ 내의 임의의 점 w_1에 대해 $|z - z_0| < \delta$ 내에 $f(z) = w_1$을 만족하는 점이 (오직 한 개) 존재한다. 따라서 원판 $|w - w_0| < m$은 f에 의한 $|z - z_0| < \delta$의 상의 내부에 존재하므로 f는 열린사상이다.

연결이고 열린집합을 영역이라 한다. 해석함수는 연속함수이고 연속함수는 연결성을 보존하므로 열린사상정리에 의해 상수가 아닌 해석함수는 영역을 보존하는 사상이다. 즉, 다음 사실을 알 수 있다.

상수가 아닌 해석함수는 영역을 영역으로 사상한다.

✍ **연습문제 20.18** f가 z_0에서 해석적이고 z_0는 $f(z) - f(z_0)$의 위수가 n인 영점이라 하자. 이때 z_0의 근방 $N(z_0, \delta)$와 $f(z_0)$의 근방 $N(f(z_0), \varepsilon)$이 존재해서 $N(f(z_0), \varepsilon)$

의 각 점은 적어도 $N(z_0, \delta)$ 의 한 점 그리고 기껏해야 $N(z_0, \delta)$ 의 n 개의 서로 다른 점의 상임을 보여라.

이 장에서 배운 편각원리는 매우 중요한다. 뿐만 아니라 해석함수의 영점의 분포에 대한 정보를 제공하는 Rouche 정리와 Rouche 정리를 이용하여 증명한 열린사상정리 역시 복소함수론에서 매우 중요한 정리이다.

제 21 장

선형분수변환

21.1 선형변환

a가 실수이고 $A = ae^{i\alpha}$일 때 변환 $w = Az$는 z-평면 상의 점 $z = re^{i\theta} \neq 0$을 원점에서부터 거리가 ar이고 편각이 $\alpha + \theta$인 w-평면 상의 점 $are^{i(\alpha+\theta)}$으로 사상한다. 이때 $a = 1$이면 w는 **회전변환**(rotation), $a > 1, \alpha = 0$이면 **확대변환**(maginification), $a < 1, \alpha = 0$이면 **축소변환**(contraction)이라 한다.

✍ **연습문제 21.1** 무한띠 $0 < x < 1$의 $w = iz$에 의한 상을 구하여라.

$z = x + iy, B = b_1 + ib_2$라 하면 $w = z + B$는 z-평면 상의 점들의 집합을 x축으로 b_1, y축으로 b_2만큼 평행이동한 같은 크기와 형태를 가진 w-평면 상의 집합으로 사상한다. 이 사상을 **평행이동**(translation)이라 한다.

✍ **연습문제 21.2** 변환 $w = iz + i$는 z-평면의 반평면 $x > 0$을 w-평면의 반평면 $v > 1$로 사상함을 보여라.

✍ **연습문제 21.3** $w = iz + 1$이라 할 때 w에 의한 $x > 0, 0 < y < 2$의 상을 구하여라.

$w = Az + B(A \neq 0)$를 **선형변환**(linear transformation)이라 한다.

$w_1 = Az, w_2 = z + B$이면 $w = w_2 \circ w_1$이므로 선형변환은 회전 또는 확대·축소를 나타내는 변환 w_1과 평행이동을 나타내는 변환 w_2의 합성이다.

예제 21.1 $w = (1+i)z+2$는 $w_1 = (1+i)z, w_2 = z+2$의 합성 $w = w_2 \circ w_1$이다. $w_1(1+2i) = (1+i)(1+2i) = -1+3i$이고 $w_2(-1+3i) = -1+3i+2 = 1+3i$이므로 z-평면 상의 점 $1+2i$는 w에 의해 w-평면 상의 점 $1+3i$로 사상한다.

21.2 반전변환

$w = \dfrac{1}{z}(z \neq 0)$라 하자. $z\overline{z} = |z|^2$이므로

$$w_1 = \left(\frac{1}{|z|^2}\right) z$$

이면 $w = \overline{w_1}$이다. 이때 $|w_1| = \dfrac{1}{|z|}$이고 $\arg w_1 = \arg z$이다.

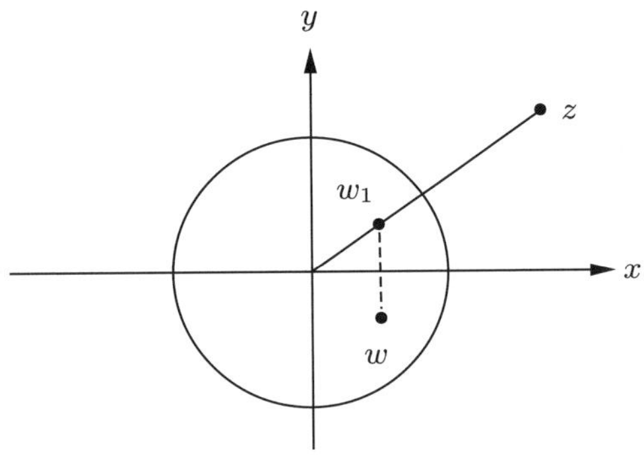

그림 21.1

변환 w에 의해서 z-평면의 영역 $\{z : |z| > 1\}$은 w-평면의 영역 $\{w : |w| < 1\} - \{0\}$으로 사상하고, z-평면의 영역 $\{z : |z| < 1\}$은 w-평면의 영역 $\{w : |z| > 1\}$로 사상한다. 그리고 z-평면의 단위원 $|z| = 1$은 w-평면의 단위원 $|w| = 1$로 사상한다. 이런 이유 때문에

$$w = \frac{1}{z} \quad (z \neq 0)$$

을 $|z| = 1$에 관한 **반전변환**(inversion)이라 한다.

만일 변환 $T : \mathbb{C}^* \longrightarrow \mathbb{C}^*$를

$$T(0) = \infty, \quad T(\infty) = 0, \quad T(z) = \frac{1}{z}(z \neq 0, \infty)$$

라 정의하면 T는 확장된 복소평면 $\mathbb{C}^*$에서 연속이고 일대일대응인 변환이다.

$z = x + iy \neq 0$이고 $w = \dfrac{1}{z} = u + iv$이면

$$u = \frac{x}{x^2 + y^2}, \quad v = \frac{-y}{x^2 + y^2}$$

이다.

그리고 $z = \dfrac{1}{w} = \dfrac{\overline{w}}{|w|^2}$ 이므로

$$x = \frac{u}{u^2+v^2},\ y = \frac{-v}{u^2+v^2}. \tag{21.1}$$

식 (21.1)을 이용하면 반전변환 $w = \dfrac{1}{z}$ 은 원 또는 직선을 원 또는 직선으로 사상하는 변환임을 보일 수 있다.

A, B, C, D가 $B^2 + C^2 > 4AD$를 만족하는 실수이면

$$A(x^2+y^2) + Bx + Cy + D = 0$$

은 원 또는 직선을 나타낸다. 그리고 식 (21.1)을 이용하면 다음 식을 얻는다.

$$A(x^2+y^2) + Bx + Cy + D = D(u^2+v^2) + Bu - Cv + A. \tag{21.2}$$

$B^2 + C^2 > 4AD$ 이므로 식

$$D(u^2+v^2) + Bu - Cv + A = 0$$

또한 w-평면 상의 원이나 직선을 나타낸다. 그리고 식 (21.2)에서 다음과 같은 대응규칙을 발견할 수 있다.

	$A(x^2+y^2)+Bx+Cy+D=0$	$D(u^2+v^2)+Bu-Cv+A=0$
$A \neq 0$	원	원점을 지나지 않음
$A = 0$	직선	원점을 지남
$D \neq 0$	원점을 지나지 않음	원
$D = 0$	원점을 지남	직선

그러므로 반전변환에 의해 다음과 같은 대응관계가 있음을 알 수 있다.

	z-평면	w-평면
$A \neq 0, D \neq 0$	원점을 지나지 않는 원	원점을 지나지 않는 원
$A \neq 0, D = 0$	원점을 지나는 원	원점을 지나지 않는 직선
$A = 0, D \neq 0$	원점을 지나지 않는 직선	원점을 지나는 원
$A = 0, D = 0$	원점을 지나는 직선	원점을 지나는 직선

즉, 반전변환 $w = \dfrac{1}{z}$ 은 z-평면 상의 원 또는 직선을 w-평면 상의 원 또는 직선으로 사상한다.

예제 21.2 $w = \dfrac{1}{z}$이라 하자. 그러면 z-평면 상의 직선 $x = c > 0$은 w에 의해 w-평면의 도형

$$-c(u^2 + v^2) + u = 0$$

로 사상한다. 이것을 정리하면

$$\left(u - \frac{1}{2c}\right)^2 + v^2 = \left(\frac{1}{2c}\right)^2 \tag{21.3}$$

이고, 이것은 원점을 지나는 원이다. w에 의해 z-평면 상의 점 (c, y)은 w-평면 상의 점

$$(u, v) = \left(\frac{c}{c^2 + y^2}, \frac{-y}{c^2 + y^2}\right)$$

에 대응하므로 점 (c, y)가 직선 $x = c$를 따라 윗쪽으로 움직이면 w-평면 상의 점은 식 (21.3)에 주어진 원의 시계방향을 따라 움직인다. (그림 21.2)

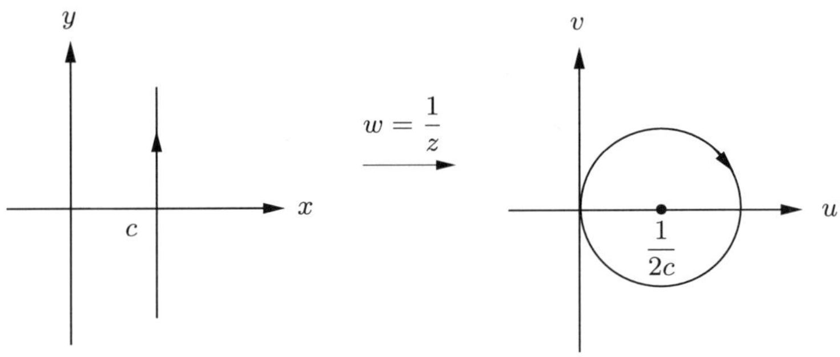

그림 21.2

연습문제 21.4 $c < 0$일 때 $w = \dfrac{1}{z}$에 의한 반평면 $x < c$의 상은 원의 내부임을 보여라. $c = 0$일 때 $x = c$의 상은 무엇인가?

연습문제 21.5 변환 $w = \dfrac{1}{z}$에 의한 사분면 $x > 1, y > 0$의 상을 구하여라.

연습문제 21.6 z의 지수형식 $z = re^{i\theta}$을 이용해서 변환

$$w = z + \frac{1}{z}$$

은 원 $r = r_0$을 다음과 같은 타원으로 사상함을 보여라.

$$u = \left(r_0 + \frac{1}{r_0}\right)\cos\theta, \quad v = \left(r_0 - \frac{1}{r_0}\right)\sin\theta \ (0 \le \theta \le 2\pi)$$

이때 원 $|z| = 1$과 영역 $|z| > 1$의 상을 구하여라.

21.3 선형분수변환

복소수 a, b, c, d에 대해 변환

$$w = \frac{az+b}{cz+d}(ad - bc \neq 0) \tag{21.4}$$

을 **선형분수변환**(linear fractional transformation) 또는 **Möbius 변환**이라 한다.

$c = 0$이면 $ad \neq 0$이므로

$$w = \frac{a}{d}z + \frac{b}{d}$$

는 선형변환이다. $c \neq 0$이면

$$w = \frac{a}{c} + \frac{bc - ad}{c} \cdot \frac{1}{cz+d}$$

이고, 이것은

$$w_1 = cz + d, \quad w_2 = \frac{1}{z}, \quad w_3 = \frac{bc-ad}{c} \cdot z, \quad w_4 = \frac{c}{a} + z$$

의 합성변환 $w = w_4 \circ w_3 \circ w_2 \circ w_1$이다. 즉, 식 (21.4)로 주어진 선형분수변환은 선형변환이거나 또는 선형변환, 반전변환, 회전변환, 확대·축소변환들의 합성이다. 그런데 이러한 변환들은 직선이나 원을 직선이나 원으로 사상한다. 따라서

> 선형분수변환은 직선이나 원을 직선이나 원으로 사상한다.

확장된 복소평면 $\mathbb{C}^* = \mathbb{C} \cup \{\infty\}$에서

$$T(z) = \frac{az+b}{cz+d} \ (ad - bc \neq 0)$$

라 하자. 그리고 $c=0$이면 $T(\infty)=\infty$, $c\neq 0$이면

$$T(\infty)=\frac{a}{c},\quad T\left(-\frac{d}{c}\right)=\infty$$

라 정의하자. 그러면 T는 확장된 복소평면 $\mathbb{C}^*$에서 연속이다. 그리고 T는 $\mathbb{C}^*$에서 $\mathbb{C}^*$ 위로의 일대일대응변환이고 T의 역변환은

$$T^{-1}(w)=\frac{-dw+b}{cw-a}(ad-bc\neq 0).$$

이때 $c=0$이면 $T^{-1}(\infty)=\infty$이고 $c\neq 0$이면

$$T^{-1}\left(\frac{a}{c}\right)=\infty,\quad T^{-1}(\infty)=-\frac{d}{c}$$

이다.

한편 T가 $\mathbb{C}^*$에서 $\mathbb{C}^*$ 위로의 일대일대응변환이므로 확장된 z-평면 위의 서로 다른 세 점에 대응하는 확장된 w-평면 위의 서로 다른 세 점이 주어지면 이런 대응을 가지는 선형분수변환은 유일하게 결정된다. 이러한 선형분수변환에 대해 알아보자.

z_1,z_2,z_3를 z-평면의 서로 다른 점이고 w_1,w_2,w_3를 w-평면의 서로 다른 점이라고 하자. 그리고

$$\frac{(w-w_1)(w_2-w_3)}{(w-w_3)(w_2-w_1)}=\frac{(z-z_1)(z_2-z_3)}{(z-z_3)(z_2-z_1)} \tag{21.5}$$

라 하면

$$(z-z_3)(z_2-z_1)(w-w_1)(w_2-w_3)=(z-z_1)(z_2-z_3)(w-w_3)(w_2-w_1). \tag{21.6}$$

식 (21.6)에서 $z=z_1$이면 $w=w_1$이고 $z=z_2$이면 $w=w_2$이다. 그리고 $z=z_3$이면 $w=w_3$이다. 즉, $w(z_1)=w_1$, $w(z_2)=w_2$, $w(z_3)=w_3$이다. 따라서 식 (21.5)에 주어진 변환 $w=w(z)$는 서로 다른 세 점 z_1,z_2,z_3를 각각 서로 다른 세 점 w_1,w_2,w_3로 사상하는 유일한 선형분수변환이다.

$$\frac{(z-z_1)(z_2-z_3)}{(z-z_3)(z_2-z_1)}=[z_1,z_2,z_3,z]$$

를 z_1,z_2,z_3,z의 **복비**(cross ratio)라 하는데 복비 $[z_1,z_2,z_3,z]$는

$$z_1\mapsto 0,\quad z_2\mapsto 1,\quad z_3\mapsto\infty$$

로 사상하는 선형분수변환의 z의 상이다. 따라서 식 (21.5)는 선형분수변환에서

복비는 불변량임을 보여주고 있다. 즉, 임의의 선형분수변환 T에 대해

$$[T(z_1), T(z_2), T(z_3), T(z)] = [z_1, z_2, z_3, z]$$

가 성립한다. 좀 더 자세히 알아보자.

S가 z_1, z_2, z_3를 각각 $0, 1, \infty$로 사상하는 선형분수변환이면

$$S(z) = [z_1, z_2, z_3, z]$$

이므로 ST^{-1}은 각각 $T(z_1), T(z_2)$, $T(z_3)$을 $0, 1, \infty$로 사상한다. 따라서 복비의 정의에서

$$[T(z_1), T(z_2), T(z_3), T(z)] = ST^{-1}(T(z)) = S(z) = [z_1, z_2, z_3, z].$$

따라서 서로 다른 세 점 z_1, z_2, z_3를 각각 서로 다른 세 점 w_1, w_2, w_3로 사상하는 선형분수변환 $w = T(z)$는

$$[w_1, w_2, w_3, w] = [z_1, z_2, z_3, z]$$

을 만족한다. 즉, 식 (21.5)를 만족한다.

예제 21.3 $z_1 = -1, z_2 = 0, z_3 = 1, w_1 = -i, w_2 = 1, w_3 = i$이면

$$\frac{(w+i)(1-i)}{(w-i)(1+i)} = \frac{(z+1)(0-1)}{(z-1)(0+1)}.$$

이것을 정리하면

$$w = \frac{i-z}{i+z}$$

이다. 즉, $-1, 0, 1$을 각각 $-i, 1, i$로 사상하는 선형분수변환은 $w = \dfrac{i-z}{i+z}$이다.

✍ **연습문제 21.7** $z_1 = 2, z_2 = i, z_3 = -2$를 각각 $w_1 = 1, w_2 = i, w_3 = -1$로 사상하는 선형분수변환을 구하여라.

✍ **연습문제 21.8** $z_1 = -i, z_2 = 0, z_3 = i$를 각각 $w_1 = -1, w_2 = i, w_3 = 1$로 사상하는 선형분수변환을 구하여라.

확장된 z-평면과 확장된 w-평면에서 서로 다른 세 점 z_1, z_2, z_3를 각각 서로 다른 세 점 w_1, w_2, w_3로 사상하는 선형분수변환에 대해 알아보자.

선형분수변환은 확장된 복소평면들 사이에서 연속이므로 만일 $z_1 = \infty$이면

$$\lim_{z_1 \to \infty} \frac{(z - z_1)(z_2 - z_3)}{(z - z_3)(z_2 - z_1)} = \frac{z_2 - z_3}{z - z_3}.$$

따라서 서로 다른 세 점 $z_1 = \infty, z_2, z_3$를 각각 ∞가 아닌 서로 다른 세 점 w_1, w_2, w_3 로 사상하는 선형분수변환은

$$\frac{(w - w_1)(w_2 - w_3)}{(w - w_3)(w_2 - w_3)} = \frac{z_2 - z_3}{z - z_3}. \tag{21.7}$$

비슷하게 서로 다른 세 점 $z_1 = \infty, z_2, z_3$를 각각 서로 다른 세 점 $w_1 = \infty, w_2, w_3$로 사상하는 선형분수변환은 다음과 같다.

$$\frac{w_2 - w_3}{w - w_3} = \frac{z_2 - z_3}{z - z_3} \tag{21.8}$$

예제 21.4 $z_1 = 1, z_2 = 0, z_3 = -1$을 각각 $w_1 = i, w_2 = \infty, w_3 = 1$로 사상하는 선형분수변환은

$$\frac{w - i}{w - 1} = \frac{(z-1)(0+1)}{(z+1)(0-1)} = -\frac{z-1}{z+1}.$$

따라서 구하는 선형분수변환은 다음과 같다.

$$w = \frac{(i+1)z + (i-1)}{2z}$$

✍ **연습문제 21.9** ∞가 아닌 서로 다른 세 점 z_1, z_2, z_3를 각각 서로 다른 세 점 $w_1 = \infty, w_2, w_3$로 사상하는 선형분수변환을 구하여라.

✍ **연습문제 21.10** $z_1 = \infty, z_2 = i, z_3 = 0$을 각각 $w_1 = 0, w_2 = i, w_3 = \infty$로 사상하는 선형분수변환을 구하여라.

✍ **연습문제 21.11** 두 개의 선형분수변환의 합성은 선형분수분환이 됨을 보여라.

✍ **연습문제 21.12** (1) $w = f(z)$에서 $f(z_0) = z_0$인 점 z_0을 f의 고정점(fixed point)이라 한다. 확장된 복소평면에서 항등변환 $w = z$를 제외한 모든 선형분수변환은 기껏해야 두 개의 고정점을 가짐을 보여라.

(2) (1)을 이용해서 확장된 복소평면 위의 서로 다른 세 점 z_1, z_2, z_3를 각각 확장된 복소평면 위의 서로 다른 세 점 w_1, w_2, w_3로 사상하는 선형분수변환은 유일함을 보여라.

연습문제 21.13 $|z_k| < 1$ $(k = 1, 2, \ldots, n)$이라 하고

$$w = \prod_{k=1}^{n} \frac{|z_k|}{z_k}\left(\frac{z_k - z}{1 - \overline{z_k} z}\right)$$

라 할 때 w에 의한 단위원판 $|z| \le 1$의 상을 구하여라.

연습문제 21.14 영역

$$|z| \le 1, \quad \text{Re}z \le 0, \quad \left|z + \frac{1}{2}\right| \ge \frac{1}{2}$$

의 선형분수변환 $w = \dfrac{z - i}{z + i}$에 의한 상을 구하고 그림을 그려라.

21.4 대칭원리

$\lambda > 0$이고 ϕ가 실수이면

$$p = z_0 + \lambda e^{i\phi}, \quad q = z_0 + \frac{\rho^2}{\lambda} e^{i\phi}$$

는 중심이 z_0이고 반지름이 ρ인 원 C에 대칭인 점이라 한다. (그림 21.3) 따라서 원 C에 대칭인 점 p, q는 $(p - z_0)(\overline{q} - \overline{z_0}) = \rho^2$을 만족한다.

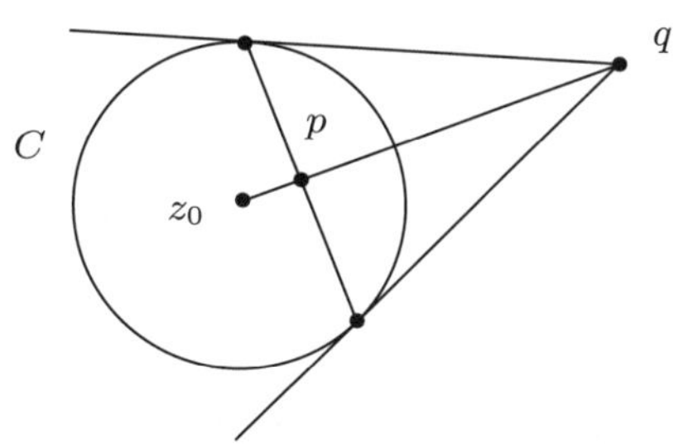

그림 21.3: 원 C에 대칭인 점 p, q

$\lambda \to 0$이면 $p \to z_0, q \to \infty$이므로 z_0와 ∞는 원 C에 대칭인 점이라 정의한다.

만일 어떤 직선이 두 점을 잇는 선분을 수직이등분하면 이 두 점을 이 직선에 대칭인 점이라 한다.

$z = z_0 + \rho e^{i\theta}$가 원 C 위의 점이면

$$\frac{z-p}{z-q} = \frac{\lambda}{\rho} \cdot \frac{\rho e^{i\theta} - \lambda e^{i\phi}}{\lambda e^{i\theta} - \rho e^{i\phi}}$$

이므로

$$\left|\frac{z-p}{z-q}\right| = \frac{\lambda}{\rho}.$$

일반적으로 서로 다른 두 점 p, q에 대해

$$\left|\frac{z-p}{z-q}\right| = k \ (k > 0) \tag{21.9}$$

은 $k \neq 1$이면 중심이

$$z_0 = \frac{p - k^2 q}{1 - k^2}$$

이고 반지름이

$$\rho = \frac{k|p-q|}{|1-k^2|}$$

인 원, $k = 1$이면 p와 q를 잇는 선분의 수직이등분선이다. 그리고

$$p - z_0 = \frac{k^2(q-p)}{1-k^2}, \quad q - z_0 = \frac{q-p}{1-k^2}$$

이므로 $(p-z_0)(\overline{q} - \overline{z_0}) = \rho^2$이다. 따라서 p, q는 식 (21.9)가 나타내는 원 또는 직선에 대칭인 점이다. 그리고 $|p - z_0| = k\rho$이므로 p는 $k < 1$이면 식 (21.9)가 나타내는 원의 내부에, $k > 1$이면 원의 외부에 놓인다.

정리 21.4.1

$p \neq q, k > 0$이고

$$\left|\frac{z-p}{z-q}\right| = k \tag{21.10}$$

라 하자. 그러면 식 (21.10)은 $k \neq 1$이면 원, $k = 1$이면 p와 q를 잇는 선분의 수직이등분선이다. $k < 1$이면 p는 원 내부의 점, $k > 1$이면 p는 원 외부의 점이다. 그리고 p와 q는 식 (21.10)이 나타내는 원 또는 직선에 대칭인 점이다.

C를 식 (21.10)으로 주어진 원 또는 직선이라 하자. 만일 $w = az(a \neq 0)$이면 w는 p를 $p^* = ap$, q를 $q^* = aq$로 사상한다. 그런데

$$\left|\frac{w-p^*}{w-q^*}\right| = \left|\frac{az-ap}{az-aq}\right| = \left|\frac{z-p}{z-q}\right| = k$$

이므로 p^*와 q^*는 중심이

$$\frac{p^*-k^2q^*}{1-k^2} = \frac{a(p-k^2q)}{1-k^2}$$

이고 반지름이

$$\frac{k|p^*-q^*|}{|1-k^2|} = \frac{k|a||p-q|}{|1-k^2|}$$

인 원$(k \neq 1)$ 또는 직선$(k = 1)$에 대칭인 점이다. 그리고 이 원 또는 직선은 식 (21.10)으로 주어진 원 또는 직선의 $w = az$에 의한 상이다. 따라서 변환 $w = az(a \neq 0)$은 대칭성을 보존한다. 즉, 변환 $w = az(a \neq 0)$은 원 또는 직선 C에 대칭인 두 점을 $w = az$에 의한 C의 상 Γ에 대칭인 두 점으로 사상한다.

평행이동 $w = z + b(b \neq 0)$는 대칭성을 보존한다. 반전변환 $w = \dfrac{1}{z}$도 대칭성을 보존함을 보이자.

$p \neq 0, q \neq 0$이면 $w = \dfrac{1}{z}$은 p를 $p^* = \dfrac{1}{p}$로, q를 $q^* = \dfrac{1}{q}$로 사상하므로

$$\left|\frac{w-p^*}{w-q^*}\right| = \left|\frac{1}{z}-\frac{1}{q}\right| \Big/ \left|\frac{1}{z}-\frac{1}{q}\right| = k\left|\frac{p^*}{q^*}\right|. \tag{21.11}$$

따라서 식 (21.11)이 나타내는 원 또는 직선은 식 (21.10)이 나타내는 원 또는 직선의 $w = \dfrac{1}{z}$에 의한 상이고 p^*와 q^*는 식 (21.11)이 나타내는 원 또는 직선에 대칭인 점이다.

만일 $p = 0$이면 $w = \dfrac{1}{z}$에 의해 0은 $p^* = \infty$, q는 $q^* = \dfrac{1}{q}$로 사상하는데

$$|w-q^*| = \frac{|p^*|}{k} \tag{21.12}$$

이므로 ∞와 q^*는 식 (21.12)가 나타내는 원에 대칭이다.

$q = 0$일 때도 비슷하다.

만일 $q = \infty$이면 $p = z_0$이고 원의 방정식은 $|z-p| = \rho$이다. 따라서 $w = \dfrac{1}{z}$은 p를 $p^* = \dfrac{1}{p}$로, $q = \infty$는 $q^* = 0$으로 사상한다. 그리고

$$\left|\frac{w-p^*}{w-q^*}\right| = \left|\frac{w-p^*}{w}\right| = \left|\frac{1}{z}-\frac{1}{p}\right| \Big/ \left|\frac{1}{z}\right| = \frac{\rho}{|p|} \tag{21.13}$$

이므로 p^*와 q^*는 식 (21.13)이 나타내는 원 또는 직선에 대칭인 점이다. 따라서 반전변환 $w = \dfrac{1}{z}$도 대칭성을 보존한다. 즉, 변환 $w = \dfrac{1}{z}$은 원 또는 직선 C에 대칭인 두 점을 $w = \dfrac{1}{z}$에 의한 C의 상 Γ에 대칭인 두 점으로 사상한다.

따라서 확대·축소변환, 회전변환, 평행이동, 반전변환은 대칭성을 보존한다.

선형분수변환은 확대·축소변환, 회전변환, 평행이동, 반전변환의 합성변환이므로 선형분수변환은 대칭성을 보존하는 변환이다. 이 사실을 **대칭원리**라 한다.

정리 21.4.2 **대칭원리**

만일 어떤 선형분수변환이 원 또는 직선 C을 원 또는 직선 Γ로 사상하면 이 변환은 C에 대칭인 두 점을 Γ에 대칭인 두 점으로 사상한다.

선형분수변환은 확장된 복소평면에서 확장된 복소평면 위로의 일대일변환이고 단순연결집합을 단순연결집합으로 사상한다. 그리고 원 또는 직선을 원 또는 직선으로 사상하며 대칭성을 보존한다. 이러한 사실들을 이용하면 다음 결과를 얻는다.

정리 21.4.3

선형분수변환은 원의 내부, 반평면을 원의 내부, 원의 외부 또는 반평면 위로 사상한다.

자세한 것은 참고문헌 [1], [8]을 참고하라.

✍ **연습문제 21.15** 원 $|z| = 1$을 원 $|z-2| = 1$에 대해 대칭이동한 상을 구하여라.

21.5 Apollonius의 원

확장된 복소평면에서 선형분수변환

$$w = k \cdot \frac{z-a}{z-b}$$

는 $z = a$를 $w = 0$으로, $z = b$를 $w = \infty$로 사상한다. 따라서 z-평면에서 a와 b를 지나는 원은 w-평면의 직선으로 사상함을 알 수 있다. 그리고 w-평면의 원

$|w| = \rho$의 원상(preimage)은 다음을 만족한다.

$$\left|\frac{z-a}{z-b}\right| = \frac{\rho}{|k|} \tag{21.14}$$

또는

$$|z-a| = \frac{\rho}{|k|}|z-b|.$$

만일 $\rho = |k|$이면 식 (21.14)는 점 a와 b를 잇는 선분을 수직 이등분하는 직선을 나타내고, 만일 $\rho \neq |k|$이면 식 (21.14)는 원을 나타낸다.

식 (21.14)로 주어진 (직선을 포함한) 원들을 극점이 a, b인 **Apollonius의 원**이라 한다. 이 원은 점 a와 b를 잇는 선분을 $\frac{\rho}{|k|} : 1$로 내분하는 점과 외분하는 점을 지름의 끝점으로 하는 원이다. (그림 21.4)

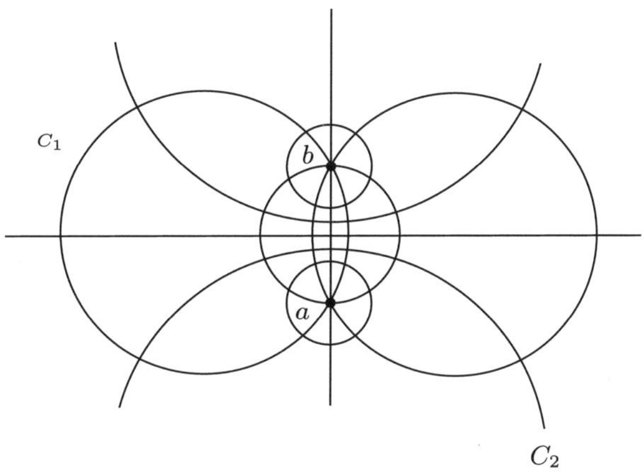

그림 21.4: Appolonius 원

a와 b를 지나는 원들을 C_1이라 하고 a와 b를 극점으로 하는 Apollonius의 원들을 C_2라 하면 C_1들과 C_2들 사이에 다음과 같은 재미있는 성질이 있다.

Apollonius의 원의 성질

1. a, b 외의 어떤 점을 지나는 C_1과 C_2는 유일하다.
2. 모든 C_1과 C_2는 직각으로 만난다.
3. C_2의 원을 어떤 C_1의 원에 대해 대칭이동하면 자기 자신이 되고, C_1의 원을 어떤 C_1의 원에 대해 대칭이동하면 다른 C_1의 원이 된다. 그리고 C_1의 어떤 원을 C_2의 어떤 원에 대해 대칭이동하면 자기 자신이 되고, C_2의 어떤 원을 C_2의 어떤 원에 대해 대칭이동하면 다른 C_2의 원이 된다.

4. 극점 a, b는 각 C_2에 대해 대칭이지만 다른 원에 대해서는 대칭이 아니다.

자세한 것은 참고문헌 [1]을 참고하기 바란다.

이 장에서는 선형분수변환에 대해 알아보았다. 선형분수변환은 확대·축소변환, 회전변환, 평행이동, 선형변환, 반전변환들의 합성변환이므로 원이나 직선은 원이나 직선으로 사상함을 알 수 있었다. 그리고 z-평면과 w-평면에 각각 대응하는 서로 다른 세 점이 주어지면 이러한 대응을 가지는 유일한 선형분수변환을 어떻게 구하는지도 구체적으로 알아보았는데, 이러한 사실을 이용하면 정리 21.4.2 대칭 원리도 얻는다.

제 22 장

몇 가지 특수한 변환

22.1 변환 $w = z^2$, $w = z^n$ $(n \geq 3)$

$z = x + iy$이고 $w = z^2 = u + iv$이면

$$u = x^2 - y^2, \quad v = 2xy. \tag{22.1}$$

따라서 이 변환에 의해 z-평면 상의 점 (a, a)는 w-평면 상의 점 $(0, 2a^2)$으로 사상한다. 즉, z-평면 상의 반직선 $y = x(x > 0)$과 $y = x(x < 0)$은 w-평면 상의 반직선 $u = 0, v > 0$으로 사상한다. 따라서 z-평면 상의 직선 $y = x$는 $w = z^2$에 의해 w-평면 상의 반직선 $u = 0, v \geq 0$으로 사상한다. 이 사상은 원점을 제외하면 이대일사상이다.

일반적으로 z-평면 상의 점 $(x, y) = (x, mx)$는 $w = z^2$에 의해 w-평면 상의 점 $(u, v) = ((1 - m^2)x^2, 2mx^2)$으로 사상한다. 이때 $m \neq 1$이면

$$\frac{v}{u} = \frac{2mx^2}{(1 - m^2)x^2} = \frac{2m}{1 - m^2}$$

이므로 직선 $y = mx(m \neq 1)$은 $w = z^2$에 의해 반직선

$$v = \left(\frac{2m}{1 - m^2}\right) u$$

로 사상한다. 그리고 이 사상 역시 원점을 제외하면 이대일사상이다. 식 (22.1)에서

$$u^2 + v^2 = (x^2 - y^2)^2 + (2xy)^2 = (x^2 + y^2)^2$$

이므로 z-평면 상의 중심이 원점이고 반지름이 r인 원은 $w = z^2$에 의해 w-평면

상의 중심이 원점이고 반지름이 r^2인 원으로 사상한다.

한편, 이 변환을 극형식으로 나타내면

$$w = z^2 = (r\cos\theta + ir\sin\theta)^2 = r^2(\cos 2\theta + i\sin 2\theta)$$

이므로 z-평면 상의 점 (r,θ)는 $w = z^2$에 의해 w-평면 상의 점 $(r^2, 2\theta)$ 로 사상한다. 따라서 z-평면의 일사분면의 점은 $w = z^2$에 의해 w-평면의 상반평면의 점으로 사상한다.

✍ **연습문제 22.1** z-평면의 직선 $y = c$의 변환 $w = z^2$에 의한 상을 구하여라.

✍ **연습문제 22.2** $0,\ 1+i,\ 1-i$을 꼭지점으로 하는 삼각형의 $w = z^2$에 의한 상을 구하여라.

✍ **연습문제 22.3** D를 직선 $x = 0, y = 0$ 그리고 $x + y = 1$로 둘러 싸인 영역이고 $f(z) = z + z^2$이라 하자. 이때 f에 의한 D의 상 $f(D)$를 그림으로 나타내고 $f(D)$의 면적을 구하여라.

✍ **연습문제 22.4** $f(z) = z^2$에 의한 원 $|z-1| = 1$의 상을 구하고 그려라.

양의 정수 $n(n \geq 3)$에 대해 변환 $w = z^n$을 극형식으로 나타내면

$$w = z^n = r^n(\cos n\theta + i\sin n\theta).$$

따라서 극좌표로 주어진 z-평면 상의 점 (r,θ)를 w-평면 상의 점 $(r^n, n\theta)$로 사상한다. (그림 22.1)

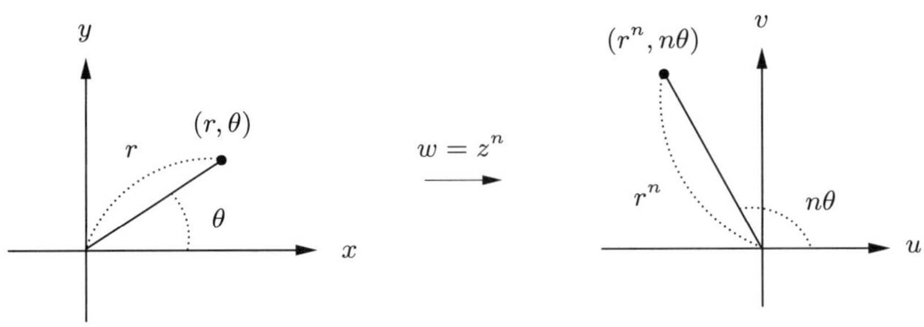

그림 22.1

✍ **연습문제 22.5** $w = \left(\frac{1+z}{1-z}\right)^2$ 이라할 때 w에 의한 원판 $|z| < 1$의 상을 구하여라.

✍ **연습문제 22.6** $w = \frac{z}{(1-z)^2}$에 의한 원판 $|z| < 1$의 상은 w-평면에서 반직선 $u \le -\frac{1}{4}, v = 0$을 제외한 부분임을

$$w = \frac{z}{(1-z)^2} = \frac{1}{4}\left(\frac{1+z}{1-z}\right)^2 - \frac{1}{4}$$

을 이용해서 보여라.

✍ **연습문제 22.7** 변환

$$w = \frac{z^n+1}{z^n-1} \ (n \ge 2)$$

에 의한 $|z| < 1, 0 < \text{Arg } z < \frac{\pi}{n}$의 상을 구하여라.

✍ **연습문제 22.8** $f(z) = z - \frac{1}{z}$라 할 때 f에 의한 $1 \le |z| \le 2$의 상을 그리고 상의 면적을 구하여라.

22.2 상반평면을 단위원의 내부로 사상하는 선형분수변환

상반평면 $\text{Im}z > 0$을 열린원판 $|w| < 1$로 사상하고 상반평면 $\text{Im}z > 0$의 경계 $\text{Im}z = 0$을 열린원판의 경계 $|w| = 1$로 사상하는 선형분수변환을 구하자.

구하고자 하는 선형분수변환을

$$w = \frac{az+b}{cz+d}(ad - bd \ne 0)$$

라고 하면 $\text{Im}z = 0$의 점 $z = 0, z = 1, z = \infty$가 $|w| = 1$ 위의 점들로 사상하므로

$$|w(0)| = \left|\frac{b}{d}\right| = 1, \quad |w(\infty)| = \left|\frac{a}{c}\right| = 1.$$

따라서 $|b| = |d| \ne 0$이고 $|a| = |c| \ne 0$이다.

$$w = \frac{a}{c}\left[\left(z + \frac{b}{a}\right) \Big/ \left(z + \frac{d}{c}\right)\right], \quad \left|\frac{a}{c}\right| = 1, \quad \left|\frac{b}{a}\right| = \left|\frac{d}{c}\right| \ne 0$$

이므로 w는 어떤 실수 α와 복소수 z_0, z_1에 대해 다음과 같이 나타낼 수 있다.

$$w = e^{i\alpha} \cdot \frac{z - z_0}{z - z_1} \ (|z_0| = |z_1| \neq 0).$$

그런데

$$|w(1)| = \left| e^{i\alpha} \frac{1 - z_0}{1 - z_1} \right| = 1$$

이므로 $|1 - z_0| = |1 - z_1|$을 만족한다. 따라서

$$(1 - z_0)(1 - \overline{z_0}) = (1 - z_1)(1 - \overline{z_1}).$$

따라서

$$1 - z_0 - \overline{z_0} + |z_0|^2 = 1 - z_1 - \overline{z_1} + |z_1|^2$$

이고 $|z_0| = |z_1|$이므로 $z_1 + \overline{z_1} = z_0 + \overline{z_0}$이다. 즉, $\mathrm{Re} z_0 = \mathrm{Re} z_1$을 만족한다. 그런데 $|z_0| = |z_1|$이므로 $z_1 = z_0$이거나 $z_1 = \overline{z_0}$이다. 만일 $z_1 = z_0$이면 $w = e^{i\alpha}$(상수)이므로 $z_1 = \overline{z_0}$이어야 한다. 즉, w는 다음과 같이 나타낼 수 있다.

$$w = e^{i\alpha} \cdot \frac{z - z_0}{z - \overline{z_0}}.$$

그런데 w는 상반평면 $\mathrm{Im} z > 0$을 열린원판 $|w| < 1$의 내부로 사상하고 $w(z_0) = 0$이므로 $\mathrm{Im} z_0 > 0$이 된다. 따라서 상반평면 $\mathrm{Im} z > 0$을 열린원판 $|w| < 1$로 사상하고 $\mathrm{Im} z > 0$의 경계 $\mathrm{Im} z = 0$을 $|w| < 1$의 경계 $|w| = 1$로 사상하는 선형분수변환은 다음과 같은 형태이다.

상반평면 $\mathrm{Im} z > 0$을 열린원판 $|w| < 1$로 사상하는 선형분수변환

$$w = e^{i\alpha} \cdot \frac{z - z_0}{z - \overline{z_0}} \quad (\mathrm{Im} z_0 > 0) \qquad (22.2)$$

예제 22.1 선형분수변환 $w = \dfrac{i - z}{i + z} = -\dfrac{z - i}{z - \overline{i}}$는 다음과 같이 나타낼 수 있다.

$$w = e^{i\pi} \cdot \frac{z - i}{z - \overline{i}}.$$

따라서 w는 상반평면 $\mathrm{Im} z > 0$을 열린원판 $|w| < 1$로 사상하고 $\mathrm{Im} z > 0$의

경계 $\mathrm{Im}z = 0$을 $|w| < 1$의 경계 $|w| = 1$로 사상하는 선형분수변환이다.

✍ **연습문제 22.9** 허수축을 단위원으로 사상하는 선형분수변환을 모두 구하여라.

✍ **연습문제 22.10** 식 (22.2)에 주어진 선형분수변환에서 $\mathrm{Im}z_0 < 0$이면 z-평면의 하반평면 $\mathrm{Im}z \le 0$은 w-평면의 단위원판 $|w| \le 1$로 사상함을 보여라.

22.3 단위원판을 단위원판으로 사상하는 선형분수변환

단위원판을 단위원판으로 사상하는 선형분수변환에 대해 알아보자.
상반평면을 단위원판의 내부로 사상하는 선형분수변환은 다음과 같다.

$$w = A \cdot \frac{z - z_0}{z - \overline{z_0}} \; (|A| = 1, \mathrm{Im}z_0 > 0) \tag{22.3}$$

따라서 식 (22.3)의 역변환을 계산하면 다음을 얻는다.

단위원판 $|z| < 1$를 상반평면 $\mathrm{Im}w > 0$으로 사상하는 선형분수변환

$$w = \frac{z\overline{z_0} - Az_0}{z - A} \; (|A| = 1, \mathrm{Im}z_0 > 0). \tag{22.4}$$

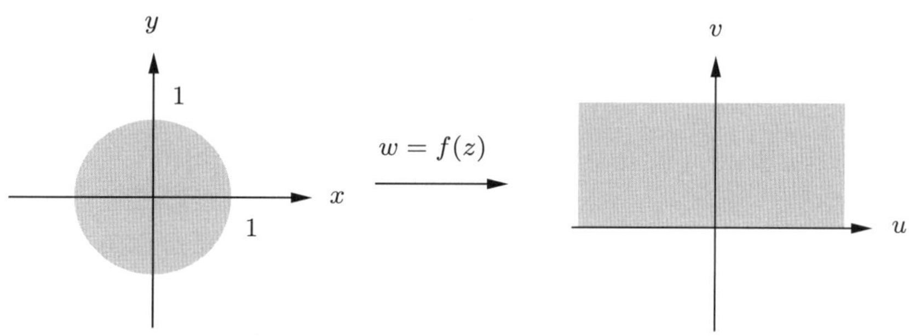

그림 22.2

w_1 이 단위원판의 내부를 상반평면으로 사상하는 선형변수변환이고 w_2 가 상반평면을 단위원판의 내부로 사상하는 변환이면 $w_2 \circ w_1$ 은 단위원판의 내부를 단위원판의 내부로 사상하는 선형분수변환이다. (그림 22.3)

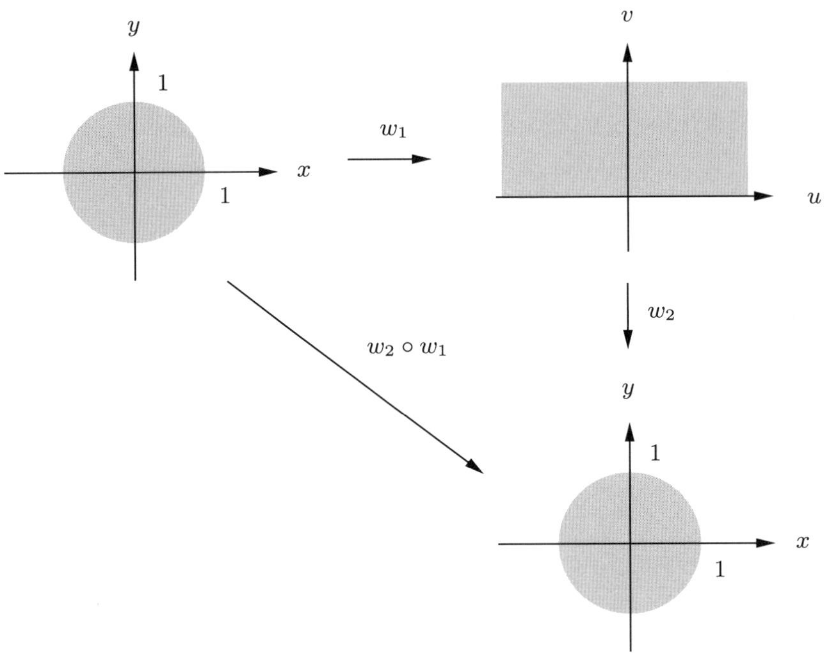

그림 22.3

식 (22.4) 에서 $z_0 = i, A = -1$ 이면

$$w = -i \cdot \frac{z-1}{z+1}.$$

만일 w^* 가 단위원판의 내부를 단위원판의 내부로 사상하는 선형분수변환이면 상반평면을 단위원판의 내부로 사상하는 어떤 선형분수변환 w 에 대해

$$w^*(z) = w\left(-i \cdot \frac{z-1}{z+1}\right).$$

이때 w 를 w^* 에 대응하는 것은 일대일대응이다. 그런데

$$w^*(z) = A \cdot \frac{(z_0+i)z + (z_0 - i)}{(\overline{z_0}+i)z + (\overline{z_0} - i)} \ (\text{Im} z_0 > 0).$$

만일 $\alpha = z_0 + i, \beta = z_0 - i$ 이면

$$w^*(z) = A \cdot \frac{\alpha z + \beta}{\overline{\beta} z + \overline{\alpha}} \ (|A| = 1, |\beta| < |\alpha|)$$

또는 $\gamma = -\dfrac{\beta}{\alpha}$ 이면

$$w^*(z) = A \cdot \frac{z-\gamma}{-\overline{\gamma}\,(\overline{\alpha}/\alpha)\,z + \overline{\alpha}/\alpha} = -A \cdot \frac{\alpha}{\overline{\alpha}} \cdot \frac{z-\gamma}{\overline{\gamma}z - 1}.$$

$K = -A \cdot \dfrac{\alpha}{\overline{\alpha}}$ 이면 다음을 알 수 있다.

단위원판 $|z| < 1$을 단위원판 $|w| < 1$로 사상하는 선형분수변환

$$w^*(z) = K \cdot \frac{z-\gamma}{\overline{\gamma}z - 1} \ (|K| = 1, |\gamma| < 1). \qquad (22.5)$$

식 (22.5) 에 주어진 선형분수변환 w^* 는 단위원을 단위원으로 사상한다. 뿐만 아니라 w^* 에서 $|\gamma| > 1$ 이면 단위원판의 내부를 단위원판의 외부로 사상하는 선형변수변환이다.

✍ **연습문제 22.11** $|z-1| < 2$를 $|w| < 1$로 사상하는 선형분수변환을 구하여라.

22.4 상반평면을 상반평면으로 사상하는 선형분수변환

상반평면을 상반평면으로 사상하는 선형분수변환을

$$w = \frac{az+b}{cz+d} \ (ad - bc \neq 0)$$

라 하면 이 변환에 의하여 $\mathrm{Im}z = 0$을 $\mathrm{Im}w = 0$으로 사상한다. 만일 $\mathrm{Im}z = 0$의 서로 다른 세 점 z_1, z_2, z_3가 $\mathrm{Im}w = 0$의 세 점 $0, 1, \infty$로 사상하면

$$w = \frac{(z-z_1)(z_2-z_3)}{(z-z_3)(z_2-z_1)} = \frac{az+b}{cz+d}$$

이 되므로 a, b, c, d는 모두 실수이다.

한편, $z = x + iy(y > 0)$ 이면

$$w = \frac{(ax+b)(cx+d) + acy^2}{(cx+d)^2 + (cy)^2} + i\frac{y(ad-bc)}{(cx+d)^2 + (cy)^2}$$

이므로 Im $z = y > 0$일 때

$$\text{Im}w = \frac{y(ad-bc)}{(cx+d)^2+(cy)^2} > 0.$$

따라서 $ad - bc > 0$이다. 즉,

상반평면 Im$z > 0$을 상반평면 Im$w > 0$로 사상하는 선형분수변환

$$w = \frac{az+b}{cz+d} \text{ (단, } a, b, c, d\text{는 실수이고 } ad-bc>0). \tag{22.6}$$

22.5 지수변환 $w = e^z$

$z = x + iy$이면 지수함수 $w = e^z$의 극형식은

$$w = e^z = e^x e^{iy} = e^x(\cos y + i\sin y).$$

따라서 $w = u + iv$이면

$$u = e^x \cos y, \quad v = e^x \sin y.$$

그러므로 직선 $x = c_1$ 위의 점 (c_1, y)는 $w = e^z$에 의해 w-평면 위의 점

$$(u, v) = (e^{c_1}\cos y, e^{c_1}\sin y)$$

로 사상한다. 그런데

$$u^2 + v^2 = (e^{c_1})^2$$

이므로 직선 $x = c_1$ 위의 점은 지수변환 $w = e^z$에 의해 w-평면의 원

$$u^2 + v^2 = (e^{c_1})^2$$

위의 점으로 사상한다. 그리고 이 사상은 전사인 사상이다. (그림 22.4)

비슷하게 직선 $y = c_2$ 위의 점 (x, c_2)는 $w = e^z$에 의해 w-평면의 점

$$(u, v) = (e^x\cos c_2, e^x\sin c_2)$$

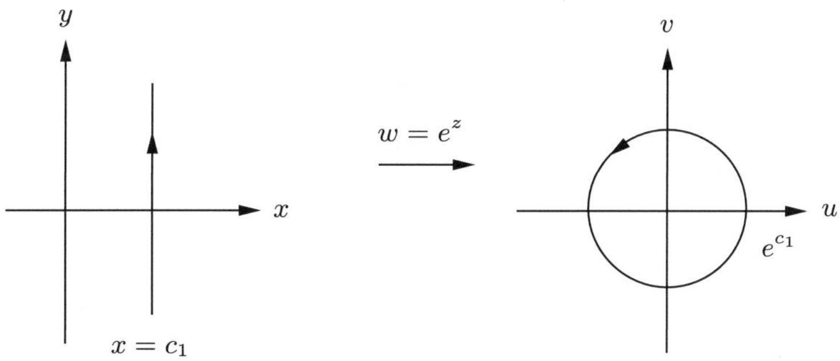

그림 22.4

로 사상한다. $\cos c_2 \neq 0$이면

$$\frac{v}{u} = \frac{\sin c_2}{\cos c_2} = \tan c_2$$

이므로 $v = \tan c_2 u$이다. 즉, $\cos c_2 \neq 0$이면 직선 $y = c_2$ 위의 점 (x, c_2)는 w-평면의 직선 $v = (\tan c_2)u$ 위의 점 $(e^x \cos c_2, e^x \sin c_2)$로 사상한다. (그림 22.5)

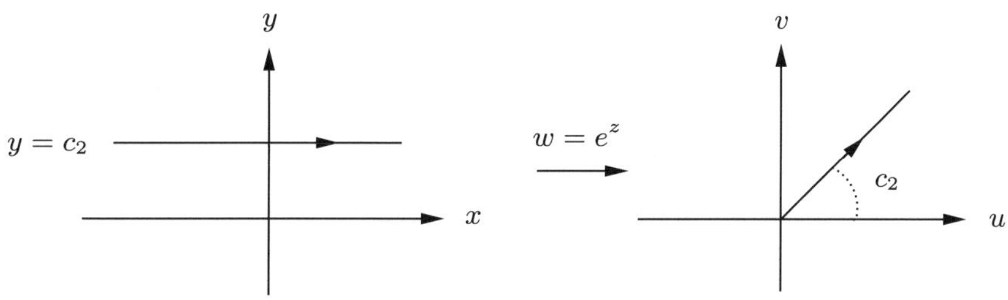

그림 22.5

$\cos c_2 = 0$이면, 즉

$$c_2 = n\pi + \frac{\pi}{2} \quad (n = 0, \pm 1, \pm 2, \ldots)$$

이면

$$u = 0, v = e^x \sin c_2 = \pm e^x$$

이므로 (x, c_2)는 w-평면의 점 $(0, e^x)$ 또는 $(0, e^{-x})$로 사상한다.

예제 22.2 사각형 영역 $a \leq x \leq b, c \leq y \leq d$는 $w = e^z$에 의해 극형식으로

표현된 영역

$$e^a \le \rho \le e^b, \quad c \le \phi \le d$$

로 사상한다. 만일 $0 < c < d < 2\pi$ 이면 그림 22.6과 같은 사상이다.

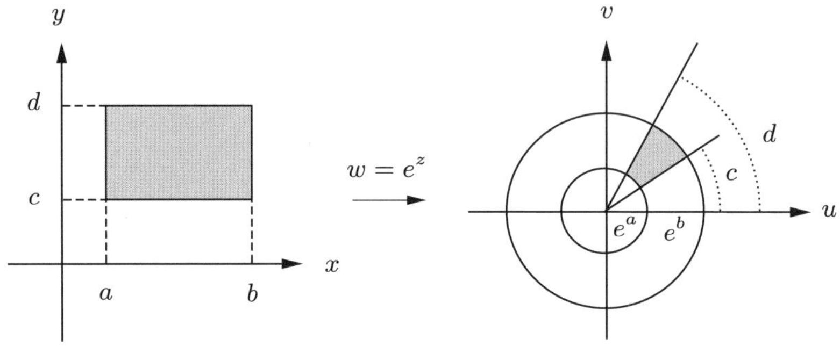

그림 22.6

그리고 $a \le y \le b$는 w-평면 상의 부채꼴 $a \le \phi \le b$로 사상한다. (그림 22.7)

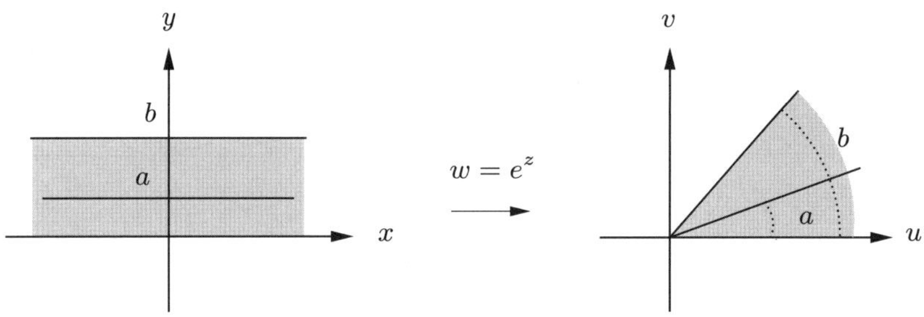

그림 22.7

✍ **연습문제 22.12** $w = e^z$ 에 의한 $|z| \le 1$ 의 상은 환

$$\frac{1}{e} \le |w| \le e$$

안에 존재함을 보여라.

✍ **연습문제 22.13** 변환 $w = e^z$ 에 의한 다음 영역의 상을 구하고 영역의 경계에 대응하는 상을 표시하라.

(1) $x \ge 0, 0 \le y \le \pi$ (2) $-2 \le x \le 1, 0 \le y \le \pi$

✍ **연습문제 22.14** $w = e^{iz}$ 의한 영역

$$0 \le x \le \pi, \quad y \ge 0$$

의 상을 구하여라.

22.6 $w = \log z$의 분지

$\log z$의 임의의 분지

$$w = \log z = \ln r + i\theta \ (r > 0, \ \alpha < \theta < \alpha + 2\pi)$$

는 이 분지의 정의역 $r > 0, \alpha < \theta < \alpha + 2\pi$를 w-평면의 띠 $\alpha < v < \alpha + 2\pi$로 일대일대응인 사상이다.

$\alpha < \theta_0 < \alpha + \pi$이면 반직선 $\theta = \theta_0$ 위의 점은 w-평면 위의 점 $(\ln r, \theta_0)$로 사상한다. (그림 22.8)

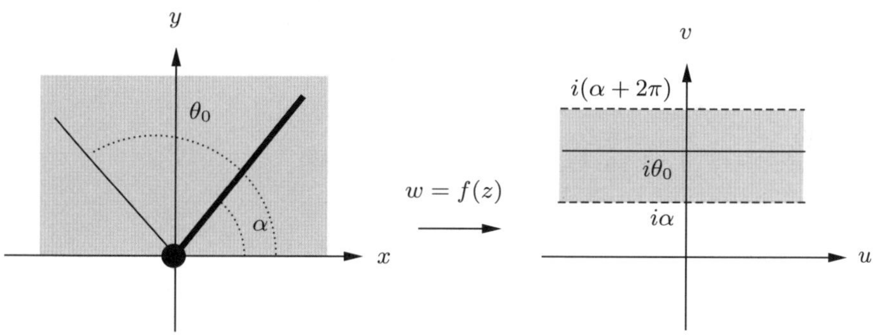

그림 22.8

따라서 $\theta = \theta_0$의 상은 u축과 평행한 직선 $v = \theta_0$이다.

예제 22.3 변환

$$w = \text{Log}\left(\frac{z-1}{z+1}\right)$$

은 변환

$$Z = \frac{z-1}{z+1}, \quad w = \text{Log}\, Z$$

의 합성변환이다.

Z는 상반평면 $\mathrm{Im}z > 0$을 상반평면 $\mathrm{Im}Z > 0$으로 사상하고, w는 상반평면 $\mathrm{Im}Z > 0$을 무한띠 $0 < \mathrm{Im}w < \pi$로 사상한다. 따라서 w는 상반평면 $\mathrm{Im}z > 0$을 무한띠 $0 < \mathrm{Im}w < \pi$로 사상한다. (그림 22.9)

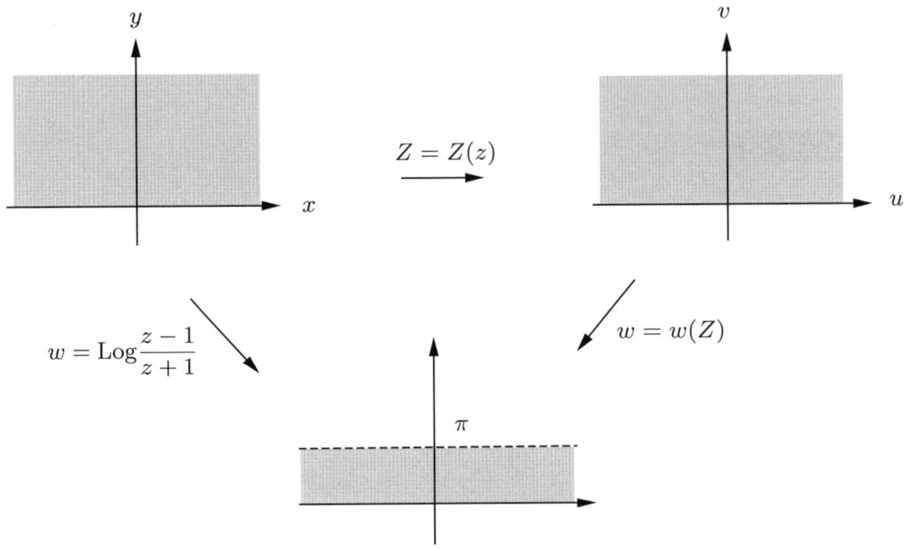

그림 22.9

✍ **연습문제 22.15** 변환 $w = \log(z-1)$은 변환

$$Z = z - 1, \quad w = \log Z$$

의 합성이다. 이 사실을 이용해서 z-평면에서 반직선 $x \geq 1, y = 0$을 제외한 나머지 부분의 변환 $w = \log(z-1)$에 의한 상이 w-평면에서 $0 < v < 2\pi$가 되도록 $\log z$의 분지를 구하여라.

22.7 변환 $w = \sin z$

$z = x + iy, w = \sin z = u + iv$이면

$$\sin z = \sin x \cosh y + i \cos x \sinh y$$

이므로 u와 v는

$$u = \sin x \cosh y, \quad v = \cos x \sinh y$$

을 만족한다.

예제 22.4 z-평면의 영역 $-\frac{\pi}{2} \le x \le \frac{\pi}{2}, y \ge 0$이 $w = \sin z$에 의해 어떻게 사상하는지 알아보자.

z-평면의 반직선 $x = \frac{\pi}{2}, y \ge 0$은 w-평면의 반직선 $u = \cosh y \ge 1, v = 0$으로 사상한다. z-평면의 선분 $-\frac{\pi}{2} \le x \le \frac{\pi}{2}, y = 0$은 w-평면의 선분 $-1 \le u = \sin x \le 1, v = 0$으로 사상한다. z-평면의 반직선 $x = -\frac{\pi}{2}, y \ge 0$은 w-평면의 반직선 $u = -\cosh y \le -1, v = 0$으로 사상한다. $x = c\left(-\frac{\pi}{2} < c < \frac{\pi}{2}\right)$은 w-평면의 $u = \sin c \cosh y, v = \cos c \sinh y$로 사상한다. 그런데

$$\cosh^2 y - \sinh^2 y = \frac{u^2}{(\sin c)^2} - \frac{v^2}{(\cos c)^2} = 1 \tag{22.7}$$

이므로 $x = c(\neq 0), y \ge 0$의 상은 식 (22.7)에 주어진 쌍곡선의 일부이다. $c > 0$이면 $u = \sin c \cosh y > 0, v = \cos c \sinh y > 0$이므로 이것은 식 (22.7)에 주어진 쌍곡선에서 x축과 제 1사분면에 놓인 부분이고, $c < 0$이면 $u = \sin c \cosh y < 0, v = \cos c \sinh y \ge 0$이므로 이것은 식 (22.7)에 주어진 쌍곡선에서 x축과 제 2사분면에 놓인 부분이다.

z-평면의 반직선 $x = 0, y \ge 0$은 w-평면의 반직선 $u = 0, v = \sinh y \ge 0$에 사상한다. 한편 $c \to \frac{\pi}{2}$이면 $u \to \cosh y, v \to 0$이고 $c \to -\frac{\pi}{2}$이면 $u \to -\cosh y, v = 0$이므로 z-평면의 영역 $-\frac{\pi}{2} \le x \le \frac{\pi}{2}, y \ge 0$은 $w = \sin z$에 의해 w-평면의 $\text{Im}w \ge 0$으로 사상함을 알 수 있다. (그림 22.10)

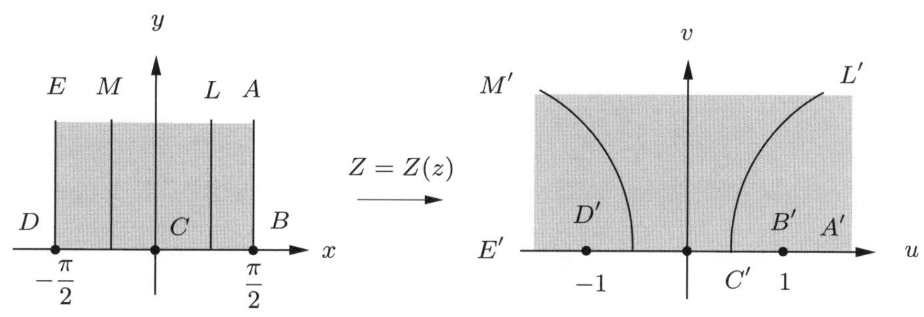

그림 22.10

예 제 22.5 $w = \sin z$에 의한 $-\pi \le x \le \pi, y = c > 0$의 상은

$$u = \sin x \cosh c, \quad v = \cos x \sinh c \ (-\pi \le x \le \pi)$$

로 매개화할 수 있으므로 구하고자 하는 상은 타원

$$\frac{u^2}{\cosh^2 c} + \frac{v^2}{\sinh^2 c} = 1$$

이다.

연습문제 22.16 $w = \sin z$에 의한 z-평면의 선분 $-\pi \le x \le \pi, y = b > 0$의 상을 구하여라. 또한 $w = \sin z$에 의한 z-평면의 사각형영역 $-\frac{\pi}{2} \le x \le \frac{\pi}{2}, 0 \le y \le b$의 상을 구하여라.

연습문제 22.17 변환 $w = \sin z$는 반직선 $x = c\left(-\frac{\pi}{2} < c < 0\right)$, $y > 0$을 식 (22.7)에 주어진 쌍곡선의 윗부분$(v > 0)$으로 일대일 대응함을 보여라.

연습문제 22.18 변환 $w = \sin z$에 의한 z-평면의 사각형 영역 $0 \le x \le \frac{\pi}{2}, 0 \le y \le 1$의 상을 구하여라.

연습문제 22.19 z-평면의 사각형 영역 $R = \{(x, y) : -\pi \le x \le \pi, a \le y \le b\}$ $(a > 0)$의 내부는 변환 $w = \sin z$에 의해 타원형 환영역, 즉 두 개의 타원으로 둘러싸인 영역에서 선분 $u = 0, -\sinh b \le v \le -\sinh a$를 제거한 부분의 내부로 일대일로 사상함을 보여라. 그리고 R의 경계의 상을 구하고 R의 경계에서는 일대일이 아님을 보여라. (그림 22.11)

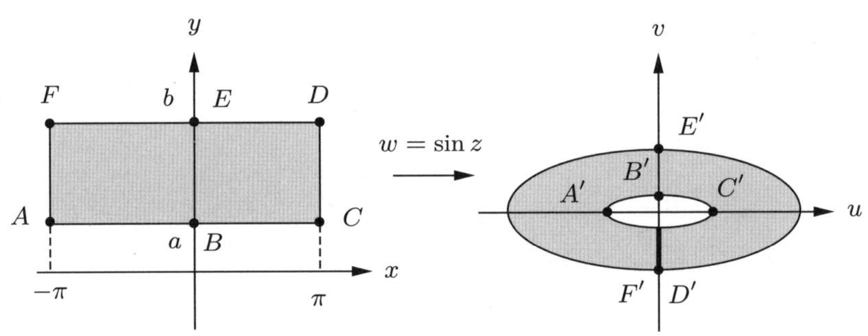

그림 22.11

✍ **연습문제 22.20** $f(z) = \sin z$ 이고

$$D = \left\{(x, y) \in \mathbb{R}^2 : 0 \leq x \leq \frac{\pi}{2}, 0 \leq y \leq 1\right\}$$

일 때 f 에 의한 D 의 상 $f(D)$ 의 면적을 구하라.

$\cos z = \sin\left(z + \frac{\pi}{2}\right)$ 이므로 변환 $w = \cos z$ 는 평행이동 $Z = z + \frac{\pi}{2}$ 와 변환 $w = \sin Z$ 의 합성변환이다.

그리고

$$w = \sinh z = -i \sin(iz)$$

이므로 변환 $w = \sinh z$ 는 $Z = iz$, $W = \sin Z$, $w = -iW$ 의 합성이다. 따라서 $w = \sin z$ 을 이용하면

$$w = \cos z, w = \sinh z$$

의 상을 구할 수 있다.

✍ **연습문제 22.21** (1) 변환 $w = \cosh z$ 는 다음 두 변환의 합성으로 나타낼 수 있음을 보여라.

$$Z = iz + \frac{\pi}{2}, \quad w = \sin Z.$$

(2) (1)을 이용해서 변환 $w = \cosh z$ 에 의한 영역 $x \geq 0, 0 \leq y \leq \frac{\pi}{2}$ 의 상을 구하여라. 그리고 경계에 대응하는 부분을 구하여라.

22.8 $w = z^{\frac{1}{n}} (n \geq 2)$ 의 분지

$z = r \exp(i\Theta)$ $(r > 0, -\pi < \Theta \leq \pi)$ 이면

$$z^{\frac{1}{2}} = \sqrt{r} \exp\left[\frac{i(\Theta + 2k\pi)}{2}\right] \quad (k = 0, 1)$$

또는

$$z^{\frac{1}{2}} = \exp\left(\frac{1}{2} \log z\right) \quad (z \neq 0)$$

이다.

$$F_0(z) = \exp\left(\frac{1}{2}\text{Log } z\right) \quad (|z| > 0, -\pi < \text{Arg } z < \pi)$$

또는

$$F_0(z) = \sqrt{r}\exp\left(\frac{i\Theta}{2}\right) \quad (r > 0, \quad -\pi < \Theta < \pi)$$

라 하면 F_0는 $z^{\frac{1}{2}}$의 주분지이고 $\Theta = \pi$는 $z^{\frac{1}{2}}$의 분지절단선, 0는 분지점이다. 그리고 변환 $w = F_0(z)$는 다음과 같이 나타낼 수 있다.

$$w = \rho\exp(i\phi).$$

여기서 $\rho = \sqrt{r}$이고 $\phi = \dfrac{\Theta}{2}$이다. $w(0) = 0$으로 정의하자.

예제 22.6 z-평면에서 극좌표로 주어진 영역

$$0 \le r \le 2, 0 \le \theta \le \frac{\pi}{2}$$

는 변환 $w = F_0(z)$에 의해 w-평면에서 극좌표로 주어진 부채꼴 영역

$$0 \le \rho \le \sqrt{2}, 0 \le \phi \le \frac{\pi}{4}$$

로 사상한다. (그림 22.12)

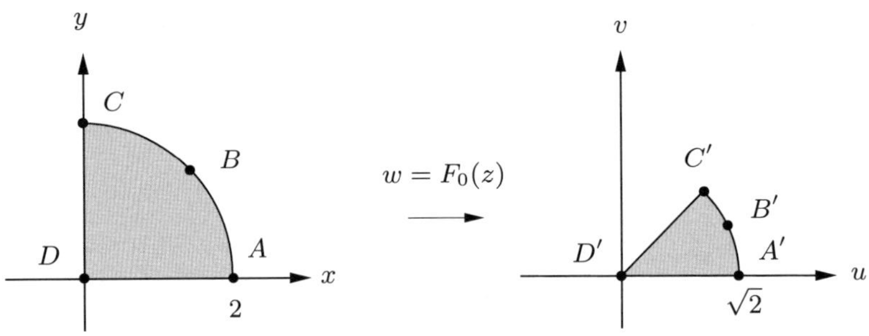

그림 22.12

참고 일반적으로 변환 $w = z^{\frac{1}{n}}$에 대해서도 비슷하다. n이 2보다 큰 양의 정수이면 $w = z^{\frac{1}{n}}$은 다가함수이므로 변환은 분지에 대한 것이다.

$|z| = r$이고 $\Theta = \text{Arg } z$이면

$$z^{\frac{1}{n}} = \exp\left(\frac{1}{n}\log z\right) = \sqrt[n]{r}\exp\left[\frac{i(\Theta + 2k\pi)}{n}\right] \ (k = 0, 1, 2, \ldots, n-1).$$

다음과 같이 두자.

$$F_k(z) = \sqrt[n]{r}\exp\left[\frac{i(\Theta + 2k\pi)}{n}\right] \ (k = 0, 1, 2, \ldots, n-1).$$

그러면 $F_k(z)$는 영역 $r > 0, -\pi < \Theta < \pi$에서 정의된 $z^{\frac{1}{n}}$의 분지이다.

$w = \rho e^{i\phi}$이면 $w = F_k$는 이 영역에서 다음과 같은 영역으로 일대일대응인 사상이다.

$$\rho > 0, \ \frac{(2k-1)\pi}{n} < \phi < \frac{(2k+1)\pi}{n}.$$

이러한 $z^{\frac{1}{n}}$의 n개의 분지들에 의해 영역 $r > 0, -\pi < \Theta < \pi$의 각 점 z는 각각 n개의 서로 다른 z의 n제곱근에 대응한다.

✍ **연습문제 22.22** $F_k(z)$를 $z^{\frac{1}{4}}$의 네 개의 분지

$$F_k(z) = \sqrt[4]{r}\exp\left[\frac{i(\Theta + 2k\pi)}{4}\right] \ (-\pi < \Theta < \pi, \ k = 0, 1, 2, 3.)$$

라 할 때 $w = F_k(k = 0, 1, 2, 3)$에 의한 영역 $r > 0, -\pi < \Theta < \pi$의 상을 구하라.

제 23 장

등각사상

23.1 등각사상

$C : z = z(t)(a \leq t \leq b)$가 매끈한 곡선(smooth curve)이고 f가 C에서 정의된 함수라 하자. 그러면

$$w = f[z(t)](a \leq t \leq b)$$

는 f에 의한 C의 상 $\Gamma = f(C)$의 매개변수표현이다. f가 $z_0 = z(t_0)(a < t_0 < b)$에서 해석적이고 $f'(z_0) \neq 0$이면

$$w'(t_0) = f'[z(t_0)]z'(t_0)$$

이므로

$$\arg w'(t_0) = \arg f'[z(t_0)] + \arg z'(t_0).$$

만일

$$\arg z'(t_0) = \theta_0, \ \ \arg w'(t_0) = \phi_0, \ \ \arg f'(z_0) = \psi_0$$

이면

$$\phi_0 = \psi_0 + \theta_0$$

이다. 이때 ψ_0을 z_0에서 **회전각**이라 하고 $|f'(z_0)|$를 z_0에서 **축척성분**(scale factor)이라 한다. (그림 23.1)

C_1과 C_2가 z_0를 지나는 매끈한 곡선이고 θ_1과 θ_2를 각각 점 z_0에서 C_1과 C_2

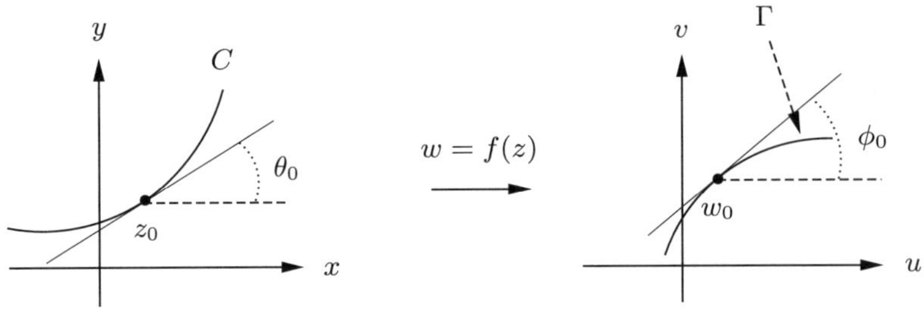

그림 23.1

의 접선방향과 양의 x축과 이루는 각이라 하자. 그리고 ϕ_1과 ϕ_2를 각각 w-평면의 점 $w_0 = f(z_0)$에서 $\Gamma_1 = f(C_1)$과 $\Gamma_2 = f(C_2)$의 접선방향과 양의 u축이 이루는 각이라 하자. (그림 23.2) 이때 $f'(z_0) \neq 0$이면

$$\phi_1 - \phi_2 = \theta_1 - \theta_2.$$

따라서 $f'(z_0) \neq 0$이면 C_1과 C_2가 이루는 교각의 크기 $\theta_1 - \theta_2$와 $\Gamma_1 = f(C_1)$과 $\Gamma_2 = f(C_2)$가 이루는 교각의 크기 $\phi_1 - \phi_2$는 같다. 이때 f를 z_0에서 **등각사상**(conformal mapping)이라 한다. 즉, f가 z_0에서 해석적이고 $f'(z_0) \neq 0$이면 f는 z_0에서 등각사상이다.

만일 f가 영역 D의 모든 점에서 등각이면 f는 D에서 등각사상이라 한다.

등각사상은 각의 크기뿐만 아니라 방향도 보존하는 사상이다.

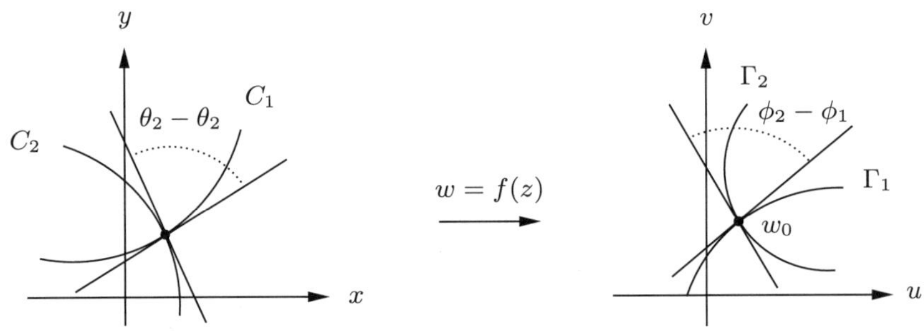

그림 23.2

예제 23.1 $w = e^z$는 모든 $z \in \mathbb{C}$에 대해 $(e^z)' = e^z \neq 0$이므로 $\mathbb{C}$에서 등각사상이다. z-평면에서 직선 $x = c_1$과 $y = c_2$가 이루는 각은 $\frac{\pi}{2}$이다. $z = x + iy$이고 $w = u + iv$이면 $w = e^{x+iy} = e^x(\cos y + i \sin y)$이므로

$$u = e^x \cos y, \quad v = e^x \sin y.$$

따라서 z-평면의 직선 $x = c_1$의 $w = e^z$에 의한 상은

$$u = e^{c_1} \cos y, \quad v = e^{c_1} \sin y$$

또는

$$u^2 + v^2 = (e^{c_1})^2 .$$

그리고 z-평면의 직선 $y = c_2$의 $w = e^z$에 의한 상은

$$u = e^x \cos c_2, \quad v = e^x \sin c_2.$$

이 경우 $\cos c_2 \neq 0$이면 $\dfrac{v}{u} = \tan c_2$이고 $\cos c_2 = 0$이면 $u = 0, v = \pm e^x$이다. 따라서 $y = c_2$의 $w = e^z$에 의한 상은 원점을 지나는 직선의 일부이다. 그런데 중심이 원점인 원과 원점을 지나는 직선은 항상 직교한다. 따라서 z-평면의 점 (c_1, c_2)에서 직교하는 두 직선 $x = c_1, y = c_2$의 상은 w-평면의 점 $(e^{c_1} \cos c_2, e^{c_1} \sin c_2)$에서 직교함을 알 수 있다.

예제 23.2 $f(z) = u(x,y) + iv(x,y)$가 z_0에서 해석적이고 $f'(z_0) \neq 0$이라 하자. 그리고 등위곡선 $C_1 : u(x,y) = c_1$과 $C_2 : v(x,y) = c_2$가 z_0에서 만난다고 하자. f가 z_0에서 등각사상이고 C_1과 C_2가 z_0에서 직교하므로 f에 의한 C_1의 상 $\Gamma_1 = f(C_1)$과 C_2의 상 $\Gamma_2 = f(C_2)$는 $w_0 = f(z_0)$에서 직교한다.

실제로 w-평면에서 Γ_1은 직선 $u = c_1$이고 Γ_2는 $v = c_2$이므로 이 두 직선은 직교한다. (그림 23.3)

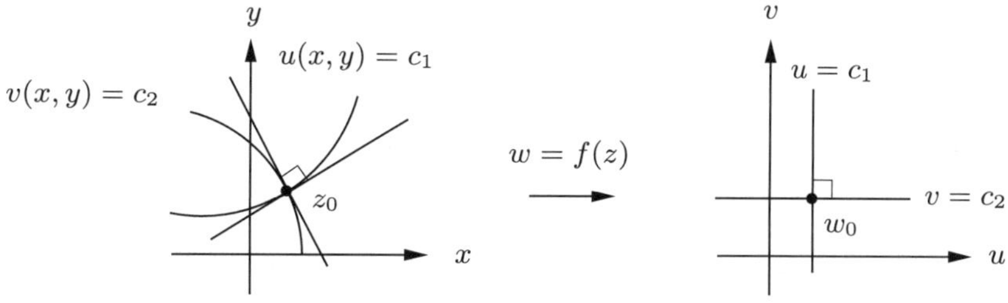

그림 23.3

✍ **연습문제 23.1** $w = z^2$일 때 $z = 2 + i$에서 회전각과 축척성분을 구하여라.

✍ **연습문제 23.2** 변환 $w = \dfrac{1}{z}$ 에 의한 직선 $y = x - 1$ 과 $y = 0$ 의 상은 각각 원

$$u^2 + v^2 - u - v = 0$$

과 직선 $v = 0$ 임을 보여라. 그리고 $z = 1$ 에서 $w = \dfrac{1}{z}$ 이 등각사상임을 네 개의 곡선을 이용해서 설명하라.

23.2 임계점

f 는 상수함수가 아니고 z_0 에서 해석적이라 하자. 만일 $f'(z_0) = 0$ 이면 z_0 을 f 의 **임계점**(critical point) 이라 한다.

f 의 임계점 z_0 을 지나는 매끈한 두 곡선이 이루는 교각의 크기와 f 에 의한 두 곡선의 상이 $w_0 = f(z_0)$ 에서 이루는 교각의 크기의 관계에 대해 알아보자. 예를 들어

$$w = f(z) = z^2$$

이면 0은 f 의 임계점이다.

z-평면에서 두 직선 $y = 0$ 와 $y = x$ 는 원점에서 만나고 두 직선의 교각의 크기는 $\dfrac{\pi}{4}$ 이다. 그리고 $w = f(z) = z^2$ 에 의한 직선 $y = 0$ 과 직선 $y = x$ 의 상은 w-평면에서 각각 $u = x^2 \geq 0, v = 0$ 와 $u = 0, v = 2x^2 \geq 0$ 이므로 두 직선이 원점에서 이루는 교각은 $\dfrac{\pi}{2}$ 이다. 이 경우 교각의 크기가 두 배 증가하였다.

일반적으로 $f'(z_0) = 0$ 이면

$$m(\theta_1 - \theta_2) = \phi_1 - \phi_2$$

을 만족하는 양의 정수 $m(m \geq 2)$ 이 존재한다. 즉,

> z_0 에서 만나는 매끈한 두 곡선 C_1, C_2 가 이루는 교각의 크기가 α 이면 $w = f(z)$ 에 의한 C_1, C_2 의 상 $\Gamma_1 = f(C_1)$ 과 $\Gamma_2 = f(C_2)$ 가 점 $w_0 = f(z_0)$ 에서 이루는 교각의 크기는 어떤 양의 정수 $m(m \geq 2)$ 에 대해 $m\alpha$ 이다.

자세한 증명은 연습문제로 남긴다.

✍ **연습문제 23.3** f가 z_0에서 해석적이고 양의 정수 $m \geq 1$에 대해

$$f'(z_0) = f''(z_0) = \cdots = f^{(m-1)}(z_0) = 0, \quad f^{(m)}(z_0) \neq 0$$

이라 가정하자. 그리고 $w_0 = f(z_0)$라 하자.

(1) z_0 근방에서 $f(z)$의 Taylor 정리를 이용해서 $g(z_0) = 0$이고 z_0에서 연속인 함수 g에 대해

$$f(z) - w_0 = (z - z_0)^m \frac{f^{(m)}(z_0)}{m!}[1 + g(z)]$$

로 나타낼 수 있는 z_0의 근방이 존재함을 보여라.

(2) 매끈한 곡선 C의 $w = f(z)$에 의한 상을 Γ라 하자. 이때 z가 C를 따라 z_0로 가까이 갈 때 $\arg(z - z_0)$와 $\arg[f(z) - w_0]$의 극한은 각각 θ_0와 ϕ_0이다. (1)을 이용해서 θ_0와 ϕ_0가 다음 관계를 만족함을 보여라.

$$\phi_0 = m\theta_0 + \arg f^{(m)}(z_0).$$

(3) z_0을 지나는 매끈한 두 곡선 C_1과 C_2가 이루는 교각의 크기를 α라 하자. (2)를 이용해서 $w = f(z)$에 의한 C_1과 C_2의 상 $\Gamma_1 = f(C_1)$과 $\Gamma_2 = f(C_2)$가 $w_0 = f(z_0)$에서 이루는 교각의 크기는 $m\alpha$임을 보여라.

$w = f(z)$가 z_0에서 등각사상이면 f는 z_0에서 해석적이고 $f'(z_0) \neq 0$이므로

$$|f'(z_0)| = \lim_{z \to z_0} \left| \frac{f(z) - f(z_0)}{z - z_0} \right| = \lim_{z \to z_0} \frac{|f(z) - f(z_0)|}{|z - z_0|}.$$

즉, $|z - z_0|$가 충분히 작으면 $|f(z) - f(z_0)|$와 $|z - z_0||f'(z_0)|$가 근사하다. 즉,

$$|f(z) - f(z_0)| \approx |z - z_0||f'(z_0)|.$$

$f'(z_0)$가 z_0에서 연속이므로 z_0의 작은 근방의 z에 대해 $\arg f'(z) \approx \arg f'(z_0)$이고 $|f'(z)| \approx |f'(z_0)|$이다. 그러므로 z_0를 포함하는 아주 작은 영역의 $w = f(z)$에 의한 상은 원래 영역과 비슷한 모양을 가짐을 예상할 수 있다. 여기서 $\arg f'(z_0)$는 z_0에서 회전의 정도를 나타내고, $|f'(z_0)|$는 축척의 정도를 나타낸다.

예 제 23.3 $f(z) = z^2 = u + iv$이면

$$u = x^2 - y^2, \quad v = 2xy$$

이고 $w = f(z)$는 $z = 1 + i$에서 등각사상이다. $C_1 : y = x (x \geq 0)$과 $C_2 : x = 1 (y \geq 0)$가 위로 향한다고 하자. 그러면 $1 + i$에서 C_1과 C_2가 이루는 각은 $\frac{\pi}{4}$

이다. Γ_1과 Γ_2를 각각 C_1과 C_2의 $f(z)=z^2$에 의한 상이면

$$\Gamma_1 : u=0, v=2x^2(x\geq 0),$$
$$\Gamma_2 : u=1-y^2, v=2xy(y\geq 0).$$

그러므로 Γ_1은 v축의 윗쪽$(v\geq 0)$이고 Γ_2는 포물선 $v^2=-4(u-1)$의 u축 윗쪽이다. 따라서 Γ_1과 Γ_2가 $w=f(1+i)=2i$에서 이루는 각은 $\frac{\pi}{4}$이고 이것은 $f(z)=z^2$이 $1+i$에서 등각사상이라는 사실과 일치한다. 뿐만 아니라

$$\arg[f'(1+i)]=\arg[2(1+i)]=\frac{\pi}{4}+2n\pi\ (n=0,\pm 1,\ldots)$$

이므로 $1+i$에서 회전각은 $\frac{\pi}{4}$이다. 그리고

$$|f'(1+i)|=|2(1+i)|=2\sqrt{2}$$

이므로 $1+i$에서 축척성분은 $2\sqrt{2}$이다. 이것은 z_0의 아주 작은 근방은 $w=f(z)$에 의해 그 영역을 대략 $2\sqrt{2}$배 정도 확대하고 $\frac{\pi}{4}$ 만큼 회전한 영역으로 사상함을 의미한다.

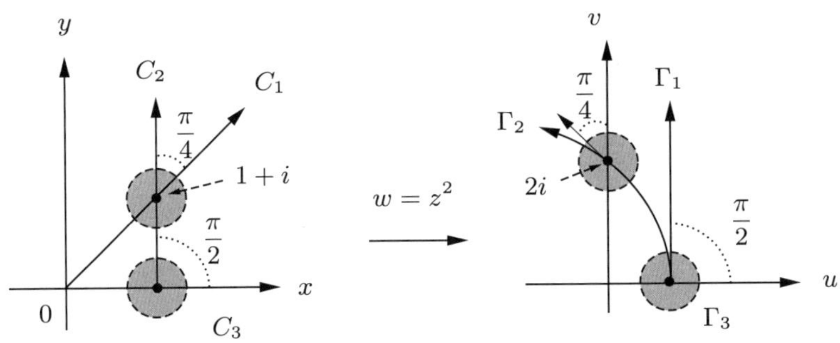

그림 23.4

(참고) 그림 23.4는 예제 23.3에서 곡선 C_1, C_2와 이것들의 상 Γ_1, Γ_2를 나타낸 것이다. $w=z^2$은 $z=1, z=1+i$에서 등각사상이므로 각의 크기와 방향을 보존하는 사실을 이 그림을 통해서 알 수 있다. 뿐만 아니라 대략적으로 $z=1$과 $z=1+i$의 아주 작은 근방에서 곡선 Γ_1과 Γ_2, 곡선 Γ_2와 Γ_3가 이루는 형태는 각각 곡선 C_1과 C_2, 곡선 C_2와 C_3가 이루는 모양과 비슷함을 알 수 있다.

23.3 등각사상과 국소적 역변환

$w = f(z)$가 z_0에서 등각사상이라 하자. 그리고 $z = x + iy$, $z_0 = x_0 + iy_0$이고 $f(z) = u + iv$라 하자. 그러면 f가 z_0에서 해석적이므로 (x_0, y_0)의 어떤 근방에서

$$\begin{aligned} J &= \begin{vmatrix} u_x & u_y \\ v_x & v_y \end{vmatrix} \\ &= u_x v_y - v_x u_y = (u_x)^2 + (v_x)^2 = |f'(z)|^2 \neq 0. \end{aligned}$$

역변환정리(Inverse Mapping Theorem)에 의해 (u_0, v_0)의 근방 N과 $x(u_0, v_0) = x_0, y(u_0, v_0) = y_0$을 만족하는 N에서 정의된 연속변환

$$x = x(u, v), y = y(u, v)$$

가 유일하게 존재한다. 여기서 $u_0 = u(x_0, y_0)$이고 $v_0 = v(x_0, y_0)$이다. 그리고 N에서 등식

$$\begin{pmatrix} x_u & x_v \\ y_u & y_v \end{pmatrix} = \begin{pmatrix} u_x & u_y \\ v_x & v_y \end{pmatrix}^{-1} = \frac{1}{J}\begin{pmatrix} v_y & -u_y \\ -v_x & u_x \end{pmatrix}$$

이 성립하므로

$$x_u = \frac{1}{J}v_y,\ x_v = -\frac{1}{J}u_y,\ y_u = -\frac{1}{J}v_x,\ y_v = \frac{1}{J}u_x$$

만일 $w = u + iv, w_0 = u_0 + iv_0$이고

$$g(w) = x(u, v) + iy(u, v)$$

이면 $z = g(w)$는 $w = f(z)$의 국소적 역변환이다. 즉,

$$f[g(w)] = w, g[f(z)] = z$$

을 만족한다. x_u, x_v, y_u과 y_v이 연속이고

$$x_u = \frac{1}{J}v_y = \frac{1}{J}u_x = y_v,\quad x_v = -\frac{1}{J}u_y = -\frac{1}{J}(-v_x) = \frac{1}{J}v_x = -y_u$$

이므로 $z = g(w)$는 N에서 해석적이다. 그리고 $g[f(z)] = z$이므로 $g'(w) \cdot f'(z) = 1$. 즉,

$$g'(w) = \frac{1}{f'(z)}.$$

따라서 역변환 $z = g(w)$는 w_0에서 등각사상이다.

정리하면 다음과 같다.

정리 23.3.1

$w = f(z)$가 z_0에서 등각사상이면 $f(z_0)$에서 등각인 w의 국소적 역변환(local inverse transformation)이 존재한다.

즉, $w_0 = f(z_0)$의 어떤 근방 N에서 정의된 $g(w_0) = z_0$이고 모든 $w \in N$에 대해 $f[g(w)] = w$을 만족하는 변환 $z = g(w)$가 유일하게 존재한다. 이 경우

$$g'(w) = \frac{1}{f'(z)}$$

이므로 $z = g(w)$는 w_0에서 등각사상이다.

예제 23.4 $w = f(z) = e^z$는 $\mathbb{C}$에서 등각사상이다. 특히 $z_0 = 2\pi i$에서 등각사상이다. 만일 $w = \rho e^{i\phi}$이라고하면 z_0에서 국소적 역변환은 $g(w) = \log w$이다. 여기서

$$\log w = \ln \rho + i\phi \ (\rho > 0, \pi < \phi < 3\pi)$$

는 원점을 포함하지 않는 $w_0 = f(z_0) = 1$의 임의의 근방에서 제한한 $\log w$의 분지이다. 이 근방에서 $g(1) = \ln 1 + i2\pi = 2\pi i$ 이고

$$f[g(w)] = \exp(\log w) = w.$$

그리고

$$g'(w) = \frac{d}{dw}\log w = \frac{1}{w} = \frac{1}{\exp z}.$$

만일 $z_0 = 0$이면 $\log w$의 분지

$$\text{Log } w = \ln \rho + i\phi \ (\rho > 0, -\pi < \phi < \pi)$$

는 $z_0 = 0$에서 $f(z) = e^z$의 국소적 역변환이다. 이경우 $g(1) = 0$이다.

✍ **연습문제 23.4** f가 영역 D에서 상수함수가 아닌 해석함수라 할 때 D에서 $f'(z) = 0$이 되는 점들은 가산(countable)임을 보여라. 따라서 f는 D에서 가산개의 점들을 제외한 나머지 점에서 국소적으로 일대일이고 등각임을 보여라.

✍ **연습문제 23.5** f가 z_0 근방에서 해석적이고 z_0가 $f(z) - f(z_0)$의 위수 $k \geq 1$인 영점이면 z_0 근방에서 $f(z) = f(z_0) + [h(z)]^k$인 해석적이고 국소적으로 일대일인 함수 h가 존재함을 보여라.

이 장에서는 각의 크기와 방향을 보존하는 사상인 등각사상에 대해 알아보았다. 어떤 함수 f가 z_0에서 해석적이고 $f'(z_0) \neq 0$이면 등각사상이라 하는데 등각사상은 z_0를 지나는 어떤 두 곡선이 이루는 각의 크기와 방향을 보존할 뿐만 아니라 z_0의 아주 작은 근방의 상은 원상과 비슷한 형태를 유지함을 대략적으로나마 알 수 있었다. 그리고 f가 z_0에서 등각사상이면 f는 z_0에서 국소적으로 일대일이고 f의 역변환 역시 등각사상이 됨을 보았다.

제 24 장

조화함수 (II)

24.1 Gauss 평균값정리

u가 전체평면에서 유계인 조화함수라 하자. 그러면 전체평면은 단순연결영역이므로 u는 어떤 전해석함수 $f(z)$의 실수부이다. 이때 $g(z) = e^{f(z)}$가 전해석함수이고

$$|g(z)| = e^{u(z)}$$

이므로 $g(z)$는 유계이다. Liouville 정리에 의해 g가 상수함수이고, 따라서 u는 상수함수이다. 따라서 다음 결과를 얻는다.

정리 24.1.1

전체평면에서 유계인 조화함수는 상수함수 뿐이다.

따라서 전해석함수의 실수부 또는 허수부가 유계이면 이 함수는 상수함수이다.

u가 원판 $|z-z_0| \le r$을 포함하는 영역에서 조화함수라 하자. 그러면 $|z-z_0| \le r$이 단순연결영역이므로 u는 $|z-z_0| \le r$에서 해석적인 어떤 함수 $f(z)$의 실수부이다. Cauchy의 적분공식을 이용하면 다음을 보일 수 있다.

$$\begin{aligned} f(z_0) &= \frac{1}{2\pi i}\int_{|z-z_0|=r} \frac{f(z)}{z-z_0}dz \\ &= \frac{1}{2\pi i}\int_0^{2\pi} \frac{f(z_0+re^{i\theta})}{re^{i\theta}} \cdot ire^{i\theta}d\theta = \frac{1}{2\pi}\int_0^{2\pi} f(z_0+re^{i\theta})d\theta. \end{aligned}$$

이 등식을 **Gauss 평균값정리**라 한다.

Gauss 평균값정리를 이용하면 다음을 얻을 수 있다.

$$u(z_0) = \mathrm{Re} f(z_0) = \mathrm{Re}\left[\frac{1}{2\pi}\int_0^{2\pi} f(z_0 + re^{i\theta})d\theta\right]$$
$$= \frac{1}{2\pi}\int_0^{2\pi} u(z_0 + re^{i\theta})d\theta.$$

즉, 조화함수 $u(z)$에 대해서도 Gauss 평균값정리가 성립한다.

정리 24.1.2

$u(z)$가 원판 $|z - z_0| \le r$을 포함하는 영역에서 조화함수이면

$$u(z_0) = \frac{1}{2\pi}\int_0^{2\pi} u(z_0 + re^{i\theta})d\theta.$$

참고 조화함수에 대해서도 최소절대값원리가 성립함을 알고 있다. 조화함수에 대한 최소절대값원리는 해석함수의 최소절대값원리보다 더 강력하다. 조화함수에 대한 원리에서는 어떤 영역에서 함수값이 0이 아니라는 가정도 필요없고 해석함수의 절대값이 음이 아닌 반면 조화함수는 음의 값을 취할 수 있다.

✍ **연습문제 24.1** $\ln(|1 - z|)$ $(|z| \le r < 1)$에 Gauss 평균값정리를 적용하여

$$\int_0^{\pi} \ln(\sin\theta)d\theta = -\pi\ln 2$$

임을 보여라.

u가 적당한 조건을 만족하면 Gauss 평균값정리의 역도 성립한다.

정리 24.1.3

$u(z)$가 영역 D에서 정의된 연속인 실함수이고 각 점 $z_0 \in D$와 D 내의 원판 $|z - z_0| \le r$에서 Gauss 평균값정리가 성립한다고 하자. 즉,

$$u(z_0) = \frac{1}{2\pi}\int_0^{2\pi} u(z_0 + re^{i\theta})d\theta.$$

그러면 $u(z)$는 D에서 조화함수이다.

자세한 증명은 참고문헌 [1], [4], [12]를 참고하기 바란다.

$u(z)$가 영역 D에서 정의된 조화함수이고 $z_0 \in D$의 어떤 근방에서 상수라 하자. 그리고

$$A = \{z \in D : z\text{의 어떤 근방에서 } u(z)\text{는 상수}\}$$

라 하자. 그러면 $z_0 \in A \neq \emptyset$이고 열린집합이다.

$D - A$가 열린집합이 아니라 하자. 그러면 어떤 $z_1 \in D - A$과 z_1의 임의의 근방 V_{z_1}에 대해 $V_{z_1} \cap A \neq \emptyset$이다. 따라서 $z_2 \in V_{z_1} \cap A$가 존재한다. 그런데 $z_2 \in A$이고 A가 열린집합이므로 $N(z_2, \delta) \subset V_{z_1} \cap A$이고 u가 $N(z_2, \delta)$에서 상수가 되는 양수 δ가 존재한다.

V_{z_1}은 단순연결영역이고 $u(z)$가 V_{z_1}에서 조화함수이므로 $\mathrm{Re} f(z) = u(z)$인 V_{z_1}에서 정의된 해석함수 $f(z)$가 존재한다. 그런데 $u(z)$가 $N(z_2, \delta)$에서 상수이므로 $f(z)$는 $N(z_2, \delta)$에서 상수이다. 그리고 $f(z)$가 V_{z_1}에서 해석적이고 $N(z_2, \delta) \subset V_{z_1}$이므로 항등정리에 의해 $f(z)$는 V_{z_1}에서 상수함수이다. 그러므로 $u(z)$는 V_{z_1}에서 상수이고 $z_1 \in A$이므로 모순이다. 따라서 $D - A$는 열린집합이다. 그런데 D가 연결집합이고 $A \neq \emptyset$이므로 $D \equiv A$이다. 따라서 다음 결과를 얻는다.

정리 24.1.4

$u(z)$가 영역 D에서 조화함수이고 D의 어떤 점 근방에서 $u(z)$가 상수이면 $u(z)$는 D에서 상수함수이다.

그러나 해석함수의 항등정리와 비슷한 성질은 조화함수에서 성립하지 않는다. 즉, $u(z)$가 영역 D에서 조화함수이고 $z_n \to z_0 \in D$인 D의 어떤 수열 $\{z_n\}$에 대해 $u(z_n) = 0$이라도 $u(z) \equiv 0$이 아닐 수 있다. 예를 들어 $u(z) = x$이면 $u(z)$는 전체평면에서 조화함수이고 직선 $x = 0$에서 $u(z) = 0$이지만 $u(z) \not\equiv 0$이다.

정리 24.1.4를 이용하면 어떤 영역에서 조화함수는 최대절대값원리·최소절대값원리를 만족함을 보일 수 있다.

u가 영역 D에서 조화함수이고 모든 $z \in D$에 대해 $u(z) \leq u(z_0)$인 $z_0 \in D$가 존재한다고 가정하자. D가 영역이므로 z_0의 어떤 근방 $U \subset D$에 대해 $u(z) \leq u(z_0)$ $(z \in U)$을 만족한다. 그런데 U가 단순연결영역이므로 정리 5.3.1에 의해 U에서 u의 조화켤레 v가 존재한다. 따라서 $u + iv$가 z_0의 근방 U에서 해석적이고, 따라서 $f(z) = e^{u+iv}$가 U에서 해석적이다. 그리고 모든 $z \in U$에 대해

$$|f(z)| = e^{u(z)} \leq e^{u(z_0)} = |f(z_0)|$$

이므로 해석함수에 대한 최대절대값원리에 의해서 f는 U에서 상수함수이다. 따라서 u가 U에서 상수함수이다. 따라서 정리 24.1.4에 의해서 u는 D에서 상수함수이다.

만일 모든 $z \in D$에 대해 $u(z_0) \le u(z)$인 $z_0 \in D$가 존재해도 비슷한 방법으로 u가 D에서 상수함수가 됨을 보일 수 있다.

정리 24.1.5

u가 영역 D에서 조화함수이고 모든 $z \in D$에 대해 $u(z) \le u(z_0)$ 또는 $u(z_0) \le u(z)$인 $z_0 \in D$가 존재하면 u는 D에서 상수함수이다.

정리 24.1.5를 조화함수에 대한 최대·최소절대값원리라 한다. 조화함수에 대한 최소절대값원리는 그 영역에서 함수값이 0이 아니라는 가정이 필요없기 때문에 해석함수의 최소절대값원리보다 더 효율적이다.

✍ **연습문제 24.2** u가 유계인 영역 D에서 조화함수이고 D의 경계 C에서 연속이라 하자. 만일 u가 C에서 상수이면 u는 D에서 상수함수임을 보여라. 만일 D가 유계가 아니라도 성립하는가?

정리 24.1.5는 컴팩트집합 D에서 정의된 조화함수 u의 D의 경계에서 움직임이 D에서 u의 움직임을 결정하고 있음을 보여준다. 이 성질은 해석함수의 절대값 함수의 성질과 비슷하다.

24.2 Poisson 적분공식

D를 유계인 영역이라 하자. 만일 $u(z)$가 닫힌영역 $\overline{D}$에서 연속이고 D에서 조화함수이면 $u(z)$는 D의 경계값에 의해 결정된다. 따라서 D의 경계에서 $u(z)$의 값이 주어졌을 때 D에서 $u(z)$를 구하는 문제가 생기는데 이러한 문제에 대해 알아보자. 이 문제는 해석함수에 대한 Cauchy의 적분공식과 비슷하다.

영역 D는 원판 $|z| \le R$을 포함하고 $u(z)$는 D에서 조화함수라 하자. 그러면 $|z| \le R$에서

$$\mathrm{Re} f(z) = u(z)$$

인 해석함수 $f(z)$가 존재한다. 그리고 Cauchy의 적분공식에서

$$f(z) = \frac{1}{2\pi i}\int_{|\zeta|=R}\frac{f(\zeta)}{\zeta - z}d\zeta \ (|z| < R). \tag{24.1}$$

만일 $z = 0$이면 Gauss 평균값정리에 의해

$$u(0) = \frac{1}{2\pi}\int_0^{2\pi} u(Re^{i\phi})d\phi.$$

$z = re^{i\theta} \neq 0 \ (r < R)$이고 $z_1 = \dfrac{R^2}{\overline{z}} = \dfrac{R^2}{r}e^{i\theta}$라 하자. z_1은 원점과 z를 지나는 반직선 위에 존재하고 원 $|\zeta| = R$ 밖에 있다. 그러므로

$$0 = \frac{1}{2\pi i}\int_{|\zeta|=R}\frac{f(\zeta)}{\zeta - z_1}d\zeta = \frac{1}{2\pi i}\int_{|\zeta|=R}\frac{\overline{z}f(\zeta)}{\zeta\overline{z} - R^2}d\zeta. \tag{24.2}$$

식 (24.1)과 식 (24.2)에서

$$\begin{aligned} f(z) &= \frac{1}{2\pi i}\int_{|\zeta|=R}\left(\frac{1}{\zeta - z} + \frac{\overline{z}}{R^2 - \zeta\overline{z}}\right)f(\zeta)d\zeta \\ &= \frac{1}{2\pi i}\int_{|\zeta|=R}\frac{R^2 - r^2}{(\zeta - z)(R^2 - \zeta\overline{z})}f(\zeta)d\zeta. \end{aligned}$$

$\zeta = Re^{i\phi}, z = re^{i\theta}$라 하면

$$\begin{aligned} \frac{d\zeta}{(\zeta - z)(R^2 - \zeta\overline{z})} &= \frac{iRe^{i\phi}d\phi}{(Re^{i\phi} - re^{i\theta})(R^2 - rRe^{i(\phi-\theta)})} \\ &= \frac{id\phi}{(Re^{i\phi} - re^{i\theta})(Re^{-i\phi} - re^{-i\theta})} \\ &= \frac{i}{R^2 - 2rR\cos(\theta - \phi) + r^2}d\phi. \end{aligned} \tag{24.3}$$

식 (24.3)을 식 (24.2)에 대입하고 실수부를 택하면 다음 **Poisson 적분공식**을 얻는다.

정리 24.2.1 **Poisson 적분공식**

$u(z)$가 $|z| \le R$을 포함하는 영역에서 조화함수이면 $z = re^{i\theta}$, $r < R$에 대해

$$u(re^{i\theta}) = \frac{1}{2\pi}\int_0^{2\pi}\frac{R^2 - r^2}{R^2 - 2rR\cos(\theta - \phi) + r^2}u(Re^{i\phi})d\phi. \tag{24.4}$$

식 (24.4)에서 $u(z) \equiv 1$이면 다음 적분을 얻는다.

$$\frac{1}{2\pi}\int_0^{2\pi}\frac{R^2 - r^2}{R^2 - 2rR\cos(\theta - \phi) + r^2}d\phi = 1.$$

식 (24.4)에서

$$\frac{R^2 - r^2}{R^2 - 2rR\cos(\theta - \phi) + r^2} \tag{24.5}$$

을 **Poisson 핵**(kernel)이라 부르는데 Poisson 핵은

$$\frac{R^2 - r^2}{R^2 - 2rR + r^2} = \frac{R + r}{R - r}$$

로 위로 유계되어 있고

$$\frac{R^2 - r^2}{R^2 + 2rR + r^2} = \frac{R - r}{R + r}$$

로 아래로 유계되어 있다.

참고 $u(z)$가 $|z| = R$에서 조화함수가 아니라도 식 (24.4)가 성립한다. 즉, $u(z)$가 $|z| < R$에서 조화함수이고 $|z| \leq R$에서 연속이면 식 (24.4)가 성립한다.

이 장에서는 앞에서 공부했던 조화함수의 몇 가지 성질에 대해 알아보았다. 조화함수에 대한 더 자세한 것은 참고문헌 [1], [11], [12]를 참고하기 바란다.

제 25 장

기타 여러 가지 결과

이 절에서는 몇가지 결과를 소개하고 그 결과의 응용에 대해 알아보자.

25.1 Schwarz 보조정리

f가 $U = \{z : |z| < 1\}$에서 해석적이고 유계라 하자. 그리고

$$\|f\|_U = \sup\{|f(z)| : z \in U\} \leq 1$$

라 하자. 만일 $f(0) = 0$이면 0은 $\dfrac{f(z)}{z}$의 제거가능한 특이점이다. 그러므로

$$f(z) = zg(z)$$

을 만족하는 U에서 해석적인 함수 $g(z)$가 존재한다. 그리고 $|z| = r < 1$에서

$$|g(z)| \leq \max_{\theta} \frac{|f(re^{i\theta})|}{r} \leq \frac{1}{r}.$$

$r \to 1$이면 $|g(z)| \leq 1$이므로 최대절대값원리에 의해서 모든 $z \in U$에 대해

$$|f(z)| \leq |z|$$

을 만족한다. 그리고 $f'(0) = g(0)$이므로 $|f'(0)| \leq 1$을 얻을 수 있다.

만일 어떤 $z \in U$에 대해 $|g(z)| = 1$이면 최대절대값원리에 의해 $g(z)$는 상수함수가 된다. 즉, 어떤 $z \in U$에 대해 $|f(z)| = |z|$이면 최대절대값원리에 의해 모든 $z \in U$에 대해

$$|f(z)| = |z|$$

이다. 이 결과를 **Schwarz 보조정리**(Schwarz Lemma)라 한다.

정리 25.1.1 **Schwarz 보조정리**

f가 U에서 해석적이고 유계이며 $\|f\|_U \le 1, f(0) = 0$이면

$$|f(z)| \le |z| \ (z \in U), \tag{25.1}$$

$$|f'(0)| \le 1. \tag{25.2}$$

만일 식 (25.1)에서 어떤 $z \in U - \{0\}$에 대해 등호가 성립거나 또는 식 (25.2)에서 등호가 성립하면 $|\lambda| = 1$인 상수 λ에 대해 $f(z) = \lambda z$이다.

✍ **연습문제 25.1** f가 $|z| < 1$에서 해석적이고

$$f(0) = f'(0) = \cdots = f^{(n-1)}(0) = 0$$

을 만족하며 $|z| < 1$에서 $|f(z)| \le 1$이면

$$|f(z)| \le |z|^n \ (|z| < 1)$$

임을 보여라. 그리고 만일 $z_0(|z_0| < 1)$에서 $|f(z_0)| = |z_0|^n$이면

$$f(z) = \alpha z^n \ (|\alpha| = 1)$$

임을 보여라.

✍ **연습문제 25.2** f가 $|z| < 1$에서 해석적이고 $|f(z)| \le 1$이면

$$|f(z) - f(0)| \le 2|z| \ (|z| < 1)$$

이 성립함을 보여라.

임의의 $\alpha \in U$에 대해

$$\varphi_\alpha(z) = \frac{z - \alpha}{1 - \overline{\alpha} z}$$

라 하자. 그러면 U 밖의 점 $\dfrac{1}{\overline{\alpha}}$은 φ_α의 단순극이고 φ_α는 이 단순극을 제외한 모든 점에서 해석적이다. 그리고 $\varphi_{-\alpha}(\varphi_\alpha(z)) = z$이므로 φ_α는 일대일이고 $\varphi_{-\alpha}$는 φ_α의 역함수이다.

임의의 실수 t에 대해

$$\left|\frac{e^{it}-\alpha}{1-\overline{\alpha}e^{it}}\right| = \frac{|e^{it}-\alpha|}{|1-\overline{\alpha}e^{it}|} = 1$$

이므로 φ_α는 U의 경계 ∂U를 ∂U로 사상한다. 그리고 $\varphi_{-\alpha}$에 대해서도 마찬가지므로 $\varphi_{-\alpha}(\partial U) = \partial U$이다. 최대절대값원리에 의해 $\varphi_\alpha(U) \subset U$이고 $\varphi_{-\alpha}(U) \subset U$이므로 $\varphi_\alpha(U) = U$이다. 뿐만 아니라

$$\varphi'_\alpha(0) = 1 - |\alpha|^2, \quad \varphi'_\alpha(\alpha) = \frac{1}{1-|\alpha|^2}. \tag{25.3}$$

함수 $\varphi_\alpha(z)$를 이용하면 다음과 같은 극값문제를 해결할 수 있다.

극값문제

f가 U에서 해석적이고 유계이며 $\|f\|_U \leq 1$이라 하자. 그리고 $|\alpha| < 1$, $|\beta| < 1$에 대해 $f(\alpha) = \beta$라 하자. 그러면 $|f'(\alpha)|$는 얼마나 큰가?

이 문제를 해결하기 위해서 $g = \varphi_\beta \circ f \circ \varphi_{-\alpha}$라고 두자. $\varphi_{-\alpha}(U) = U$이고 $\varphi_\beta(U) = U$이므로 g는 U에서 해석함수이고 유계이며 $\|g\|_U \leq 1$을 만족한다. 그리고 $g(0) = 0$이다. g가 Schwarz 보조정리의 조건을 만족하므로 $|g'(0)| \leq 1$이다. 연쇄법칙에 의해

$$g'(0) = \varphi'_\beta(\beta) f'(\alpha) \varphi'_{-\alpha}(0).$$

식 (25.3)을 이용하면 다음 식을 얻을 수 있다.

$$|f'(\alpha)| \leq \frac{1-|\beta|^2}{1-|\alpha|^2}. \tag{25.4}$$

$|g'(0)| = 1$이면 식 (25.4)에서 등식이 성립하고, $|\lambda| = 1$인 상수 λ에 대해

$$f(z) = \varphi_{-\beta}(\lambda \varphi_\alpha(z)) \tag{25.5}$$

로 타나낼 수 있다.

f가 U에서 해석적이고 일대일이며 $f(U) = U$라고 하자. 그리고 $\alpha \in U$에 대해 $f(\alpha) = 0$이라 하자. 그러면 f는 어떤 형태의 함수가 될까?

g가 f의 역함수이면 $z \in U$에 대해 $g(f(z)) = z$이다. f가 일대일이므로 $f'(z) \neq 0 (z \in U)$이고, 따라서 g는 U에서 해석적이다. 연쇄법칙을 이용하면 다음을 얻을 수 있다.

$$g'(0)f'(\alpha) = 1. \tag{25.6}$$

f와 g에 식 (25.4)를 적용하면

$$|f'(\alpha)| \leq \frac{1}{1-|\alpha|^2}, \quad |g'(0)| \leq 1 - |\alpha|^2. \tag{25.7}$$

식 (25.6)에 의해 식 (25.7)에서 등호가 성립한다. 이것은 식 (25.5)에서 $\beta = 0$인 경우이므로

$$f(z) = \lambda\varphi_\alpha(z) \ (z \in U)$$

로 나타낼 수 있다. 따라서 다음 결과를 얻는다.

정리 25.1.2

f가 U에서 해석적이고 일대일이며 $f(U) = U$라 하자. 그리고 $\alpha \in U$에 대해 $f(\alpha) = 0$이라 하자. 그러면 $|\lambda| = 1$인 상수 λ에 대해

$$f(z) = \lambda\varphi_\alpha(z) \ (z \in U).$$

정리 25.1.2의 결과는 23장의 결과와 일치한다.

✍ **연습문제 25.3** f가 상반평면 $\text{Im}\, z > 0$에서 해석함수이고 $|f| \leq 1$일 때,

$$|f'(i)| \leq \frac{1}{2}\left(1 - |f(i)|^2\right)$$

임을 보여라.

25.2 Riemann 사상정리

D_1과 D_2가 단순연결영역이라 할 때 D_1을 D_2 위로 사상하는 해석함수의 존재성에 대해 알아보자. 만일 $D_1 = \mathbb{C}$이고 D_2는 단위원판 $|z| < 1$이면 Liouville

정리에 의해 D_1을 D_2 위로 사상하는 해석함수는 존재하지 않는다. 그러나 D_1이 전체평면 $\mathbb{C}$가 아니면 D_1을 D_2 위로 사상하는 해석적이고 일대일인 함수가 존재한다. 이 결과를 **Riemann 사상정리**(Riemann mapping theorem)라 한다.

정리 25.2.1 **Riemann 사상정리**

D가 전체평면 $\mathbb{C}$가 아닌 단순연결영역이고 $z_0 \in D$라 하자. 그러면 $f(z_0) = 0$이고 $f'(z_0) > 0$을 만족하며 D를 단위원판 $|z| < 1$ 위로 사상하는 일대일인 해석함수가 유일하게 존재한다.

자세한 것은 참고문헌 [1], [11], [12]를 참고하기 바란다.

D_1과 D_2가 전체평면 $\mathbb{C}$가 아닌 단순연결영역이면 Riemann 사상정리에 의해 D_1, D_2을 각각 단위원판 $|z| < 1$ 위로 사상하는 일대일인 해석함수 f, g가 존재한다. 따라서 $g^{-1} \circ f$는 D_1을 D_2 위로 사상하는 일대일이고 해석적인 함수이다.

영역 D_1을 D_2 위로 사상하는 일대일 해석함수가 존재하면 D_1과 D_2를 **등각적으로 동등**(conformally equivalent)하다고 한다. Riemann 사상정리에 의하면 다음 사실을 알 수 있다.

전체평면이 아닌 두 개의 단순연결영역은 등각적으로 동등하다.

참고 선형분수변환은 원이나 직선을 원이나 직선으로 사상한다. 그러므로 원판이나 반평면이 아닌 영역을 단위원의 내부로 사상하는 임의의 등각사상은 선형분수변환이 아니다. 뿐만 아니라 Riemann 사상정리의 유일성에 의해 원판이나 반평면을 단위원의 내부로 사상하는 일대일 해석함수는 선형분수변환 뿐이다.

임의의 다각형의 내부를 단위원의 내부로 사상하는 변환의 존재성은 정리로 알려져 있다. **Schwarz-Christoffel 공식**은 상반평면을 임의의 다각형의 내부로 사상하는 일대일인 해석함수의 존재성을 알려주는 정리이다. 상반평면을 열린 원판으로 사상하는 선형분수변환과 상반평면을 임의의 다각형 내부로의 사상하는 변환의 역변환을 합성하면 임의의 다각형의 내부를 열린원판으로 사상하는 변환을 구할 수 있다. 자세한 것은 참고문헌 [3]을 참고하라.

✍ **연습문제 25.4** f가 해석적이고 단위원판 $|z| < 1$을 단위원판 $|w| < 1$로 사상한다고

하자. 이때 f가 일대일일 필요충분조건은 $f(z)$가

$$f(z) = e^{i\alpha} \cdot \frac{z - z_0}{1 - \overline{z_0} z} \quad (|z_0| < 1,\ \alpha\text{는 실수})$$

로 나타낼 수 있는 것임을 보여라.

연습문제 25.5 영역 D_1과 영역 D_2가 등각적으로 동등하고, 영역 D_2와 영역 D_3가 등각적으로 동등할 때 영역 D_1과 영역 D_3가 등각적으로 동등함을 보여라.

연습문제 25.6 전체평면은 상반평면과 등각적으로 동등하지 않음을 보여라. 일반적으로 전체평면과 등각적으로 동등한 것은 자기 자신 뿐임을 보여라.

25.3 Runge 정리와 Jessen 공식

정리 25.3.1 **Runge 정리**

D는 평면에서 열린집합이고 A는 $\mathbb{C}^* - D$의 각 성분에서 한 점씩 택한 점들의 집합이라 하자. 그리고 f는 D에서 해석적이라 하자. 그러면 D의 컴팩트부분집합에서 f로 평등수렴하고 A의 점들만 극으로 가지는 유리함수열 $\{f_n\}$이 존재한다.

특히 $\mathbb{C}^* - D$가 연결집합이면 $A = \{\infty\}$로 택할 수 있고 f_n은 ∞만 극으로 가지는 유리함수이므로 f_n은 다항함수이다. 따라서 $\mathbb{C}^* - D$가 연결집합이고 f가 D에서 해석적이면 D의 컴팩트부분집합에서 f로 평등수렴하는 다항함수열 $\{f_n\}$이 존재한다. 자세한 것은 참고문헌 [11]을 참고하라.

정리 25.3.2 **Jensen 공식**

f는 $D = N_R(0)$에서 해석적이고 $f(0) \neq 0$이라 하자. 그리고 $\alpha_1, \alpha_2, \ldots, \alpha_N$은 $\overline{N_r(0)}(0 < r < R)$에 존재하는 f의 (서로 다를 필요없는) 영점이라 하면

$$|f(0)| \prod_{n=1}^{N} \frac{r}{|\alpha_n|} = \exp\left[\frac{1}{2\pi}\int_{-\pi}^{\pi} \ln|f(re^{i\theta})|d\theta\right].$$

$\alpha_1, \alpha_2, \ldots, \alpha_m$ 이 $N_r(0)$ 에 존재하고 $|\alpha_{m+1}| = \cdots = |\alpha_N| = r$ 이라 가정하자. 물론 $m = N$ 또는 $m = 0$ 일 수 있다.

$$g(z) = f(z) \prod_{n=1}^{m} \frac{r^2 - \overline{\alpha_n} z}{r(\alpha_n - z)} \prod_{n=m+1}^{N} \frac{\alpha_n}{\alpha_n - z} \tag{25.8}$$

라 하면 g 는 임의의 $\varepsilon > 0$ 에 대해 $N_{r+\varepsilon}(0)$ 에서 해석적이다. 그리고 g 는 $N_{r+\varepsilon}(0)$ 에서 영점을 갖지 않으므로 $\log|g|$ 는 $N_{r+\varepsilon}(0)$ 에서 조화함수이다. 따라서

$$\ln|g(0)| = \frac{1}{2\pi} \int_{-\pi}^{\pi} \ln|g(re^{i\theta})| d\theta. \tag{25.9}$$

식 (25.8) 에서

$$|g(0)| = |f(0)| \prod_{n=1}^{m} \frac{r}{|\alpha_n|}. \tag{25.10}$$

$1 \le n \le m$ 에 대해 $|z| = r$ 이면

$$\left| \frac{r^2 - \overline{\alpha_n} z}{r(\alpha_n - z)} \right| = \left| \frac{z(\overline{z} - \overline{\alpha_n})}{r(\alpha_n - z)} \right| = \frac{|z||\overline{z} - \overline{\alpha_n}|}{r|\alpha_n - z|} = 1.$$

만일 $m < n \le N$ 에 대해 $\alpha_n = re^{i\theta_n}$ 이면

$$\ln|g(re^{i\theta})| = \ln|f(re^{i\theta})| - \sum_{n=m+1}^{N} \ln|1 - e^{i(\theta-\theta_n)}|.$$

그런데

$$\frac{1}{2\pi} \int_0^{2\pi} \ln|1 - e^{i\theta}| d\theta = 0$$

이므로 식 (25.9) 에서 g 대신 f 를 대입해도 성립한다. 따라서 식 (25.9) 와 식 (25.10) 에서 위 정리를 얻을 수 있다.

(참고) 위 정리를 증명하는데 이용된

$$\frac{1}{2\pi} \int_0^{2\pi} \ln|1 - e^{i\theta}| d\theta = 0$$

이라는 사실은 다음과 같이 보일 수 있다.

$D = \{z : \mathrm{Re}z < 1\}$ 이라 하자. D 에서 $1 - z \ne 0$ 이고 D 는 단순연결영역이므로

$$\exp\{h(z)\} = 1 - z$$

를 만족하는 D에서 해석적인 함수 h가 존재한다. 그리고 $h(0) = 0$이라 두면 이런 h는 유일한다.

D에서 $\text{Re}(1-z) > 0$이므로

$$\text{Re}h(z) = \ln|1-z|, \quad |\text{Im}h(z)| < \frac{\pi}{2} \ (z \in D) \tag{25.11}$$

충분히 작은 $\delta > 0$에 대해 Γ는 경로 $z(t) = e^{it}(\delta \le t \le 2\pi - \delta)$라 두고 γ는 중심이 원점이고 반지름이 1인 원 내부에 존재하며 중심이 1이고 $e^{i\delta}, e^{-i\delta}$를 지나는 원의 일부인 점 $e^{i\delta}$에서 점 $e^{-i\delta}$까지의 호라고 하자. (그림 25.1)

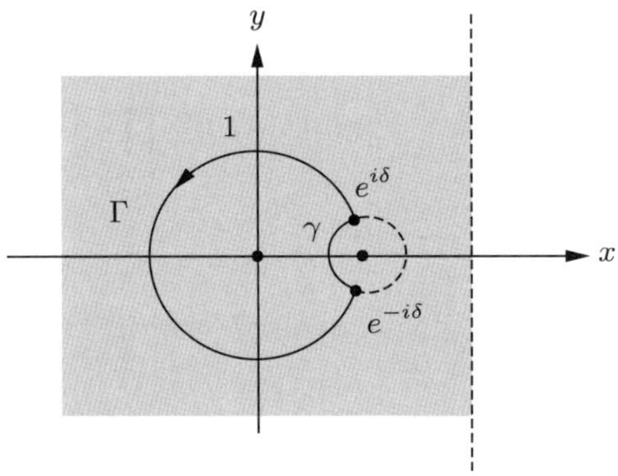

그림 25.1

그러면

$$\begin{aligned}\frac{1}{2\pi}\int_{\delta}^{2\pi-\delta} \ln|1-e^{i\theta}|d\theta &= \text{Re}\left[\frac{1}{2\pi i}\int_{\Gamma} h(z)\frac{dz}{z}\right] \\ &= \text{Re}\left[\frac{1}{2\pi i}\int_{\gamma} h(z)\frac{dz}{z}\right].\end{aligned} \tag{25.12}$$

식 (25.12)의 마지막 적분은 Cauchy의 적분공식을 이용한 것이다. 그리고 $h(0) = 0$임을 주목하라. γ의 길이는 $\pi\delta$보다 작으므로 식 (25.9)는 식 (25.12)의 마지막 적분의 절대값이 어떤 상수 C에 대해 $C\delta\ln\left(\frac{1}{\delta}\right)$보다 작다는 것을 보여준다. 따라서 $\delta \to 0$이면 이 결과를 얻을 수 있다.

이이 장에서는 복소함수론에서 잘 알려진 사실이지만 자세히 다룰 수 없는 몇 가지 결과를 소개했다. 자세한 증명 및 응용은 참고문헌 [1], [3], [4], [12] 등을 참고하기 바란다.

참고문헌

[1] Lars V. Ahlfors, *Complex Analysis*, 3d ed., McGraw-Hill, Inc., New York, 1979.

[2] R. Creighton Buck, *Advanced Calculus*, McGraw-Hill, New York, 1983.

[3] James Ward Brown, Ruel V.Churchill, *Complex Variables and Applications*, 6d ed., McGraw-Hill, Inc., New York, 1996.

[4] John. B. Conway, *Functions of one complex variable*, Springer-Verlag, 1978.

[5] John B. Fraleigh *A First Course in Abstract Algebra: International edition*, 7d ed., Addison Wesley, 2003.

[6] E, Hille, *Analytic function theorey*, Vol. 2. Lexington, Mass: Ginn, 1962.

[7] Jerrold E. Marsden, *Basic complex analysis*, W. H. Freeman and Company, San Francisco, 1973.

[8] Norman Levinson, Raymond M. Redheffer, *Complex Variables*, Holden-Day, Inc., 1970.

[9] Louis L. Pennisi, *Elements of complex variables*, Holt,Rinehart and Winston, 1967.

[10] M., Newman, *Elements of the topology of plane sets of point*, Cambridge University Press, 1961.

[11] Walter Rudin, *Real and Complex analysis*, 3d ed., McGraw-Hill, Inc., New York, 1986.

[12] Herb Silverman, *Complex Variables*,Houghton Mifflin Company, 1975.

[13] 계승혁·김영원, 기초복소해석, 서울대학교 출판부, 2003.

연습문제풀이

제1장 복소수의 극형식과 Euler 공식

1.1 Re $z = 5$, Im $z = 4$.

1.2 $|z| = |1+4i| = \sqrt{1^2+4^2} = \sqrt{17}$.

1.3 $z_1 = x_1 + iy_1, z_2 = x_2 + iy_2$ 라 하면

$$\begin{aligned}|z_1+z_2|^2 &= (z_1+z_2)(\overline{z_1+z_2}) = (z_1+z_2)(\overline{z_1}+\overline{z_2}) \\ &= |z_1|^2 + 2\text{Re }(\overline{z_1}z_2) + |z_2|^2 \le |z_1|^2 + 2|\overline{z_1}z_2| + |z_2|^2 \\ &= |z_1|^2 + 2|z_1||z_2| + |z_2|^2 = \left(|z_1|^2 + |z_2|^2\right)^2.\end{aligned}$$

따라서

$$|z_1+z_2| \le |z_1| + |z_2|.$$

1.4 $\left|\dfrac{z-\alpha}{1-\overline{\alpha}z}\right| \le 1$ 이면

$$|z-\alpha|^2 \le |1-\overline{\alpha}z|^2.$$

따라서

$$(z-\alpha)(\overline{z}-\overline{\alpha}) \le (1-\overline{\alpha}z)(1-\alpha\overline{z}).$$

이것을 계산하면

$$(1-|\alpha|^2)(1-|z|^2) \ge 0.$$

$|\alpha| < 1$ 이므로 $|z| \le 1$.

역의 증명은 위 증명을 거슬러 올라가면 된다.

1.5 (1) 점 $(0,4), (0,-4)$ 에서 거리의 합이 10인 점들의 자취.

(2) 점 $(-1,0), (0,1)$ 을 잇는 선분을 이등분하는 직선.

1.6 $P(z)$ 가 실계수 다항식이므로

$$0 = P(z_0) = \overline{P(z_0)} = P(\overline{z_0}).$$

만일 $p(z) = z - i$ 라 하면 $p(i) = 0$ 이지만 $p(\overline{i}) = \overline{i} - i = -2i \ne 0$ 이다.

1.7 일반성을 잃지 않고 점 $A_1, A_2, \ldots, A_n$ 을 방정식 $z^n = 1$ 의 근들이라 둘 수 있다. 따라서

$$A_k = z_k = \exp\left(\frac{2k\pi}{n}i\right) (k = 1, 2, \ldots, n)$$

라 두면 중심이 원점인 단위원 위의 임의의 z에 대해

$$\begin{aligned}\overline{PA_1}^2+\overline{PA_2}^2+\cdots+\overline{PA_n}^2 &= \sum_{k=1}^{n}|z-z_k|^2\\ &= \sum_{k=1}^{n}(z-z_k)(\overline{z}-\overline{z_k})\\ &= \sum_{k=1}^{n}(z\overline{z}-z_k\overline{z}-z\overline{z_k}+z_k\overline{z_k})\\ &= \sum_{k=1}^{n}|z|^2-\overline{z}\sum_{k=1}^{n}z_k-z\sum_{k=1}^{n}\overline{z_k}+\sum_{k=1}^{n}|z_k|^2.\end{aligned}$$

그런데 $z_1, z_2, \ldots, z_n$들이 $z^n=1$의 근들이고 z가 중심이 원점이 단위원 위의 점이므로 $|z|=|z_k|=1(k=1,2,\ldots,n)$이고

$$\sum_{k=1}^{n}z_k=\sum_{n=1}^{n}\overline{z_k}=0.$$

따라서

$$\overline{PA_1}^2+\overline{PA_2}^2+\cdots+\overline{PA_n}^2=\sum_{k=1}^{n}|z|^2+\sum_{k=1}^{n}|z_k|^2=2n(\text{상수})$$

1.8 $|\alpha|=|\beta|=|\gamma|=1$이므로

$$\alpha\overline{\alpha}=\beta\overline{\beta}=\gamma\overline{\gamma}=1.$$

따라서

$$\overline{\alpha}=\frac{1}{\alpha},\overline{\beta}=\frac{1}{\beta},\overline{\gamma}=\frac{1}{\gamma}$$

(1)

$$\begin{aligned}|\alpha\beta+\beta\gamma+\gamma\alpha|^2 &= (\alpha\beta+\beta\gamma+\gamma\alpha)\overline{(\alpha\beta+\beta\gamma+\gamma\alpha)}\\ &= (\alpha\beta+\beta\gamma+\gamma\alpha)(\overline{\alpha}\beta+\overline{\beta}\gamma+\overline{\alpha}\gamma)\\ &= 3+(\overline{\alpha}\beta+\alpha\overline{\beta})+(\overline{\beta}\gamma+\beta\overline{\gamma})+(\overline{\alpha}\gamma+\alpha\overline{\gamma})\\ &= (\alpha+\beta+\gamma)(\overline{\alpha}+\overline{\beta}+\overline{\gamma})\\ &= (\alpha+\beta+\gamma)\overline{(\alpha+\beta+\gamma)}\\ &= |\alpha+\beta+\gamma|^2\end{aligned}$$

따라서 $\left|\dfrac{\alpha\beta+\beta\gamma+\delta\gamma}{\alpha+\beta+\gamma}\right|=1$

(2) $(\alpha+\beta)(\beta+\gamma)(\gamma+\alpha)=2\alpha\beta\gamma+\alpha\beta^2+\beta^2\gamma+\beta\gamma^2+\alpha^2\gamma+\alpha\gamma^2$. 따라서

$$\begin{aligned}\frac{(\alpha+\beta)(\beta+\gamma)(\gamma+\alpha)}{\alpha\beta\gamma} &= 2+\left(\frac{\alpha}{\gamma}+\frac{\beta}{\gamma}\right)+\left(\frac{\beta}{\alpha}+\frac{\gamma}{\alpha}\right)+\left(\frac{\alpha}{\beta}+\frac{\gamma}{\beta}\right)\\ &= 2+(\alpha\overline{\gamma}+\overline{\alpha}\gamma)+(\overline{\alpha}\beta+\alpha\overline{\beta})+(\overline{\beta}\gamma+\beta\overline{\gamma})\\ &= 2+\mathrm{Re}(\alpha\overline{\gamma}+\overline{\alpha}\beta+\overline{\beta}\gamma)\end{aligned}$$

은 실수이다.

1.9 $\sqrt{2}\left[\cos\left(\frac{\pi}{4}+2n\pi\right)+i\sin\left(\frac{\pi}{4}+2n\pi\right)\right]$ $(n=0,\pm1,\pm2,\ldots)$

1.10 $\operatorname{Arg} z=\frac{\pi}{4}$, $\arg z=\frac{\pi}{4}+2n\pi(n=0,\pm1,\ldots)$

1.11 (1) b, b'은 각각 두 직선의 방향벡터이고 a와 a'은 같은 직선 위에 있으므로 $a'-a$와 b'은 b의 실수배이다. 그리고 역도 성립한다.

(2) $\arg\left(\frac{b'}{b}\right)=\arg b'-\arg b.$

(3) $a=a_1+ia_2, b=b_1+ib_2, z=x+iy$라 하면

$$\operatorname{Im}\left(\frac{z-a}{b}\right)=\frac{b_1(y-a_2)-b_2(x-a_1)}{b_1^2+b_2^2}.$$

$c=(-b_2,b_1), z-a=(x-a_1,y-a_2)$이면 벡터 c와 직선의 방향벡터 b는 수직이고 $c\bullet(z-a)=b_1(y-a_2)-b_2(x-a_1)$. c와 $z-a$가 이루는 각이 θ라 하자. 만일 z가 직선 $z=a+tb$를 경계로 하는 한 쪽 반평면에 놓이면 $0<\theta<\frac{\pi}{2}$ 또는 $\frac{\pi}{2}<\theta<\pi$. 따라서 한 쪽 반평면의 모든 점 z에 대해 $\operatorname{Im}\left(\frac{z-a}{b}\right)<0$를 만족하고, 다른 쪽 반평면의 모든 점 z에 대해 $\operatorname{Im}\left(\frac{z-a}{b}\right)>0$을 만족한다.

1.12 $1+i=\sqrt{2}\exp\left[i\left(\frac{\pi}{4}+2n\pi\right)\right]$ $(n=0,\pm1,\ldots)$

1.13 $(\sqrt{3}-i)^7=-64(\sqrt{3}-i)$

1.14 de Movire의 공식에서

$$(\cos\theta+i\sin\theta)^3=\cos 3\theta+i\sin 3\theta.$$

한편,

$$(\cos\theta+i\sin 3\theta)^3=\cos^3\theta-3\cos\theta\sin^2\theta+i(3\cos^2\theta\sin\theta-\sin^3\theta).$$

따라서

$$\cos 3\theta=\cos^3\theta-3\cos\theta\sin^2\theta,$$
$$\sin 3\theta=3\cos^2\theta\sin\theta-\sin^3\theta.$$

1.15 (1)

$$1+z+z^2+\cdots+z^n=\frac{1-z^{n+1}}{1-z}\ (z\neq 1).$$

$z=e^{i\theta}(0<\theta<2\pi)$이면 $z\neq 1$. 따라서

$$\begin{aligned}1+z+z^2+\cdots+z^n&=1+e^{i\theta}+\cdots+e^{in\theta}\\&=(1+\cos\theta+\cdots+\cos(n\theta))+i(\sin\theta+\cdots+\sin(n\theta)),\end{aligned}$$

$$\begin{aligned}\frac{1-z^{n+1}}{1-z}&=\frac{1-\cos(n+1)\theta-i\sin(n+1)\theta}{(1-\cos\theta)-i\sin\theta}\\&=\frac{[1-\cos(n+1)\theta-i\sin(n+1)\theta][(1-\cos\theta)+i\sin\theta]}{(1-\cos\theta)^2+\sin^2\theta}.\end{aligned}$$

따라서

$$\mathrm{Re}(1+z+^2+\cdots+z^n) = 1+\cos\theta+\cdots+\cos(n\theta),$$

$$\begin{aligned}\mathrm{Re}\left(\frac{1-z^{n+1}}{1-z}\right) &= \frac{[1-\cos(n+1)\theta]\,(1-\cos\theta)+\sin(n+1)\theta\sin\theta}{(1-\cos\theta)^2+\sin^2\theta}\\ &= \frac{1-\cos\theta-[\cos(n+1)\theta-\cos n\theta]}{2(1-\cos\theta)}\\ &= \frac{1}{2}+\frac{2\left[\sin\left(\frac{2n+1}{2}\right)\theta\right]\sin\frac{\theta}{2}}{4\sin^2\frac{\theta}{2}}\\ &= \frac{1}{2}+\frac{\left[\sin\left(\frac{2n+1}{2}\right)\theta\right]}{2\sin\frac{\theta}{2}}.\end{aligned}$$

따라서

$$1+\cos\theta+\cdots+\cos(n\theta) = \frac{1}{2}+\frac{\sin\left[\frac{(2n+1)}{2}\theta\right]}{2\sin\left(\frac{\theta}{2}\right)} \quad (0<\theta<2\pi).$$

(2) $\theta = \frac{\pi}{3}$ 이면

$$\sum_{n=0}^{102}\frac{n\pi}{3} = \frac{1}{2}+\frac{\sin(2\cdot 102+1)\frac{\pi}{6}}{2\sin\frac{\pi}{6}} = \frac{1}{2}+\frac{1}{2} = 1$$

1.16 de Movire의 공식에 의해

$$(\cos\theta+i\sin\theta)^n = \cos^n\theta+i\sin^n\theta.$$

그리고 이항정리에 의해

$$(\cos\theta+i\sin\theta)^n = \sum_{k=0}^{n}\binom{n}{k}(\cos\theta)^{n-k}(i\sin\theta)^k.$$

그런데

$$\begin{aligned}\mathrm{Re}\ [(\cos\theta+i\sin\theta)^n] &= \sum_{k=0}^{m}\binom{n}{2K}(\cos\theta)^{n-2k}(i\sin\theta)^{2k}\\ &= \sum_{k=0}^{m}\binom{n}{2k}(-1)^k\cos^{n-2k}\theta\sin^{2k}\theta = \cos n\theta.\end{aligned}$$

1.17 $c>0$이면 $\mathrm{Arg}\ c=0$이다. 따라서

$$c^{\frac{1}{n}} = \sqrt[n]{c}\exp\left(i\frac{2k\pi}{n}\right) \quad (k=0,1,\ldots,n-1).$$

그리고 주근은 $\sqrt[n]{c}$이다.

1.18 $(-8i)^{\frac{1}{3}} = 2\exp\left[i\left(-\frac{\pi}{6}+\frac{2k\pi}{3}\right)\right]$ $(k=0,1,2)$ 이고 주근은 $2\exp\left[i\left(-\frac{\pi}{6}\right)\right]=\sqrt{3}-i$ 이다.

1.19 (1)

$$a + i = |a+i|e^{i\arg(a+i)} = \sqrt{a^2+1}\exp\left(i(\mathrm{Arg}\,(a+i)+2n\pi)\right).$$

$A = \sqrt{a^2+1}, \alpha = \mathrm{Arg}\,(a+i)$라 하면

$$\begin{aligned}(a+i)^{\frac{1}{2}} &= \sqrt{A}\exp\left(i\left(\frac{\alpha+2n\pi}{2}\right)\right)\\ &= \sqrt{A}\exp\left(i\frac{\alpha}{2}\right)\cdot\exp(in\pi) = \pm\sqrt{A}\exp\left(i\frac{\alpha}{2}\right).\end{aligned}$$

(2) $A(\cos\alpha + i\sin\alpha) = a+i$이고 a가 실수이므로 $0<\alpha<\pi$이고 $\cos\alpha = \dfrac{a}{A}$. 따라서

$$\begin{aligned}\cos\frac{\alpha}{2} &= \sqrt{\frac{1+\cos\alpha}{2}} = \sqrt{\frac{A+a}{2A}},\\ \sin\frac{\alpha}{2} &= \sqrt{\frac{1-\cos\alpha}{2}} = \sqrt{\frac{A-a}{2A}}.\end{aligned}$$

따라서

$$\begin{aligned}(a+i)^{\frac{1}{2}} &= \pm\sqrt{A}\left(\cos\frac{\alpha}{2}+i\sin\frac{\alpha}{2}\right)\\ &= \pm\frac{1}{\sqrt{2}}\left(\sqrt{A+a}+i\sqrt{A-a}\right).\end{aligned}$$

1.20 (1) 단순하게 계산하면 된다.

(2) α,β,γ가 정삼각형의 꼭지점이라 하자. 그러면 일반성을 잃지 않고 $\gamma-\beta = (\alpha-\beta)e^{-\frac{\pi}{3}i}, \alpha-\gamma = (\alpha-\beta)e^{\frac{\pi}{3}i}$로 둘 수 있다. (즉, α,β,γ가 시계반대방향으로 놓여 있다.) 따라서

$$\begin{aligned}(\alpha-\beta)^2+(\beta-\gamma)^2+(\gamma-\alpha)^2 &= (\alpha-\beta)^2\left(1+e^{\frac{2\pi}{3}i}+e^{-\frac{2\pi}{3}i}\right)\\ &= (\alpha-\beta)^2\left(1-e^{\frac{\pi}{3}i}+e^{\frac{2\pi}{3}i}\right) = 0.\end{aligned}$$

따라서

$$\alpha^2+\beta^2+\gamma^2 = \alpha\beta+\beta\gamma+\gamma\alpha. \tag{A.1}$$

역으로 α,β,γ가 식 (A.1)을 만족한다고 하자. 그러면 (1)에 의해서 α,β,γ 대신 각각 $\alpha-\alpha, \beta-\alpha, \gamma-\alpha$을 대입해도 성립한다. 다시 (1)을 이용하면 α,β,γ 대신 각각 $0, \dfrac{\beta-\alpha}{\beta-\alpha} = 1, \dfrac{\gamma-\alpha}{\beta-\alpha}$을 대입해도 성립한다. 따라서

$$1+\left(\frac{\gamma-\alpha}{\beta-\alpha}\right)^2 = \frac{\gamma-\alpha}{\beta-\alpha}.$$

이 식을 풀면 $\dfrac{\gamma-\alpha}{\beta-\alpha} = e^{\pm\frac{\pi}{3}i}$. 따라서 $\gamma-\alpha = (\beta-\alpha)e^{\pm\frac{\pi}{3}i}$이고 α,β,γ는 정삼각형의 꼭지점이다.

1.21 $\alpha,\beta,\gamma,\delta$를 꼭지점으로 하는 사각형이 평행사변형이면 $\beta-\alpha = \gamma-\delta$. 이것의 역도 성립한다.

1.22 (1)

$$w_k = e^{i\frac{2k\pi}{n}} = \left(e^{i\frac{2\pi}{n}}\right)^k = w_1^k.$$

따라서

$$\begin{aligned} w_1^m + \cdots + w_n^m &= (w_1)^m + (w_1)^{2m} + \cdots + (w_1)^{nm} \\ &= w_1^m + (w_1^m)^2 + \cdots + (w_1^m)^n . \end{aligned}$$

$(w_1^m)^n = 1$이므로 w_1^m은 $z^n = 1$의 근이다. 만일 m이 n의 배수이면 $w_1^m = 1$이 되어서

$$w_1^m + w_2^m + \cdots + w_n^m \neq 0$$

따라서 m이 n의 배수가 아니면 $w_1^m \neq 1$이고 w_1^m은 $z^n = 1$의 근이다. 따라서 $w_1^m + w_2^m + \cdots + w_n^m = 0$이다.

(2) $p(z) = a_1 + a_1 z + \cdots + a_\ell z^\ell (a_\ell \neq 0, \ell \leq 2n-1)$ 이면

$$\begin{aligned} &p(w_1) + p(w_2) + \cdots + p(w_n) \\ &= na_0 + a_1(w_1 + \cdots + w_n) + a_2(w_1^2 + \cdots + w_n^2) + \cdots + a_\ell(w_1^\ell + \cdots + w_n^\ell) \\ &= na_0 + a_n(w_1^n + w_2^n + \cdots + w_n^n) \\ &= na_0 + na_n = na_0 + n \cdot \frac{p^{(n)}(0)}{n!}. \end{aligned}$$

$a_0 = p(0)$이므로

$$\frac{p(w_1) + p(w_2) + \cdots + p(w_n)}{n} = p(0) + \frac{p^{(n)}(0)}{n!}$$

제2장 복소함수

2.1 $z = x + iy$라 하면

$$(x+iy)^3 = x^3 - 3xy^2 + i(3x^2y - y^3).$$

따라서

$$u(x,y) = x^3 - 3xy^2, \quad v(x,y) = 3x^2y - y^3.$$

한편 $z = re^{i\theta}$라 하면

$$f(re^{i\theta}) = (re^{i\theta})^3 = r^3 e^{i3\theta} = u(r,\theta) + iv(r,\theta)$$

에서

$$u(r,\theta) = r^3 \cos 3\theta, \quad v(r,\theta) = r^3 \sin 3\theta.$$

2.2 $|\text{Re}z - \text{Re}z_0| = |\text{Re}(z - z_0)| \leq |z - z_0|$ 임을 이용하면 된다.

2.3 $||f(z)| - |w_0|| \leq |f(z) - w_0|$ 임을 이용하면 된다.

2.4 임의의 양수 ε에 대해 $\delta = \varepsilon$이라 하면

$$0 < |z| < \delta \Longrightarrow \left|\frac{1}{z}\right| = \frac{1}{|z|} > \frac{1}{\delta} = \frac{1}{\varepsilon}.$$

따라서 $\lim_{z\to 0} \frac{1}{z} = \infty$. 나머지도 비슷하게 보이면 된다.

2.5 $\varepsilon = \frac{|f(z_0)|}{2} > 0$이라 하자. 이때 $|z - z_0| < \delta$이면

$$|f(z) - f(z_0)| < \varepsilon = \frac{|f(z_0)|}{2}$$

을 만족하는 양수 δ가 존재한다. 따라서 $|z - z_0| < \delta$이면

$$|f(z)| = |f(z) - f(z_0) + f(z_0)| \geq |f(z_0)| - |f(z) - f(z_0)| > \frac{|f(z_0)|}{2} > 0.$$

2.6 $|\overline{f(z)} - \overline{f(z_0)}| = |\overline{f(z) - f(z_0)}| = |f(z) - f(z_0)|$을 이용하면 된다.

2.7 $f(z) = u + iv$가 D에서 연속이면 $|f(z)| = \sqrt{u^2 + v^2}$도 D에서 연속이다. D가 컴팩트집합이므로 실함수의 최대·최소정리에 의해서 $|f(z)|$의 최대값, 최소값이 존재한다.

제3장 Cauchy-Riemamnn 방정식과 해석함수

3.1 $f(z) = u + iv$라 하면

$$u(x,y) = \begin{cases} \dfrac{x^3 - 3xy^2}{x^2 + y^2}, & (x,y) \neq (0,0), \\ 0, & (x,y) = (0,0). \end{cases}$$

$$v(x,y) = \begin{cases} \dfrac{-3x^2y + y^3}{x^2 + y^2}, & (x,y) \neq (0,0), \\ 0, & (x,y) = (0,0). \end{cases}$$

따라서 f는 $(0,0)$에서 Cauchy-Riemann 방정식

$$\frac{\partial u}{\partial x}(0,0) = \frac{\partial v}{\partial y}(0,0), \frac{\partial u}{\partial y} = -\frac{\partial v}{\partial x}(0,0)$$

을 만족한다. 그러나 실수축을 따라서 $z \to 0$이면 $\frac{f(z) - f(0)}{z} \to 1$이고 직선 $y = x$을따라 $z \to 0$이면 $\frac{f(z) - f(0)}{z} \to -1$. 따라서 $f'(0)$이 존재하지 않는다.

3.2

$$u_x(0,0) = \lim_{x\to 0} \frac{u(x,0) - u(0,0)}{x} = 1,$$

$$u_y(0,0) = \lim_{y\to 0} \frac{u(0,y) - u(0,0)}{y} = -1.$$

비슷하게

$$v_x(0,0) = 1, \quad v_y(0,0) = 1.$$

따라서

$$u_x(0,0) = v_y(0,0) = 1, \quad u_y(0,0) = -v_x(0,0) = -1$$

한편, $y = x$를 따라 $z \to 0$이면

$$\lim_{z\to 0} \frac{f(z) - f(0)}{z} = \lim_{x\to 0} \frac{ix}{x + ix} = \frac{1}{2} + i\frac{1}{2}$$

그러나 f가 $(0,0)$에서 미분가능하면

$$f'(0) = u_x(0,0) + iv_x(0,0) = 1 + i.$$

따라서 $f'(0)$이 존재하지 않는다.

3.3 $f = u + iv$라 하면 $u(x,y) = x^2 + y^2, v = 0$. 따라서 $(x,y) \neq (0,0)$이면 $\frac{\partial u}{\partial x} = 2x \neq \frac{\partial v}{\partial y} = 0$. 즉, u와 v는 $(x,y) \neq (0,0)$에서 Cauchy-Riemann 방정식을 만족하지 않으므로 $(0,0)$에서 미분가능하지 않다.

3.4 (1)

$$A(f(D)) = \iint_{f(D)} dudv = \iint_D |J_f(x,y)|dxdy = \iint_D |f'(z)|^2 dxdy.$$

(2) $f(z) = \dfrac{e^{iz} - e^{-iz}}{2i} = \sin x \cosh y + i \cos x \sinh y$. 따라서 $u = \sin x \cosh y, v = \cos \sinh y$이고

$$\begin{aligned} f'(z) &= u_x + iv_x = \cos x \cosh y + i \cos y \cosh x, \\ |f'(z)|^2 &= \cos^2 x + \sinh^2 y. \end{aligned}$$

따라서

$$\begin{aligned} A(f(D)) &= \iint_D |f'|^2 dxdy \\ &= \iint_D \cos^2 xdxdy + \iint_D \sinh^2 ydxdy \\ &= \int_0^1 \int_0^{\frac{\pi}{2}} \cos^2 xdxdy + \int_0^{\frac{\pi}{2}} \int_0^1 \sinh^2 ydydx \\ &= \int_0^{\frac{\pi}{2}} \cos^2 xdx + \frac{\pi}{2} \int_0^1 \frac{e^{2y} - 2 + e^{-2y}}{4} dy \\ &= \frac{\pi}{16}(e^2 - e^{-2}) \end{aligned}$$

3.5 $f = |z|^2 = u + iv$라 하면 $u = x^2 + y^2, v = 0$이므로 u와 v의 편도함수가 존재하고 각 편도함수는 연속이다. 그리고 $(0,0)$에서 Cauchy-Riemann 방정식을 만족한다.

따라서 $(0,0)$에서 미분가능하고

$$f'(0) = u_(0,0) + iv_x(0,0) = 0.$$

3.6 $z = x + iy$라 하면

$$f(z) = z\text{Im } z = xy + iy^2.$$

$u(x,y) = xy, v(x,y) = y^2$이라 하면

$$u_x = y, u_y = x, v_x = 0, v_y = 2y.$$

따라서 $(x,y) \neq (0,0)$에서 u와 v는 Cauchy-Riemann 방정식을 만족하지 않으므로 미분가능하지 않다.

$(x,y) = (0,0)$에서는 Cauchy-Riemann 방정식을 만족하고 u_x, u_y, v_x, v_y가 연속이므로 미분가능하다. 그리고

$$f'(0,0) = u_x(0,0) + iv_x(0,0) = 0.$$

3.7 $f = u + iv$라 하면

$$\begin{aligned} u_x &= u_r \cos\theta - u_\theta \cdot \frac{\sin\theta}{r}, \\ u_y &= u_r \sin\theta + u_\theta \cdot \frac{\sin\theta}{r} = -v_x, \\ \frac{1}{r}u_\theta &= -v_r \end{aligned}$$

이므로

$$f'(z) = u_x + iv_x = e^{-i\theta}\left(u_r + iv_r\right).$$

3.8 (1) $f(z) = \sqrt{r}e^{\frac{i\theta}{2}} = \sqrt{r}\cos\frac{\theta}{2} + i\sqrt{r}\sin\frac{\theta}{2}$에서

$$u(r,\theta) = \sqrt{r}\cos\frac{\theta}{2}, \quad v(r,\theta)\sqrt{r}\sin\frac{\theta}{2}.$$

따라서

$$u_r = \frac{1}{2\sqrt{r}}\cos\frac{\theta}{2}, u_\theta = -\frac{\sqrt{r}}{2}\sin\frac{\theta}{2}, v_r = \frac{1}{\sqrt{r}}\sin\frac{\theta}{2}, v_\theta = \frac{\sqrt{r}}{2}\cos\frac{\theta}{2}.$$

따라서 $u_r = \frac{1}{r}v_\theta, u_\theta = -rv_r$을 만족하고 $u_r, u_\theta, v_r, v_\theta$는 주어진 영역에서 연속이므로 f는 주어진 영역에서 미분가능하다.

(2) (1)과 비슷하게 보이면 된다.

3.9 $f = u + iv$라 하면 f가 해석함수이므로 $u_x = v_y, u_y = -v_x$를 만족한다. 만약 영역의 한점 z_0에서 $f(z_0) = 0$이면 $|f| \equiv 0$이므로 $f \equiv 0$이다. 만일 $f(z_0) \neq 0$이면 모든 z에 대해 $f(z) \neq 0$이므로 $\overline{f(z)} = \dfrac{C}{f(z)} = u - iv$(단 C는 상수)는 해석적이고 $u_x = -v_y, u_y = v_x$를 만족하므로 $u_x = u_y = v_x = v_y = 0$이고 u, v는 상수이다.

또는 다음과 같이 보여도 된다. $|f|^2 = u^2 + v^2$=상수이므로 $(u^2+v^2)_{xx} = (u^2 + v^2)_{yy} = 0$이다. 그런데 $\Delta u = \Delta v = 0$이므로 $u_x^2 + v_x^2 + u_y^2 + v_y^2 = 0$이고, 따라서 $u_x = u_y = v_x = v_y = 0$이고 u, v는 상수함수이다. 따라서 f는 상수함수이다.

3.10 $f = u + iv$가 상수함수이면 당연하므로 상수함수가 아니라고 가정하자. 만일 $\mathrm{Re} f(z_1) = u(z_1) > 0, \mathrm{Re} f(z_2) = u(z_2) < 0$인 $z_1, z_2 \in D$가 존재하면 중간값 정리에 의해서 $u(z_0) = 0$인 $z_0 \in D$가 존재한다. 그러면 $z = z_0$에서

$$|f^2 - 1| = |u^2 - v^2 - 1 + 2iuv| = |-v^2 - 1| = v^2 + 1 > 1.$$

따라서 이러한 z_1, z_2는 존재하지 않는다. 뿐만 아니라 $\mathrm{Re} f(z) = 0$인 $z \in D$도 존재할 수 없다.

3.11 $f = u + iv$가 전해석이므로 모든 z에서 $u_x = v_y, u_y = -v_x$. 조건에서 $u_x = -v_y$이므로 $u_x = v_y \equiv 0$. 그런데 $f' = u_x + iv_x = iv_x$가 전해석이므로 $v_x \equiv a$(상수). 따라서 미분가능한 함수 g에 대해 $v = ax + g(y)$. 그리고 $v_y = g'(y) = 0$이므로 $g(y) = b$(상수). 따라서 $v = ax + b$. $u_y = -v_x = -a$이므로 미분가능한 함수 h에 대해 $u = -ay + h(x)$. $u_x = h'(x) = 0$이므로 $h(x) = c$(상수). 따라서 $u = -ay + c$. 따라서

$$f = u + iv = -ay + c + i(ax + b) = ia(x + iy) + c + ib (a, b, c \in \mathbb{R})$$

$f(0) = 0$이므로 $c + ib = 0$. 따라서 $f(z) = iaz$. $f(1) = i$이므로 $a = 1$. 따라서

$$f(z) = iz$$

3.12 $f = u + iv \in H(D)$이므로 D에서 $u, v \in C^1$이고 $u_x = v_y, u_y = -v_x$을 만족한다. 그리고 $g = U + iV \in H(f(D))$이므로 $f(D)$에서 $U, V \in C^1$이고 $U_u = V_v, U_v = -V_u$을 만족한다. 따라서

$$(g \circ f)(x, y) = U(u(x, y), v(x, y)) + iV(u(x, y), v(x, y))$$

이므로 D에서 $U(u(x, y), v(x, y)), V(u(x, y), v(x, y)) \in C^1$이다. 그리고 연쇄법칙에 의해

$$\begin{aligned} U_x &= U_u u_x + U_v v_x, \\ U_y &= U_u u_y + U_v v_y = U_u(-v_x) - V_u(u_x), \\ V_x &= V_u u_x + V_v v_x = V_u u_x + U_u(v_x), \\ V_y &= V_u u_y + V_v v_y = (-U_v)(-v_x) + U_u(u_x). \end{aligned}$$

따라서

$$U_x = V_y, \quad U_y = -V_x$$

을 만족한다. 따라서 $g \circ f \in H(D)$이다.

3.13 (1) $u = \sin x \cosh y, v = \cos x \sinh y$라 하면 모든 x, y에 대해

$$\frac{\partial u}{\partial x} = \cos x \cosh y = \frac{\partial v}{\partial y}, \frac{\partial u}{\partial y} = \sin x \sinh y = -\frac{\partial v}{\partial x}.$$

따라서 모든 점에서 u와 v는 Cauchy-Riemann 방정식을 만족하고 모든 편도함수가 연속이다. 따라서 f는 전해석함수이다.

(2) (1)과 비슷한 방법으로 보일 수 있다.

3.14 (1) $f = u + iv$라 하면 $u = xy, v = y$이므로

$$\frac{\partial u}{\partial x} = y, \frac{\partial u}{\partial y} = x, \frac{\partial v}{\partial x} = 0, \frac{\partial v}{\partial y} = 1.$$

따라서 만일

$$\frac{\partial u}{\partial x} = \frac{\partial v}{\partial y}, \frac{\partial u}{\partial y} = -\frac{\partial v}{\partial x}$$

이면 $y = 1, x = 0$. 즉, $(0, 1)$을 제외한 모든 점에서 Cauchy-Riemann 방정식을 만족하지 않으므로 f는 어떤 점에서도 해석적이 아니다.

(2) (1)과 비슷하게 보이면 된다.

3.15 $g = u(r, \theta) + iv(r, \theta)$라 하면 $u = \ln r, v = \theta$. 따라서

$$u_r = \frac{1}{r}, \ u_\theta = 0, \ v_r = 0, \ v_\theta = 1.$$

따라서 모든 $(r, \theta)(r > 0, 0 < \theta < 2\pi)$에 대해 Cauchy-Riemann 방정식

$$u_r = \frac{1}{r} v_\theta, \quad u_\theta = -r v_r$$

을 만족하고 각 편도함수 $u_r, u_\theta, v_r, v_\theta$는 연속이다. 따라서 g는 해석적이고

$$g'(z) = e^{-i\theta}(u_r + iv_r) = e^{-i\theta}\left(\frac{1}{r} + i \cdot 0\right) = \frac{1}{re^{i\theta}} = \frac{1}{z}.$$

3.16 (1) $f = u + iv$가 D에서 해석적이고 실수이면 $u_x = v_y = 0, v_x = 0$이므로 모든 z에 대해

$$f'(z) = u_x + iv_x = 0.$$

따라서 f는 D에서 상수함수이다.

(2) $f = u + iv$가 D에서 해석적이고 $\overline{f} = u - iv$가 D에서 해석적이면

$$u_x = v_y, u_y = -v_x, u_x = -v_y, u_y = v_x.$$

따라서

$$u_x = u_y = v_x = v_y = 0$$

이고 u와 v는 상수이다. 따라서 f는 상수함수이다.

3.17 $f = u + iv$라 하면 $v = 2u$이므로 $f = (1 + 2i)u$. f가 D에서 해석함수이므로 $\dfrac{f}{1+2i} = u$는 D에서 해석함수. 그런데 u가 실함수이므로 u는 상수함수이다. 따라서 f는 상수함수이다.

3.18 (1) $z = re^{i\theta}(r > 0)$이라 하고 $f = u + iv$라 하면

$$u(r,\theta) = e^{-\frac{1}{r^4}\cos 4\theta} \cdot \cos\left(\frac{\sin 4\theta}{r^4}\right),$$
$$v(r,\theta) = e^{-\frac{1}{r^4}\cos 4\theta} \cdot \sin\left(\frac{\sin 4\theta}{r^4}\right).$$

따라서

$$u_r = \frac{1}{r}v_\theta, \quad u_\theta = -rv_r$$

을 만족하고 $u_r, u_\theta, v_r, v_\theta$는 연속이다. 따라서 $z \neq 0$이면 f는 Cauchy-Riemann 방정식을 만족한다. 한편

$$u_x(0,0) = v_y(0,0), u_y(0,0) = -v_x(0,0).$$

따라서 $z = 0$에서 Cauchy-Riemann 방정식을 만족한다.

(2)

$$f_1(z) = e^z, f_2(z) = -\frac{1}{z^4}$$

라 하면 f_1은 전해석함수이고 f_2는 $z \neq 0$에서 해석적이다. 따라서 $f = f_1 \circ f_2$는 $z \neq 0$에서 해석함수이다.

(3) $z = x + iy$라 하면 $f(z) = e^{-\frac{1}{(x+iy)^4}}$이다. 만일 $y = x$를 따라서 $z \to 0$이면

$$e^{-\frac{1}{(x+iy)^4}} = e^{-\frac{1}{(1+i)^4x^4}} = e^{\frac{1}{4}\cdot\frac{1}{x^4}} \to \infty$$

이므로 $\lim_{z\to 0} f(z) \neq 0 = f(0)$. 따라서 f는 $z = 0$에서 연속이 아니다.

3.19 1과 2는 특이점이다. 그리고 f는 $|z-1| < \dfrac{1}{2}$에서 해석적이므로 1은 f의 고립특이점이다. 비슷하게 2 역시 f의 고립특이점임을 보일 수 있다.

제4장 반사원리

4.1

$$f(1+i) = \overline{f(\overline{1+i})} = \overline{f(1-i)} = 4 + 2i.$$

따라서 $f(1-i) = \overline{4+2i} = 4 - 2i$

4.2 $g(z) = if(z)$라 두면 $g(z)$는 실수에서 실수값을 가지는 전해석함수이다. 반사원리에 의해 모든 z에 대해 $\overline{g(z)} = g(\overline{z})$을 만족한다. 따라서 $\overline{if(z)} = if(\overline{z})$이 성립하고 $\overline{f(z)} = -f(\overline{z})$을 만족한다. 한편, $h(z) = f(iz)$라 하면 h는 실수에서 실수값을 가지는 전해석함수이다. 반사원리에 의해 $\overline{h(z)} = h(\overline{z})$을 만족한다. 따라서 $\overline{f(iz)} = f(i\overline{z})$

이 성립한다. z를 $-iz$로 바꾸면

$$\overline{f(z)} = f(i(\overline{-iz})) = f(-\overline{z})$$

이다. 결국 모든 z에 대해 $f(-\overline{z}) = -f(\overline{z})$이 성립한다. f가 전해석함수이므로 모든 z에 대해 $f(-z) = -f(z)$가 성립한다.

4.3 x가 실수일 때 $f(x)$가 실수이면 반사원리에 의해 $\overline{f(z)} = f(\overline{z})$를 만족한다. $g(z) = if(iz)$라 하면 g는 전해석함수이고 x가 실수이면 ix는 순허수이므로 $g(x) = if(ix)$는 실수이다. 따라서 반사원리에 의해 $\overline{g(z)} = g(\overline{z})$를 만족한다. 즉,

$$\overline{g(z)} = \overline{if(iz)} = -i\overline{f(iz)}, \quad g(\overline{z}) = if(i\overline{z}).$$

따라서

$$\overline{f(iz)} = f(\overline{iz}) = f(-i\overline{z}) = -f(i\overline{z}).$$

즉, 모든 z에 대해

$$f(-i\overline{z}) = -f(i\overline{z})$$

가 성립한다. 이 식에서 $\overline{z}$를 iz로 바꾸면 $f(-z) = -f(z)$를 얻을 수 있다.

4.4 $f(z)$가 해석적이면 $\overline{f(\overline{z})}$도 해석적이다.

$$f_1(z) = \frac{1}{2}\left(f(z) + \overline{f(\overline{z})}\right), \quad f_2(z) = \frac{1}{2}(-if(z) + i\overline{f(\overline{z})})$$

라 하자. 그러면 f_1, f_2는 해석적이고 $\overline{f_1(z)} = f_1(\overline{z}), \overline{f_2(z)} = f_2(\overline{z})$를 만족하고 $f = f_1 + if_2$로 나타낼 수 있다.

제5장 조화함수 (I)

5.1 가정에서 u_x, u_y는 연속인 편도함수를 가지고 $u_{xx} + u_{yy} = 0$. 따라서 $U = u_x, V = -u_y$라 하면 U, V는 연속인 편도함수를 가지고

$$\begin{aligned} U_x &= (u_x)_x = u_{xx} = -u_{yy} = (-u_y)_y = V_y, \\ U_y &= (u_x)_y = u_{xy} = u_{yx} = -(-u_y)_x = -V_x \end{aligned}$$

$f(z) = U + iV = u_x - iu_y$는 해석함수이다.

5.2 $x = r\cos\theta, y = r\sin\theta$에서

$$\begin{aligned} 0 &= \frac{\partial x}{\partial y} = \frac{\partial}{\partial y}(r\cos\theta) = \frac{\partial r}{\partial y}\cos\theta - \frac{\partial\theta}{\partial y}r\sin\theta, \\ 0 &= \frac{\partial y}{\partial x} = \frac{\partial}{\partial x}(r\sin\theta) = \frac{\partial r}{\partial x}\sin\theta + \frac{\partial\theta}{\partial x}r\cos\theta. \end{aligned} \tag{A.2}$$

$x^2+y^2=r^2$ 이므로 $2r\dfrac{\partial r}{\partial x}=2x$ 이고 $2r\dfrac{\partial r}{\partial y}=2y$. 따라서

$$\frac{\partial r}{\partial x}=\frac{x}{r}=\cos\theta,\quad \frac{\partial r}{\partial y}=\frac{y}{r}=\sin\theta.$$

따라서 식 (A.2) 에서

$$\frac{\partial\theta}{\partial x}=-\frac{\sin\theta}{r},\quad \frac{\partial\theta}{\partial y}=\frac{\cos\theta}{r}.$$

그런데

$$\begin{aligned}\frac{\partial u}{\partial x}&=\frac{\partial u}{\partial r}\frac{\partial r}{\partial x}+\frac{\partial u}{\partial\theta}\frac{\partial\theta}{\partial x}\\&=\frac{\partial u}{\partial r}\cos\theta-\frac{\sin\theta}{r}\frac{\partial u}{\partial\theta}.\end{aligned}$$

비슷하게

$$\frac{\partial u}{\partial y}=\sin\theta\frac{\partial u}{\partial r}+\frac{\cos\theta}{r}\frac{\partial u}{\partial\theta}.$$

따라서

$$\frac{\partial^2 u}{\partial x^2}=\cos^2\theta\frac{\partial^2 u}{\partial r^2}+\frac{\sin^2\theta}{r^2}\frac{\partial^2 u}{\partial\theta^2}-\frac{2\sin\theta\cos\theta}{r}\frac{\partial^2 u}{\partial r\partial\theta}+\frac{2\sin\theta\cos\theta}{r^2}\frac{\partial u}{\partial\theta}+\frac{\sin^2\theta}{r}\frac{\partial u}{\partial r}.$$

비슷하게

$$\frac{\partial^2 u}{\partial y^2}=\sin^2\theta\frac{\partial^2 u}{\partial r^2}+\frac{\cos^2\theta}{r^2}\frac{\partial^2 u}{\partial\theta^2}+\frac{2\sin\theta\cos\theta}{r}\frac{\partial^2 u}{\partial r\partial\theta}-\frac{2\sin\theta\cos\theta}{r^2}\frac{\partial u}{\partial\theta}+\frac{\cos^2\theta}{r}\frac{\partial u}{\partial r}.$$

위 두 식을 더하면 다음을 얻는다.

$$\frac{\partial^2 u}{\partial x^2}+\frac{\partial^2 u}{\partial y^2}=\frac{\partial^2 u}{\partial r^2}+\frac{1}{r^2}\frac{\partial^2 u}{\partial\theta^2}+\frac{1}{r}\frac{\partial u}{\partial r}.$$

5.3 $u(r,\theta)=\ln r(r>0,0<\theta<2\pi)$ 라 하면

$$u_r=\frac{1}{r},\quad u_{rr}=-\frac{1}{r^2},\quad u_{\theta\theta}=0$$

이므로

$$r^2u_{rr}+ru_r+u_{\theta\theta}=0.$$

따라서 $u(r,\theta)$ 는 조화함수이다. 한편 $f=u+iv$ 가 해석적이면 $u_r=\dfrac{1}{r}v_\theta$, 즉, $v_\theta=ru_r=1$ 이므로

$$v(r,\theta)=\int 1d\theta=\theta+C$$

는 u 의 조화켤레이다. 그리고

$$f=u+iv=\ln r+i(\theta+C)=\log z+iC\ (r>0,0<\theta<2\pi).$$

5.4 $\mathrm{Log}\,z=\ln|z|+i\mathrm{Arg}\,z$ 가 영역 $|z|>0,-\pi<\mathrm{Arg}\,z<\pi$ 에서 해석함수이므로 이 영역에서 $-i\mathrm{Log}\,z=\mathrm{Arg}\,z-i\ln|z|$ 도 해석함수. 따라서 $-\ln|z|$ 는 $\mathrm{Arg}\,z$ 의 조화켤레이다.

5.5 (1) $v(x,y) = 2y - 3x^2y + y^3$+C (2) $v(x,y) = \dfrac{x}{x^2+y^2} + C$

5.6 (1) $v = -\cosh y \sin x + C$ (2) $v = \dfrac{x-y}{x^2+y^2} + C$

5.7 $a = 3, v = 3xy^2 + \dfrac{y^2}{2} - x^3 - \dfrac{x^2}{2} + C.$

5.8 $u + iv$가 해석적이므로 $u_x = v_y, u_y = -v_x$ 이므로

$$(uv)_{xx} + (uv)_{yy} = v(u_{xx} + u_{yy}) + u(v_{xx} + v_{yy}) + 2(u_x v_x + u_y v_y) = 0.$$

만일 v가 u의 조화켤레가 아닐 때 $u_x v_x + u_y v_y = 0$이면 uv는 조화함수이다.

5.9 $f = u + iv$라 하면 $u, v, u^2 - v^2, uv$가 조화함수이므로 $\Delta u = \Delta v = \Delta(u^2 - v^2) = \Delta(uv) = 0$을 만족한다. 따라서

$$u_x^2 + u_y^2 = v_x^2 + v_y^2 = u_x v_x + u_y v_y = 0. \tag{A.3}$$

$u_x v_x = 0$이면 $u_x = u_y = v_x = v_y = 0$이므로 u와 v는 상수함수이다.
$u_x v_x \neq 0$라고 가정하자. 그러면

$$v_x = -\frac{u_y}{u_x} v_y, \quad u_x^2 + u_y^2 = \left(-\frac{u_y}{u_x}\right)^2 v_y^2 + v_y^2$$

이므로

$$u_x^4 + u_x^2 u_y^2 = u_y^2 v_y^2 + u_x^2 v_y^2.$$

따라서 $\left(u_x^2 + u_y^2\right)\left(u_x^2 - v_y^2\right) = 0$이고 $u_x^2 + v_y^2 \neq 0$이므로 $u_x^2 = v_y^2$, 즉 $u_x = \pm v_y$이다. 식 (A.3)에 의해서 $u_x = v_y$이면 $u_y = -v_x$이고 이 경우 f가 해석함수이고, $u_x = -v_y$이면 $u_y = v_x$이고 이 경우 $\overline{f}$가 해석함수이다.

5.10 $f = u + iv$라 하면

$$\ln|f| = \ln\sqrt{u^2 + v^2} = \frac{1}{2}\ln(u^2 + v^2).$$

따라서 $(\ln|f|)_{xx} + (\ln|f|)_{yy} = 0$이고 $\ln|f|$는 조화함수이다.

5.11

$$u_{xx} = \frac{6x^2y - 2y^3}{(x^2+y^2)^3}, \quad u_{yy} = \frac{-6x^2y + 2y^3}{(x^2+y^2)^3}.$$

따라서 $u_{xx} + v_{yy} = 0$. 그리고 u의 조화켤레는 임의의 상수 C에 대해

$$v(x,y) = \frac{x}{x^2+y^2} + C.$$

5.12 u가 단순연결영역에서 조화함수이면 u의 조화켤레 v가 존재하고 $f = u + iv$는 해석적이다. 따라서 u_x, u_y는 D에서 연속이다.

5.13 $u = e^x \cos y, v = e^x \sin y$라 하면 $f(z) = u + iv = e^z$는 수평띠 $0 < y < \pi$에서

해석적이다. 그리고

$$H(x,y) = h\left(u(x,y), v(x,y)\right) = (e^x \cos y)^2 - (e^x \sin y)^2 = e^{2x}\cos 2y.$$

따라서 정리 5.3.2에 의해서 $H(x,y) = e^{2x}\cos 2y$는 수평띠 $0 < y < \pi$에서 해석적이다.

제6장 복소함수

6.1 $f(z) = \exp(\bar{z}) = u + iv$라 하면 $u = e^x \cos y, v = -e^x \sin y$. 따라서

$$u_x = e^x \cos y, \quad v_y = -e^x \cos y,$$
$$u_y = -e^x \sin y, \quad v_x = -e^x \sin y.$$

만일 $u_x = v_y, u_y = -v_x$이면 $\sin y = \cos y = 0$이 되어야 하는데 이것을 만족하는 y는 존재하지 않는다. 즉, f는 모든 점에서 Cauchy-Riemann 방정식을 만족하지 않으므로 f는 어떤 점에서도 해석적이 아니다.

6.2 (1) $z = \ln 2 + (2n+1)\pi i (n = 0, \pm1, \pm2, \ldots)$ (2) $z = \ln 2 + \left(2n + \frac{1}{3}\right)\pi i (n = 0, \pm1, \pm2, \ldots)$

6.3 (1) $f'(z) = u_x + iv_x$이므로 $f = f'$이면 $u = u_x, v = v_x$. 한편

$$(ue^{-x})_x = u_x e^{-x} - ue^{-x} = 0.$$

따라서 $ue^{-x} = \phi(y)$. 즉, $u(x,y) = e^x\phi(y)$. 비슷하게 $v(x,y) = e^x\psi(y)$를 만족하는 $\psi(y)$가 존재함을 보일 수 있다.

(2) $u_{xx} + u_{yy} = e^x\phi(y) + e^x\phi''(y) = 0$. 따라서 $\phi''(y) + \phi(y) = 0$. 이 미분방정식을 풀면

$$\phi(y) = A\cos y + B\sin y.$$

(3) $u_x = v_y$에서 $\psi'(y) = \phi(y) = A\cos y + B\sin y$. 따라서 $\psi(y) = A\sin y - B\cos y$. 그리고 $\phi(0) + i\psi(0)A - iB = 1$에서 $A = 1, B = 0$. 따라서

$$f(z) = u_x + iv_x = e^x\phi(y) + ie^x\psi(y) = e^x(\cos y + i\sin y).$$

6.4 (1) $|e^{iz}| = e^{-y}, |e^{-iz}| = e^y$. 따라서

$$e^y - e^{-y} = |e^{-iz}| - |e^{iz}| \le |e^{iz} - e^{-iz}| \le |e^{iz}| + |e^{-iz}| = e^y + e^{-y}.$$

따라서

$$\sinh y = \frac{e^y - e^{-y}}{2} \le |\sin z| = \left|\frac{e^{iz} - e^{-iz}}{2i}\right| \le \frac{e^y + e^{-y}}{2} = \cosh y.$$

(2) (1)과 비슷하게 보이면 된다.

6.5 $z = \left(\frac{\pi}{2} + 2n\pi\right) \pm 4i (n = 0, \pm 1, \pm 2, \ldots)$

6.6 $z = 2n\pi + i\cosh^{-1} 2$ 또는 $z = 2n\pi \pm i\ln(2+\sqrt{3}) (n = 0, \pm 1, \pm 2, \ldots)$

6.7 (1) $\sinh(z+\pi i) = \dfrac{e^{z+\pi i} - e^{-z-\pi i}}{2} = \dfrac{-e^z + e^{-z}}{2} = -\dfrac{e^z - e^{-z}}{2} = -\sinh z.$

(2) (1)과 비슷하게 보이면 된다.

6.8 (1) $f(z) = \sinh z$라 하면 $f(z)$는 전해석함수이고 $f(x+i0) = \sinh x$가 실수이므로 반사원리에 의해 $\overline{f(z)} = f(\bar{z})$. 따라서 $\overline{\sinh z} = \sinh \bar{z}$.

(2) (1)과 비슷하게 보이면 된다.

6.9 (1) $z = \left(2n \pm \frac{1}{3}\right)\pi i (n = 0, \pm 1, \ldots)$ (2) $z = \left(2n + \frac{1}{2}\right)\pi i (n = 0, \pm 1, \pm 2, \ldots)$

6.10 $\log(-1) = (2n+1)\pi i (n = 0, \pm 1, \ldots)$, $\mathrm{Log}\,(-1) = \pi i$.

6.11 분지점은 원점이다. 적당한 분지절단선을 택하면 두 개의 분지가 있다.

6.12 (1) $\log e = 1 + 2n\pi i (n = 0, \pm 1, \ldots)$ (2) $\log i = \left(2n + \frac{1}{2}\right)\pi i (n = 0, \pm 1, \ldots)$

6.13 (1) 정의를 이용하면 된다.

(2) $\log(i^2) = \log(-1) = (2n+1)\pi i (n = 0, \pm 1, \pm 2, \ldots)$,
$2\log i = 2 \cdot \left(\frac{\pi}{2} + 2n\pi\right) i = (\pi + 4n\pi) i = (4n+1)\pi i (n = 0, \pm 1, \ldots)$.

6.14 $z = e^{\frac{\pi}{2} i} = i$.

6.15 (1) $\mathrm{Log}\,(z-i)$는 $|z-i| > 0, -\pi < \mathrm{Arg}\,(z-i) < \pi$에서 해석적이다. 따라서 $\mathrm{Log}\,(z-i)$는 $y = 1, x \le 0$을 제외한 모든 점에서 해석적이다.

(2) $z^2 + i = 0$이면 $z = \pm\dfrac{1-i}{\sqrt{2}}$. 따라서 $\dfrac{\mathrm{Log}\,(z+4)}{z^2+i}$는 $\pm\dfrac{1-i}{\sqrt{2}}$와 반직선 $x \le -4, y = 0$을 제외한 나머지 모든 점에서 해석적이다.

6.16 (1) $(1+i)^i = \exp[i\log(1+i)]$이고

$$\begin{aligned} i\log(1+i) &= i[\ln|1+i| + i\arg(1+i)] \\ &= i\left[\ln\sqrt{2} + i\left(\frac{\pi}{4} + 2n\pi\right)\right] \\ &= -\left(\frac{\pi}{4} + 2n\pi\right) + i\ln\sqrt{2}\ (n = 0, \pm 1, \pm 2, \ldots). \end{aligned}$$

따라서

$$\begin{aligned} (1+i)^i &= \exp[i\log(1+i)] \\ &= \exp\left[\left(-\frac{\pi}{4} + 2n\pi\right) + i\ln\sqrt{2}\right] \\ &= \exp\left(-\frac{\pi}{4} + 2n\pi\right) \cdot \exp\left(\frac{i}{2}\ln 2\right)\ (n = 0, \pm 1, \ldots). \end{aligned}$$

(2) $(-1)^{\frac{1}{\pi}} = \exp\left[\frac{1}{\pi}\log(-1)\right]$ 이고

$$\begin{aligned}\frac{1}{\pi}\log(-1) &= \frac{1}{\pi}[\ln|-1| + i\arg(-1)] = \frac{1}{\pi}[i(\pi + 2n\pi)] \\ &= i(1+2n) \ (n = 0, \pm 1, \ldots).\end{aligned}$$

따라서

$$\begin{aligned}(-1)^{\frac{1}{\pi}} &= \exp\left[\frac{1}{\pi}\log(-1)\right] \\ &= \exp\left[i(2n+1)\right] \quad (n = 0, \pm 1, \pm 2, \ldots).\end{aligned}$$

6.17 (1) $-8 - 8\sqrt{3}i = 2^4\left(-\frac{1}{2} - \frac{\sqrt{3}}{2}i\right) = 2^4 e^{i\left(-\frac{2\pi}{3} + 2k\pi\right)}(k = 0, \pm 1, \pm 2, \ldots)$ 이므로

$$\left(-8 - 8\sqrt{3}i\right)^{\frac{1}{4}} = 2e^{i\left(-\frac{\pi}{6} + \frac{k\pi}{2}\right)} = 2e^{-i\frac{\pi}{6}} \cdot e^{i\frac{k\pi}{2}} \ (k = 0, 1, 2, 3).$$

그리고

$$2e^{-i\frac{\pi}{6}} = 2\cos\frac{\pi}{6} - i\sin\frac{\pi}{6} = \sqrt{3} - i$$

이고

$$e^{\frac{ik\pi}{2}} = \begin{cases} 1, & k = 0, \\ i, & k = 1, \\ -1, & k = 2, \\ -i, & k = 3 \end{cases}$$

이므로 구하는 근은 $\pm\left(\sqrt{3} - i\right), \quad \pm\left(1 + \sqrt{3}i\right)$. 그리고 주치는 $k = 0$일 때이므로 $\sqrt{3} - i$.

(2) $-1 = e^{i(\pi + 2k\pi)}(k = 0, \pm 1, \ldots)$ 이므로

$$(-1)^{\frac{1}{3}} = e^{i\left(\frac{\pi}{3} + \frac{2k\pi}{3}\right)} = e^{i\frac{\pi}{3}} \cdot e^{i\frac{2k\pi}{3}} \ (k = 0, 1, 2).$$

$e^{i\frac{\pi}{3}} = \frac{1}{2}\left(1 + \sqrt{3}i\right)$ 이고

$$e^{i\frac{2k\pi}{3}} = \begin{cases} 1, & k = 0, \\ -\frac{1}{2} + \frac{\sqrt{3}}{2}i, & k = 1, \\ -\frac{1}{2} - \frac{\sqrt{3}}{2}i, & k = 2 \end{cases}$$

이므로 구하는 근은 $\frac{1}{2}\left(1 + \sqrt{3}i\right), -1, \frac{1}{2}\left(1 - \sqrt{3}i\right)$. 그리고 주치는 $k = 0$일 때이므로 $\frac{1}{2}\left(1 + \sqrt{3}i\right)$.

6.18 (1) $\exp\left(-\frac{\pi}{2}\right)$ (2) $-\exp(2\pi^2)$ (3) $e^{\pi}\left[\cos(2\ln 2) + i\sin(2\ln 2)\right]$

6.19 c가 실수이다.

6.20 $\cos^{-1} 2 = z$라 하면 $\cos z = \dfrac{e^{iz} + e^{-iz}}{2} = 2$이므로

$$(e^{iz})^2 - 4e^{iz} + 1 = 0.$$

따라서 $e^{iz} = 2 \pm \sqrt{3}$. 따라서 $z = -i \log(2 \pm \sqrt{3})$.

$$\begin{aligned}\log(2+\sqrt{3}) &= \ln(2+\sqrt{3}) + i2n\pi,\\ \log(2-\sqrt{3}) &= \ln(2-\sqrt{3}) + i2n\pi\\ &= -\ln(2+\sqrt{3}) + i2n\pi (n = 0, \pm 1, \ldots).\end{aligned}$$

따라서

$$\begin{aligned}z &= -i(i2n\pi \pm \ln(2+\sqrt{3}))\\ &= 2n\pi \pm i\ln(2+\sqrt{3}) \ (n = 0, \pm 1, \ldots).\end{aligned}$$

6.21 (1) $\left(n + \dfrac{1}{2}\right)\pi + \dfrac{i}{2}\ln 3 \ (n = 0, \pm 1, \ldots)$

(2) $(2n+1)\pi i$

(3) $n\pi \ (n = 0, \pm 1, \ldots)$

6.22 $z = \cos^{-1}(2) = -i\log\left[2 + i(-3)^{\frac{1}{2}}\right] = -i\log\left(2\pi \pm \sqrt{3}\right)$. 그런데

$$\begin{aligned}\log(2+\sqrt{3}) &= \ln(2+\sqrt{3}) + i2n\pi,\\ \log(2-\sqrt{3}) &= \ln(2-\sqrt{3}) + i2n\pi\\ &= -\ln(2+\sqrt{3}) + i2n\pi \quad (n = 0, \pm 1, \pm 2, \ldots)\end{aligned}$$

따라서

$$z = \cos^{-1}(2) = -i\log(2 \pm \sqrt{3}) = 2n\pi \pm i\ln(2+\sqrt{3}) \quad (n = 0, \pm 1, \pm 2, \ldots).$$

제7장 복소가함수의 적분

7.1 $\dfrac{\sqrt{3}}{4} + \dfrac{i}{4}$

7.2 $m = n$이면 $\displaystyle\int_0^{2\pi} e^{im\theta} e^{-in\theta} d\theta = 2\pi$. $m \neq n$이면

$$\int_0^{2\pi} \cos(m-n)\theta d\theta = \int_0^{2\pi} \sin(m-n)\theta d\theta = 0$$

이므로

$$\int_0^{2\pi} e^{im\theta} e^{-in\theta} d\theta = 0.$$

7.3 $\dfrac{1}{z}$

7.4 i와 1을 잇는 단위원의 일부를 C_1이라 하면

$$\int_{C_1} \overline{z}dz = \int_{\frac{\pi}{2}}^{2\pi} e^{-i\theta} ie^{i\theta} d\theta = \frac{3}{2}\pi i$$

1과 $1+i$를 잇는 선분을 C_2라 하면

$$\int_{C_2} \overline{z}dz = i\int_0^1 (1-iy)dy = \frac{1}{2} + i.$$

$1+i$와 i를 잇는 선분을 C_3라 하면

$$\int_{C_3} \overline{z}dz = -\int_0^1 (x-i)dx = -\frac{1}{2} + i.$$

따라서

$$\int_C \overline{z}dz = \int_{C_1} \overline{z}dz + \int_{C_2} \overline{z}dz + \int_{C_3} \overline{z}dz = i\left(\frac{3}{2}\pi + 2\right)$$

7.5 $z \in C_1$이면 $z\overline{z} = 1$이므로

$$\int_{C_1} \frac{z}{\overline{z}}dz = \int_{C_1} z^2 dz = \left[\frac{z^3}{3}\right]_{-1}^{1} = \frac{2}{3}$$

$z \in C_2$이면 $|z|^2 = z\overline{z} = 4$. 따라서 $\frac{z}{\overline{z}} = \frac{z^2}{4}$. 따라서

$$\int_{C_2} \frac{z}{\overline{z}}dz = \int_{C_2} \frac{z^2}{4}dz = \left[\frac{z^3}{12}\right]_{2}^{-2} = -\frac{4}{3}$$

그리고 L_1, L_2 위에서는 $z = \overline{z}$이므로

$$\int_{L_1} \frac{z}{\overline{z}}dz = \int_{L_2} \frac{z}{\overline{z}}dz = 1.$$

따라서

$$\begin{aligned}\int_C \frac{z}{\overline{z}}dz &= \int_{C_1} \frac{z}{\overline{z}}dz + \int_{C_2} \frac{z}{\overline{z}}dz + \int_{L_1} \frac{z}{\overline{z}}dz + \int_{L_2} \frac{z}{\overline{z}}dz \\ &= \frac{2}{3} - \frac{4}{3} + 1 + 1 = \frac{4}{3}\end{aligned}$$

7.6 그림과 같이 C를 두 개의 단순닫힌경로 C_1, C_2의 합이라 하자. 그리고

$$\varphi_1(z) = \frac{z^3+3}{z}, \quad \varphi_2(z) = \frac{z^3+3}{z-i}$$

라 하면 φ_1, φ_2는 각각 C_1, C_2로 둘러싸인 영역에서 해석적이므로 Cauchy의 적분 공식에 의해

$$\begin{aligned}\int_{C_1} \frac{z^3+3}{z(z-i)}dz &= \int_{C_1} \frac{\varphi_1(z)}{z-i}dz = 2\pi i\varphi(i) = 6\pi - i2\pi, \\ \int_{C_2} \frac{z^3+3}{z(z-i)}dz &= \int_{C_2} \frac{\varphi_2(z)}{z}dz = -2\pi i\varphi_2(0) = 6\pi\end{aligned}$$

따라서

$$\int_C \frac{z^3+3}{z(z-i)}dz = \int_{C_1} \frac{z^3+3}{z(z-i)}dz + \int_{C_2} \frac{z^3+3}{z(z-i)}dz = 12\pi - i2\pi$$

7.7 $2+3i$

7.8 $|z|^2 = z\overline{z} = r^2$ 이면 $\overline{z} = \frac{r^2}{z}$ 이므로 $|z| = r$ 이면

$$P(\overline{z}) = P\left(\frac{r^2}{z}\right) = \frac{a_n r^{2n}}{z^n} + \frac{a_{n-1}r^{2(n-1)}}{z^{n-1}} + \cdots + \frac{a_1 r^2}{z} + a_0$$

그런데

$$\int_{|z|=r} \frac{1}{z^k}dz = \begin{cases} 2\pi i, & k=1, \\ 0, & k \neq 1 \end{cases}$$

이므로

$$\int_{|z|=r} P(\overline{z})dz = 2a_1 r^2 \pi i$$

7.9 $C : z = e^{i\theta} (0 \le \theta \le 2\pi)$라 하면

$$\begin{aligned}\int_C z^{-1+i}dz &= \int_0^{2\pi} e^{(-1+i)\log e^{i\theta}} \cdot ie^{i\theta}d\theta \\ &= \int_0^{2\pi} e^{(-1+i)i\theta} \cdot ie^{i\theta}d\theta = i\int_0^{2\pi} e^{-\theta}d\theta = i(1-e^{-2\pi}).\end{aligned}$$

7.10 $|z| = R > 1$ 에서

$$\begin{aligned}&|2z^2-1| \le 2|z|^2+1 = 2R^2+1, \\ &|z^4+5z^2+4| = |z^2+1||z^2+4| \ge (|z|^2-1)(|z|^2-4) = (R^2-1)(R^2-4).\end{aligned}$$

따라서

$$\begin{aligned}\left|\int_{C_R} \frac{2z^2-1}{z^4+5z^2+4}dz\right| &\le \frac{2R^2+1}{(R^2-1)(R^2-4)}\int_{C_R}|dz| \\ &= \frac{\pi R(2R^2+1)}{(R^2-1)(R^2-4)}.\end{aligned}$$

따라서

$$\lim_{R\to\infty}\int_{C_R} \frac{2z^2-1}{z^4+5z^2+4}dz = 0.$$

7.11 $|z| = R > 1$ 에서

$$|\text{Log } z| = |\ln|z| + i\text{Arg } z| \le \ln|z| + |\text{Arg } z| \le \ln R + \pi.$$

따라서

$$\left|\int_{C_R} \frac{\text{Log } z}{z^2}dz\right| \le \frac{\ln R+\pi}{R^2}\int_{C_R}|dz| = 2\pi\left(\frac{\pi+\ln R}{R}\right).$$

7.12 $\left|\int_C f(z)dz\right| \le \int_C |f(z)||dz| \le M\int_C |dz| = ML.$

7.13 $z = e^{i\theta}(0 \le \theta \le 2\pi)$라 하면 $|dz| = |ie^{i\theta}d\theta| = d\theta$이므로

$$\int_{|z|=1} |z-1| \cdot |dz| = \int_0^{2\pi} |\cos\theta - 1 + i\sin\theta| d\theta$$
$$= \int_0^{2\pi} \sqrt{2(1-\cos\theta)} d\theta = 2\int_0^{2\pi} \sin\frac{\theta}{2} d\theta = 8.$$

7.14 모든 z에 대해 $\left(\frac{z^{n+1}}{n+1}\right)' = z^n$이므로

$$F(z) = \frac{z^{n+1}}{n+1}$$

이라 하면

$$\int_C z^n dz = F(z_2) - F(z_1) = \frac{1}{n+1}(z_2^{n+1} - z_1^{n+1}) \quad (n = 0, 1, 2, \ldots)$$

7.15 (1) $\frac{1+i}{\pi}$ (2) $e + \frac{1}{e}$

7.16 $0 < \arg z < 2\pi$에서

$$\int_C \frac{1}{z} dz = [\log z]_{-2i}^{2i} = \log(2i) - \log(-2i)$$
$$= \left(\ln 2 + \frac{\pi}{2}i\right) - \left(\ln 2 + \frac{3}{2}\pi i\right) = -\pi i.$$

7.17 $2\sqrt{3}(-1+i)$

7.18 C를 -1과 1을 잇고 x축 위에 놓이는 임의의 경로라 하자. 그리고 다음과 같이 두자.

$$f_0 = e^{-\theta + i\ln r} \ (r > 0, -\pi < \theta < \pi),$$
$$f_1 = e^{-\theta + i\ln r} \ \left(r > 0, -\frac{\pi}{2} < \theta < \frac{3\pi}{2}\right).$$

그러면 f_0, f_1는 z^i의 분지들이다. 그리고 f_1는 C를 포함하는 어떤 영역에서 해석적이며 f_1의 부정적분 $\frac{z^{i+1}}{i+1}$ 존재하므로

$$\int_C f_1 dz = \left[\frac{z^{i+1}}{i+1}\right]_{-1}^{1} = \frac{(e^{-\pi}+1)}{2}(1-i).$$

그런데 $z = -1$을 제외한 C 위의 모든 점에서 $f_0 \equiv f_1$이므로

$$\int_C f_0(z)dz = \int_C f_1(z)dz = \frac{(e^{-\pi}+1)}{2}(1-i).$$

7.19 $z^{\frac{1}{3}}$의 주분지는 경로 C를 포함하는 어떤 영역에서 해석적이고 부정적분

$$\frac{3}{4}z^{\frac{4}{3}} = \frac{3}{4}\sqrt[3]{r^4}e^{\frac{4i\theta}{3}} \ (r > 0, -\pi < \theta < \pi)$$

을 갖는다. 그러므로

$$\int_C z^{\frac{1}{3}}dz = \left[\frac{3}{4}\sqrt[3]{r^4}e^{\frac{4i\theta}{3}}\right]_{-1-i}^{-1+i} = \frac{3}{4}\sqrt[3]{4}\left(e^{\frac{4i}{3}\cdot\frac{3}{4}\pi} - e^{\frac{4i}{3}\cdot(-\frac{3}{4}\pi)}\right)$$
$$= \frac{3}{4}\sqrt[3]{4}\left(e^{\pi i} - e^{-\pi i}\right) = 0.$$

7.20

$$f_0(z) = \exp(a\log z)\ (|z| > 0, 0 < \arg z < 2\pi),$$
$$f_1(z) = \exp(a\log z)\ \left(|z| > 0, \frac{\pi}{2} < \arg z < \frac{5\pi}{2}\right)$$

라 하자. 그러면 f_1은 C를 포함하는 어떤 영역에서 해석적이고,

$$F(z) = \frac{z^{a+1}}{a+1}\left(|z| > 0, \frac{\pi}{2} < \arg z < \frac{5\pi}{2}\right)$$

라 하면 그 영역에서 $F'(z) = f_1(z)$. 그리고 $z = 1$을 제외한 C의 모든 점 z에서 $f_0(z) = f_1(z)$이므로

$$\int_C f_0(z)dz = \int_C f_1(z)dz.$$

따라서

$$\int_C z^a dz = \int_C f_1(z)dz = F(1) - F(-1).$$

그런데

$$F(1) = \frac{1}{a+1}\cdot 1^{a+1} = \frac{1}{a+1}\exp((a+1)\log 1)$$
$$= \frac{1}{a+1}e^{(a+1)2\pi i} = \frac{1}{a+1}e^{i2a\pi},$$
$$F(-1) = \frac{1}{a+1}\cdot(-1)^{a+1} = \frac{1}{a+1}\exp((a+1)\log(-1))$$
$$= \frac{1}{a+1}e^{(a+1)i\pi} = -\frac{1}{a+1}e^{ia\pi}.$$

따라서

$$\int_C z^a dz = \frac{1}{a+1}\left(e^{i2a\pi} + e^{ia\pi}\right) = \frac{1}{a+1}e^{ia\pi}(e^{ia\pi} + 1).$$

제8장 경로적분의 성질

8.1 그림 A.1과 같이 C는 P, Q, R를 싯점과 종점으로 하고 원점을 감싸는 단순닫힌경로 C_1, C_2, C_3와 원점을 감싸지 않는 단순닫힌경로 C_4로 나눌 수 있다. 경로 호모토피 변형원리에 의하면 $i = 1, 2, 3$에 대해

$$\frac{1}{2\pi i}\int_{C_i}\frac{1}{z}dz = \frac{1}{2\pi i}\int_{|z|=1}\frac{1}{z}dz = \frac{1}{2\pi i}\int_0^{2\pi} e^{-i\theta}ie^{i\theta}d\theta = 1$$

이고, C_4로 둘러 싸인 영역에서 $\frac{1}{z}$가 해석적이므로 Cauchy-Goursat 정리에 의해

$\int_{C_4} \frac{1}{z} dz = 0$. 따라서

$$\frac{1}{2\pi i}\int_C \frac{1}{z}dz = \frac{1}{2\pi i}\int_{C_1} \frac{1}{z}dz + \frac{1}{2\pi i}\int_{C_2} \frac{1}{z}dz + \frac{1}{2\pi i}\int_{C_3} \frac{1}{z}dz + \frac{1}{2\pi i}\int_{C_4} \frac{1}{z}dz = 3$$

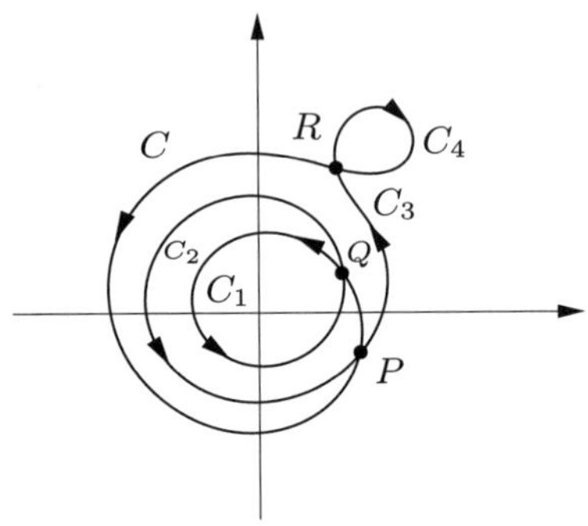

그림 A.1

8.2 $z - z_0 = Re^{i\theta}(0 \le \theta \le 2\pi)$라 하면

$$\begin{aligned}\int_{C_0} (z-z_0)^{n-1} dz &= \int_0^{2\pi} R^{n-1}e^{i(n-1)\theta} \cdot Rie^{i\theta} d\theta \\ &= iR^n \int_0^{2\pi} e^{in\theta} d\theta = \begin{cases} 2\pi i, & n = 0, \\ 0, & n = \pm 1, \pm 2, \ldots \end{cases}\end{aligned}$$

$z_0 = 2 + i$라 하고 호모토피 변형원리를 적용하면 나머지를 구할 수 있다.

8.3 반원부분을 Γ라 하고 $(-1,0)$와 $(1,0)$을 잇는 선분을 L이라 하자. 그러면 $C = \Gamma + L$이다.

$$\begin{aligned}\int_\Gamma f(z)dz &= \int_0^\pi e^{\frac{i\theta}{2}} \cdot ie^{i\theta} d\theta = i\int_0^\pi e^{i\frac{3}{2}\theta} d\theta = \frac{2}{3}\left[e^{i\frac{3}{2}\theta}\right]_0^\pi = \frac{2}{3}(-i-1), \\ \int_L f(z)dz &= -\int_0^1 \sqrt{r}e^{\frac{i\pi}{2}} \cdot e^{i\pi} dr + \int_0^1 \sqrt{r}e^{\frac{i0}{2}} dr = \frac{2}{3}(i+1).\end{aligned}$$

따라서

$$\int_C f(z)dz = \int_\Gamma f(z)dz + \int_L f(z)dz = 0.$$

그런데 f는 C로 둘러 싸인 영역에서 해석적이 아니므로 Cauchy-Goursat 정리를 쓸 수 없다.

8.4 $C : z(t) = x(t) + iy(t)(a \le t \le b)$라 하면

$$\begin{aligned}\frac{1}{2i}\int_C \bar{z}dz &= \frac{1}{2i}\int_a^b (x(t) - iy(t))(x'(t) + iy'(t))dt \\ &= \frac{1}{2i}\left[\int_a^b (xx' + yy' + ixy' - iyx')dt\right].\end{aligned}$$

Green 정리에 의해서

$$\int_a^b (xx' + yy')dt = \int_C xdx + ydy = \iint_D (0-0)dxdy = 0,$$
$$\int_a^b (xy' - yx')dt = \int_C -ydx + xdy = \iint_D 2dxdy = 2S.$$

따라서

$$\frac{1}{2i}\int_C \overline{z}dz = \frac{1}{2i}\cdot i \cdot 2S = S.$$

8.5 $f = u + iv$ 라 하고 $C : z(t) = x(t) + iy(t)$ 라 하면

$$\int_C \overline{f(z)} f'(z)dz = \int_C (uu_x + vv_x)dx + (vu_x - uv_x)dy$$
$$+ i\int_C (uu_x + vv_x)dy - (vu_x - uv_x)dx.$$

그런데 f가 해석함수이므로

$$(vu_x - uv_x)_x - (uu_x + vv_x)_y = 0.$$

따라서 Green 정리에 의해

$$\int_C (uu_x + vv_x)dx + (vu_x - uv_x)dy = 0.$$

f가 상수함수가 아니므로

$$(uu_x + vv_x)_x + (vu_x - uv_x)_y = 2(u_x^2 + v_x^2) > 0.$$

따라서

$$\int_C \overline{f(z)} f'(z)dz = i\int_C (uu_x + vv_x)dy - (vu_x + uv_x)dx$$
$$= i\iint_D \left[(uu_x + vv_x)_x + (vu_x - uv_x)_y\right] dxdy \neq 0.$$

제9장 Cauchy의 적분공식

9.1 (1)

$$\int_{|z-i|=2} \frac{1}{(z^2+4)^2}dz = \int_{|z-i|=2} \frac{\frac{1}{(z+2i)^2}}{(z-2i)^2}dz.$$

$f(z) = \dfrac{1}{(z+2i)^2}$ 이라 하면 f는 $|z-i| < 2$에서 해석적이므로 Cauchy의 적분공식에 의해서

$$\int_{|z-i|=2} \frac{1}{(z^2+4)^2}dz = 2\pi i \cdot f'(2i) = \frac{\pi}{16}.$$

(2)
$$\frac{3z+2}{z^3-2z^2+z}=\frac{2}{z}-\frac{2}{z-1}+\frac{5}{(z-1)^2}$$

이고 Cauchy 적분공식에 의해서

$$\int_{|z|=2}\frac{2}{z}dz=4\pi i,\quad \int_{|z|=2}\frac{2}{z-1}dz=4\pi i,\quad \int_{|z|=2}\frac{5}{(z-1)^2}dz=0$$

이므로

$$\int_{|z|=2}\frac{3z+2}{z^3-2z^2+z}dz=\int_{|z|=2}\frac{2}{z}dz-\int_{|z|=2}\frac{2}{z-1}dz+\int_{|z|=2}\frac{5}{(z-1)^2}dz$$
$$=4\pi i-4\pi i+0=0.$$

9.2 (1) $f(z)=\dfrac{\cos z}{z^2+8}$이라 하면 f는 C와 C로 둘러 싸인 영역에서 해석적이므로 Cauchy의 적분공식에 의하면

$$\int_C\frac{\cos z}{z(z^2+8)}dz=\int_C\frac{f(z)}{z}dz=2\pi i f(0)=2\pi i\cdot\frac{\cos 0}{8}=\frac{\pi i}{4}.$$

(2) $f(z)=\cosh z$라 하면 f는 C와 C로 둘러 싸인 영역에서 해석적이므로 Cauchy 의 적분공식에 의하면

$$\int_C\frac{\cosh z}{z^4}dz=\int_C\frac{f(z)}{z^4}dz=\frac{2\pi i}{3!}\cdot f^{(3)}(0)=0.$$

9.3
$$\frac{1}{z}P\left(\frac{1}{z}\right)=\frac{1}{z}\left(a_0+\frac{a_1}{z}+\cdots+\frac{a_n}{z^n}\right)$$
$$=\frac{a_0z^n+a_1z^{n-1}+\cdots+a_n}{z^{n+1}}.$$

$f(z)=a_0z^n+a_1z^{n-1}+\cdots+a_n$이라 하면 $f(z)$는 전해석함수이다. 따라서

$$\frac{1}{2\pi i}\int_{|z|=1}\frac{1}{z}P\left(\frac{1}{z}\right)dz=\frac{1}{2\pi i}\int_{|z|=1}\frac{f(z)}{z^{n+1}}dz=\frac{1}{n!}\cdot f^{(n)}(0)=a_0.$$

9.4
$$P(z)=a_n(z-\alpha_1)(z-\alpha_2)\cdots(z-\alpha_n)$$

라 하자. 여기서 $\alpha_1,\alpha_2,\ldots,\alpha_n$은 서로 다를 필요는 없다. 이때

$$\frac{z^2P'(z)}{P(z)}=z^2\left(\frac{1}{z-\alpha_1}+\cdots+\frac{1}{z-\alpha_n}\right).$$

따라서 $R>\max\{|\alpha_1|,|\alpha_2|,\ldots,|\alpha_n|\}$이면

$$\int_{|z|=R}\frac{z^2P'(z)}{P(z)}dz=\sum_{k=1}^{n}\int_{|z|=R}\frac{z^2}{z-\alpha_k}dz=2\pi i\sum_{k=1}^{n}\alpha_k^2.$$

그런데

$$\begin{aligned}\alpha_1^2+\alpha_2^2+\cdots+\alpha_n^2 &= \left(-\frac{a_{n-1}}{a_n}\right)^2 - 2\left(\frac{a_{n-2}}{a_n}\right)\\ &= \frac{a_{n-1}^2-2a_na_{n-2}}{a_n^2}.\end{aligned}$$

따라서

$$\int_{|z|=R}\frac{z^2P'(z)}{P(z)}dz = 2\pi i\cdot\frac{a_{n-1}^2-2a_na_{n-2}}{a_n^2}.$$

9.5 $|z|=1$ 이면 $|z|^2=z\overline{z}=1$ 이므로 $\overline{z}=\dfrac{1}{z}$. 따라서

$$\begin{aligned}P(\overline{z}) &= a_0+a_1\overline{z}+\cdots+a_n\overline{z}^n\\ &= a_0+\frac{a_1}{z}+\cdots+\frac{a_n}{z^n} = \frac{a_n+a_{n-1}z+\cdots+a_0z^n}{z^n}.\end{aligned}$$

$Q(z)=a_n+a_{n-1}z+\cdots+a_nz^n$ 라 하면 Cauchy의 적분공식에 의해서

$$\begin{aligned}\int_{|z|=1}P(\overline{z})dz &= \int_{|z|=1}\frac{Q(z)}{z^n}dz\\ &= \frac{2\pi i}{(n-1)!}Q^{(n-1)}(0) = 2\pi i\cdot a_1.\end{aligned}$$

9.6 $(z-a)(\overline{z}-\overline{a})=R^2$ 이므로 $(\overline{z}-\overline{a})dz+(z-a)d\overline{z}=0$. 따라서

$$d\overline{z} = -\frac{\overline{z}-\overline{a}}{z-a}dz = -\frac{|\overline{z}-\overline{a}|^2}{(z-a)^2}dz = -\frac{R^2}{(z-a)^2}dz.$$

따라서

$$\int_C P(z)d\overline{z} = -R^2\int_C\frac{P(z)}{(z-a)^2}dz = -R^2\cdot 2\pi i\cdot P'(a).$$

9.7 Cauchy의 적분공식에 의해서

$$\int_{|z|=1}\frac{P(z)}{z^{n+2}}dz = \frac{(n+1)!}{2\pi i}\cdot P^{(n+1)}(0)=0.$$

9.8 $z\overline{z}=\rho^2$ 이므로 $\overline{z}=\dfrac{\rho^2}{z}$ 이고 $|dz|=-i\rho\dfrac{dz}{z}$ 이다. 따라서

$$\begin{aligned}\int_{|z|=\rho}\frac{|dz|}{|z-a|^2} &= \int_{|z|=\rho}\frac{1}{(z-a)(\overline{z}-\overline{a})}\left(-i\rho\frac{1}{z}\right)dz\\ &= -i\rho\int_{|z|=\rho}\frac{1}{(z-a)(\rho^2-\overline{a}z)}dz.\end{aligned}$$

한편 $|a|<\rho$ 이면 $\left|\dfrac{\rho^2}{\overline{a}}\right|>\rho$ 이고 $|a|>\rho$ 이면 $\left|\dfrac{\rho^2}{\overline{a}}\right|<\rho$ 이므로

$$\int_{|z|=\rho}\frac{|dz|}{|z-a|^2} = \begin{cases}\dfrac{2\pi\rho}{\rho^2-|a|^2}, & |a|<\rho,\\[2mm] \dfrac{2\pi\rho}{|a|^2-\rho^2}, & |a|>\rho.\end{cases}$$

9.9

$$P(z) = a_0 + a_1(z-z_0) + \cdots + a_n(z-z_0)^n \ (n \geq 0)$$

라 하자.

$$|z-z_0|^2 = (z-z_0)(\overline{z-z_0}) = r^2$$

이면 $\overline{z-z_0} = \dfrac{r^2}{z-z_0}$ 이므로

$$\begin{aligned}\overline{P(z)} &= \overline{a_0} + \overline{a_1}(\overline{z-z_0}) + \cdots + \overline{a_n}(\overline{z-z_0})^n \\ &= \overline{a_0} + \frac{r^2\overline{a_1}}{z-z_0} + \cdots + \frac{r^{2n}\overline{a_n}}{(z-z_0)^n}.\end{aligned}$$

Cauchy의 적분공식에 의해서

$$\begin{aligned}&\frac{1}{2\pi i}\int_{|z-z_0|=r}\frac{1}{z-z_0}dz = 1, \\ &\frac{1}{2\pi i}\int_{|z-z_0|=r}\frac{1}{(z-z_0)^{k+1}}dz = 0 \ (k \geq 1)\end{aligned}$$

이므로

$$\begin{aligned}\frac{1}{2\pi i}\int_{|z-z_0|=r}\overline{P(z)}dz &= \frac{1}{2\pi i}\int_{|z-z_0|=r}\overline{a_0}dz + \frac{1}{2\pi i}\int_{|z-z_0|=r}\frac{r^2\overline{a_1}}{z-z_0}dz \\ &= r^2\overline{a_1} = r^2\overline{P'(z_0)}.\end{aligned}$$

제10장 Cauchy의 적분공식의 응용

10.1 $g(z) = \dfrac{f(z)}{e^z}$ 라 하면 g는 전해석함수이고 모든 z에 대해 $|g(z)| \leq |A| + |B||z| + |C||z|^2$을 만족한다. 그러므로

$$\begin{aligned}|g^{(n)}(0)| &= \left|\frac{n!}{2\pi i}\int_{|z|=R}\frac{g(z)}{z^{n+1}}dz\right| \leq \frac{n!}{2\pi}\int_{|z|=R}\left|\frac{g(z)}{z^{n+1}}\right||dz| \\ &\leq \frac{n!}{2\pi}\cdot\frac{|A|+|B|R+|C|R^2}{R^{n+1}}\cdot 2\pi R.\end{aligned} \tag{A.4}$$

식 (A.4)에서 $n \geq 3$일 때 $R \to \infty$이면 $g^{(n)}(0) = 0$을 얻을 수 있다. 그리고

$$f^{(n)}(0) = \sum_{k=0}^{n}\binom{n}{k}g^{(k)}(0) = g(0) + ng'(0) + \frac{n(n-1)}{2}g''(0)$$

이고

$$\begin{aligned}&g(0) = f(0) = \alpha, \\ &g'(0) = f'(0) - f(0) = \beta - \alpha, \\ &g''(0) = f''(0) - 2f'(0) + f(0) = \gamma - 2\beta + \alpha\end{aligned}$$

이므로 다음을 얻는다.

$$\begin{aligned} f^{(n)}(0) &= \frac{(n-1)(n-2)}{2} f(0) - n(n-2)f'(0) + \frac{n(n-1)}{2} f''(0) \\ &= \frac{(n-1)(n-2)}{2} \alpha - n(n-2)\beta + \frac{n(n-1)}{2} \gamma \ (n \geq 3). \end{aligned}$$

10.2 $f = u + iv$가 전해석함수이므로 $e^f = e^{u+iv}$도 전해석함수이다. 그런데 u가 z-평면에서 위로 유계이므로 $|e^f| = e^u$도 위로유계이다. 따라서 e^f는 상수함수이고, 따라서 f는 상수함수이다.

10.3 모든 z에 대해 $e^z \neq 0$이므로 $\frac{f}{e^z}$는 유계인 전해석함수이다. 따라서 $\frac{f}{e^z}$는 상수함수이다.

10.4 $g(z) = \frac{f(z)}{e^{z^2}}$라 하면

$$|g(z)| = \left|\frac{f(z)}{e^{z^2}}\right| \leq 1$$

이므로 g는 유계인 전해석함수이고, Liouville 정리에 의하면 g는 상수함수이다. 따라서

$$f(z) = Ce^{z^2} (C\text{는 상수이고 } |C| \leq 1)$$

10.5 $g(z) = \begin{cases} \frac{f'(z)}{z}, & z \neq 0, \\ f''(0), & z = 0 \end{cases}$ 라 하면 $f'(0) = 0$이므로 g는 전해석함수이다. 그리고 $z \neq 0$이면 $|g(z)| \leq 1$이므로 $|g(z)| \leq \max\{1, |f''(0)|\}$이고 g는 유계이다. 따라서 g는 상수함수이므로 $f'(z) = f''(0)z$. 따라서 임의의 상수 a에 대해 $f(z) = \frac{f''(0)}{2}z^2 + a$. 그런데 모든 $z \neq 0$에 대해 $\left|\frac{f'(z)}{z}\right| \leq 1$이므로

$$|f''(0)| = \lim_{z \to 0} \left|\frac{f'(z)}{z}\right| \leq 1.$$

따라서 $b = \frac{f''(0)}{2}$라 하면 $f(z) = a + bz^2$이고 $|b| = \left|\frac{f''(0)}{2}\right| \leq \frac{1}{2}$.

10.6 $f = u + iv$라 하면 $\frac{1}{e^f} = \frac{1}{e^{u+iv}}$은 전해석함수이고

$$\left|\frac{1}{e^{u+iv}}\right| = \frac{1}{|e^{u+iv}|} = \frac{1}{e^u} < 1$$

이므로 유계. 따라서 $\frac{1}{e^f}$는 상수함수. 따라서 f는 상수함수.

10.7 f가 $D = \{(x, y) : 0 \leq x \leq 1, 0 \leq y \leq 1\}$에서 연속이므로 모든 $z \in D$에 대해 $|f| \leq M$인 양수 M이 존재한다. 임의의 실수 x에 대해 $x = [x] + \alpha_x$. 여기서 $[x]$는 Gauss 기호이고 $0 \leq \alpha_x < 1$. 따라서 임의의 $z = x + iy$에 대해

$$z = x + iy = [x] + \alpha_x + i([y] + \alpha_y) = \alpha_x + i\alpha_y + [x] + i[y].$$

$\alpha_x + i\alpha_y \in D$ 이고 $[x]$와 $[y]$는 정수이므로

$$|f(z)| = |f(\alpha_x + i\alpha_y + [x] + i[y])| = |f(\alpha_x + i\alpha_y)| \le M$$

따라서 f는 유계함수이다. 따라서 f는 상수이다.

일반적인 경우도 비슷하게 보일 수 있다.

10.8 정리 10.2.2와 Borel-Caratheodory 부등식(참고문헌 [12] 참고)을 이용하면 보일 수 있다.

10.9 D에서 $f(z) \neq 0$이면 $g(z) = \dfrac{1}{f(z)}$은 D에서 상수함수가 아닌 해석함수이다. 만일 $|f|$가 D에서 최소값을 갖는다면 모든 $z \in D$에 대해 $|f(z_0)| \le |f(z)|$인 $z_0 \in D$가 존재한다. 따라서 모든 $z \in D$에 대해

$$|g(z)| \le \frac{1}{|f(z)|} \le \frac{1}{|f(z_0)|} = |g(z_0)|.$$

최대절대값원리에 의해 g는 D에서 상수함수이다. 따라서 f는 D에서 상수함수가 되어서 모순이다. 즉, D에서 $f(z) \neq 0$이면 $|f|$는 D에서 최소값을 갖지 않는다.

10.10 $P(z) = a_0 + a_1 z + \cdots + a_n z^n$ $(a_n \neq 0)$라 하자.

먼저 최대절대값원리를 이용해서 증명하자. 만일 모든 z에 대해 $P(z) \neq 0$이라 하면 $\dfrac{1}{P(z)}$는 전해석함수이고, 식 (10.3)에 의해 R이 충분히 크면 $|z| = R > 0$에서

$$\left|\frac{1}{P(z)}\right| \le \frac{2}{|a_n|R^n} < \left|\frac{1}{a_0}\right| = \left|\frac{1}{P(0)}\right|.$$

그런데 0가 $|z| \le R$의 내점이므로 최대절대값원리에 의해 $\dfrac{1}{P(z)}$은 상수함수가 돼서 모순이다.

다음은 최소절대값원리를 이용해서 증명하자. 식 (10.2)에서 R이 충분히 크면 $|z| = R$에서

$$|a_0| = |P(0)| < \frac{|a_n|}{2}R^n \le |P(z)|.$$

만일 모든 $|z| < R$에 대해 $P(z) \neq 0$이면 $|P(z)|$가 $|z| \le R$에서 연속이므로

$$|P(0)| \le |P(z)| \ (|z| \le R)$$

최소절대값원리에 의해서 $P(z)$는 상수함수가 돼서 모순이다.

10.11 D의 경계에서 $|f| \equiv 0$이면 당연하므로 D의 경계에서 $|f| \equiv c \neq 0$이라 하자. 만일 모든 $z \in D$에서 $f(z) \neq 0$이면 $|f(z)|$의 최대값과 최소값은 경계값인데 경계값이 하나이므로 $|f|$의 최대값과 최소값이 같아진다. 그러면 f는 상수함수가 되어야하므로 모순이다.

10.12 $|f(z)| \ge 1 = |f(0)|$이므로 최소절대값원리에 의해 f는 상수함수이다.

10.13 최대절대값원리, 최소절대값원리에 의하면 $|f(z)|$의 최대값과 최소값은 경계값임을

알 수 있다. 그런데 $|f(z)| = |z+1|^2$은 -1에서 닫힌 삼각형 내의 점까지의 거리의 제곱이므로 $z=0$일 때 최소가되고 $z=2$일 때 최대가 된다.

10.14 $f(z) = (z-a)(z-b)(z-c)$가 $\triangle$에서 해석적이므로

$$\max_{z\in\triangle}|f(z)| = \max_{z\in\partial\triangle}|f(z)| = \frac{\sqrt{3}}{8}|b-c|^3.$$

10.15 $g(z) = \begin{cases} \dfrac{f(z)}{z}, & z \neq 0, \\ f'(0), & z = 0 \end{cases}$ 은 $|z|<1$에서 해석적이다. 만일 $|z|<r<1$이라 하면

$$|g(z)| \leq \max_{|z|=r}\left|\frac{f(z)}{z}\right| \leq \frac{1}{r}.$$

위 식은 모든 $r(0<r<1)$에 대해 성립하므로 $|z|<1$이면 $|g(z)| \leq 1$. 따라서 $|f(z)| \leq |z|, |g(0)| = |f'(0)| \leq 1$.

만일 어떤 $z \neq 0$에 대해 $|f(z)| = |z|$ 또는 $|f'(0)| = 1$이면 $|g(z)| = 1$ 또는 $|g(0)| = 1$. 따라서 최대절대값원리에 의해서 g는 상수함수이다. 따라서 어떤 c에 대해 $f(z) = cz(|c|=1)$이다.

10.16 최대절대값원리에 의하면 $|f(z)|$의 최대값은 $|z|=1$일 때 나타난다.
$z = e^{i\theta}(0 \leq \theta \leq 2\pi)$이면 $\dfrac{1}{z} = \overline{z}$이고

$$\begin{aligned} |f(z)| &= |z|\left|z+5-\frac{1}{z}\right| \\ &= |z-\overline{z}+5| \\ &= |2i\sin\theta+5| = \sqrt{25+4\sin^2\theta} \leq \sqrt{29} \end{aligned}$$

따라서 구하는 최대값은 $\theta = \dfrac{\pi}{2}, \dfrac{3\pi}{2}$일 때, 즉 $z=i$ 또는 $z=-i$일 때 $\sqrt{29}$이다.

10.17 e^{u+iv}는 컴팩트집합 D에서 연속이고 D의 내부에서 해석적이고 0이 되지 않는다. 따라서

$$\min_{z\in\partial D}|e^{u+iv}| = \min_{z\in D}|e^{u+iv}|.$$

한편

$$\min_{z\in\partial D} e^u = e^{\min_{z\in\partial D} u}, \quad \min_{z\in D} e^u = e^{\min_{z\in\partial D} u}$$

이고 지수함수가 1-1이므로

$$\min_{z\in\partial D} u = \min_{z\in D} u.$$

한편 $-i(u+iv) = v-iu$는 D에서 연속이고 D의 내부에서 해석적이므로

$$\min_{z\in\partial D} v = \min_{z\in D} v.$$

10.18 최대절대값원리, 최소절대값원리에 의해 u의 최대값과 최소값은 경계값이다. 경계에서 값을 조사하면 $z=1$에서 최대, $z=1+\pi i$에서 최소가 된다.

10.19 u가 D에서 조화함수이고 $D\cup C$에서 연속이므로 u의 최대값과 최소값은 D의 경계 C에서 값이다. 그런데 u가 C에서 상수이므로 u의 최대값과 최소값이 같다. 따라서 u은 D에서 상수함수이다.

10.20 f가 $|z-z_0|\le r$에서 해석적이고 $f(z)\ne 0$이면 $\ln|f(z)|$는 $|z-z_0|\le r$에서 조화함수이다. 따라서 식 (10.4)에 의해서

$$\ln|f(z_0)| = \frac{1}{2\pi}\int_0^{2\pi}\ln|f(z_0+re^{i\theta})|d\theta.$$

10.21 $z=re^{i\theta}$이면

$$f(z)=f(re^{i\theta})=\sum_{n=0}^{\infty}a_n r^n e^{in\theta},$$

$$\begin{aligned}
a_n = \frac{f^{(n)}(0)}{n!} &= \frac{1}{2\pi i}\int_{|z|=r}\frac{f(z)}{z^{n+1}}dz \\
&= \frac{1}{2\pi i}\int_0^{2\pi}\frac{f(re^{i\theta})}{r^{n+1}e^{i(n+1)\theta}}\cdot ire^{i\theta}d\theta \\
&= \frac{1}{2\pi r^n}\int_0^{2\pi}f(re^{i\theta})e^{-in\theta}d\theta\ (n\ge 0)
\end{aligned}$$

한편

$$\overline{f(re^{i\theta})}=\sum_{m=0}^{\infty}\overline{a_m}r^m e^{-im\theta}.$$

따라서

$$\begin{aligned}
|f(re^{i\theta})|^2 &= f(re^{i\theta})\overline{f(re^{i\theta})} \\
&= \left(\sum_{n=0}^{\infty}a_n r^n e^{in\theta}\right)\left(\sum_{m=0}^{\infty}\overline{a_m}r^m e^{-im\theta}\right) \\
&= \sum_{m,n=0}^{\infty}a_n\overline{a_m}r^{m+n}e^{i(n-m)\theta}\ (m,n=0,1,2,\ldots)
\end{aligned}$$

그런데

$$\int_0^{2\pi}e^{i(n-m)\theta}d\theta=\begin{cases}2\pi, & n=m,\\ 0, & n\ne m\end{cases}$$

이므로

$$\begin{aligned}
\int_0^{2\pi}|f(re^{i\theta})|^2d\theta &= \sum_{m,n=0}^{\infty}a_n\overline{a_m}r^{m+n}\int_0^{2\pi}e^{i(n-m)\theta}d\theta \\
&= 2\pi\sum_{n=0}^{\infty}|a_n|^2r^{2n}.
\end{aligned}$$

따라서

$$\frac{1}{2\pi}\int_0^{2\pi}|f(re^{i\theta})|^2d\theta=\sum_{n=0}^{\infty}|a_n|^2r^{2n}.$$

10.22 영역 D에서 정의된 준조화함수 u가 $z_0\in D$에서 최대값을 갖는다고 하면 D에

포함되어 있는 원판 $|z-z_0| \le r$ 에서

$$u(z_0) \le \frac{1}{2\pi}\int_0^{2\pi} u(z_0+re^{i\theta})d\theta \le u(z_0).$$

따라서

$$\frac{1}{2\pi}\int_0^{2\pi}\left[u(z_0)-u(z_0+re^{i\theta})\right]d\theta = 0.$$

그런데 $|z-z_0|=r$ 에서 $u(z_0)-u(z_0+re^{i\theta}) \ge 0$ 이므로 u는 $|z-z_0| \le r$ 에서 상수이다. 정리 10.4.1의 증명과 비슷하게 하면 u가 D에서 상수함수임을 보일 수 있다. 그런데 u가 D에서 준조화함수이면 최소값은 가질 수 있다. 예를 들어 $u(z)=|x|$ 라 하면 u는 $\mathbb{C}$에서 준조화함수이고 u의 최소값은 0이다. 그러나 u는 상수함수가 아니다.

제11장 수열과 급수

11.1 $||z_n|-|z|| \le |z_n-z|$을 이용해서 보이면 된다.

11.2 $z=r(\cos\theta+i\sin\theta)$라 하면 $z^n=r^n(\cos n\theta+i\sin n\theta)$. 그리고 $z\neq 1$이면

$$\frac{z}{1-z} = \frac{r\cos\theta-r^2}{1-2r\cos\theta+r^2}+i\frac{r\sin\theta}{1-2r\cos\theta+r^2},$$
$$\sum_{n=1}^{\infty} z^n = \sum_{n=1}^{\infty}(r^n\cos n\theta+ir^n\sin n\theta).$$

따라서

$$\sum_{n=1}^{\infty} r^n\cos n\theta = \frac{r\cos\theta-r^2}{1-2r\cos\theta+r^2},\quad \sum_{n=1}^{\infty} r^n\sin n\theta = \frac{r\sin\theta}{1-2r\cos\theta+r^2}.$$

11.3 $z_n=x_n+iy_n (n=1,2,\ldots), S=X+iY$라 하면

$$\sum x_n = X, \sum y_n = Y.$$

따라서

$$\sum_{n=1}^{\infty}\overline{z_n} = \sum_{n=1}^{\infty}(x_n-iy_n) = \sum x_n - i\sum y_n = X-iY=\overline{S}.$$

11.4 $\lim_{n\to\infty} z_n = z_0$라 하면

$$n \ge N \Longrightarrow |z_n-z_0|<1$$

인 양의 정수 N이 존재한다. $n \ge N$이면

$$|z_n| = |z_n-z_0+z_0| \le |z_n-z_0|+|z_0| < 1+|z_0|$$

이므로 모든 n에 대해

$$|z_n| \le \max\{|z_1|, |z_2|, \ldots, |z_{N-1}|, 1 + |z_0|\}.$$

따라서 $\{z_n\}$은 유계수열이다.

11.5 (1)

$$(z-1)(z^{n-1} + z^{n-2} + \cdots + z + 1) = z^n - 1 = 0 \ (z \neq 1)$$

이므로

$$w = \cos\frac{2\pi}{n} + i\sin\frac{2\pi}{n}$$

라 할 때 $w, w^2, \ldots, w^{n-1}$이 구하고자 하는 해이다.

(2) (1)에서

$$z^{n-1} + z^{n-2} + \cdots + z + 1 = (z-w)(z-w^2)\cdots(z-w^{n-1}).$$

만일 $z = 1$이면 다음을 얻는다.

$$n = (1-w)(1-w^2)\cdots(1-w^{n-1}) = |1-w||1-w^2|\cdots|1-w^{n-1}|$$

등식

$$\begin{aligned}|1-w^k| &= \left|1 - \cos\frac{2k\pi}{n} - i\sin\frac{2k\pi}{n}\right| \\ &= \sqrt{2 - 2\cos\frac{2k\pi}{n}} \\ &= \sqrt{2\cdot 2\left(\sin\frac{k\pi}{n}\right)^2} = 2\sin\frac{k\pi}{n}(k = 1, \ldots, n-1)\end{aligned}$$

에서 다음을 얻을 수 있다.

$$\sin\left(\frac{\pi}{n}\right)\sin\left(\frac{2\pi}{n}\right)\cdots\sin\left(\frac{(n-1)\pi}{n}\right) = \frac{n}{2^{n-1}} \ (n \ge 2).$$

11.6 $z_n = \dfrac{(-1)^n}{n}$

제12장 Taylor 급수와 Laurent 급수

12.1 $\displaystyle\sum_{n=0}^{\infty} a_n(z_1 - z_0)^n$이 수렴하므로 충분히 큰 모든 n에 대해 $|a_n(z_1 - z_0)^n| < 1$. 만일 $|z - z_0| < |z_1 - z_0|$이면 충분히 큰 모든 n에 대해

$$|a_n(z-z_0)^n| = \left|a_n(z_1 - z_0)^n \cdot \frac{(z-z_0)^n}{(z_1-z_0)^n}\right| < \left|\frac{z-z_0}{z_1-z_0}\right|^n.$$

$\left|\frac{z-z_0}{z_1-z_0}\right| < 1$이므로 비교판정법에 의해 $|z-z_0| < |z_1-z_0|$이면 $\sum_{n=0}^{\infty} a_n(z-z_0)^n$은 절대수렴한다.

만일 $|z-z_0| > |z_2-z_0|$인 z에서 $\sum_{n=0}^{\infty} a_n(z-z_0)^n$이 수렴하면 위 사실에 의해 $\sum_{n=0}^{\infty} a_n(z_2-z_0)^n$이 절대수렴해야 하므로 모순이다.

12.2 (1) $1-z-z^2=0 \Longrightarrow z=\frac{-1\pm\sqrt{5}}{2}$.

$\alpha=\frac{-1+\sqrt{5}}{2}$, $\beta=\frac{-1-\sqrt{5}}{2}$라 하면

$$\begin{aligned}\frac{z}{1-z-z^2} &= \frac{z}{\alpha-\beta}\left(\frac{1}{\alpha-z}-\frac{1}{\beta-z}\right)\\ &= \frac{z}{\sqrt{5}}\left\{\sum_{n=0}^{\infty}\frac{1}{\alpha}\left(\frac{z}{\alpha}\right)^n-\sum_{n=0}^{\infty}\frac{1}{\beta}\left(\frac{z}{\beta}\right)^n\right\}\\ &= \sum_{n=1}^{\infty}\left\{\frac{1}{\sqrt{5}}\left(\frac{1}{\alpha^n}-\frac{1}{\beta^n}\right)z^n\right\}\\ &\left(|z|<\min\{|\alpha|,|\beta|\}=|\alpha|=\frac{\sqrt{5}-1}{2}\right)\end{aligned}$$

따라서 수렴반경은 $\frac{\sqrt{5}-1}{2}$이다.

(2) $a_n=\frac{1}{\sqrt{5}}\left(\frac{1}{\alpha^n}-\frac{1}{\beta^n}\right)$ $(n\geq 0)$이라 하면 $a_0=0, a_1=1$이고,

$$1+\frac{1}{\alpha}=\frac{1}{\alpha^2},\quad 1+\frac{1}{\beta}=\frac{1}{\beta^2}$$

이므로

$$\begin{aligned}a_{n+1}+a_n &= \frac{1}{\sqrt{5}}\left[\left(\frac{1}{\alpha^{n+1}}-\frac{1}{\beta^{n+1}}\right)+\left(\frac{1}{\alpha^n}-\frac{1}{\beta^n}\right)\right]\\ &= \frac{1}{\sqrt{5}}\left[\frac{1}{\alpha^n}\left(1+\frac{1}{\alpha}\right)-\frac{1}{\beta^n}\left(1+\frac{1}{\beta}\right)\right]\\ &= \frac{1}{\sqrt{5}}\left(\frac{1}{\alpha^{n+2}}-\frac{1}{\beta^{n+2}}\right)=a_{n+2}.\end{aligned}$$

따라서 $\{a_n\}$은

$$a_0=0, a_1=1, a_{n+2}=a_{n+1}+a_n \ (n\geq 2)$$

을 만족한다. 그리고

$$\begin{aligned}|a_n| &\leq \frac{1}{\sqrt{5}}\left[\left(\frac{1}{\alpha}\right)^n+\left(\frac{1}{\beta}\right)^n\right]\\ &\leq \frac{1}{\sqrt{5}}\cdot 2\cdot\left(\frac{1}{\alpha}\right)^n \leq \left(\frac{2}{\sqrt{5}-1}\right)^n.\end{aligned}$$

12.3 임의의 $R > 1$에 대해 $|z| = R$이면

$$\begin{aligned} |f^{(n)}(0)| = \left| \frac{n!}{2\pi i} \int_{|z|=R} \frac{f(z)}{z^{n+1}} dz \right| &\le \frac{n!}{2\pi} \int_{|z|=R} \frac{|f(z)|}{|z|^{n+1}} |dz| \\ &\le \frac{n!}{2\pi} \int_{|z|=R} \frac{A|z|}{|z|^{n+1}} |dz| \\ &\le \frac{n!}{2\pi} \cdot \frac{AR}{R^{n+1}} \cdot 2\pi R = \frac{An!}{R^{n-1}}. \end{aligned}$$

따라서 만일 $n - 1 \ge 1$, 즉 $n \ge 2$이고 $R \to \infty$이면 $f^{(n)}(0) = 0$이다. 따라서f는 일차함수이다. 즉, 어떤 복소수 a, b에 대해 $f(z) = az + b$. 그런데 $|f(z)| \le A|z|$에서 $f(0) = b = 0$. 따라서 $f(z) = az$. 만일 f가 모든 z와 양의 정수 n에 대해 $|f(z)| \le A|z|^n$을 만족하면 f는 상수항이 0인 n차 다항식이 됨을 비슷한 방법으로 보일 수 있다.

12.4 (1) $\cos z = \sum_{n=0}^{\infty} (-1)^{n+1} \frac{(z - \frac{\pi}{2})^{2n+1}}{(2n+1)!} \quad \left(\left| z - \frac{\pi}{2} \right| < \infty \right).$

(2) $\sinh z = -\sum_{n=0}^{\infty} \frac{(z - \pi i)^{2n+1}}{(2n+1)!} \quad (|z - \pi i| < \infty).$

12.5 임의의 $z_0 \in \mathbb{C}$에 대해 $a_n = \frac{f^{(n)}(z_0)}{n!} = 0$인 $n = n(z_0)$가 존재한다. $A_n = \{z_0 \in \mathbb{C} : f^{(n)}(z_0) = 0\}$이라 하자. 그러면 $\mathbb{C} = \bigcup_{n=1}^{\infty} A_n$. 그런데 $\mathbb{C}$가 비가산(uncountable)이므로 어떤 m에 대해 A_m이 비가산이다. 따라서 A_m의 극점이 존재한다. 그런데 $f^{(m)}(z)$가 전해석함수이고 A_m이 $f^{(m)}(z)$의 영점들의 집합이므로 $f^{(m)}(z) \equiv 0$이다. 즉, f는 차수가 m보다 작은 다항함수이다.

12.6 f의 야코비 행렬식이 $|J_f(x, y)| = |f'(z)|^2$이므로 구하는 면적은

$$\begin{aligned} \iint_{\overline{D}} |J_f| dx dy &= \iint_{\overline{D}} |f'(re^{i\theta})|^2 r dr d\theta \\ &= \int_0^{2\pi} \int_0^1 |f'(re^{i\theta})|^2 r dr d\theta = \int_0^1 \left[\int_0^{2\pi} |f'(re^{i\theta})|^2 d\theta \right] r dr. \end{aligned}$$

연습문제 10.21에서

$$\int_0^{2\pi} |f'(re^{i\theta})|^2 d\theta = 2\pi \sum_{n=1}^{\infty} n^2 |a_n|^2 r^{2(n-1)}.$$

따라서

$$\iint_{\overline{D}} |J_f| dx dy = 2\pi \sum_{n=1}^{\infty} \left(n^2 |a_n|^2 \int_0^1 r^{2(n-1)} r dr \right) = \pi \sum_{n=1}^{\infty} n |a_n|^2.$$

12.7 $f(z)$가 z_0에서 해석적이므로

$$f(z) = f(z_0) + f'(z_0)(z - z_0) + \cdots + \frac{f^{(n)}}{n!}(z - z_0)^n + \cdots (|z - z_0| < \varepsilon_1)$$

인 양수 ε_1이 존재한다. 만일 모든 $n = 1, 2, \ldots$에 대해 $f^{(n)}(z_0) = 0$이면 모든 $|z - z_0| < \varepsilon$에 대해

$$f(z) = 0 + 0 \cdot (z - z_0) + 0 \cdot (z - z_0)^2 + \cdots = 0$$

이므로 $|z - z_0| < \varepsilon_1$에서 $f \equiv 0$이다.

만일 어떤 $n \geq 1$에 대해 $f^{(n)}(z_0) \neq 0$일 때 $f^{(m)}(z_0) \neq 0, f^{(k)}(z_0) = 0(1 \leq k \leq m-1)$인 양의 정수 m이 존재한다. 그러면

$$\begin{aligned} f(z) &= \frac{f^{(m)}(z_0)}{m!}(z - z_0)^m + \cdots \\ &= (z - z_0)^m \left\{ \frac{f^{(m)}(z_0)}{m!} + \frac{f^{(m+1)}(z_0)}{(m+1)!}(z - z_0) + \cdots \right\} (|z - z_)| < \varepsilon_1) \end{aligned}$$

$g(z) = \dfrac{f^{(m)}(z_0)}{m!} + \dfrac{f^{(m+1)}(z_0)}{(m+1)!}(z - z_0) + \cdots$ 라 하면 $g(z_0) = \dfrac{f^{(m)}(z_0)}{m!} \neq 0$이고 $g(z)$가 z_0에서 연속이므로 $|z - z_0| < \varepsilon$이면 $g(z) \neq 0$인 양수 ε이 존재한다. 따라서 $0 < |z - z_0| < \varepsilon$에서 f는 해석적이고 $f(z) \neq 0$이다.

12.8 (1) $f(x) = \begin{cases} e^{-\frac{1}{x^2}}, & x \neq 0, \\ 0, & x = 0 \end{cases}$ 이면 f는 $\mathbb{R}$에서 미분가능하고 모든 $n = 0, 1, 2, \ldots$ 에 대해 $f^{(n)}(0) = 0$. 그러나 $f \not\equiv 0$.

(2) g가 전해석함수이고 모든 $n = 0, 1, 2, \ldots$에 대해 $g^{(n)}(0) = 0$이면 모든 $z \in \mathbb{C}$ 에 대해

$$g(z) = g(0) + g'(0)z + \frac{g''(0)}{2!}z^2 + \cdots + \frac{g^{(n)}(0)}{n!}z^n + \cdots = 0.$$

따라서 $g \equiv 0$.

12.9 $f(z) = 1 + \displaystyle\sum_{n=0}^{\infty} \frac{(-1)^n}{(2n+1)!} \cdot \frac{1}{z^{4n}}$.

12.10 $\displaystyle\sum_{n=0}^{\infty} z^n + \frac{1}{z} + \frac{1}{z^2} \quad (0 < |z| < 1), \quad -\sum_{n=3}^{\infty} \frac{1}{z^n} \quad (1 < |z| < \infty)$

12.11 $\displaystyle -1 - 2\sum_{n=1}^{\infty} z^n \quad (|z| < 1), \quad 1 + 2\sum_{n=1}^{\infty} \frac{1}{z^n} \quad (1 < |z| < \infty)$

12.12 $\dfrac{1}{w}$은 단순연결영역 $|w - 1| < 1$에서 해석적이고 $(\text{Log } w)' = \dfrac{1}{w}$. 정리 12.4.4에 의해

$$\begin{aligned} \text{Log } w - \text{Log } 1 &= \int_1^z \frac{1}{w} dw \\ &= \sum_{n=0}^{\infty} (-1)^n \int_1^z (w - 1)^n dw \\ &= \sum_{n=0}^{\infty} (-1)^n \frac{(-1)^{n+1}}{n} (z - 1)^n \ (|z - 1| < 1). \end{aligned}$$

12.13 (1) 임의의 $R_0 > R$에 대해 $|z-z_0| \geq R_0 > R$에서 $\sum_{n=1}^{\infty} \frac{b_n}{(z-z_0)^n}$가 $f(z)$로 평등수렴함에 주목하라. C가 $|z-z_0| \geq R_0$에 포함되도록 R_0를 택한다. 임의의 $\varepsilon > 0$에 대해 모든 $N \geq N_\varepsilon$와 $|z-z_0| \geq R_0$에 대해 $|\rho_N(z)| < \varepsilon$을 만족하는 양의 정수 N_ε이 존재한다. 여기서

$$\rho_N(z) = \sum_{n=N+1}^{\infty} \frac{b_n}{(z-z_0)^n}.$$

$g(z)f(z)$가 C에서 연속이므로 $\int_C g(z)f(z)dz$가 존재하고

$$\int_C g(z)f(z)dz = \sum_1^N b_n \int_C \frac{g(z)}{(z-z_0)^n}dz + \int_C g(z)\rho_N(z)dz.$$

$M = \max_{z \in C} |g(z)|$이고 L을 C의 길이라 하면 모든 $N \geq N_\varepsilon$에 대해

$$\left|\int_C g(z)\rho_N(z)dz\right| \leq \int_C |g(z)||\rho_N(z)||dz| \leq M\varepsilon L.$$

따라서

$$\int_C g(z)f(z)dz = \sum_{n=1}^{\infty} b_n \int_C \frac{g(z)}{(z-z_0)^n}dz.$$

(2) $g(z) = \frac{1}{z-z_0}$라 하면 $g(z)$는 $|z-z_0| > R$의 내부에 존재하는 단순닫힌경로에서 연속이고 z_0를 둘러 싸고 $|z-z_0| > R$의 내부에 존재하는 모든 단순닫힌경로 C에 대해

$$\int_C g(z)f(z)dz = \sum_1^{\infty} b_n \int_C \frac{1}{(z-z_0)^{n+1}}dz.$$

$n \geq 2$이면 $\int_C \frac{1}{(z-z_0)^n}dz = 0$이므로

$$\int_C g(z)f(z)dz = \int_C \frac{f(z)}{z-z_0}dz = 0.$$

만일 C가 z_0를 둘러 싸지 않는 $|z-z_0| > R$의 내부에 존재하는 단순닫힌경로이면 $\frac{f(z)}{z-z_0}$는 C로 둘러 싸인 영역에서 해석적이고

$$\int_C g(z)f(z)dz = \int_C \frac{f(z)}{z-z_0}dz = 0.$$

Morera의 정리에 의해 $\frac{f(z)}{z-z_0}$는 영역 $|z-z_0| > R$에서 해석적이다. 그러므로

$$f(z) = \frac{f(z)}{z-z_0} \cdot (z-z_0)$$

는 이 영역에서 해석적이다.

12.14 $z \neq 0$이면

$$f(z) = \frac{e^z - 1}{z} = 1 + \frac{z}{2!} + \frac{z^2}{2!} + \cdots$$

한편 $f(0) = 1$이므로 $f(z)$는 모든 z에서 수렴하는 멱급수

$$1 + \frac{z}{2!} + \cdots + \frac{z^n}{(n+1)!} + \cdots$$

의 극한함수이다. 따라서 $f(z)$는 전해석함수이다.

12.15

$$\frac{1}{(1-z)^2} = \sum_{n=0}^{\infty}(n+1)z^n, \quad \frac{1}{(1-z)^3} = \sum_{n=0}^{\infty}\frac{(n+1)(n+2)}{2}z^n \ (|z| < 1)$$

12.16 양변을 미분하면

$$-\sin z = \sum_{n=1}^{\infty}(-1)^n \cdot 2n \cdot \frac{{}^{2n-1}}{(2n)!} = \sum_{n=1}^{\infty}(-1)^n \cdot \frac{z^{2n-1}}{(2n-1)!} \quad (|z| < \infty)$$

따라서

$$\sin z = \sum_{n=1}^{\infty}(-1)^{n+1}\frac{z^{2n-1}}{(2n-1)!} \quad (|z| < \infty)$$

12.17

$$\frac{e^z}{z} = \frac{1}{z} + 1 + \frac{z}{2!} + \frac{z^2}{3!} + \cdots (0 < |z| < \infty),$$

$$\frac{1}{z^2+1} = 1 - z^2 + z^4 - z^6 + \cdots (|z| < 1).$$

따라서

$$\frac{e^z}{z(z^2+1)} = \left(\frac{1}{z} + 1 + \frac{z}{2!} + \frac{z^2}{3!} + \cdots\right)(1 - z^2 + z^4 - z^6 + \cdots)$$
$$= \frac{1}{z} + 1 - \frac{1}{2}z - \frac{5}{6}z^2 + \cdots (0 < |z| < 1)$$

12.18 $e^z = \sum_{n=0}^{\infty}\frac{z^n}{n!}(|z| < \infty)$이므로

$$e^{\frac{1}{z}} = \sum_{n=0}^{\infty}\frac{1}{n!}\cdot\frac{1}{z^n}(0 < |z| < \infty).$$

한편,

$$\frac{1}{2\pi i}\int_{|z|=1}\frac{e^{\frac{1}{z}}}{z^{-n+1}}dz = \frac{1}{n!} \quad (n = 0, 1, \ldots)$$

에서 $z = e^{i\theta}(-\pi \leq \theta \leq \pi)$라 하면

$$\frac{1}{2\pi i}\int_{|z|=1}\frac{e^{\frac{1}{z}}}{z^{-n+1}}dz = \frac{1}{2\pi i}\int_{-\pi}^{\pi}\frac{e^{\frac{1}{e^{i\theta}}}}{e^{i(-n+1)\theta}}\cdot ie^{i\theta}d\theta$$
$$= \frac{1}{2\pi}\int_{-\pi}^{\pi}\frac{e^{e^{-i\theta}}}{e^{-in\theta}}d\theta = \frac{1}{2\pi}\int_{-\pi}^{\pi}e^{\cos\theta - i(\sin\theta - n\theta)}d\theta$$

그런데

$$\begin{aligned}
&\text{Re}\left(\frac{1}{2\pi}\int_{-\pi}^{\pi} e^{\cos\theta - i(\sin\theta - n\theta)}d\theta\right)\\
&= \frac{1}{2\pi}\int_{-\pi}^{\pi} e^{\cos\theta}\cos(\sin\theta - n\theta)d\theta\\
&= \frac{1}{2\pi}\int_{0}^{\pi} e^{\cos\theta}\cos(\sin\theta - n\theta)d\theta + \frac{1}{2\pi}\int_{-\pi}^{0} e^{\cos\theta}\cos(\sin\theta - n\theta)d\theta\\
&= \frac{1}{2\pi}\int_{0}^{\pi} e^{\cos\theta}\cos(\sin\theta - n\theta)d\theta - \frac{1}{2\pi}\int_{\pi}^{0} e^{\cos\theta}\cos(-\sin\theta + n\theta)d\theta\\
&= 2\cdot\frac{1}{2\pi}\int_{0}^{\pi} e^{\cos\theta}\cos(\sin\theta - n\theta)d\theta = \frac{1}{\pi}\int_{0}^{\pi} e^{\cos\theta}\cos(\sin\theta - n\theta)d\theta.
\end{aligned}$$

따라서

$$\frac{1}{\pi}\int_{0}^{\pi} e^{\cos\theta}\cos(\sin\theta - n\theta)d\theta = \frac{1}{n!} \quad (n = 0, 1, \ldots)$$

12.19 f가 0에서 미분가능하면 f는 전해석함수이고

$$f(z) = f(0) + f'(0)z + \frac{f''(0)}{2!}z^2 + \cdots (|z| < \infty)$$

그러나

$$f(z) = 1 - \frac{1}{z^2} + \frac{1}{2!}\cdot\frac{1}{z^4} - \frac{1}{3!}\cdot\frac{1}{z^6} + \cdots (0 < |z| < \infty)$$

따라서 f는 0에서 미분가능하지 않다.

12.20

$$\begin{aligned}
1 &= \left(E_0 + E_1 z + \frac{E_2}{2!}z^2 + \cdots\right)\left(1 + \frac{z^2}{2!} + \frac{z^4}{4!} + \cdots\right)\\
&= E_0 + E_1 z + \left(\frac{E_0}{2!} + \frac{E_2}{2!}\right)z^2 + \left(\frac{E_1}{2!} + \frac{E_3}{3!}\right)z^3\\
&+ \left(\frac{E_4}{4!} + \frac{E_2}{2!2!} + \frac{E_0}{4!}\right)z^4 + \left(\frac{E_5}{5!} + \frac{E_1}{4!} + \frac{E_3}{3!2!}\right)z^5 + \cdots
\end{aligned}$$

에서 $E_{2n+1} = 0 (n = 0, 1, 2, \ldots)$. 따라서

$$E_0 = 1, E_2 = -1, E_4 = 5, E_6 = -61.$$

제13장 유수

13.1 (1) 1 (2) 0 (3) $\frac{7}{6}$

13.2 0

13.3 (1) $-\frac{2\pi i}{e}$ (2) $2\pi i$

13.4
$$z^3 \cos\frac{1}{z} = z^3\left(1 - \frac{1}{2!}\cdot\frac{1}{z^2} + \frac{1}{4!}\cdot\frac{1}{z^4} - \cdots\right)$$
$$= z^3 - \frac{1}{2!}z + \frac{1}{4!}\cdot\frac{1}{z} - \cdots (|z| > 0).$$

따라서 $\operatorname*{Res}_{z=0}\left(z^3\cos\frac{1}{z}\right) = \frac{1}{4!}$ 이고

$$\int_C z^3\cos\frac{1}{z}dz = 2\pi i\cdot\frac{1}{4!} = \frac{\pi i}{12}.$$

13.5 정리 13.3.1에 의해서 $R > \max\{|z_1|, |z_2|, \ldots, |z_n|\}$ 이면

$$\int_{|z|=R} f(z)dz = 2\pi i \operatorname*{Res}_{z=0}\left[\frac{1}{z^2}f\left(\frac{1}{z}\right)\right].$$

만일 C_1 이 z_n 이외의 특이점을 포함하지 않고 $|z| = R$ 내에 있는 양의 방향의 단순닫힌경로라 하면

$$\int_{|z|=R} f(z)dz = \int_C f(z)dz + 2\pi i \operatorname*{Res}_{z=z_n} f(z).$$

따라서

$$\int_C f(z)dz = 2\pi i\left\{\operatorname*{Res}_{z=0}\left[\frac{1}{z^2}f\left(\frac{1}{z}\right)\right] - \operatorname*{Res}_{z=z_n} f(z)\right\}.$$

13.6 (1) $f(z) = \dfrac{z^3(1-3z)}{(1+z)(1+2z^4)}$ 라 두면 f 의 특이점은 모두 $|z| = 3$ 의 내부에 있으므로

$$\int_{|z|=3} f(z)dz = 2\pi i \operatorname*{Res}_{z=0}\left[\frac{1}{z^2}f\left(\frac{1}{z}\right)\right]$$

그런데

$$\frac{1}{z^2}f\left(\frac{1}{z}\right) = \frac{1}{z}\cdot\frac{z-3}{(z+1)(z^4+2)}$$

이므로 $z = 0$ 은 $\dfrac{1}{z^2}f\left(\dfrac{1}{z}\right)$ 의 단순극이고

$$\operatorname*{Res}_{z=0}\left[\frac{1}{z^2}f\left(\frac{1}{z}\right)\right] = -\frac{3}{2}.$$

따라서

$$\int_{|z|=3} f(z)dz = 2\pi i \operatorname*{Res}_{z=0}\left[\frac{1}{z^2}f\left(\frac{1}{z}\right)\right] = 2\pi i\cdot\left(-\frac{3}{2}\right) = -3\pi i.$$

(2) $f(z) = \dfrac{\operatorname{Log} z}{(z^2+1)^2}$ 이면 $|z-i| = \dfrac{1}{2}$ 의 내부에 $f(z)$ 의 특이점이 i 뿐이다. 따라서

$$\int_{|z-i|=\frac{1}{2}} f(z)dz = 2\pi i \operatorname*{Res}_{z=i} f(z)$$

그런데

$$f(z) = \frac{1}{(z-i)^2} \cdot \frac{\text{Log } z}{(z+i)^2}$$

이므로

$$\varphi(z) = \frac{\text{Log } z}{(z+i)^2}$$

라 하면 $\varphi(i) \neq 0$이고 $\varphi(z)$가 i에서 해석적이므로 $z = i$는 위수가 2인 $f(z)$의 극이다. 따라서

$$\operatorname*{Res}_{z=i} f(z) = \varphi'(i) = \left.\frac{\frac{1}{z}(z+i) - 2\text{Log } z}{(z+i)^3}\right|_{z=i} = \frac{\pi}{8} + i\frac{1}{4}.$$

따라서

$$\int_{|z-i|=\frac{1}{2}} \frac{\text{Log } z}{(z^2+1)^2} dz = 2\pi i \cdot \operatorname*{Res}_{z=i} f(z) = 2\pi i \left(\frac{\pi}{8} + i\frac{1}{4}\right) = -\frac{\pi}{2} + i\frac{\pi^2}{4}.$$

13.7 $C_1 : |z| = 3$이면

$$f(z) = \frac{1}{(z^5-1)(z-2)}$$

의 모든 특이점이 C_1의 내부에 있으므로

$$\int_{C_1} f(z)dz = 2\pi i \operatorname*{Res}_{z=0} \left[\frac{1}{z^2} f\left(\frac{1}{z}\right)\right]$$

그런데

$$\frac{1}{z^2} f\left(\frac{1}{z}\right) = \frac{z^4}{(1-z^5)(1-2z)}$$

이므로

$$\operatorname*{Res}_{z=0} \left[\frac{1}{z^2} f\left(\frac{1}{z}\right)\right] = 0$$

한편,

$$\int_{|z-2|=\frac{1}{3}} f(z)dz = 2\pi i \operatorname*{Res}_{z=2} f(z) = \frac{2\pi i}{31}.$$

따라서

$$\int_C f(z)dz = \int_{C_1} f(z)dz - \int_{|z-2|=\frac{1}{2}} f(z)dz = -\frac{2\pi i}{31}$$

13.8 (1) $f(z) = \dfrac{z^5}{(1-z^3)(z+3)}$이라 하면

$$\operatorname*{Res}_{z=0} \left[\frac{1}{z^2} f\left(\frac{1}{z}\right)\right] = -9, \quad \operatorname*{Res}_{z=-3} f(z) = -\frac{3^5}{28}.$$

따라서

$$\begin{aligned}\int_{|z|=2} \frac{z^5}{(1-z^3)(z+3)} dz &= 2\pi i \left\{\operatorname*{Res}_{z=0} \left[\frac{1}{z^2} f\left(\frac{1}{z}\right)\right] - \operatorname*{Res}_{z=-3} f(z)\right\} \\ &= 2\pi i \left(-9 + \frac{243}{28}\right) = -\frac{9}{14}\pi i.\end{aligned}$$

(2) $f(z) = \dfrac{3z^3+2}{(z-1)(z^2+9)}$ 라 하면

$$\frac{1}{z^2}f\left(\frac{1}{z}\right) = \frac{3+2z^3}{z^2(1-z)(1+9z^2)}.$$

따라서

$$\operatorname*{Res}_{z=0}\left[\frac{1}{z^2}f\left(\frac{1}{z}\right)\right] = 3$$

이고

$$\int_{|z|=4} f(z)dz = 2\pi i \cdot \operatorname*{Res}_{z=0}\left[\frac{1}{z^2}f\left(\frac{1}{z}\right)\right] = 6\pi i.$$

13.9 (1) $-2\pi i$ (2) 0

제14장 고립특이점의 분류

14.1 $z=0$를 제거한 근방에서 $f(z)$의 Laurent 급수는

$$\begin{aligned} f(z) = \frac{e^z}{z^5} &= \frac{1}{z^5}\left(1+z+\frac{z^2}{2!}+\frac{z^3}{3!}+\cdots+\frac{z^n}{n!}+\cdots\right) \\ &= \frac{1}{z^5}+\cdots+\frac{1}{z}\cdot\frac{1}{4!}+\frac{1}{5!}+\frac{z}{6!}+\cdots (0<|z|<\infty). \end{aligned}$$

따라서 $z=0$은 위수가 5인 f의 극이고 $\operatorname*{Res}_{z=0} f(z) = \dfrac{1}{4!}$이다.

14.2 (1) 위수 1, 유수 $-\dfrac{1}{2}$ (2) 위수 2, 유수 $2e^2$

14.3

$$f(z) = \frac{(z^2+7)e^{2z}}{(z-3)(z+1)^2} = \frac{(z^2+7)e^{2z}}{z-3}\cdot\frac{1}{(z+1)^2}$$

이므로 $z=-1$은 $|z|=2$의 내부에 유일하게 존재하는 위수가 2인 f의 특이점(극). 따라서

$$\operatorname*{Res}_{z=-1} f(z) = \frac{d}{dz}\left[\frac{(z^2+7)e^{2z}}{z-3}\right]_{z=-1} = -\frac{4}{e^2}.$$

따라서

$$\int_{|z|=2}\frac{(z^2+7)e^{2z}}{(z-3)(z+1)^2} = -\frac{8\pi i}{e^2}.$$

14.4 (1) f가 z_0에서 해석적이므로 어떤 양수 R에 대해

$$f(z) = f(z_0)+f'(z_0)(z-z_0)+\frac{f''(z_0)}{2!}(z-z_0)^2+\cdots \quad (|z-z_0|<R)$$

따라서

$$g(z) = \frac{f(z)}{z-z_0} = \frac{f(z_0)}{z-z_0}+f'(z_0)+\frac{f''(z_0)}{2!}(z-z_0)+\cdots \quad (0<|z-z_0|<R)$$

$f(z_0)\neq 0$이므로 z_0는 g의 단순극이고 유수는 $f(z_0)$이다.

(2) 만일 $f(z_0) = 0$ 이면

$$g(z) = \frac{f(z)}{z - z_0} = f'(z_0) + \frac{f''(z_0)}{2!}(z - z_0) + \cdots \quad (0 < |z - z_0| < R)$$

따라서 z_0 는 g 의 제거가능한 특이점이다.

14.5 (1) $\dfrac{1}{z^2}\dfrac{p(\frac{1}{z})}{q(\frac{1}{z})}$ 이 원점이 제거된 근방에서 해석적이고

$$\lim_{z \to 0}\left[\frac{1}{z^2}\frac{p(\frac{1}{z})}{q(\frac{1}{z})}\right] = 0$$

이므로 0은 $\dfrac{1}{z^2}\dfrac{p(\frac{1}{z})}{q(\frac{1}{z})}$ 의 제거가능한 특이점이다.

(2)

$$\int_C \frac{P(z)}{Q(z)}dz = 2\pi i \operatorname*{Res}_{z=0}\left[\frac{1}{z^2}\frac{p(\frac{1}{z})}{q(\frac{1}{z})}\right] = 0.$$

14.6 $p(z), q(z)$ 가 다항함수이면

$$f(z) = \frac{p(z)}{q(z)}$$

의 특이점은 $q(z) = 0$ 인 점이다. 만일 $q(\alpha) = 0$ 이면 어떤 정수 $m \geq 1, n \geq 0$ 에 대해

$$p(z) = (z - \alpha)^n p_1(z), \quad q(z) = (z - \alpha)^m q_2(z)$$

여기서 $p_1(z), q_1(z)$ 는 $p_1(\alpha) \neq 0, q_1(\alpha) \neq 0)$ 인 다항식이다. 따라서

$$f(z) = \frac{(z-\alpha)^n p_1(z)}{(z-\alpha)^m q_1(z)} = (z-\alpha)^{n-m} \cdot \frac{p_1(z)}{q_1(z)}(z \neq \alpha)$$

만일 $n \geq m$ 이고 $f(\alpha) = 0$ 이라 하면 $f(z)$ 는 전해석함수이다. 따라서 이 경우 α 는 f 의 제거가능한 특이점이다.

만일 $n < m$ 이면

$$f(z) = \frac{1}{(z-\alpha)^{m-n}} \cdot \frac{p_1(z)}{q_1(z)}$$

이고 $\varphi(z) = \dfrac{p_1(z)}{q_1(z)}$ 가 $\varphi(\alpha) \neq 0$ 인 해석함수이다. 따라서 이 경우 α 는 f 의 위수가 $m - n$ 인 극이다.

별해 위 증명에서 만일 α 가 $f(z) = \dfrac{p(z)}{q(z)}$ 의 고립특이점이면 어떤 복소수 a 에 대해 α 의 임의의 근방에는 $f(z) = a$ 의 해가 무수히 많이 존재해야 한다. 그러나 $\dfrac{p(z)}{q(z)} = a$ 의 해가 유한하므로 모순이다. 따라서 α 는 f 의 극이거나 또는 제거가능한 특이점이다.

14.7 만일 원점이 극이거나 본질적 특이점이면 $\lim_{z \to 0} zf(z) \neq 0$ 이다.

14.8 (1) $z = \dfrac{1}{(2n+1)\pi i}$ $(n = 0, \pm 1, \ldots)$ 은 단순극이고 0은 특이점이지만 고립특이점이 아니다.

(2) $z=0$은 본질적 특이점이다.

14.9 (1) $\exp\left(z+\frac{1}{z}\right)=e^z\cdot e^{\frac{1}{z}}=\left(\sum_{n=0}^{\infty}\frac{z^n}{n!}\right)e^{\frac{1}{z}}$ 이므로

$$\int_C \exp\left(z+\frac{1}{z}\right)dz=\sum_{n=0}^{\infty}\frac{1}{n!}\int_C z^n\exp\left(\frac{1}{z}\right)dz.$$

(2) 각 $n=0,1,2,\ldots$에 대해

$$z^n\exp\left(\frac{1}{z}\right)=\sum_{k=0}^{\infty}\frac{1}{k!}z^{n-k}\ (0<|z|<\infty)$$

따라서

$$\operatorname*{Res}_{z=0}\left[z^n\exp\left(\frac{1}{z}\right)\right]=\frac{1}{(n+1)!}.$$

따라서

$$\int_C \exp\left(z+\frac{1}{z}\right)dz=2\pi i\sum_{n=0}^{\infty}\frac{1}{n!(n+1)!}.$$

14.10 z_0에서 f의 Laurent 급수를 이용하면 α가 정수임을 보일 수 있다.

14.11 f와 e^f는 같은 점을 극으로 가질 수 없음을 보이고 정리 14.4.1을 이용하라.

14.12 (1) 단순극 (2) (3) 본질적 특이점

제15장 극과 영점의 관계

15.1 (1) $z=1$은 단순극이고 유수는 3.

(2) $z=\left(n+\frac{1}{2}\right)\pi i(n=0,\pm1,\ldots)$은 단순극이고 모든 n에 대해 유수는 1.

(3) $z=\pm\pi i$는 단순극이고 유수는 $\pm\frac{i}{2\pi}$.

15.2 $f(z)=\frac{\cos\pi z}{z(z^2+1)}$이라 하면 $f(z)$의 특이점은 $z=0,\pm i$이고 모두 단순극이다. 그리고 이 점들은 모두 $|z|=2$ 안에 있으므로

$$\int_{|z|=2}f(z)dz=2\pi i\left[\operatorname*{Res}_{z=0}f(z)+\operatorname*{Res}_{z=i}f(z)+\operatorname*{Res}_{z=-i}f(z)\right].$$

만일

$$\varphi_1(z)=\frac{\cos\pi z}{z^2+1},\ \varphi_2(z)=\frac{\cos\pi z}{z(z+i)},\ \varphi_3(z)=\frac{\cos\pi z}{z(z-i)}$$

라 하면 $\varphi_1,\varphi_2,\varphi_3$는 각각 $0,i,-i$에서 해석적이고

$$\varphi_1(0)\neq0,\varphi_2(i)\neq0,\varphi_3(-i)\neq0$$

을 만족하므로

$$\operatorname*{Res}_{z=0} f(z) = \varphi_1(0) = 1, \quad \operatorname*{Res}_{z=i} f(z) = \varphi_1(i) = -\frac{\cos \pi i}{2},$$
$$\operatorname*{Res}_{z=-i} f(z) = \varphi_1(-i) = -\frac{\cos \pi i}{2}.$$

따라서

$$\begin{aligned}\int_{|z|=2} f(z)dz &= 2\pi i \left(1 - \frac{\cos \pi i}{2} - \frac{\cos \pi i}{2}\right) \\ &= 2\pi i(1-\cos \pi i) = 2\pi i(1-\cos \pi i) \\ &= 2\pi i \left(1 - \frac{e^{\pi} + e^{-\pi}}{2}\right).\end{aligned}$$

15.3

$$f(z) = \frac{z^{\frac{1}{2}}}{(z^2+1)^2} = \frac{1}{(z+i)^2} \cdot \frac{z^{\frac{1}{2}}}{(z-i)^2}.$$

$\varphi(z) = \dfrac{z^{\frac{1}{2}}}{(z-i)^2}$ 라 하면 φ는 $-i$에서 해석적이고 $\varphi(-i) \neq 0$. 따라서 $-i$는 위수 2인 f의 극이고

$$\begin{aligned}\operatorname*{Res}_{z=-i} f(z) = \varphi'(-i) &= \frac{-i(-i)^{-\frac{1}{2}} - 2(-i)^{\frac{1}{2}}}{(-2i)^3} \\ &= \frac{-ie^{\frac{\pi}{4}i} - 2e^{-\frac{\pi}{4}i}}{8i} \\ &= -\frac{1}{8\sqrt{2}i}(1-i) = \frac{1}{8\sqrt{2}}(1+i).\end{aligned}$$

그리고 $|z+i| = \dfrac{1}{2}$ 내부에 고립특이점이 $-i$ 뿐이므로

$$\int_{|z+i|=\frac{1}{2}} f(z)dz = 2\pi i \cdot \varphi'(-i) = -\frac{\pi}{4\sqrt{2}}(1-i).$$

15.4

$$\frac{\text{Log } z}{(z^2+1)^2} = \frac{1}{(z-i)^2} \cdot \frac{\text{Log } z}{(z+i)^2}$$

$\varphi(z) = \dfrac{\text{Log } z}{(z+i)^2}$ 이라 하면 $\varphi(i) \neq 0$ 이고 φ는 i에서 해석적이다. 따라서

$$\operatorname*{Res}_{z=i} \frac{\text{Log } z}{(z^2+1)^2} = \varphi'(i) = \frac{\pi + 2i}{8}.$$

15.5 $g(z) = \dfrac{z^{\frac{1}{4}}}{z+1} = \dfrac{\varphi(z)}{z+1}(|z| > 0, 0 < \arg z < 2\pi)$ 이라 하면 주어진 영역에서 $\varphi(z) = z^{\frac{1}{4}}$ 는 $\varphi(-1) \neq 0$ 이고 $z=-1$ 에서 해석적이다. $z=-1$ 이 $f(z)$ 의 단순극이므로

$$\operatorname*{Res}_{z=-1} g(z) = \varphi(-1) = e^{\frac{1}{4}\log(-1)} = e^{\frac{1}{4}(i\arg(-1))} = e^{\frac{\pi}{4}i} = \frac{1}{\sqrt{2}}(1+i).$$

15.6 (1) $z=0$은 $\dfrac{1}{z^2\sin z}$의 위수가 3인 극이고 유수는 $\dfrac{1}{6}$. $z=n\pi(n=\pm1,\ldots)$은 $\dfrac{1}{z^2\sin z}$의 단순극이고 유수는 $(-1)^n\dfrac{1}{n^2\pi^2}$. 따라서 유수정리에 의해

$$\int_{C_N}\frac{1}{z^2\sin z}dz=2\pi i\left[\frac{1}{6}+2\sum_{n=1}^{N}\frac{(-1)^n}{n^2\pi^2}\right].$$

(2) C_N에서

$$|\sin z|=\sqrt{\sin^2 x+\sinh^2 y}\geq|\sinh y|>1,\quad |z|^2\geq\left[\left(N+\frac{1}{2}\right)\pi\right]^2.$$

따라서

$$\begin{aligned}\left|\int_{C_N}\frac{1}{z^2\sin z}dz\right|&\leq\int_{C_N}\frac{1}{|z|^2|\sin z|}|dz|\\&\leq\frac{1}{[(N+\frac{1}{2})\pi]^2}\int_{C_N}|dz|\\&=\frac{8(N+\frac{1}{2})\pi}{[(N+\frac{1}{2})\pi]^2}=\frac{8N+4}{(N+\frac{1}{2})^2\pi}.\end{aligned}$$

따라서

$$\lim_{N\to\infty}\int_{C_N}\frac{1}{z^2\sin z}dz=0.$$

이 사실과 (1)을 이용하면 나머지도 보일 수 있다.

15.7 z_0가 $\dfrac{p(z)}{q(z)}$의 위수가 m인 극이면 $\varphi(z_0)\neq0$인 z_0에서 해석적인 함수 $\varphi(z)$가 존재하고

$$\frac{p(z)}{q(z)}=\frac{\varphi(z)}{(z-z_0)^m}.$$

따라서

$$q(z)=\frac{(z-z_0)^m p(z)}{\varphi(z)}.$$

한편 $\dfrac{p(z)}{\varphi(z)}$가 z_0에서 해석적이고 $p(z_0)\varphi(z_0)\neq0$이므로 z_0는 $q(z)$의 위수가 m인 영점이다.

15.8 만일 모든 n에 대해 $f^{(n)}(z_0)=0$이면 z_0의 적당한 근방에서 $f\equiv0$이다. 따라서 $f^{(m)}(z_0)\neq0$인 최소의 양의 정수 m이 존재한다. 따라서

$$\begin{aligned}f(z)&=\frac{f^{(m)}(z_0)}{m!}(z-z_0)^m+\frac{f^{(m+1)}(z_0)}{(m+1)!}(z-z_0)^{m+1}+\cdots\\&=(z-z_0)^m\left\{\frac{f^{(m)}(z_0)}{m!}+\frac{f^{(m+1)}(z_0)}{(m+1)!}(z-z_0)+\cdots\right\}\end{aligned}$$

따라서 $f^{(m)}(z_0)\neq0$이므로 z_0은 위수가 m인 영점이다.

만일 임의의 z_0의 제거된 근방에 $f(z)=0$인 점이 존재하면 z_0는 영점들의 극점이다. 따라서 이 경우 어떤 z_0 근방에서 $f\equiv0$이다.

15.9 만일 z_0에서 f가 해석적이면 $f\equiv0$이다. z_0에서 f가 해석적이 아니라 가정하자.

z_0가 f의 위수 m인 극이면 z_0에서 해석적이고 $\varphi(z_0)\neq 0$인 함수 φ에 대해

$$f(z)=\frac{\varphi(z)}{(z-z_0)^m}$$

로 나타낼 수 있다. 그런데 φ가 z_0에서 해석적이고 $\varphi(z_0)\neq 0$이므로 z_0의 어떤 근방에서 $\varphi(z)\neq 0$. 따라서 z_0는 f의 영점들의 극한일 수 없다. 만일 z_0가 f의 제거가능한 특이점이라고 하면

$$F(z)=\begin{cases} f(z), & z\neq z_0,\\ \lim_{z\to z_0} f(z), & z=z_0\end{cases}$$

는 z_0의 어떤 근방에서 해석적이므로 그 근방에서 $F\equiv 0$이다. 따라서 이 경우 $f\equiv 0$이다. 따라서 f는 $f\equiv 0$이든지 아니면 z_0는 f의 본질적 특이점이다.

15.10 (1) z_0가 위수 m인 f의 극이라 하면 적당한 양수 ε과 양의 정수 m에 대해

$$f(z)=\frac{\varphi(z)}{(z-z_0)^m}\quad (0<|z-z_0|<\varepsilon)$$

을 만족하는 z_0에서 해석적이고 $\varphi(z_0)\neq 0$인 함수 φ가 존재한다. 따라서

$$\lim_{z\to z_0}\frac{1}{f(z)}=\lim_{z\to z_0}\frac{(z-z_0)^m}{\varphi(z)}=0.$$

따라서 $\lim_{z\to z_0} f(z)=\infty$.

(2) $|z|>M$이면 $\left|\frac{f(z)}{z^p}\right|\leq k$이므로 (1)에 의해 $|z|>M$에는 f의 극이 존재하지 않는다. 왜냐하면 만일 $|z|>M$에 f의 극이 존재하면 $\frac{f(z)}{z^p}$가 극 근방에서 유계가 아니므로 $\left|\frac{f(z)}{z^p}\right|\leq k$인 양수 k가 존재하지 않는다. 따라서 f의 극은 모두 $|z|\leq M$ 안에 있다.

만일 f의 극이 무한하다면 극들의 극점이 존재한다. 그리고 이 극점은 f의 특이점이지만 고립특이점은 아니다. 즉, 이 점은 f의 극이 될 수 없다. 그런데 f의 특이점은 극 뿐이므로 모순이다. 따라서 f의 극은 유한개 뿐이다.

15.11

$$\lim_{z\to i}\frac{e^{\pi z}+1}{z^2+1}=\lim_{z\to i}\frac{\pi e^{\pi z}}{2z}=\frac{\pi e^{\pi i}}{2i}=-\frac{\pi}{2i}=\frac{i\pi}{2}.$$

15.12 (1) $\displaystyle\sum_{k=0}^{\infty}\frac{1}{k^2+a^2}\ (a>0)=\frac{1}{2a^2}+\frac{\pi}{2a}\coth a\pi$

(2) $\displaystyle\sum_{k=1}^{\infty}\frac{1}{(2k-1)^2}=\frac{\pi^2}{8}$

(3) $\displaystyle\sum_{k=-\infty}^{\infty}\frac{1}{(k-a)^2}=\frac{\pi^2}{\sin^2\pi a}\ (a\neq 0,\pm1,\pm2,\dots)$

(4) $\displaystyle\sum_{k=-\infty}^{\infty}\frac{(-1)^k}{(4k+1)^2}=\frac{\sqrt{2}\pi^2}{16}$

제16장 항등정리와 해석적 확장함수

16.1 $f(z)$가 $|z| < \dfrac{1}{2}$에서 해석적이고

$$g(z) = f(z) - \frac{z}{1-2z}$$

이면 $g(z)$도 $|z| < \dfrac{1}{2}$에서 해석적이다. 그리고 0은 $|z| < \dfrac{1}{2}$의 내부에 존재하는 $g(z)$의 영점들의 부분집합

$$\left\{ \frac{1}{2n+1} : n = 1, 2, \ldots \right\}$$

의 극점이다. 따라서 항등정리에 의해 $|z| < \dfrac{1}{2}$에서 $g \equiv 0$. 즉,

$$f(z) = \frac{z}{1-2z} \left(|z| < \frac{1}{2} \right)$$

16.2 만일 D에서 $f \not\equiv 0$이고 $g \not\equiv 0$이면 f와 g의 영점들은 극점을 가질 수 없다. 따라서 fg의 영점들은 극점을 가질 수 없으므로 $fg \not\equiv 0$이다. (만일 z_0가 fg의 영점들의 극점이라 하면 f의 영점들의 극점이든지 아니면 g의 영점들의 극점이다.)

16.3 0이 f의 제거가능한 특이점일 때 $f(0) = \lim_{z \to 0} f(z)$라 하면 f는 0에서 해석적이다. 그런데 $\lim_{z \to 0} f(z) = \lim_{n \to \infty} f(z_n) = 0$이므로 $f(0) = 0$. 따라서 f는 이 근방에서 항등적으로 0이다. 여기서 $z_n \neq 0$이고 $\lim_{n \to \infty} z_n = 0$이므로 $\{z_n\}$은 무한히 많은 서로 다른 항들로 이루어져 있는 수열이다.

16.4 (1)

$$f(x) = \begin{cases} x^2 \sin \dfrac{\pi}{x}, & x \neq 0, \\ 0, & x = 0 \end{cases}$$

이면 f는 $\mathbb{R}$에서 미분가능하고

$$f\left(\frac{1}{n}\right) = \frac{1}{n^2} \sin n\pi = 0 (n = 1, 2, \ldots)$$

그러나 $f \not\equiv 0$이다.

(2) g가 0에서 연속이므로 $g(0) = 0$. 항등정리에 의해 $g \equiv 0$.

16.5 $|z| < 1$에서

$$f_1(z) = \sum_{n=0}^{\infty} (-1)^n z^{2n} = \frac{1}{z^2+1} = f_2(z)$$

이므로 f_2는 $\mathbb{C} - \{i, -i\}$로 f_1의 해석적 확장함수이다.

16.6 Log z의 해석적 확장함수는

$$f(z) = \ln r + i\theta \ (r > 0, 0 < \theta < 2\pi)$$

이다. 그리고 예를 들어 하반평면의 점 $-i$에서

$$\mathrm{Log}\,(-i) = -\frac{\pi}{2}i, \quad f(-i) = \frac{3}{2}\pi i$$

이므로 서로 같지 않음을 알 수 있다.

16.7

$$\frac{1}{1-z} = \sum_{n=0}^{\infty} z^n \ (|z|<1),$$

$$\left(\frac{1}{1-z}\right)' = \frac{1}{(1-z)^2} = \sum_{n=1}^{\infty} nz^{n-1} \ (|z|<1),$$

$$\frac{z}{(1-z)^2} = \sum_{n=1}^{\infty} nz^n \ (|z|<1),$$

$$\left[\frac{z}{(1-z)^2}\right]' = \frac{z+1}{(1-z)^3} = \sum_{n=1}^{\infty} n^2 z^{n-1} \ (|z|<1),$$

$$\frac{z(z+1)}{(1-z)^3} = \sum_{n=1}^{\infty} n^2 z^n \ (|z|<1).$$

$f(z) = \dfrac{z(z+1)}{(1-z)^3}$ 이라 하면 f는 $\mathbb{C}-\{1\}$에서 해석적이고 $|z|<1$에서 $f(z)=g(z)$ 이므로, f는 영역 $\{z : |z|<1\}$에서 영역 $\mathbb{C}-\{1\}$로의 g의 해석적 확장함수이다.

16.8 $\mathrm{Re}(z)>0$이면 적분이 존재하고 부분적분법에 의해

$$f(z) = \int_0^{\infty} t^2 e^{-zt}dt = \frac{2}{z^3}.$$

$F(z) = \dfrac{2}{z^3}$ 라 하면 F는 $\mathbb{C}-\{0\}$에서 해석적이고 $\mathrm{Re}(z)>0$에서 $F(z)=f(z)$ 이다. 그러므로 $F(z)$는 영역 $\mathbb{C}-\{0\}$로 $f(z)$의 해석적 확장함수이다.

16.9 $\dfrac{1}{z^2}$

16.10 $\dfrac{1}{z^2+1}$

제17장 실함수 특이적분

17.1 $\dfrac{5\pi}{6}$

17.2 그림 17.1에서 $C_R+L_R(R>1)$ 내에 $f(z)=\dfrac{1}{1+z^4}$ 의 특이점 $z_1 = e^{\frac{\pi}{4}i}, z_2 = e^{\frac{3\pi}{4}i}$ 가 존재하므로

$$\int_{L_R+C_R} f(z)dz = \int_{C_R} f(z)dz + \int_{-R}^{R} f(z)dz$$
$$= 2\pi i\left[\operatorname*{Res}_{z=z_1} f(z) + \operatorname*{Res}_{z=z_2} f(z)\right].$$

$C_R : z = Re^{i\theta}$ $(0 \le \theta \le \pi)$에서

$$|1+z^4| \ge |z|^4 - 1 = R^4 - 1$$

이므로

$$\left|\int_{C_R} \frac{1}{1+z^4}dz\right| \le \int_{C_R} \frac{1}{|1+z^4|}|dz| \le \frac{1}{R^4-1}\int_{C_R}|dz| = \frac{\pi R}{R^4-1}.$$

따라서

$$\lim_{R\to\infty}\int_{C_R}\frac{1}{1+z^4}dz = 0$$

이다. 그리고 z_1, z_2가 f의 단순극이므로

$$\operatorname*{Res}_{z=z_1}\frac{1}{1+z^4} = \lim_{z\to z_1}\frac{z-z_1}{1+z^4} = \frac{1}{4}e^{-i(\frac{3}{4}\pi)},$$
$$\operatorname*{Res}_{z=z_2}\frac{1}{1+z^4} = \lim_{z\to z_2}\frac{z-z_2}{1+z^4} = \frac{1}{4}e^{-i(\frac{9}{4}\pi)}.$$

그런데 $\frac{1}{1+x^4}$이 우함수이므로 유수정리를 이용하면 다음을 얻는다.

$$\int_0^\infty \frac{1}{1+x^4}dx = \frac{1}{2}\left(\text{P.V.}\int_{-\infty}^\infty \frac{1}{1+x^4}dx\right)$$
$$= \frac{1}{2}\cdot 2\pi i\cdot\frac{1}{4}\left(e^{-\frac{3\pi}{4}i} + e^{-\frac{9\pi}{4}i}\right) = \frac{\pi}{2\sqrt{2}}.$$

17.3 (1) π (2) $-\frac{\pi}{5}$

17.4 $R > 1$이면

$$\int_{L_1+C_R+L_2}\frac{1}{z^3+1}dz = 2\pi i \operatorname*{Res}_{z=e^{i\frac{\pi}{3}}}\left(\frac{1}{z^3+1}\right) = 2\pi i\cdot\frac{1}{3}e^{-\frac{2\pi}{3}i}.$$

한편,

$$\int_{L_1}\frac{1}{z^3+1}dz = \int_0^R \frac{1}{x^3+1}dx,$$
$$\left|\int_{C_R}\frac{1}{z^3+1}dz\right| \le \int_{C_R}\frac{1}{|z|^3-1}|dz| = \frac{2\pi R}{3(R^3-1)},$$
$$\int_{L_2}\frac{1}{z^3+1}dz = -e^{\frac{2\pi}{3}i}\int_0^R\frac{1}{x^3+1}dx.$$

따라서 $R\to\infty$이면

$$\int_0^\infty \frac{1}{x^3+1}dx = \frac{2\pi}{3\sqrt{3}}.$$

17.5 $f(z) = \frac{e^{\lambda z}}{1+e^z}$라 하자. $L_1 : z = R+iy(0\le y\le 2\pi)$에서

$$|1+e^z| \ge \left|e^{R+iy}\right| - 1 = e^R - 1, \left|e^{\lambda z}\right| = e^{\lambda R}.$$

따라서 $R \to \infty$이면

$$\left|\int_{L_1} \frac{e^{\lambda z}}{1+e^z} dz\right| \le \int_0^{2\pi} \frac{e^{\lambda R}}{e^R - 1} dy \to 0.$$

$-L_3 : z = -R + iy (0 \le y \le 2\pi)$에서

$$|1+e^z| = \left|1 + e^{-R+iy}\right| \ge 1 - e^{-R},$$
$$\left|e^{\lambda z}\right| = \left|e^{\lambda(-R+iy)}\right| = e^{-\lambda R}.$$

따라서

$$\left|\int_{L_3} \frac{e^{\lambda z}}{1+e^z} dz\right| = \left|-\int_0^{2\pi} \frac{e^{\lambda(-R+iy)}}{1+e^{-R+iy}} i dy\right|$$
$$\le \int_0^{2\pi} \frac{1}{e^{\lambda R}(1-e^{-R})} dy = \frac{2\pi}{e^{\lambda R}(1-e^{-R})}.$$

따라서

$$\lim_{R\to\infty} \int_{L_3} \frac{e^{\lambda z}}{1+e^z} dz = 0.$$

$L_4 : z = x (-R \le x \le R)$에서

$$\int_{L_4} \frac{e^{\lambda z}}{1+e^z} dz = \int_{-R}^{R} \frac{e^{\lambda x}}{1+e^x} dx.$$

$-L_2 : z = x + 2\pi i (-R \le x \le R)$에서

$$\int_{L_2} \frac{e^{\lambda z}}{1+e^z} dz = -\int_{-R}^{R} \frac{e^{\lambda(x+2\pi i)}}{1+e(x+2\pi i)} dx$$
$$= -\int_{-R}^{R} \frac{e^{\lambda x} \cdot e^{\lambda 2\pi i}}{1+e^x} dx.$$

따라서

$$\int_{L_2} \frac{e^{\lambda z}}{1+e^z} dz + \int_{L_4} \frac{e^{\lambda z}}{1+e^z} dz = \int_{-R}^{R} \frac{e^{\lambda x}(1-e^{2\lambda\pi i})}{1+e^x} dx.$$

한편 $z = \pi i$는 $L_1 + L_2 + L_3 + L_4$에서 $\dfrac{e^{\lambda z}}{1+e^z}$의 단순극이고

$$\operatorname*{Res}_{z=\pi i}\left(\frac{e^{\lambda z}}{1+e^z}\right) = -e^{\lambda\pi i}.$$

따라서

$$\int_{-R}^{R} \frac{e^{\lambda x}(1-e^{2\lambda\pi i})}{1+e^x} dx = 2\pi i(-e^{\lambda\pi i}) - \int_{L_1} \frac{e^{\lambda z}}{1+e^z} dz + \int_{L_3} \frac{e^{\lambda z}}{1+e^z} dz.$$

$R \to \infty$이면

$$\text{P.V} \int_{-\infty}^{\infty} \frac{e^{\lambda x}}{1+e^x} dx = \frac{2\pi i(-e^{\lambda\pi i})}{1-e^{2\lambda\pi i}} = \frac{\pi}{\sin\pi\lambda}.$$

17.6 $0 \le \theta \le \frac{\pi}{2}$ 이면 $\sin\theta \ge \frac{2\theta}{\pi}$ 이므로

$$e^{-R\sin\theta} \le e^{-\frac{2R}{\pi}\theta} \quad \left(0 \le \theta \le \frac{\pi}{2}\right).$$

따라서

$$\int_0^{\frac{\pi}{2}} e^{-R\sin\theta} d\theta \le \int_0^{\frac{\pi}{2}} e^{-\frac{2R}{\pi}\theta} d\theta = \frac{\pi}{2R}\left(1 - e^{-R}\right) < \frac{\pi}{2R}.$$

그런데

$$\int_{\frac{\pi}{2}}^{\pi} e^{-R\sin\theta} d\theta = \int_0^{\frac{\pi}{2}} e^{-R\sin\theta} d\theta$$

이므로

$$\int_0^{\pi} e^{-R\sin\theta} d\theta = \int_0^{\frac{\pi}{2}} e^{-R\sin\theta} d\theta + \int_{\frac{\pi}{2}}^{\pi} e^{-R\sin\theta} d\theta < \frac{\pi}{R}.$$

17.7 $f(z) = \dfrac{e^{iaz}}{z^2+1}$ $(a > 0)$ 이라 하자. 그러면 닫힌 경로 $L_R + C_R$ 내에 f 의 특이점은 $z = i$ 뿐이다. (그림 A.2)

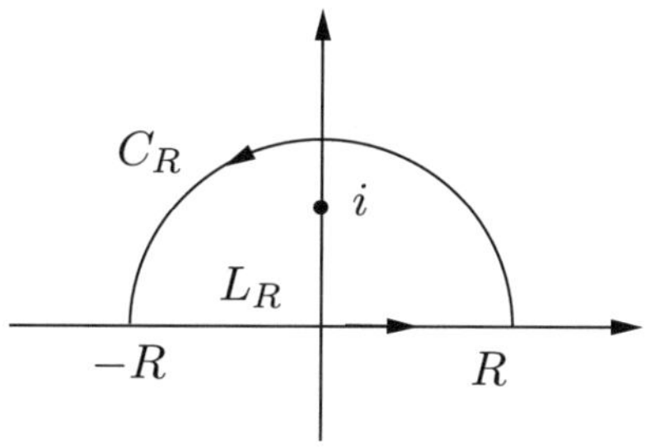

그림 A.2

따라서

$$\int_{L_R} f(z)dz + \int_{C_R} f(z)dz = 2\pi i \operatorname*{Res}_{z=i} f(z) = \pi e^{-a}.$$

한편

$$\int_{L_R} f(z)dz = \int_{-R}^{R} \frac{e^{iax}}{x^2+1} dx \quad = \int_{-R}^{R} \frac{\cos ax}{x^2+1} dx + i\int_{-R}^{R} \frac{\sin ax}{x^2+1} dx.$$

$C_R : |z| = Re^{i\theta}$ $(0 \le \theta \le \pi)$ 에서

$$|z^2+1| \ge |z|^2 - 1 = R^2 - 1,$$
$$|e^{iaz}| = \left|e^{iaRe^{i\theta}}\right| = e^{-aR\sin\theta}.$$

따라서

$$\left|\int_{C_R} \frac{e^{iaz}}{z^2+1} dz\right| \le \int_{C_R} \left|\frac{e^{iaz}}{z^2+1}\right| |dz|$$
$$\le \frac{\pi R}{R^2-1} \int_0^{\pi} e^{-aR\sin\theta} d\theta < \frac{\pi R}{R^2-1} \cdot \frac{\pi}{aR}.$$

따라서 $R \to \infty$이면

$$\int_{C_R} \frac{e^{iaz}}{z^2+1} dz = 0$$

이므로

$$\int_{-\infty}^{\infty} \frac{\cos ax}{x^2+1} dx + i \int_{-\infty}^{\infty} \frac{\sin ax}{x^2+1} dx = \pi e^{-a}.$$

따라서

$$\int_{-\infty}^{\infty} \frac{\cos ax}{x^2+1} dx = 2 \int_{0}^{\infty} \frac{\cos ax}{x^2+1} dx = \pi e^{-a}.$$

따라서

$$\int_{0}^{\infty} \frac{\cos ax}{x^2+1} dx = \frac{\pi}{2} e^{-a}.$$

17.8 (1) $\frac{\pi}{2} e^{-a} \sin a$ (2) $-\frac{\pi}{e} \sin 2$

17.9 (1) Cauchy-Goursat 정리에 의해서

$$\int_{L_1} e^{iz^2} dz + \int_{C_R} e^{iz^2} dz + \int_{L_2} e^{iz^2} dz = 0.$$

그런데

$$\begin{aligned}
\int_{L_1} e^{iz^2} dz &= \int_0^R e^{ix^2} dx = \int_0^R \cos(x^2) dx + i \int_0^R \sin(x^2) dx, \\
\int_{L_2} e^{iz^2} dz &= -\int_0^R e^{i(re^{i\frac{\pi}{4}})^2} \cdot e^{i\frac{\pi}{4}} dr = -\int_0^R e^{ir^2 e^{i\frac{\pi}{2}}} \cdot e^{i\frac{\pi}{4}} dr \\
&= -\left(\frac{1}{\sqrt{2}} + i\frac{1}{\sqrt{2}}\right) \int_0^R e^{-r^2} dr.
\end{aligned}$$

따라서

$$\begin{aligned}
\int_0^R \cos(x^2) dx &= \frac{1}{\sqrt{2}} \int_0^R e^{-r^2} dr - \mathrm{Re} \int_{C_R} e^{iz^2} dz, \\
\int_0^R \sin(x^2) dx &= \frac{1}{\sqrt{2}} \int_0^R e^{-r^2} dr - \mathrm{Im} \int_{C_R} e^{iz^2} dz.
\end{aligned}$$

(2)

$$\begin{aligned}
\left| \int_{C_R} e^{iz^2} dz \right| &\le \int_0^{\frac{\pi}{4}} \left| e^{i(Re^{i\theta})^2} \right| \left| Rie^{i\theta} \right| d\theta \\
&= \int_0^{\frac{\pi}{4}} Re^{-R^2 \sin 2\theta} d\theta = \frac{R}{2} \int_0^{\frac{\pi}{2}} e^{-R^2 \sin\phi} d\phi.
\end{aligned}$$

Jordan 부등식에 의해서

$$\frac{R}{2} \int_0^{\frac{\pi}{2}} e^{-R^2 \sin\phi} d\phi \le \frac{R}{2} \int_0^{\pi} e^{-R^2 \sin\phi} d\phi < \frac{R}{2} \cdot \frac{\pi}{R^2} = \frac{\pi}{2R}.$$

따라서

$$\lim_{R\to\infty} \int_{C_R} e^{iz^2} dz = 0.$$

즉,

$$\lim_{R\to\infty} \mathrm{Re} \left(\int_{C_R} e^{iz^2} dz \right) = \lim_{R\to\infty} \mathrm{Im} \left(\int_{C_R} e^{iz^2} dz \right) = 0.$$

(3) (1)과 (2)에서

$$\int_0^\infty \cos(x^2)dx = \int_0^\infty \sin(x^2)dx = \frac{1}{\sqrt{2}}\int_0^\infty e^{-r^2}dr.$$

17.10 (1) $\int_{-a}^{a} e^{-x^2}\sin(2bx)dx = 0$이므로

$$\begin{aligned}\int_{L_1} e^{-z^2}dz+\int_{L_3} e^{-z^2}dz &= \int_{-a}^{a} e^{-x^2}dx-\int_{-a}^{a} e^{-(x+ib)^2}dx\\ &=2\int_0^a e^{-x^2}dx - 2e^{b^2}\int_0^a e^{-x^2}\cos(2bx)dx,\\ \int_{L_2} e^{-z^2}dz+\int_{L_4} e^{-z^2}dz &= \int_0^b e^{-(a+iy)^2}\cdot idy - \int_0^b e^{-(-a+iy)^2}\cdot idy\\ &=ie^{-a^2}\int_0^b e^{y^2}e^{-ieay}dy - ie^{-a^2}\int_0^b e^{y^2}e^{i2ay}dy\\ &=2e^{-a^2}\int_0^b e^{y^2}\sin(2ay)dy.\end{aligned}$$

Cauchy-Goursat 정리에 의해

$$\int_{L_1} e^{-z^2}dz + \int_{L_2} e^{-z^2}dz + \int_{L_3} e^{-z^2}dz + \int_{L_4} e^{-z^2}dz = 0.$$

따라서

$$\int_0^a e^{-x^2}\cos(2bx)dx = e^{-b^2}\int_0^a e^{-x^2}dx + e^{-(a^2+b^2)}\int_0^b e^{y^2}\sin(2ay)dy.$$

(2) $\int_0^\infty e^{-x^2}dx = \frac{\sqrt{\pi}}{2}$이므로 $a \to \infty$이면

$$\int_0^\infty e^{-x^2}\cos(2bx)dx = \frac{\sqrt{\pi}}{2}e^{-b^2}.$$

17.11 $z = e^{i\theta}$라 하면

$$\cos\theta = \frac{e^{i\theta}+e^{-i\theta}}{2} = \frac{z+\frac{1}{z}}{2}$$

이다. 따라서

$$\begin{aligned}\int_0^{2\pi} \frac{1}{1-2\alpha\cos\theta+\alpha^2}d\theta &= \int_{|z|=1} \frac{1}{1-2\alpha\cdot\frac{z+\frac{1}{z}}{2}+\alpha^2}\cdot\frac{dz}{iz}\\ &= i\int_{|z|=1}\frac{1}{\alpha z^2-(\alpha^2+1)z+\alpha}dz\\ &= i\int_{|z|=1}\frac{1}{\alpha(z-\alpha)\left(z-\frac{1}{\alpha}\right)}dz\end{aligned}$$

$|\alpha| \neq 1$이므로 $|\alpha| > 1$이거나 또는 $\left|\frac{1}{\alpha}\right| > 1$이다. 만일 $|\alpha| > 1$이면 $\left|\frac{1}{\alpha}\right| < 1$이고

Cauchy의 적분공식에 의해 다음을 얻는다.

$$i\int_{|z|=1} \frac{1}{\alpha(z-\alpha)\left(z-\frac{1}{\alpha}\right)} = i \cdot 2\pi i \cdot \left.\frac{1}{\alpha(z-\alpha)}\right|_{z=\frac{1}{\alpha}} = \frac{2\pi}{\alpha^2-1}$$

만일 $\left|\frac{1}{\alpha}\right| > 1$이면 $|\alpha| < 1$이고 Cauchy의 적분공식에 의해 다음을 얻는다.

$$i\int_{|z|=1} \frac{1}{\alpha(z-\alpha)\left(z-\frac{1}{\alpha}\right)} = i \cdot 2\pi i \cdot \left.\frac{1}{\alpha\left(z-\frac{1}{\alpha}\right)}\right|_{z=\alpha} = \frac{2\pi}{1-\alpha^2}$$

그러므로

$$\int_0^{2\pi} \frac{1}{1-2\alpha\cos\theta+\alpha^2}d\theta = \begin{cases} \dfrac{2\pi}{\alpha^2-1}, & |\alpha|>1, \\ \dfrac{2\pi}{1-\alpha^2}. & |\alpha|<1. \end{cases}$$

17.12 $z = e^{i\theta}(0 \le \theta \le 2\pi)$이면

$$\cos\theta = \frac{z+\overline{z}}{2}, \qquad \sin\theta = \frac{z-\overline{z}}{2i}$$

따라서

$$\int_0^{2\pi} \frac{\sin^2\theta}{5+4\cos\theta}d\theta = \frac{i}{4}\int_{|z|=1} \frac{(z^2-1)^2}{z^2(2z^2+5z+2)}dz$$

$f(z) = \dfrac{(z^2-1)^2}{z^2(2z^2+5z+2)} = \dfrac{(z^2-1)^2}{z^2(z+2)(2z+1)}$이면 $0, -\dfrac{1}{2}$은 $|z|=1$ 내에 있는 f의 고립특이점이다. 그런데

$$f(z) = \frac{(z^2-1)^2}{(z+2)(2z+1)} \cdot \frac{1}{z^2} \quad = \frac{(z^2-1)^2}{2z^2(z+2)} \cdot \frac{1}{z+\frac{1}{2}}$$

이므로 0은 위수 2인 f의 극이고 $-\dfrac{1}{2}$는 f의 단순극. 따라서

$$\operatorname*{Res}_{z=-\frac{1}{2}} f(z) = \left[\frac{(z^2-1)^2}{2z^2(z+2)}\right]_{z=-\frac{1}{2}} = \frac{3}{4}$$

$$\operatorname*{Res}_{z=0} f(z) = \frac{d}{dz}\left[\frac{(z^2-1)^2}{2z^2+5z+2}\right]_{z=0} = -\frac{5}{4}$$

따라서

$$\begin{aligned}\int_0^{2\pi} \frac{\sin^2\theta}{5+4\cos\theta}d\theta &= \frac{i}{4}\int_{|z|=1} f(z)dz \\ &= \frac{i}{4}\cdot 2\pi i\left(\frac{3}{4}-\frac{5}{4}\right) = \frac{\pi}{4}\end{aligned}$$

17.13 $\cos\theta = \dfrac{z+\frac{1}{z}}{2}$, $\sin\theta = \dfrac{z-\frac{1}{z}}{2i}$라 하면

$$\int_0^{\pi} \frac{1}{(a+\cos\theta)^2}d\theta = \frac{1}{2}\int_{-\pi}^{\pi} \frac{1}{(a+\cos\theta)^2}d\theta = \frac{2}{i}\int_{|z|=1} \frac{z}{(z^2+2az+1)^2}dz.$$

$z^2+2az+1=0$이면 $z=-a\pm\sqrt{a^2-1}$이고 $a>1$이면

$$|-a-\sqrt{a^2-1}|>1,\quad |-a+\sqrt{a^2-1}|<1$$

이므로 $z_0=-a+\sqrt{a^2-1}$는 $|z|=1$ 내에 있는 $f(z)=\dfrac{z}{(z^2+2az+1)^2}$의 위수 2인 극이다.

$$\varphi(z)=\frac{z}{(z+a+\sqrt{a^2-1})^2}$$

라 하면 $\varphi(z_0)\neq 0$이고 $\varphi(z)$는 $z=z_0$에서 해석적이므로

$$\operatorname*{Res}_{z=z_0} f(z)=\varphi'(z_0)=\frac{a}{4(\sqrt{a^2-1})^3}.$$

따라서

$$\begin{aligned}\int_0^{\pi}\frac{1}{(a+\cos\theta)^2}d\theta&=\frac{2}{i}\int_{|z|=1}f(z)dz\\&=\frac{2}{i}\cdot 2\pi i\cdot\frac{a}{4(\sqrt{a^2-1})^3}=\frac{\pi a}{(\sqrt{a^2-1})^3}.\end{aligned}$$

17.14 $z=e^{i\theta}(-\pi\le\theta\le\pi)$로 치환하면

$$\begin{aligned}\int_{-\pi}^{\pi}\frac{d\theta}{a^2\cos^2\theta+b^2\sin^2\theta}&=\frac{1}{i}\int_{|z|=1}\frac{4z}{a^2(z^2+1)^2-b^2(z^2-1)^2}dz\\&=\frac{1}{i}\int_{|z|=1}\frac{4z}{[z^2(a-b)+a+b][z^2(a+b)+a-b]}dz.\end{aligned}$$

$\left|\dfrac{a+b}{a-b}\right|>1, \left|\dfrac{a-b}{a+b}\right|<1$이므로 $|z|=1$ 내의

$$f(z)=\frac{4z}{[z^2(a-b)+a+b][z^2(a+b)+a-b]}$$

의 특이점은

$$z_1=i\sqrt{\frac{a-b}{a+b}},\quad z_2=-i\sqrt{\frac{a-b}{a+b}}$$

뿐이고 모두 단순극이다. 따라서

$$\operatorname*{Res}_{z=z_1} f(z)=\frac{z_1}{ab(z_1-z_2)},\quad \operatorname*{Res}_{z=z_2} f(z)=\frac{z_2}{ab(z_2-z_1)}.$$

따라서

$$\frac{1}{i}\int_{|z|=1}f(z)dz=\frac{1}{i}\cdot 2\pi i\cdot\left[\operatorname*{Res}_{z=z_1} f(z)+\operatorname*{Res}_{z=z_2} f(z)\right]=\frac{2\pi}{ab}.$$

17.15 $z=e^{i\theta}(0\le\theta\le 2\pi)$라 하면

$$\sin\theta=\frac{z-z^{-1}}{2i},\quad d\theta=\frac{dz}{iz}$$

이므로

$$\begin{aligned}\int_0^{\pi} \sin^{2n}\theta d\theta &= \frac{1}{2}\int_0^{2\pi} \sin^{2n}\theta d\theta \\ &= \frac{(-1)^n}{2^{2n+1}}\cdot\int_{|z|=1}\frac{(z^2-1)^{2n}}{z^{2n}}\cdot\frac{1}{iz}dz \\ &= \frac{(-1)^{n+1}}{2^{2n+1}}i\cdot 2\pi i\cdot\operatorname*{Res}_{z=0}\left[\frac{(z^2-1)^{2n}}{z^{2n+1}}\right] \\ &= \frac{\pi}{2^{2n}}\cdot {}_{2n}C_n = \frac{(2n)!}{2^{2n}(n!)^2}\pi\ (n=1,2,\ldots)\end{aligned}$$

17.16

$$\begin{aligned}\int_{|z|=1}\left(z+\frac{1}{z}\right)^{2n}\frac{dz}{z} &= \int_{|z|=1}\frac{(z^2+1)^{2n}}{z^{2n+1}}dz \\ &= \frac{2\pi i}{(2n)!}\frac{d^{2n}}{dz^{2n}}\left[(z^2+1)^{2n}\right]_{z=0} = \frac{(2n)!}{(n!)^2}\cdot 2\pi i.\end{aligned}$$

한편 $z=e^{i\theta}(0\le\theta\le 2\pi)$라 하면

$$\int_{|z|=1}\left(z+\frac{1}{z}\right)^{2n}\frac{dz}{z} = i\int_0^{2\pi}(2\cos\theta)^{2n}d\theta.$$

따라서

$$\frac{1}{2\pi}\int_0^{2\pi}(2\cos\theta)^{2n}d\theta = \frac{(2n)!}{(n!)^2}.$$

17.17 $f(z)=\dfrac{5z^3}{1+z+z^2+z^3+z^4}$이라 하면 충분히 큰 R에 대해

$$\begin{aligned}\int_{C_R} f(z)dz + \int_{L_R} f(z)dz &= 2\pi i\left[\operatorname*{Res}_{z=e^{\frac{2}{5}\pi i}} f(z) + \operatorname*{Res}_{z=e^{\frac{4}{5}\pi i}} f(z)\right] \\ &= 2\pi i\left(2-e^{-\frac{2}{5}\pi i}-e^{-\frac{4}{5}\pi i}\right).\end{aligned}$$

여기서 C_R과 L_R은 그림 A.3의 경로들이다.

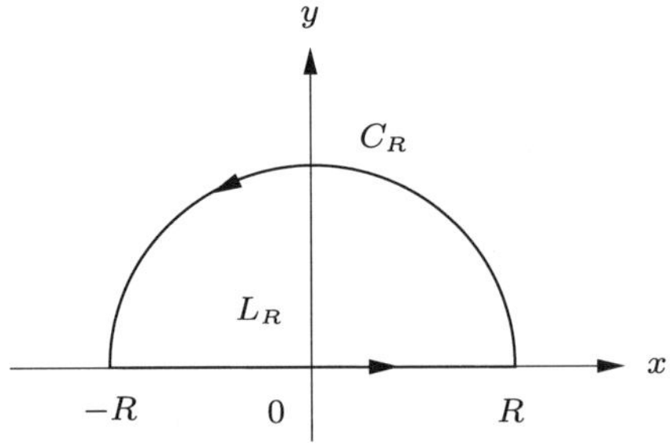

그림 A.3

$C_R: z=Re^{i\theta}(0\le\theta\le\pi)$에서 $\eta=-\dfrac{1}{z}$라 하면

$$\eta = -\frac{1}{R}e^{-i\theta} = \frac{1}{R}e^{i(\pi-\theta)}.$$

$C_\eta : \eta = \frac{1}{R}e^{i(\pi-\theta)}(0 \le \theta \le \pi)$라 하면 식 (17.7)에 의해서

$$\begin{aligned}\lim_{R\to\infty}\int_{C_R}\frac{5z^3}{1+z+\cdots+z^4}dz &= \lim_{R\to\infty}\int_{C_R}\frac{5z^3(z-1)}{z^5-1}dz \\ &= \lim_{\eta\to 0}\int_{C_\eta}\frac{-5(1+\eta)}{\eta(1+\eta^5)}d\eta \\ &= -\operatorname*{Res}_{\eta=0}\left[\frac{-5(1+\eta)}{\eta(1+\eta^5)}\right]\cdot \pi i = 5\pi i.\end{aligned}$$

따라서

$$\begin{aligned}&\text{P.V}\int_{-\infty}^{\infty}\frac{5x^3}{1+x+\cdots+x^4}dx \\ &= 2\pi i\left(2-e^{-\frac{2}{5}\pi i}-e^{-\frac{4}{5}\pi i}\right)-\lim_{R\to\infty}\int_{C_R}\frac{5z^3}{1+z+\cdots+z^4}dz \\ &= -5\pi i + 2\pi i\left(2-e^{-\frac{2}{5}\pi i}-e^{-\frac{4}{5}\pi i}\right) \\ &= -2\pi\left(\sin\frac{\pi}{5}+\sin\frac{2\pi}{5}\right).\end{aligned}$$

마지막 식은

$$1+2\cos\frac{2\pi}{5} = 2\cos\frac{\pi}{5}$$

을 이용하면 얻을 수 있다.

17.18 그림 17.8에서 $\rho < 1 < R$이면 $L_1 + C_R + C_\rho + L_2$ 안에서 f의 특이점은 i 뿐이고 i는 f의 단순극이다. 따라서

$$\int_{L_1+C_R+L_2+C_\rho} f(z)dz = 2\pi i \operatorname*{Res}_{z=i} f(z). \tag{A.5}$$

$C_R : z = Re^{i\theta}\ (0 \le \theta \le \pi)$에서

$$\begin{aligned}&|z^2+1| \ge |z|^2 - 1 = R^2 - 1, \\ &|\log z| = |\ln|z| + i\arg z| \le \ln R + |\arg z| \le \ln R + \frac{3\pi}{2}\end{aligned}$$

이므로

$$\left|\int_{C_R}\frac{(\log z)^2}{z^2+1}dz\right| \le \frac{(\ln R + \frac{3}{2}\pi)^2}{R^2-1}\int_{C_R}|dz| = \frac{(\ln R + \frac{3}{2}\pi)^2}{R^2-1}\cdot \pi R.$$

따라서 $\lim_{R\to\infty}\int_{C_R} f(z)dz = 0$이다.

$C_\rho : z = \rho e^{i(\pi-\theta)}\ (0 \le \theta \le \pi)$에서

$$\begin{aligned}&|z^2+1| \ge 1-\rho^2, \\ &|\log z| \le \ln|z| + |\arg z| \le \ln\rho + \pi\end{aligned}$$

이므로

$$\left|\int_{C_\rho} f(z)dz\right| \le \frac{(\ln\rho+\pi)^2}{1-\rho^2}\int_{C_\rho}|dz| = \frac{(\ln\rho+\pi)^2}{1-\rho^2}\cdot\pi\rho.$$

따라서 $\lim_{\rho\to 0}\int_{C_\rho} f(z) = 0$이다. 그리고

$$\int_{L_1} f(z) = \int_\rho^R \frac{(\ln x)^2}{x^2+1}dx,$$
$$\int_{L_2} f(z) = \int_{-R}^{-\rho}\frac{(\ln(-x)+i\pi)^2}{x^2+1}dx = \int_\rho^R \frac{(\ln x+i\pi)^2}{x^2+1}dx.$$

$\varphi(z) = \dfrac{(\log z)^2}{z+i}$ 라 하면 $\varphi(i)\neq 0$이고 φ는 i에서 해석적이므로

$$\operatorname*{Res}_{z=i} f(z) = \varphi(i) = \frac{1}{2i}\left[\log(i)\right]^2 = \frac{\pi^2}{8}i.$$

따라서 식 (A.5) 에서 $R\to\infty, \rho\to 0$이면

$$\begin{aligned}&\int_0^\infty \frac{(\log x)^2}{x^2+1}dx + \int_0^\infty \frac{(\ln x+i\pi)^2}{x^2+1}dx\\ &= 2\int_0^\infty \frac{(\ln x)^2}{x^2+1}dx - \pi^2\int_0^\infty \frac{1}{x^2+1}dx + i\int_0^\infty \frac{2\pi\ln x}{x^2+1}dx\\ &= -\frac{\pi^3}{4}.\end{aligned} \tag{A.6}$$

식 (A.6) 에서 실수부를 택하고

$$\int_0^\infty \frac{1}{x^2+1}dx = \frac{\pi}{2}$$

를 이용하면

$$\int_0^\infty \frac{(\ln x)^2}{x^2+1}dx = \frac{\pi^3}{8}$$

을 얻는다.

17.19 $f(z) = \dfrac{e^{iz}}{z(z^2+1)}$ 이면 식 (17.7)에서 $x_0 = 0$이고 $B_0 = \operatorname*{Res}_{z=0} f(z) = 1$. 그림 17.8 에서 $C = L_1 + C_R + L_2 + C_\rho + L_1$ 이라 하자. 그러면 C는 단순닫힌경로이다. 만일 R이 충분히 크고 ρ가 충분히 작으면 i는 C 내에 포함된 유일한 특이점이고 f의 단순극이다. 그런데

$$f(z) = \frac{e^{iz}}{z(z+i)}\cdot\frac{1}{z-i}$$

이므로

$$\operatorname*{Res}_{z=i} f(z) = \left.\frac{e^{iz}}{z(z+i)}\right|_{z=i} = -\frac{1}{2e}$$

따라서

$$\int_C f(z)dz = 2\pi i \operatorname*{Res}_{z=i} f(z) = -\frac{\pi}{e}i$$

$C_R : z = Re^{i\theta}(0\le\theta\le\pi)$ 위에서 $|z^2+1|\ge R^2-1, |e^{iz}| = e^{-R\sin\theta}$. 따라서

$R \to \infty$ 이면

$$\left|\int_{C_R} f(z)dz\right| \le \frac{R}{R^2-1}\int_0^\pi e^{-R\sin\theta}d\theta < \frac{R}{R^2-1}\cdot\frac{\pi}{R} \to 0$$

그리고

$$\int_{L_1} f(z)dz = \int_\rho^R \frac{e^{ix}}{x(x^2+)}dx$$
$$\int_{L_2} f(z)dz = \int_{-\rho}^{-R} \frac{e^{ix}}{x(x^2+1)}dx = -\int_\rho^R \frac{e^{-ix}}{x(x^2+1)}dx$$

따라서

$$\left(\int_{L_1}+\int_{L_2}\right) f(z)dz = 2i\int_\rho^R \frac{\sin x}{x(x^2+1)}dx$$

(1) 에서

$$\lim_{\rho\to 0}\int_{C_\rho} f(z)dz = -B_0\pi i = -\pi i$$

따라서 $\rho \to 0, R \to \infty$ 이면

$$-\frac{\pi}{e}i = \int_C f(z)dz \to 2i\int_0^\infty \frac{\sin x}{x(x^2+1)}dx - \pi i$$

따라서

$$2i\int_0^\infty \frac{\sin x}{x(x^2+1)}dx = \left(1-\frac{1}{e}\right)\pi i$$

즉,

$$\int_0^\infty \frac{\sin x}{x(x^2+1)}dx = \frac{1}{2}\left(1-\frac{1}{e}\right)\pi$$

17.20

$$f(z) = \frac{e^{iaz}-e^{ibz}}{z^2}$$

는 $L_1 + C_R + L_2 + C_\rho$ 로 둘러 싸인 영역에서 해석적이므로

$$\int_{L_1+C_R+L_2+C_\rho} f(z)dz = 0.$$

한편 $z = 0$ 은 $f(z)$ 의 위수 2인 극이고

$$\operatorname*{Res}_{z=0} f(z) = i(a-b)$$

이므로

$$\lim_{\rho\to 0}\int_{C_\rho} \frac{e^{iaz}-e^{ibz}}{z^2}dz = -i(a-b)\cdot\pi i = \pi(a-b).$$

C_R 에서

$$\left|\int_{C_R} \frac{e^{iaz}-e^{ibz}}{z^2}dz\right| \le \int_{C_R} \frac{|e^{iaz}|+|e^{ibz}|}{|z|^2}|dz| \le \frac{2\pi}{R}$$

이므로

$$\lim_{R\to\infty}\int_{C_R} \frac{e^{iaz}-e^{ibz}}{z^2}dz = 0.$$

한편

$$\int_{L_1} \frac{e^{iaz}-e^{ibz}}{z^2}dz = \int_\rho^R \frac{\cos ax - \cos bx + i(\sin ax - \sin bx)}{x^2}dx,$$
$$\int_{L_2} \frac{e^{iaz}-e^{ibz}}{z^2}dz = \int_\rho^R \frac{\cos ax - \cos bx - i(\sin ax - \sin bx)}{x^2}dx.$$

따라서 $R \to \infty, \rho \to 0$이면

$$2\int_0^\infty \frac{\cos ax - \cos bx}{x^2}dx + \pi(a-b) = 0.$$

따라서

$$\int_0^\infty \frac{\cos ax - \cos bx}{x^2}dx = \frac{\pi}{2}(b-a).$$

$b=2, a=0$일 때 $1-\cos 2x = 2\sin^2 x$을 이용하면 다음을 얻을 수 있다.

$$\int_0^\infty \frac{\sin^2 x}{x^2}dx = \frac{\pi}{2}.$$

17.21 $z^a = e^{a\log z} = e^{a(\ln|z|+i\arg z)} = |z|^a \cdot e^{i\arg z}$ $\left(-\frac{\pi}{2} < \arg z < \frac{3\pi}{2}, |z|>0\right)$이라 하자.

$$\left|\int_{C_R} \frac{z^a}{(z^2+1)^2}dz\right| \le \int_{C_R} \frac{|z^a|}{|z^2+1|^2}|dz| \le \frac{R^a}{(R^2-1)^2}\cdot \pi R = \frac{R^{a+1}\pi}{(R^2-1)^2}.$$

$a+1<4$이므로

$$\lim_{R\to\infty}\int_{C_R} \frac{z^a}{(z^2+1)^2}dz = 0.$$

그리고

$$\left|\int_{C_\rho} \frac{z^a}{(z^2+1)^2}dz\right| \le \int_{C_\rho} \frac{|z^a|}{|z^2+1|^2}|dz| \le \frac{e^a}{(1-\rho^2)^2}\cdot \pi\rho = \frac{\rho^{a+1}\pi}{(1-\rho^2)^2}.$$

$a+1>0$이므로

$$\lim_{\rho\to 0}\int_{C_\rho} \frac{z^a}{(z^2+1)^2}dz = 0.$$

한편

$$\int_{L_1} \frac{z^a}{(z^2+1)^2}dz = \int_\rho^R \frac{x^a}{(x^2+1)^2}dx.$$

그리고 L_2에서

$$\begin{aligned} z^a = e^{a\log z} &= e^{a(\ln|z|+i\arg z)} \\ &= e^{a(\ln(-x)+i\pi)} = (-x)^a \cdot e^{ia\pi}. \end{aligned}$$

따라서

$$\int_{L_2} \frac{z^a}{(z^2+1)^2}dz = \int_{-R}^{-\rho} \frac{(-x)^a \cdot e^{ia\pi}}{(x^2+1)^2}dx = e^{ia\pi}\int_\rho^R \frac{x^a}{(x^2+1)^2}dx.$$

$L_1 + C_R + L_2 + C_\rho$로 둘러 싸인 영역에 존재하는 f의 특이점은 i 뿐이다.

$$f(z) = \frac{z^a}{(z^2+1)^2} = \frac{1}{(z-i)^2} \cdot \frac{z^a}{(z+i)^2}$$

에서

$$\varphi(z) = \frac{z^a}{(z+i)^2}$$

라 하면 $\varphi(z)$는 영역 $|z| > 0, -\frac{\pi}{2} < \arg z < \frac{3\pi}{2}$에서 해석적이고 $\varphi(i) \neq 0$이므로 i는 f의 위수 2인 극이고

$$\operatorname*{Res}_{z=i} f(z) = \varphi'(i) = -\frac{(a-1)e^{\frac{a\pi}{2}i}}{4i}.$$

따라서 $R \to \infty, \rho \to 0$이면

$$\left(1 + e^{a\pi i}\right) \int_0^\infty \frac{x^a}{(x^2+1)^2} dx = 2\pi i \varphi'(i) = \frac{(1-a)e^{\frac{a\pi}{2}i} \cdot \pi}{2}.$$

따라서

$$\begin{aligned} \int_0^\infty \frac{x^a}{(x^2+1)^2} dx &= \frac{(1-a)\pi}{2} \cdot \frac{e^{\frac{a\pi}{2}i}}{1+e^{a\pi i}} \\ &= \frac{(1-a)\pi}{2} \cdot \frac{1}{e^{-\frac{a\pi}{2}i} + e^{\frac{a\pi}{2}i}} = \frac{(1-a)\pi}{4\cos(\frac{a\pi}{2})}. \end{aligned}$$

17.22

$$z^{a-1} = e^{(a-1)\log z} \quad \left(-\frac{\pi}{2} < \arg z < \frac{3}{2}\pi\right)$$

라 하자.

$C_R : z = Re^{i\theta} (0 \le \theta \le \pi)$에서

$$\begin{aligned} |1+z^2| &\ge |z|^2 - 1 = R^2 - 1, \\ |z^{a-1}| &= \left|e^{(a-1)(\ln R + i \arg z)}\right| = R^{a-1}. \end{aligned}$$

따라서 $R \to \infty$이면

$$\left|\int_{C_R} \frac{z^{a-1}}{1+z^2} dz\right| \le \frac{R^{a-1}}{R^2-1} \cdot \pi R \to 0.$$

$C_\rho : z = \rho e^{i(\pi-\theta)} (0 \le \theta \le \pi)$에서

$$\begin{aligned} |1+z^2| &\ge 1 - |z|^2 = 1 - \rho^2, \\ |z^{a-1}| &= \left|e^{(a-1)(\ln \rho + i \arg z)}\right| = e^{a-1}. \end{aligned}$$

따라서 $\rho \to 0$이면

$$\left|\int_{C_\rho} \frac{z^{a-1}}{1+z^2} dz\right| \le \frac{e^{a-1}}{1-\rho^2} \cdot \pi\rho \to 0.$$

한편,

$$\int_{L_1}\frac{z^{a-1}}{1+z^2}dz=\int_\rho^R\frac{x^{a-1}}{1+x^2}dx,$$

$$\begin{aligned}\int_{L_2}\frac{z^{a-1}}{1+z^2}dz&=\int_{-R}^{-\rho}\frac{e^{(a-1)(\ln(-x)+i\pi)}}{1+x^2}dx\\&=\int_{-R}^{-\rho}\frac{(-x)^{a-1}\cdot e^{(a-1)i\pi}}{1+x^2}dx\\&=e^{(a-1)i\pi}\int_\rho^R\frac{x^{a-1}}{1+x^2}dx.\end{aligned}$$

그런데 $0<\rho<1<R$이면

$$\begin{aligned}&\int_{L_1}\frac{z^{a-1}}{1+z^2}dz+\int_{L_2}\frac{z^{a-1}}{1+z^2}dz+\int_{C_R}\frac{z^{a-1}}{1+z^2}dz+\int_{C_\rho}\frac{z^{a-1}}{1+z^2}dz\\&=2\pi i\operatorname*{Res}_{z=i}\frac{z^{a-1}}{1+z^2}\\&=2\pi i\cdot\frac{e^{(a-1)\frac{\pi}{2}i}}{2i}=\pi e^{(a-1)\frac{\pi}{2}i}.\end{aligned}$$

$R\to\infty,\rho\to0$이면

$$\left(1+e^{(a-1)i\pi}\right)\int_0^\infty\frac{x^{a-1}}{1+x^2}dx=\pi e^{(a-1)\frac{\pi}{2}i}.$$

따라서

$$\int_0^\infty\frac{x^{a-1}}{1+x^2}dx=\frac{\pi}{2\sin\left(\frac{a\pi}{2}\right)}\quad(0<a<2).$$

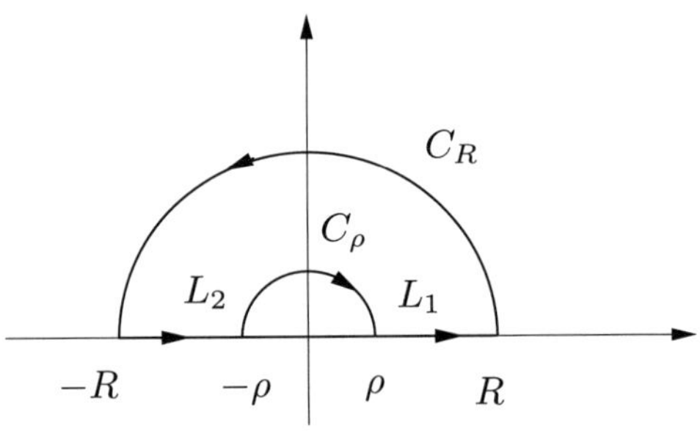

그림 A.4

17.23

$$\int_{L_1}\frac{e^{\frac13\log z}\log z}{z^2+1}dz=\int_0^R\frac{\sqrt[3]{x}\ln x}{x^2+1}dx,$$

$$\begin{aligned}\int_{L_2}\frac{e^{\frac13\log z}\log z}{z^2+1}dz&=\left(\frac12+i\frac{\sqrt3}{2}\right)\int_\rho^R\frac{\sqrt[3]{x}(\ln x+i\pi)}{x^2+1}dx\\&=\left(\frac12+i\frac{\sqrt3}{2}\right)\int_\rho^R\frac{\sqrt[3]{x}\ln x}{x^2+1}dx+i\pi\left(\frac12+i\frac{\sqrt3}{2}\right)\int_\rho^R\frac{\sqrt[3]{x}}{x^2+1}dx.\end{aligned}$$

$C_R : z = Re^{i\theta}(0 \le \theta \le \pi)$ 이면 $|z^2+1| \ge R^2 - 1$ 이고

$$\left|e^{\frac{1}{3}\log z} \cdot \log z\right| = \left|e^{\frac{1}{3}(\ln R + i\theta)} \cdot (\ln R + i\theta)\right| \le e^{\frac{1}{3}\ln R}(\ln R + \pi) = \sqrt[3]{R}(\ln R + \pi).$$

따라서

$$\left|\int_{C_R} \frac{e^{\frac{1}{3}\log z}\log z}{z^2+1}dz\right| \le \int_{C_R} \frac{\left|e^{\frac{1}{3}\log z}\log z\right|}{|z^2+1|}|dz| \le \int_0^{\pi} \frac{\sqrt[3]{R}(\ln R+\pi)}{R^2-1}|dz| = \frac{\sqrt[3]{R}(\ln R+\pi)}{R^2-1}\cdot \pi R.$$

즉,

$$\lim_{R\to\infty}\int_{C_R} \frac{e^{\frac{1}{3}\log z}\log z}{z^2+1}dz = 0.$$

$-C_\rho : z = \rho e^{i\theta}(0 \le \theta \le \pi)$ 이면 $|z^2+1| \ge 1-\rho^2$ 이고

$$\left|e^{\frac{1}{3}\log z} \cdot \log z\right| \le \sqrt[3]{\rho}(\ln \rho + \pi).$$

따라서

$$\left|\int_{C_\rho} \frac{e^{\frac{1}{3}\log z}\log z}{z^2+1}dz\right| = \left|-\int_{-C_\rho} \frac{e^{\frac{1}{3}\log z}\log z}{z^2+1}dz\right| \le \frac{\sqrt[3]{\rho}(\ln\rho+\pi)}{1-\rho^2}\cdot \pi\rho.$$

즉,

$$\lim_{\rho\to 0}\int_{C_\rho} \frac{e^{\frac{1}{3}\log z}\log z}{z^2+1}dz = 0.$$

$R \to \infty, \rho \to 0$ 이면 유수정리에 의해서

$$\int_0^\infty \frac{\sqrt[3]{x}\ln x}{x^2+1}dx + \left(\frac{1}{2}+i\frac{\sqrt{3}}{2}\right)\int_0^\infty \frac{\sqrt[3]{x}\ln x}{x^2+1}dx + i\pi\left(\frac{1}{2}+i\frac{\sqrt{3}}{2}\right)\int_0^\infty \frac{\sqrt[3]{x}}{x^2+1}dx$$
$$= 2\pi i \operatorname*{Res}_{z=i}\left(\frac{e^{\frac{1}{3}\log z}\log z}{z^2+1}\right) = -\frac{\pi^2}{4} + i\frac{\sqrt{3}\pi^2}{4}.$$

이 식을 이용하면

$$\int_0^\infty \frac{\sqrt[3]{x}\ln x}{x^2+1}dx = \frac{\pi^2}{6}, \qquad \int_0^\infty \frac{\sqrt[3]{x}}{x^2+1}dx = \frac{\pi}{\sqrt{3}}$$

을 얻을 수 있다.

17.24 C_R 위에서 $|\log z| = |\ln R + \arg z| \le \ln R + \pi$ 이므로

$$\left|\int_{C_R} \frac{(\log z)^2}{z^2+1}dz\right| \le \int_{C_R} \frac{|\log z|^2}{|z^2+1|}|dz| \le \frac{(\ln R+\pi)^2}{R^2-1}\cdot \pi R.$$

따라서

$$\lim_{R\to\infty}\int_{C_R}\frac{(\log z)^2}{z^2+1}dz=0.$$

C_ρ 에서 $|\log z|=|\ln\rho+i\arg z|\le|\ln\rho|+\pi$ 이므로

$$\left|\int_{C_\rho}\frac{(\log z)^2}{z^2+1}dz\right|\le\int_{C_\rho}\frac{|\log z|^2}{|z^2+1|}|dz|\le\frac{(\ln\rho+\pi)^2}{1-\rho^2}\cdot\pi\rho.$$

이 식에서 L'Hospital 법칙을 적용하면

$$\lim_{\rho\to0}\int_{C_\rho}\frac{(\log z)^2}{z^2+1}dz=0.$$

한편

$$\int_{L_1}\frac{(\log z)^2}{z^2+1}dz=\int_\rho^R\frac{\ln x)^2}{x^2+1}dx.$$

L_2 에서

$$\log z=\ln|z|+i\arg z=\ln(-x)+i\pi$$

이므로

$$\int_{L_2}\frac{(\log z)^2}{z^2+1}dz=\int_{-R}^{-\rho}\frac{(\ln(-x)+i\pi)^2}{x^2+1}dx=\int_\rho^R\frac{(\ln x+i\pi)^2}{x^2+1}dx.$$

그리고 $z=i$는 $L_1+C_R+L_2+C_\rho$ 로 둘러 싸인 영역에 존재하는 $\dfrac{(\log z)^2}{z^2+1}$ 의 유일한 특이점이고 단순극이므로

$$\operatorname*{Res}_{z=i}\frac{(\log z)^2}{z^2+1}=\lim_{z\to i}\frac{(z-i)(\log z)^2}{z^2+1}=\frac{\pi^2}{8}i.$$

따라서 $R\to\infty,\rho\to0$ 이면

$$\int_0^\infty\frac{(\ln x)^2}{x^2+1}dx+\int_0^\infty\frac{(\ln x+i\pi)^2}{x^2+1}dx=2\pi i\cdot\frac{\pi^2}{8}i=-\frac{\pi^3}{4}.$$

$\displaystyle\int_0^\infty\frac{1}{x^2+1}dx=\frac{\pi}{2}$ 임을 이용하면 다음을 얻을 수 있다.

$$\int_0^\infty\frac{(\ln x)^2}{x^2+1}dx=\frac{\pi^3}{8},\quad\int_0^\infty\frac{\ln x}{x^2+1}dx=0.$$

17.25 $\dfrac{\pi}{\sqrt2}$

제18장 무한곱과 Weierstrass 정리

18.1 (1) 2 (2) $\dfrac{1}{3}$

18.2 $a_n=\dfrac{(-1)^{n+1}}{\sqrt n}$ $(n=1,2,\dots)$

18.3 $a_n = \begin{cases} \dfrac{1}{\sqrt{n}} + \dfrac{1}{n}, & n\text{이 홀수}, \\ -\dfrac{1}{\sqrt{n}}, & n\text{이 짝수}. \end{cases}$

18.4 정리 18.1.4와

$$-\text{Log}\,(1-a_n) = a_n + a_n^2\left(\frac{1}{2} + \frac{a_n}{3} + \cdots\right)$$

임을 이용해서 보이면 된다.

18.5

$$\left(1-\frac{1}{2}\right)\left(1+\frac{1}{2}\right)\left(1-\frac{1}{3}\right)\left(1+\frac{1}{3}\right)\cdots$$

는 $\dfrac{1}{2}$로 수렴하지만

$$\left(1+\frac{1}{2}\right)\left(1+\frac{1}{2}\right)\left(1+\frac{1}{3}\right)\left(1+\frac{1}{3}\right)\cdots$$

는 발산한다.

18.6 (1) $|z|<1$ (2) $\text{Re}z>1$

18.7 $\dfrac{1}{1-p_n^{-z}}$을 기하급수로 전개하여라.

18.8 $\displaystyle\prod_{n=2}^{\infty}\left(1-\frac{z}{\ln n}\right)e^{\frac{z}{\ln n}+\frac{1}{2}\left(\frac{z}{\ln n}\right)^2+\cdots+\frac{1}{n}\left(\frac{z}{\ln n}\right)^n+\cdots}$

18.9 (1) $in\pi\ (n=0,\pm1,\ldots)$은 $e^{2z}-1$과 $\sin iz$의 단순영점이다.

(2) $g(z) = z + \log(-2i)$

18.10 (1)

$$\sin\pi z = \pi z - \frac{(\pi z)^3}{3!} + \frac{(\pi z)^5}{5!} - \cdots$$

에서 z^5의 계수를 비교하면 얻을 수 있다.

(2) $z=\dfrac{1}{2}$를 대입하면 구할 수 있다.

제19장 유리형함수와 Mittag-Leffler 정리

19.1 $f(z) = \displaystyle\sum_{n=1}^{\infty}\frac{1}{(z-n)^n}$

19.2 $R>0$이고 $n>N$이면 $|a_n|>2R$이라 하자. 그러면 $|z|<R, n>N$에 대해 $\left|\dfrac{z}{a_n}\right|<\dfrac{1}{2}$. 따라서 $|z|<R$이고 $n>N$이면

$$\begin{aligned}\frac{1}{z-a_n} &= -\frac{1}{a_n}\cdot\left[1\Big/\left(1-\frac{z}{a_n}\right)\right]\\ &= -\frac{1}{a_n}\left[1+\frac{z}{a_n}+\left(\frac{z}{a_n}\right)^2+\cdots\right] = -\frac{1}{a_n}-\frac{z}{a_n^2}-\frac{z^2}{a_n^3}-\cdots\end{aligned}$$

따라서

$$\begin{aligned}\left|\frac{1}{z-a_n}+\frac{1}{a_n}+\frac{z}{a_n^2}+\cdots+\frac{z^{p-1}}{a_n^p}\right| &= \left|\frac{z^p}{a_n^{p+1}}+\frac{z^{p+1}}{a_n^{p+2}}+\cdots\right| \\ &\le \frac{1}{|a_n|}\left(\left|\frac{z}{a_n}\right|^p+\left|\frac{z}{a_n}\right|^{p+1}+\cdots\right) \\ &= \frac{1}{|a_n|}\cdot\left(\left|\frac{z}{a_n}\right|^p\right)\Big/\left(1-\left|\frac{z}{a_n}\right|\right) \\ &< \frac{1}{|a_n|}\cdot 2\cdot\frac{|z|^p}{|a_n|^p} < 2\cdot\frac{R^p}{|a_n|^{p+1}}.\end{aligned}$$

그런데 $\displaystyle\sum_{n=1}^{\infty}\frac{1}{|a_n|^{p+1}}$ 이 수렴하므로

$$\sum_{n=N}^{\infty}\left(\frac{1}{z-a_n}+\frac{1}{a_n}+\cdots+\frac{z^{p-1}}{a_n^p}\right)$$

는 임의의 R에 대해 $|z|<R$에서 평등수렴하고 해석적이다. 따라서

$$\sum_{n=1}^{\infty}\left(\frac{1}{z-a_n}+\frac{1}{a_n}+\cdots+\frac{z^{p-1}}{a_n^p}\right)$$

은 유리형함수이다.

19.3 $1, 2^2, 3^2, \ldots$를 포함하지 않는 어떤 주어진 점의 근방에서 n이 충분히 크면

$$\left|(-1)^n\cdot\frac{\alpha_n}{z^2-n^2}\right| \le \frac{2|\alpha_n|}{n^2}.$$

그런데 $\displaystyle\sum_{n=1}^{\infty}\left(\frac{2|\alpha_n|}{n^2}\right)$ 이 수렴하므로 그 근방에서 $\displaystyle\sum_{n=1}^{\infty}(-1)^n\frac{\alpha_n}{z^2-n^2}$ 은 평등수렴하고 해석적이다. 따라서

$$\sum_{n=1}^{\infty}(-1)^n\frac{\alpha_n}{z^2-n^2}$$

는 유리형함수이다. 따라서

$$f(z)=2z\sum_{n=1}^{\infty}(-1)^n\frac{\alpha_n}{z^2-n^2}$$

은 모든 정수들만 극으로 갖는 유리형함수이다.

한편 정수 n에 대해 n은 $\sin\pi z$의 단순영점이고

$$\begin{aligned}\sin\pi z &= \sin[\pi(z-n)]\cos n\pi \\ &= (-1)^n\left[\pi(z-n)-\frac{\pi^3(z-n)^3}{3!}+\cdots\right] \\ &= (-1)^n\pi(z-n)\left[1-\frac{\pi^2(z-n)^2}{3!}+\cdots\right].\end{aligned}$$

그리고 n은 $f(z)$의 단순극이고

$$
\begin{aligned}
(z-n)f(z) &= 2z\sum_{k=1}^{\infty}(z-n)\left[(-1)^k\frac{\alpha_k}{z^2-k^2}\right] \\
&= z\sum_{k=1}^{\infty}(-1)^k(z-n)\left(\frac{\alpha_k}{z-k}-\frac{\alpha_k}{z+k}\right)\cdot\frac{1}{k}.
\end{aligned}
$$

따라서

$$
\begin{aligned}
g(n) &= \lim_{z\to n} g(z) = \lim_{z\to n}\frac{\sin\pi z}{\pi}f(z) \\
&= \lim_{z\to n}\frac{\sin\pi z}{\pi}\cdot f(z) = \lim_{z\to n}\left\{(-1)^n\left[1-\frac{\pi^2(z-n)^2}{3!}+\cdots\right]\right\} \\
&\cdot\left\{z\sum_{k=1}^{\infty}(-1)^k(z-n)\left(\frac{\alpha_k}{z-k}-\frac{\alpha_k}{z+k}\right)\frac{1}{k}\right\} = \alpha_n.
\end{aligned}
$$

즉, n은 $g(z)$의 제거가능한 특이점이고 $\lim_{z\to n} g(z) = \alpha_n$이므로, 만일 $g(n) = \alpha_n$이라 하면 g는 전해석함수이다.

19.4 (1) $\sin\pi z = \pi z\prod_{n=1}^{\infty}\left(1-\frac{z^2}{n^2}\right)$을 이용하면

$$
e^z - 1 = 2ie^{\frac{z}{2}}\sin\left(\frac{z}{2i}\right) = \frac{z}{\pi}\prod_{n=1}^{\infty}\left(1+\frac{z^2}{1+4n^2\pi^2}\right)e^{\frac{z}{2}}.
$$

(2) (1)에서 구한 항등식에 로그를 취하여 미분하면 된다.

제20장 편각원리와 Rouche 정리

20.1 $a\in D$이면 $z=a$는

$$
\phi(z) = \frac{f(z)-f(a)}{z-a}
$$

의 제거가능한 특이점이다. 따라서

$$
\int_C \frac{f(z)-f(a)}{z-a}dz = 0.
$$

따라서

$$
\int_C \frac{f(a)}{z-a}dz = f(a)\int_C\frac{1}{z-a}dz.
$$

그런데

$$
N = \frac{1}{2\pi i}\int_C\frac{1}{z-a}dz
$$

이므로

$$
\frac{1}{2\pi i}\int_C\frac{f(z)}{z-a}dz = f(a)N.
$$

만일 $a \notin D$이면 $\dfrac{f(z)}{z-a}$가 D에서 해석적이므로

$$\frac{1}{2\pi i}\int_C \frac{f(z)}{z-a}dz = 0 = f(a)N = f(a)\cdot\frac{1}{2\pi i}\int_C \frac{1}{z-a}dz.$$

20.2 (1) -2π (2) 8π

20.3 $\Delta_C \arg f(z) = 6\pi$이고 f가 C와 C의 내부에서 해석적이므로 C 안에 존재하는 영점의 개수는 3이다.

20.4 만일 $z_0 \in D$가 f의 영점이고 위수가 유한하지 않으면 f는 z_0의 적당한 근방에서 항등적으로 0이 되므로 f는 D_0에서 항등적으로 0이다.

20.5 $z \in D$에 대해 $|f(z)-1| < 1$이면 $f(z) \neq 0$이다. 따라서 $\dfrac{f'(z)}{f(z)}$는 D에서 해석적이다.

20.6 영점을 갖지 않는 해석함수 $F(z)$에 대해

$$f(z) = \frac{(z-z_1)^{\alpha_1}\cdots(z-z_m)^{\alpha_m}}{(z-w_1)^{\beta_1}\cdots(z-w_n)^{\beta_n}}F(z)$$

로 나타낼 수 있다. 그런데

$$\frac{f'(z)}{f(z)} = \frac{\alpha_1}{z-z_1}+\cdots+\frac{\alpha_m}{z-z_m} - \left(\frac{\beta_1}{z-w_1}+\cdots+\frac{\beta_n}{z-w_n}\right) + \frac{F'(z)}{F(z)}.$$

따라서

$$\begin{aligned}&\frac{1}{2\pi i}\int_C g(z)\frac{f'(z)}{f(z)}dz\\ &= \frac{1}{2\pi i}\int_C g(z)\left[\frac{\alpha_1}{z-z_1}+\cdots+\frac{\alpha_m}{z-z_m} - \left(\frac{\beta_1}{z-w_1}+\cdots+\frac{\beta_n}{z-w_n}\right) + \frac{F'(z)}{F(z)}\right]dz.\end{aligned}$$

그런데

$$\frac{1}{2\pi i}\int_C \frac{g(z)\alpha_i}{z-z_i}dz = \alpha_i g(\alpha_i)$$

이고 $\dfrac{F'(z)}{F(z)}$가 C와 C의 내부에서 해석적이므로

$$\int_C \frac{F'(z)}{F(z)}dz = 0.$$

따라서

$$\frac{1}{2\pi i}\int_C g(z)\frac{f'(z)}{f(z)}dz = \sum_{i=1}^{n}\alpha_i g(z_i) - \sum_{i=1}^{m}\beta_i g(w_i).$$

20.7 R이 충분히 크면 $P(z)$의 영점은 $|z| = R$의 내부에 존재한다. 그런데 $P(z)$가 해석적이므로

$$\frac{1}{2\pi i}\int_{|z|=R}\frac{zP'(z)}{P(z)}dz$$

는 $P(z)$의 모든 영점을 합한 것이다. 따라서 R이 충분히 크면

$$\frac{1}{2\pi i}\int_{|z|=R}\frac{zP'(z)}{P(z)}dz = -\frac{a_{n-1}}{a_n}.$$

20.8 $P(z) = z^4+z^3+5z^2+2z+1$이라 하자. 그리고 충분히 큰 R에 대해 C를 $(0,0)$과 $(R,0)$을 잇는 선분 L_1, 반원 $C_R : z = Re^{i\theta}\left(0 \le \theta \le \frac{\pi}{2}\right)$ 그리고 $(0,R)$과 $(0,0)$을 잇는 선분 L_2의 이음이라 하자. L_1에서 $P(x) > 0$이므로

$$\Delta_{L_1}\arg P(z) = 0.$$

$P(z) = z^4\left(1+\frac{1}{z}+\frac{5}{z^2}+\frac{2}{z^3}+\frac{4}{z^4}\right)$에서

$$w = 1+\frac{1}{z}+\frac{5}{z^2}+\frac{2}{z^3}+\frac{4}{z^4}$$

라 하면 충분히 큰 R에 대해 $|w| < \frac{2}{R}$이고 C_R에서 $P(z) = R^4e^{i4\theta}(1+w)$. 따라서

$$\arg P(z) = 4\theta + \arg(1+w)$$

이고

$$\Delta_{C_R}\arg P(z) = 2\pi + \delta_1.$$

여기서 $R \to \infty$이면 $\delta_1 = \Delta_{C_R}\arg(1+w) \to 0$.
L_2에서

$$P(iy) = (y^4+5y^2+4) - i(y^3-2y) = (y^2-4)(y^2-1) - iy(y^2-2).$$

y가 R에서 0으로 움직이면 Re $P(iy)$의 부호는 $y = 2$와 $y = 1$에서 바뀌고 Im $P(iy)$는 $y = \sqrt{2}$에서 부호가 바뀐다. 따라서 $y > 2$이면 Re $P(iy) > 0$, Im $P(iy) < 0$. 따라서 $2 < y < R$이면 $\arg P(iy)$는 사사분면에 놓인다.
비슷하게 $\sqrt{2} < y < 2$이면 $\arg P(iy)$는 이사분면에, $0 < y < 1$이면 $\arg P(iy)$는 이사분면에 놓인다. 그런데 $R \to \infty$이면 $\arg P(iy) \to 0$이므로, $R \to \infty$이면 $\delta_2 \to 0$인 δ_2에 대해

$$\Delta_{L_2}\arg P(iy) = -2\pi + \delta_2.$$

따라서

$$\begin{aligned}\Delta_C \arg P(z) &= \Delta_{L_1}\arg P(z) + \Delta_{C_R}\arg P(z) + \Delta_{L_2}\arg P(z)\\ &= 0 + 2\pi + \delta_1 - 2\pi + \delta_2.\end{aligned}$$

그런데 C가 닫힌경로이므로 $\Delta_C \arg P(z)$는 2π의 정수배이고, 따라서

$$\Delta_C \arg P(z) = 0$$

20.9 (1) 4 (2) 0

20.10 3

20.11 $f(z) = -az^n$ 이라 하면 $|z| = 1$ 에서 $|f(z)| = a$. $z = e^{i\theta}$ 라 하면

$$|e^z| = |e^{\cos\theta + i\sin\theta}| = e^{\cos\theta} \le e.$$

따라서 $|z| = 1$ 이면 $|e^z| < |-az^n|$ 이 성립하므로 $|z| = 1$ 의 내부에 존재하는 $-az^n$ 의 영점의 개수와 $e^z - az^n$ 의 영점의 개수는 같다. 따라서 $n = 2$ 이면 $e^z = az^2$ 은 두 개의 근을 갖는다. 그런데 $e^z - az^2$ 은 반사원리를 만족하는 전해석함수이므로 α 가 $e^z = az^2$ 의 근이면 $\overline{\alpha}$ 도 근이다. 따라서 한 근이 실근이면 나머지 근도 실근이어야 하므로 $e^z = az^2$ 을 만족하는 실수가 존재함을 보이면 된다. 그런데 x 가 실수일 때 중간값 정리를 이용하면 $e^x = ax^2$ 을 만족하는 $x(|x| < 1)$ 가 존재함을 보일 수 있다.

20.12 $P(z) = a_n z^n + \cdots + a_0 (a_n \ne 0)$ 에 대해 $M = \max\{|a_{n-1}|, |a_{n-2}|, \ldots, |a_0|\}$ 라 하자. 만일 $R > \max\left\{1, \dfrac{nM}{|a_n|}\right\}$ 이면 $|z| = R$ 에 대해

$$\begin{aligned} |a_{n-1}z^{n-1} + \cdots + a_0| &\le |a_{n-1}||z|^{n-1} + \cdots |a_1||z| + |a_0| \\ &\le M\left(R^{n-1} + \cdots + 1\right) \\ &\le M \cdot nR^{n-1} < |a_n|R^n = |a_n z^n|. \end{aligned}$$

Rouche의 정리에 의해 $|z| = R$ 내에 $a_n z^n$ 의 영점의 개수와 $P(z)$ 의 영점의 개수가 같다. 즉, $P(z)$ 의 영점은 n 개 존재한다.

20.13 $f_1(z) = z^4 - 2z^3 + 9z^2 + z - 1$, $f_2(z) = z^5 + 3z^3 + z^2 + 1$ 이라 하면 $f(z) = \dfrac{f_1(z)}{f_2(z)}$ 이고 f 의 영점은 $f_1(z)$ 의 영점과 같고 $f(z)$ 의 극은 $f_2(z)$ 의 영점과 같다. $|z| = 2$ 일 때

$$|z^4 - 2z^3 + z - 1| \le |z|^4 + 2|z|^3 + |z| + 1 = 35 < 36 = |9z|^2,$$
$$|3z^3 + z^2 + 1| \le 3|z|^3 + |z|^2 + 1 = 29 < 32 = |z|^5$$

이므로 Rouche의 정리에서 $|z| = 2$ 안에 있는 $f_1(z)$ 의 영점의 수는 2이고 $f_2(z)$ 의 영점의 개수는 5이다. 편각원리에 의해서 Γ 의 회전수는

$$\frac{1}{2\pi}\Delta_C \arg f(z) = 2 - 5 = -3$$

이다.

20.14 (1) 중심이 원점이고 반지름이 $R > 2\lambda$ 인 오른쪽 반원에서 $L_R : z = -ix(-R \le x \le R)$, $C_R : z = Re^{i\theta}\left(-\dfrac{\pi}{2} \le \theta \le \dfrac{\pi}{2}\right)$, 그리고 $C = L_R + C_R$ 이라 하자. (그림 A.5)

만일 $z \in L_R$ 이면 $|\lambda - z| \ge \lambda$ 이고, $z \in C_R$ 이면 $|\lambda - z| \ge R - \lambda > \lambda$. 따라서 $z \in C$ 이면 $|\lambda - z| \ge \lambda$.

한편 $z \in L_R$ 이면 $|e^{-z}| = 1$. $z \in C_R$ 이면 $|e^{-z}| = |e^{-Re^{i\theta}}| = e^{-R\cos\theta} \le 1$.

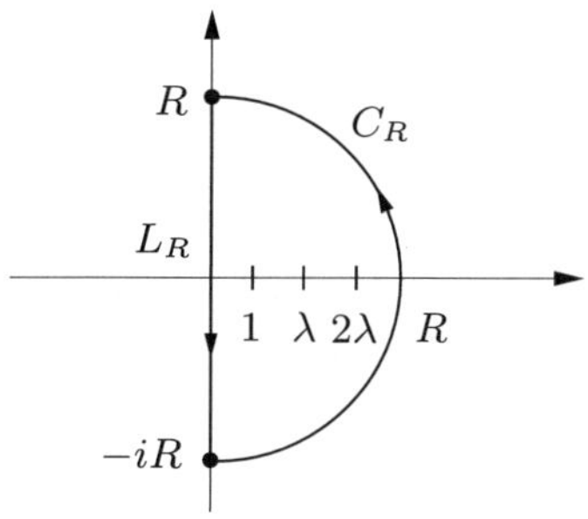

그림 A.5

따라서 $z \in C$ 이면 $|e^{-z}| \leq 1$. 따라서 $z \in C$ 이면

$$|e^{-z}| \leq 1 < \lambda \leq |\lambda - z|.$$

즉, $|e^{-z}| < |\lambda - z|$. Rouche 정리에 의해서 C의 내부에서 $\lambda - z = 0$의 근의 개수와 $\lambda - z - e^{-z} = 0$의 근의 개수가 같다. 따라서 오른쪽 반평면에서 $\lambda - z - e^{-z} = 0$은 단 한 개의 근을 갖는다. 그리고 $f(x+i0) = \lambda - x - e^{-x}$라 두면 $f(0)f(\lambda) < 0$이므로 중간값 정리에 의해서 0과 λ 사이에 $\lambda - x - e^{-x} = 0$의 실근이 존재한다. 따라서 $\lambda - z - e^{-z} = 0$은 오른쪽 반평면에서 단 하나의 실근을 갖는다.

(2) $z = x + iy$이면 $\left|e^{-z}\right| = e^{-x}$이므로

$$z = R + iy(-R \leq y \leq R) \Longrightarrow \left|e^{-z}\right| = e^{-R} < 1 < a < R - a \leq |z - a|,$$
$$z = 0 + iy(-R \leq y \leq R) \Longrightarrow \left|e^{-z}\right| = e^{0} = 1 < a < R - a \leq |z - a|,$$
$$z = x \pm iR(0 \leq x \leq R) \Longrightarrow \left|e^{-z}\right| = e^{-x} \leq 1 < a < R - a \leq |z - a|.$$

따라서 $z \in C$ 이면

$$\left|e^{-z}\right| < |z - a|.$$

Rouche 정리에 의해 C의 내부에 존재하는 $z + e^{-z} - a = 0$의 근의 개수와 $z - a = 0$의 근의 개수가 같다. 즉, C의 내부에는 $z + e^{-z} - a = 0$의 근이 한 개 존재한다. $z + e^{-z} - a$가 C와 C의 내부에서 해석적이므로 편각원리에 의해서

$$\int_C \frac{1 - e^{-z}}{z + e^{-z} - a} dz = \int_C \frac{(z + e^{-z} - a)'}{z + e^{-z} - a} dz = 2\pi i \cdot 1 = 2\pi i.$$

20.15 $g(z) = z^4, f(z) = iz^2 + 2$라 하면

$$|f(z)| = |iz^2 + 2| \leq |z|^2 + 2, \quad |g(z)| = |z|^4.$$

만일 $r = |z| > \sqrt{2}$이면

$$|f(z)| < |g(z)|.$$

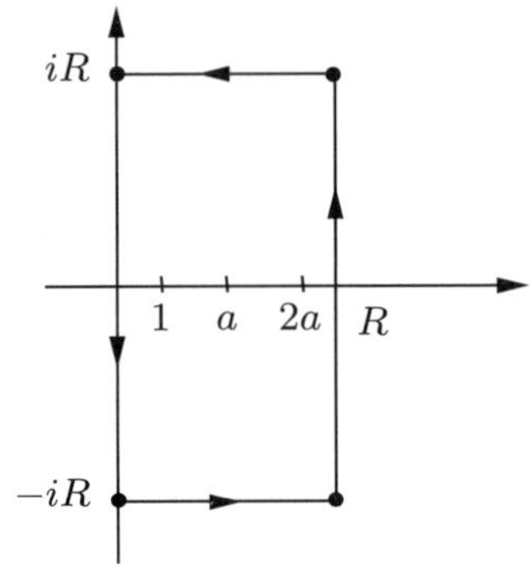

그림 A.6

한편 $|z| > \sqrt{2}$이면

$$|z^4 + iz^2 + 2| \geq |z|^4 - |iz^2 + 2| > 0$$

이므로 Rouche의 정리에 의해서 $z^4+iz^2+2 = 0$의 해는 모두 $|z| \leq \sqrt{2}$에 존재한다.
다음은 $h(z) = z^4 + 2iz^2 = z^2(z^2 + 2i), f(z) = 2$라 하자. 만일 $1 < r < \sqrt{2}$이면 $|z| = r$에서 $|f(z)| < |h(z)|$. 그런데 $|z| < r$에서 h가 두 개의 영점을 가지므로 $|z| < r$에 $z^4 + iz^2 + 2 = 0$의 근이 두 개 존재한다.
따라서 $r \to 1, r \to \sqrt{2}$이면 $|z| \leq 1$에 두 개, $|z| = \sqrt{2}$에 두 개 존재함을 알 수 있다.
$k(z) = 2$라 하면 $|z| < 1$에서

$$|z^4 + iz^2| \leq |z|^4 + |z|^2 < 2 = |k(z)|$$

이므로 $|z| < r(0 < r < 1)$에는 $z^4 + iz^2 + 2 = 0$의 해가 없다. 따라서 $|z| = 1$ 위에 두 개, $|z| = \sqrt{2}$에 두 개의 해가 존재한다.
한편 x축, y축에는 $z^4 + iz^2 + 2 = 0$의 해가 없다. L_1은 선분 $(0, 0)$와 $(R, 0)$을 잇는 선분, L_2는 호 $z = Re^{i\theta}$ $\left(0 \leq \theta \leq \frac{\pi}{2}\right)$, L_3를 $(0, R)$과 $(0, 0)$을 잇는 선분이라 하자. z가 L_1을 따라 움직일 때 $f(z) = z^4 + iz^2 + 2$의 arg의 변화는

$$\begin{aligned}\arg f(R) - \arg f(0) &= \arg(R^4 + iR^2 + 2) - \arg 2 = \arg(R^4 + iR^2 + 2) \\ &= \arg\left[R^4\left(1 + \frac{i}{R^2} + \frac{2}{R^4}\right)\right].\end{aligned}$$

따라서 $R \to \infty$이면 $\arg f(R) - \arg f(0) \to 0$.
비슷하게 z가 C_R을 따라 움직이면 z^4의 arg 변화는 2π. 그런데

$$z^4 + iz^2 + 2 = z^4\left(1 + \frac{i}{z^2} + \frac{2}{z^4}\right)$$

이므로 R이 크면 $z^4 + iz^2 + 2$의 arg 변화는 z^4의 arg의 변화에 가깝다.

L_1에서와 비슷하게 R이 매우 크면 L_2에서 z^4+iz^2+2의 arg 변화는 0이다.

따라서 R이 매우 크면 z가 $L_1+C_R+L_2$을 따라 움직일 때 z^4+iz^2+2의 arg 변화는 2π에 가깝다. z^4+iz^2+2가 해석적이므로 편각원리에 의해서 제 1사분면에는 $z^4+iz^2+2=0$의 근이 한 개 존재한다.

20.16 $n \geq 2$에 대해

$$|a_n| \leq \sum_{k=2}^{\infty} k|a_k| \leq 1$$

이므로 f는 해석적이다. $|z_0|<1$에 대해 $f(z)=f(z_0)$가 $|z|<1$에서 단 한 개의 해 z_0가 존재함을 보이면 된다. $g(z)=z-z_0, h(z)=f(z)-f(z_0)$라 하면

$$h(z)-g(z)=\sum_{n=2}^{\infty} a_n z^n - \sum_{n=2}^{\infty} a_n z_0^n = \sum_{n=2}^{\infty} a_n(z^n - z_0^n).$$

따라서 임의의 $r(0<r<1)$에 대해 $|z|=r$이면

$$\begin{aligned}\left|\sum_{n=2}^{\infty} a_n(z^n - z_0^n)\right| &\leq \sum_{n=2}^{\infty} |a_n||z-z_0||z^{n-1}+\cdots+z_0^{n-1}| \\ &< \sum_{n=2}^{\infty} n|a_n|\cdot|z-z_0| \leq |z-z_0| = |g(z)|.\end{aligned}$$

Rouche의 정리에 의해서 $h(z)=f(z)-f(z_0)=0$은 정확히 한 개의 해 $z=z_0$을 갖는다.

20.17 $z_1, z_2 \in B_r(a)$이고 $z_1 \neq z_2$이면 z_1, z_2을 잇는 선분 C에 대해

$$\begin{aligned}|f(z_1)-f(z_2)| &= \left|\int_C f'(z)dz\right| \\ &\geq \left|\int_C f'(a)dz\right| - \left|\int_C (f'(a)-f'(z))dz\right| \\ &\geq |f'(a)|\left|\int_C dz\right| - \int_C |f'(a)-f'(z)||dz| \\ &> |f'(a)||z_2-z_1| - |f'(a)||z_2-z_1| = 0.\end{aligned}$$

따라서 $f(z_1) \neq f(z_2)$이고 f는 일대일이다.

20.18 열린사상정리를 이용해서 보이면 된다.

제21장 선형분수변환

21.1 무한띠 $0<x<1$을 원점을 중심으로 90° 회전한 것이므로 무한 띠 $0<v<1$이 된다.

21.2 $z = x + iy, w = iz + i = u + iv$라 하면

$$u = -y, \quad v = x + 1.$$

따라서 $v > 1$로 사상한다.

21.3 $-1 < u < 1, \quad v > 0$

21.4 예제 21.2에서 반평면 $x < c$의 상은 식 (21.3)으로 주어지는 원의 내부이다. 그리고 만일 $c = 0$이면 $u = 0$이므로 직선 $x = 0$의 상은 직선 $u = 0$이다.

21.5 원판 $\left(u - \frac{1}{2}\right)^2 + v^2 < \left(\frac{1}{2}\right)^2$와 하반평면이 만나는 부분.

21.6 원 $|z| = 1$의 상은 선분 $-2 \le u \le 2, v = 0$이고, 영역 $|z| > 1$의 상은 w-평면에서 선분 $-2 \le u \le 2, v = 0$을 뺀 나머지 부분이다.

21.7 $w = \dfrac{3z + 2i}{iz + 6}$

21.8 $\dfrac{(z+i)(0-i)}{(z-i)(0+i)} = \dfrac{(w+1)(i-1)}{(w-1)(i+1)}$

21.9 $\dfrac{w_2 - w_3}{w - w_3} = \dfrac{(z - z_1)(z_2 - z_3)}{(z - z_3)(z_2 - z_1)}$

21.10 $w = -\dfrac{1}{z}$

21.11 $w_1 = \dfrac{a_1 z + b_1}{c_1 z + d_1}(a_1 d_1 - b_1 c_1 \neq 0), \ w_2 = \dfrac{a_2 z + b_2}{c_2 z + d_2}(a_2 d_2 - b_2 c_2 \neq 0)$라 하면

$$w_1 \circ w_2 = \frac{(a_1 a_2 + b_1 c_2)z + a_1 b_2 + b_1 d_2}{(c_1 a_1 + d_1 c_2)z + c_1 b_2 + d_1 d_2}$$

이고

$$(a_1 a_2 + b_1 c_2)(c_1 b_2 + d_1 d_1) - (a_1 b_2 + b_1 d_2)(c_1 a_2 + d_1 c_2) \neq 0$$

이므로 $w_1 \circ w_2$는 선형분수변환이다.

21.12 (1) $\dfrac{az + b}{cz + d} = z$를 만족하는 z는 기껏해야 두 개 존재한다.

(2) 만일 w_1, w_2가 z_1, z_2, z_3를 w_1, w_2, w_3로 사상하는 선형분수변환이라 하면 $w_2^{-1} \circ w_1$은 세 개의 고정점을 가지는 선형분수변환이 된다. 따라서 $w_2^{-1} \circ w_1$은 항등변환이다.

21.13 $|z| = 1$이라 하면 $z = \dfrac{1}{\overline{z}}$이므로

$$\left|\frac{z_k - z}{1 - \overline{z_k} z}\right| = \left|\frac{z_k \overline{z} - 1}{1 - \overline{z_k} z}\right| = \frac{|\overline{z_k} z - 1|}{|1 - \overline{z_k} z|} = 1 \ (k = 1, 2, \ldots, n)$$

만일

$$f_k(z) = \frac{z_k - z}{1 - \overline{z_k} z}$$

라 하면 $f_k(z_k)=0$이다. 따라서 f_k는 $|z|\le 1$을 $|w|\le 1$로 사상한다. 따라서

$$\prod_{k=1}^{n}\frac{|z_k|}{z_k}\left(\frac{z_k-z}{1-\overline{z_k}z}\right)$$

는 $|z|\le 1$을 $|w|\le 1$로 사상한다.

21.14 $|z|=1$ 위의 점 $1, i, -1$에 대해

$$w(1)=-i, w(i)=0, w(-1)=i$$

이므로 $w=f(z)$에 의한 $|z|=1$의 상은 $\mathrm{Re}w=0$(왜냐하면 $|z|=1$의 상은 원 또는 직선인데 $-i,0,i$을 지나는 것은 직선이다.) 그런데 $w(0)=-1$이므로 $w=f(z)$에 의한 $|z|\le 1$ 상은 $\mathrm{Re}w\le 0$.

$\mathrm{Re}(z)=0$ 위의 점 $\infty, i, 0$에 대해

$$w(\infty)=1, w(i)=0, w(0)=-1$$

이므로 $w=f(z)$에 의한 $\mathrm{Re}z=0$의 상은 $\mathrm{Im}w=0$. 그런데 $w(-1)=i$이므로 $\mathrm{Re}z\le 0$의 상은 $\mathrm{Im}w\ge 0$.

$\left|z+\frac{1}{z}\right|=\frac{1}{2}$ 위의 점 $0, -\frac{1}{2}-\frac{1}{2}i, -1$에 대해

$$w(0)=-1, w\left(-\frac{1}{2}-\frac{1}{2}i\right)=-1+2i, w(-1)=i$$

이므로 $\left|z+\frac{1}{2}\right|=\frac{1}{2}$의 상은 $(-1,0),(-1,2),(0,1)$을 지나는 원, 즉 $|z+1-i|=1$이다. 그런데 $w(1)=-i$이므로 $\left|z+\frac{1}{2}\right|\ge\frac{1}{2}$의 상은 $|z+1-i|\ge 1$이다.

따라서 구하는 상은

$$\mathrm{Re}w\le 0, \mathrm{Im}w\ge 0, |z+1-i|\ge 1$$

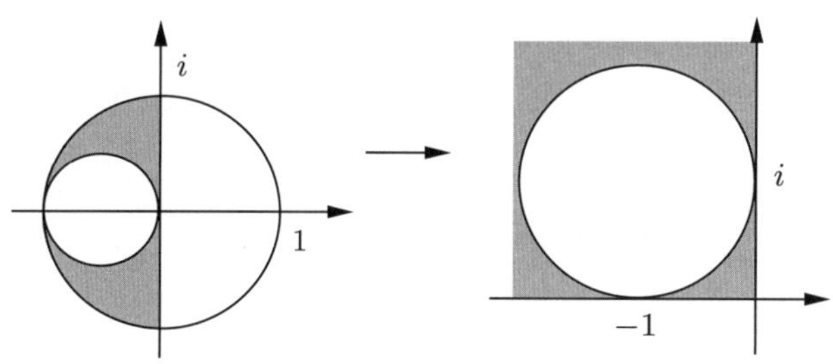

21.15 $|z|=1$ 위의 점 (a,b)에 대해 원 $|z-2|=1$에 대칭인 점을 (x,y)라 하자. 그러면

$(a-2+ib)(x-2-iy)=1$을 만족한다. 따라서

$$\left.\begin{array}{l}(a-2)(x-2)+by=1\\ b(x-2)-y(a-2)=0\end{array}\right\}$$

이 식을 연립하여 풀면

$$a=\frac{x-2}{(x-2)^2+y^2}+2,\quad b=\frac{y}{(x-2)^2+y^2}.$$

따라서

$$a^2+b^2=\left[\frac{x-2}{(x-2)^2+y^2}+2\right]^2+\left[\frac{y}{(x-2)^2+y^2}\right]^2=1.$$

이 식을 풀면

$$\left(x-\frac{4}{3}\right)^2+y^2=\left(\frac{1}{3}\right)^2.$$

즉, $|z|=1$을 $|z-2|=1$에 대칭이동하면 중심이 $\left(\frac{4}{3},0\right)$이고 반지름이 $\frac{1}{3}$인 원이 된다.

제22장 몇 가지 특수한 변환

22.1 $w=z^2=u+iv$라 하면

$$u=x^2-y^2, v=2xy.$$

따라서 $y=c$이면 $u=x^2-c^2, v=2cx$, $c=0$이면 $u=x^2\geq 0, v=0$, $c\neq 0$이면 $u=\frac{v^2}{4c^2}-c^2$. 따라서 $c=0$이면 $y=c$의 상은 원점을 포함한 양의 x축, $c\neq 0$이면 꼭지점이 $(-c^2,0)$인 포물선이다.

22.2 $w=z^2=x^2-y^2+i2xy=u+iv$이면

$$u=x^2-y^2,\quad v=2xy$$

따라서 $w=z^2$에 의해

$$y=x(0\leq x\leq 1)\rightarrow u=0,\ 0\leq v=2x^2\leq 2,$$
$$y=-x(0\leq x\leq 1)\rightarrow u=0,\ -1\leq v=-2x^2\leq 0,$$
$$x=c(0<c<1), -c\leq y\leq c\rightarrow v^2=-4c^2(u-c^2),$$
$$x=1, -1\leq y\leq 1\rightarrow u=1-y^2, v=2y$$
$$\Rightarrow u=1-\left(\frac{v}{2}\right)^2(-2\leq v\leq 2)$$

따라서 구하는 상은 다음과 같다.

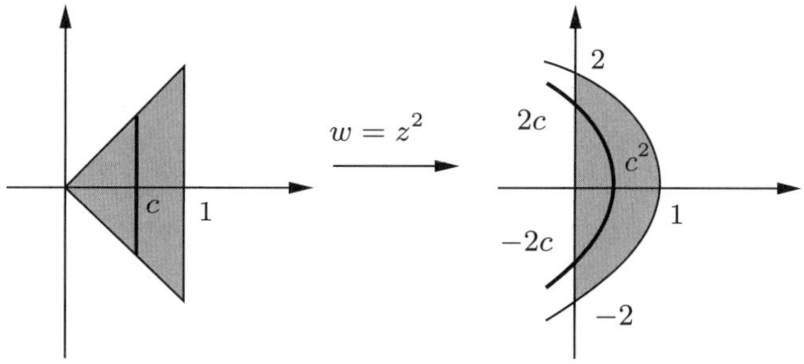

22.3 $f(z) = z + z^2 = u + iv$ 이면

$$u = x + x^2 - y^2, \quad v = y + 2xy.$$

따라서 f 에 의해 다음과 같이 사상한다.

$$\begin{aligned} 0 \le x \le 1, y = 0 &\longrightarrow\ 0 \le u \le 2, v = 0 \\ x = 0, 0 \le y \le 1 &\longrightarrow\ -1 \le u = \le 0, u = -v^2 \\ x + y = 1, 0 \le x \le 1 &\longrightarrow\ -1 \le u \le 2, v = -\frac{1}{9}(2u + u - 10) \\ D\text{의 내부} &\longrightarrow \text{위의 상으로 둘러 싸인 영역의 내부 (그림 A.7)} \end{aligned}$$

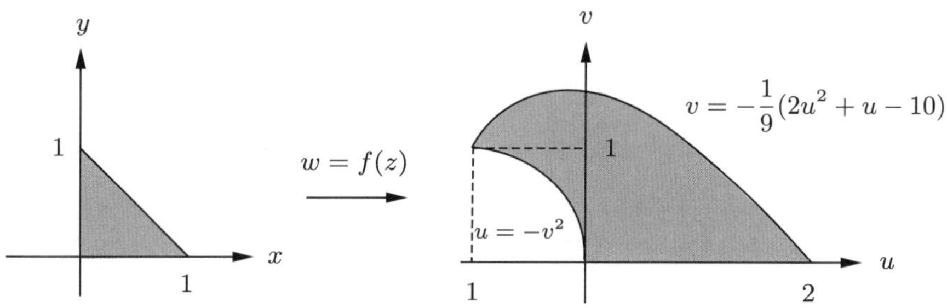

그림 A.7

그리고

$$\begin{aligned} A(f(D)) &= \iint_{f(D)} dudv = \iint_D |f'(z)|^2 dxdy \\ &= \int_0^1 dx \int_0^x (4x^2 + 4x + 4y^2 + 1)dy = \frac{19}{6}. \end{aligned}$$

22.4 $z - 1 = e^{i\theta}(0 \le \theta \le 2\pi)$ 이면 $z = 1 + e^{i\theta}$. 따라서

$$\begin{aligned} z^2 &= (1 + e^{i\theta})^2 \\ &= 1 + 2\cos\theta + \cos 2\theta + i(2\sin\theta + \sin 2\theta). \end{aligned}$$

$z^2 = u + iv$ 이면

$$u = 1 + 2\cos\theta + \cos 2\theta, v = 2\sin\theta + \sin 2\theta.$$

따라서

$$\begin{aligned} r^2 &= u^2 + v^2 \\ &= (1 + 2\cos\theta + \cos 2\theta)^2 + (2\sin\theta + \sin 2\theta)^2 \\ &= 4(\cos\theta + 1)^2. \end{aligned}$$

따라서 구하는 자취는

$$r = 2(\cos\theta + 1).$$

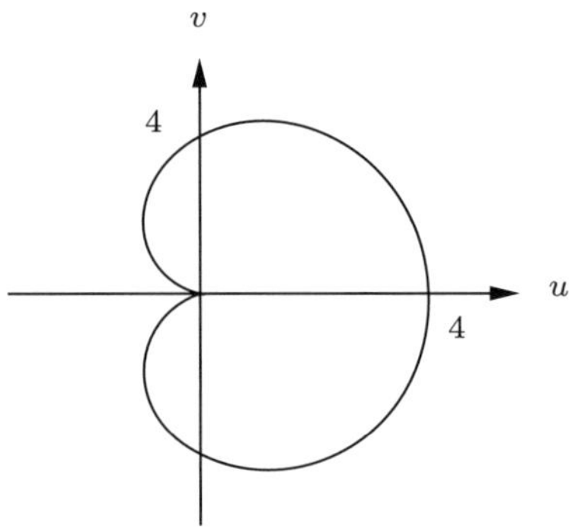

그림 A.8

22.5 $w_1 = z^2, w_2 = \dfrac{1+z}{1-z}$ 라 하면 $w = w_1 \circ w_2$ 이므로 $|z| < 1$ 의 상은 전체평면에서 반직선 $u \leq 0, v = 0$ 을 제거한 나머지 부분이다.

22.6 $w_1 = \dfrac{1+z}{1-z}$ 는 $|z| < 1$ 을 우반평면(right half plane)으로 사상하고 $w_2 = z^2$ 은 상반평면을 우반평면을 평면에서 음의 실수축을 제거한 부분으로 사상한다. 그리고 $w = w_2 \circ w_1$ 이다.

22.7 $w_1 = \dfrac{z+1}{z-1}, w_2 = z^n (n \geq 1)$ 이라 하면 $w = w_1 \circ w_2$ 이므로 $|z| < 1, 0 < \text{Arg } z < \dfrac{\pi}{n}$ 의 상은 제삼사분면 $\text{Re } z < 0, \text{Im } z < 0$ 이다.

22.8 $z = re^{i\theta} (1 \leq r \leq 2)$ 이고 $f(re^{i\theta}) = u(r, \theta) + iv(r, \theta)$ 이면

$$\begin{aligned} f(re^{i\theta}) &= re^{i\theta} - \frac{1}{re^{i\theta}} \\ &= re^{i\theta} - \frac{1}{r}e^{-i\theta} \\ &= r(\cos\theta + i\sin\theta) - \frac{1}{r}(\cos\theta - i\sin\theta) \\ &= \left(r - \frac{1}{r}\right)\cos\theta + i\left(r + \frac{1}{r}\right)\sin\theta \end{aligned}$$

따라서

$$u = \left(r - \frac{1}{r}\right)\cos\theta, \quad v(r,\theta) = \left(r + \frac{1}{r}\right)\sin\theta$$

$-1 \le \sin\theta \le 1$ 이므로 $r = 1$ 이면

$$u = 0, \quad -2 \le v \le 2$$

즉, 원 $r = 1$ 의 f 에 의한 상은 위의 선분 $u = 0, -2 \le v \le 2$.

$1 < r \le 2$ 이면

$$\left(\frac{u}{r - \frac{1}{r}}\right)^2 + \left(\frac{v}{r + \frac{1}{r}}\right)^2 = \cos^2\theta + \sin^2\theta = 1$$

이것은 타원이고, $1 < r \le 2$ 이면

$$0 < r - \frac{1}{r} \le \frac{3}{2}, \quad 2 < r + \frac{1}{r} \le 2$$

이므로 모든 타원이 $r = 2$ 인 경우에 포함된다. (그림 A.9) 따라서 구하는 면적은

$$\pi \cdot \frac{3}{2} \cdot \frac{5}{2} = \frac{15}{4}\pi$$

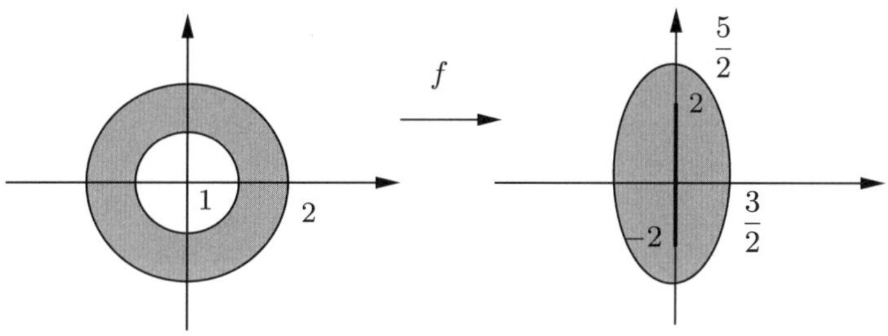

그림 A.9

22.9 $w_1 = iz$ 라 하면 w_1 은 허수축을 실수축으로 사상한다. 실수축을 중심이 원점인 단위원으로 사상하는 임의의 선형분수변환이

$$w_2 = e^{i\alpha}\frac{z - z_0}{z - \overline{z_0}} \ (\text{Im } z_0 > 0)$$

이므로 허수축을 중심이 원점인 단위원으로 사상하는 임의의 선형분수변환은

$$w = w_2 \circ w_1 = e^{i\alpha}\frac{iz - z_0}{iz - \overline{z_0}} \ (\text{Im } z_0 > 0).$$

22.10

$$w = e^{i\alpha} \cdot \frac{z - z_0}{z - \overline{z_0}}(\text{Im } z_0 < 0)$$

라 하자. 만일 Im $z < 0$ 이면 $|z - z_0| < |z - \overline{z_0}|$ 이고 Im $z = 0$ 이면 $|z - z_0| = |z - \overline{z_0}|$. 따라서 하반평면 Im $z \le 0$ 은 단위원판 $|w| \le 1$ 로 사상한다.

22.11 $w_1 = \frac{1}{2}(z-1)$이라 하면 w_1은 $|z-1|<2$을 $|w|<1$로 사상한다. 그리고 $|z|<1$을 $|w|<1$로 사상하는 임의의 선형분수변환은

$$w^*(z) = K \cdot \frac{z-\gamma}{\overline{\gamma}z-1} \ (|K|<1, |\gamma|<1)$$

꼴이므로 $|z-1|<2$을 $|w|<1$로 사상하는 선형분수변환은

$$w = w^* \circ w_1 = K \cdot \frac{z-1-2\gamma}{\overline{\gamma}z-\overline{\gamma}-2} \ (|K|<1, |\gamma|<1)$$

꼴이다.

22.12 $z = x+iy$라 하면 $|z| \le 1$에서 $-1 \le x \le 1$. 따라서

$$\frac{1}{e} \le |e^z| = e^x \le e.$$

22.13 (1) $x \ge 0, y = \pi$은 $u = -e^x \le -1, v = 0$으로, $x = 0, 0 \le y \le \pi$은 $u^2+v^2 = 1, v \ge 0$으로, $x \ge 0, y = 0$은 $u = e^x \ge 1, v = 0$으로 사상한다. 그리고 영역의 상은 이것들을 경계로 하는 상반평면의 일부분이다.

(2) (1)과 비슷하게 구하면 된다.

22.14 $u^2+v^2 \le 1, v \ge 0 \ ((u,v) \ne (0,0))$

22.15 $\log z$의 분지를

$$\log z = \ln|z| + i\arg z (0 < \arg z < 2\pi)$$

와 같이 택하면 된다.

22.16 $\sin z = \sin x \cosh y + i \cos x \sinh y$에서 $y = b > 0$이면

$$u = \sin x \cosh b, v = \cos x \sinh b.$$

따라서

$$\left(\frac{u}{\cosh b}\right)^2 + \left(\frac{v}{\sinh b}\right)^2 = 1 \ (-\cosh b \le u \le \cosh b)$$

그리고 $w = \sin z$에 의한 $-\frac{\pi}{2} \le x \le \frac{\pi}{2}, 0 \le y \le b$의 상은

$$\left(\frac{u}{\cosh b}\right)^2 + \left(\frac{v}{\sinh b}\right)^2 \le 1 \ (v \ge 0).$$

22.17 $y > 0$에서 $\sinh y, \cosh y$가 일대일임을 이용해서 보이면 된다.

22.18 $\left(\frac{u}{\cosh 1}\right)^2 + \left(\frac{v}{\sinh 1}\right)^2 \le 1 \ (u \ge 0, v \ge 0)$

22.19 R의 경계의 상은 R의 내부의 상의 경계이다.

$w = \sin z$에 의해 $(-\pi, b), (\pi, b)$는 $(0, -\sin b)$로 사상하므로 경계에서는 일대일이 아니다.

22.20 $f(D)$의 면적을 $A(f(D))$라 하면

$$f'(z) = \cos z = \sin x \cosh y + i \cos x \sinh y$$

이므로

$$\begin{aligned} A(f(D)) &= \iint_D |f'(z)|^2 dxdy \\ &= \iint_D (\cos^2 x + \sinh^2 y) dxdy \\ &= \int_0^1 \int_0^{\frac{\pi}{2}} \cos^2 x dxdy + \int_0^1 \int_0^{\frac{\pi}{2}} \sinh^2 y dxdy = \frac{\pi}{16}\left(e^2 - e^{-2}\right). \end{aligned}$$

22.21 (1) $\sin\left(iz + \frac{\pi}{2}\right) = \cos(iz) = \cosh z$

(2) 구하는 상은 $u \geq 0, v \geq 0$이다. 그리고 경계에 대응하는 부분은

$$\begin{aligned} x \geq 0, y = 0 &\longrightarrow && u \geq 1, v = 0, \\ x = 0, 0 \leq y \leq 2\pi &\longrightarrow && 0 \leq u \leq 1, v = 0, \\ x \geq 0, y = \frac{\pi}{2} &\longrightarrow && u = 0, v \geq 0. \end{aligned}$$

22.22 $F_k(z) = \rho e^{i\phi}$라 하면 $w = F_k (k = 0, 1, 2, 3, 4)$에 의한 $r > 0, -\pi < \theta < \pi$의 상은

$$\rho = \sqrt[4]{r} > 0, \frac{-\pi + 2k\pi}{4} < \phi = \frac{\Theta + 2k\pi}{4} < \frac{\pi + 2k\pi}{4}.$$

제23장 등각사상

23.1 회전각은 $\arg(2 + i)$이고 축척성분은 $2\sqrt{5}$이다.

23.2 $z = x + iy, w = \frac{1}{z} = u + iv$라 하면

$$x = \frac{u}{u^2 + v^2}, y = -\frac{v}{u^2 + v^2}$$

또는

$$u = \frac{x}{x^2 + y^2}, v = -\frac{y}{x^2 + y^2}.$$

이 식을 이용하면 $w = \frac{1}{z}$에 의한 $y = x - 1$과 $y = 0$의 상은 각각 원 $u^2 + v^2 - u - v = 0$과 직선 $v = 0$이 됨을 보일 수 있다. $y = 0$과 $y = x - 1$은 $z = 1$에서 만나고 교각은 $45°$이다. 그리고 직선 $v = 0$과 원 $u^2 + v^2 - u - v = 0$은 $w = 1$에서 만나고 교각은 $45°$이다. 따라서 $w = \frac{1}{z}$은 $z = 1$에서 등각사상이다.

23.3 (1) f가 z_0에서 해석적이므로 어떤 양수 ε에 대해

$$f(z) = f(z_0) + a_m (z - z_0)^m \left[1 + \frac{1}{m+1} \cdot \frac{a_{m+1}}{a_m}(z - z_0) + \cdots\right] \quad (|z - z_0| < \varepsilon)$$

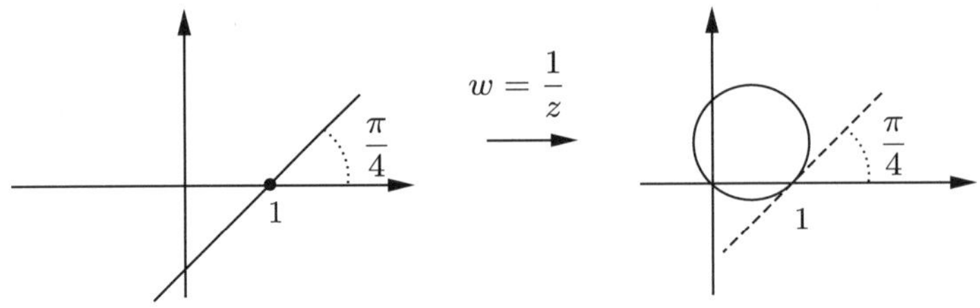

따라서

$$g(z) = \frac{1}{m+1} \cdot \frac{a_{m+1}}{a_m}(z - z_0) + \cdots \quad (|z - z_0| < \varepsilon)$$

이라 두면 된다. 여기서 $a_m = \dfrac{f^{(m)}(z_0)}{m!}$.

(2) z가 C를 따라 z_0로 가까이 가면 $g(z) \to 0$이므로 $\arg[1 + g(z)] \to 0$. 따라서 C를 따라 $z \to z_0$이면

$$\begin{aligned}\arg[f(z) - w_0] &= \arg\left[\frac{f^{(m)}(z_0)}{m!}(z - z_0)^m\right] + \arg[1 + g(z)] \\ &= \arg\left[\frac{f^{(m)}(z_0)}{m!}\right] + \arg[(z - z_0)^m] + \arg[1 + g(z)] \\ &= m\arg(z - z_0) + \arg f^{(m)}(z_0) \to m\theta_0 + \arg f^{(m)}(z_0).\end{aligned}$$

(3) θ_1과 θ_2를 각각 점 z_0에서 C_1과 C_2의 접선방향과 양의 x축과 이루는 각이라 하고, ϕ_1과 ϕ_2를 각각 $w_0 = f(z_0)$에서 Γ_1과 Γ_2의 접선과 양의 u축과 이루는 각이라 하면

$$\phi_1 = m\theta_1 + \arg f^{(m)}(z_0), \;\; \phi_2 = m\theta_2 + \arg f^{(m)}(z_0).$$

따라서

$$\phi_2 - \phi_1 = m(\theta_2 - \theta_1) = m\alpha.$$

23.4 $f'(z)$는 D에서 해석적이고 $f'(z)$의 영점은 모두 고립영점이므로 $f'(z) = 0$이 되는 점들은 가산이다. 그리고 영점들을 제외한 나머지 점에서 $f'(z) \neq 0$이므로 국소적으로 일대일이고 등각이다.

23.5 $\varphi(z_0) \neq 0$이고

$$f(z) - f(z_0) = (z - z_0)^k \varphi(z)$$

인 해석함수 φ가 존재한다. φ가 z_0에서 연속이므로 z_0 근방의 z에 대해 $\varphi(z)$는 0을 포함하지 않는 $\varphi(z_0)$ 근방의 작은 원판에 놓인다. 그리고 이 원판에서 $\varphi(z)^{\frac{1}{k}}$을 정의할 수 있다. 이때

$$h(z) = (z - z_0)\varphi(z)^{\frac{1}{k}}$$

라 하면 $h'(z_0) \neq 0$. 따라서 h는 z_0 근방에서 국소적으로 일대일이고 해석적. 그리고 $f(z) = f(z_0) + [h(z)]^k$.

제24장 조화함수(II)

24.1 $u = \ln(|1-z|)(|z| \le r < 1)$이라 하면

$$u(0) = \frac{1}{2\pi}\int_0^{2\pi} u(re^{i\theta})d\theta$$
$$= \frac{1}{4\pi}\int_0^{2\pi} \ln(1-2r\cos\theta + r^2)d\theta.$$

따라서

$$\int_0^{2\pi} \ln(1-2r\cos\theta + r^2)d\theta = 0.$$

$r \to 1$이면

$$\int_0^{2\pi} \ln(1-2\cos\theta+1)d\theta = \int_0^{2\pi} \ln\left[\left(2\sin\frac{\theta}{2}\right)^2\right]d\theta$$
$$= 2\int_0^{2\pi} \ln\left(2\sin\frac{\theta}{2}\right)d\theta = 0.$$

따라서

$$2\int_0^{2\pi} \ln\left(\sin\frac{\theta}{2}\right)d\theta = 4\int_0^{\pi} \ln(\sin\theta)d\theta = -4\pi\ln 2.$$

따라서

$$\int_0^{\pi} \ln(\sin\theta)d\theta = -\pi\ln 2.$$

24.2 D가 유계가 아니면 성립하지 않는다. 예를 들어 $D = \{z : \text{Re } z > 0\}$이라 하면 D의 경계는 $C = \{z : \text{Re } z = 0\}$. $u(z) = x$라 하면 u는 D에서 조화함수이고 C에서 $u \equiv 0$이지만 D에서 $u(z) \not\equiv 0$.

제25장 기타 여러 가지 결과

25.1 $|z| < 1$에서 해석적이고 $g(0) = 0, |g(z)| \le 1$인 함수 $g(z)$에 대해

$$f(z) = z^{n-1}g(z)$$

로 나타낼 수 있다. 함수 $g(z)$에 Schwarz 보조정리를 적용하면 된다.

25.2 $g(z) = f(z) - f(0)$라 두면 $g(0) = 0$이고

$$|g(z)| \le |f(z)| + |f(0)| \le 2.$$

Schwarz 보조정리에서 f 대신 $\frac{g}{2}$을 대입하면 된다.

25.3 $\psi(z) = \dfrac{1+z}{1-z}i$라 하자. 그리고 $h = f\circ\psi$라 하자. 그러면 h는 단위원 $U = \{z : |z| <$

1}에서 해석적이다. 따라서 $\alpha = f(i)$에 대해 $\varphi_\alpha \circ h$는 단위원 U에서 해석함수이고

$$\|\varphi_\alpha \circ h\|_U \le 1.$$

그런데 $\varphi_\alpha \circ h(0) = \varphi_\alpha(f(i)) = \varphi_\alpha(\alpha) = 0$. Schwarz 보조정리에 의해서

$$|\varphi_\alpha'(h(0)) \circ h'(0)| \le 1.$$

그런데

$$\varphi_\alpha'(h(0)) = \varphi_\alpha'(\alpha) = \frac{1}{1-|\alpha|^2} = \frac{1}{1-|f(i)|^2},$$
$$h'(0) = f'(i) \cdot 2i.$$

따라서

$$|f'(i)| \le \frac{1}{2}\left(1 - |f(i)|^2\right).$$

25.4 Reimann 사상정리에 의해 단위원판 $|z| < 1$을 단위원판 $|w| < 1$로 사상하는 일대일인 변환은 식 (22.5)로 주어진 선형분수변환 뿐이다.

25.5 f가 D_1에서 D_2 위로 사상하는 일대일인 해석함수이고 g를 D_2에서 D_3 위로 사상하는 일대일인 해석함수이면 $g \circ f$는 D_1에서 D_3 위로 사상하는 일대일인 해석함수이다.

25.6 상반평면은 단위원판과 동등하므로 만일 전체평면과 상반평면이 동등하면 전체평면은 단위원판과 동등하다. 그러나 전체평면에서 단위원판으로 사상하는 일대일 해석함수는 존재하지 않는다. 일반적으로 Picard의 소정리에 의하면 전체평면과 등각적으로 동등한 것은 자기자신 뿐임을 알 수 있다.

찾아보기

※이 책의 인세 수입 전액을 한국백혈병어린이재단에 기부합니다.

해설 복소함수론 제3판

지은이 강승필
펴낸이 조경희
펴낸곳 경문사
펴낸날 2007년 11월 1일 1판 1쇄
2012년 9월 1일 3판 1쇄
2024년 3월 1일 3판 9쇄
등 록 1979년 11월 9일 제1979-000023호
주 소 04057, 서울특별시 마포구 와우산로 174
전 화 (02)332-2004 팩스 (02)336-5193
이메일 kyungmoon@kyungmoon.com

값 28,000원

ISBN 978-89-6105-614-4